江南火鸟设计 3D　LOGO

锁

烟灰缸

纸篓

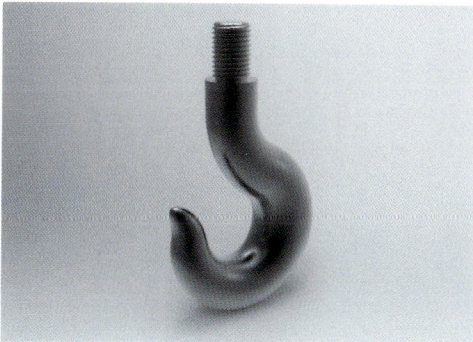

吊钩

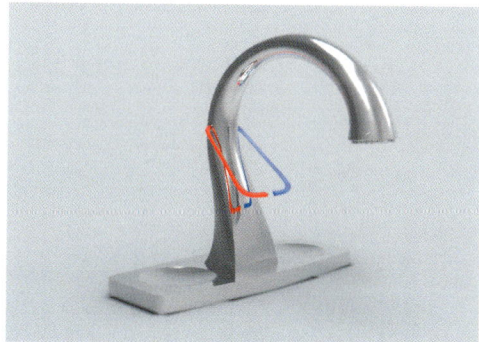

水龙头

节能灯

加湿器

吹风机

音箱

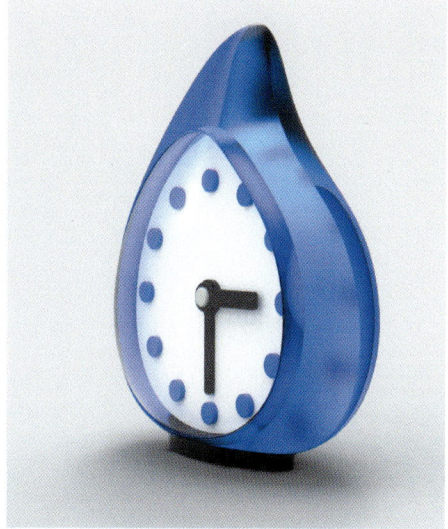

小闹钟

头盔

千斤顶

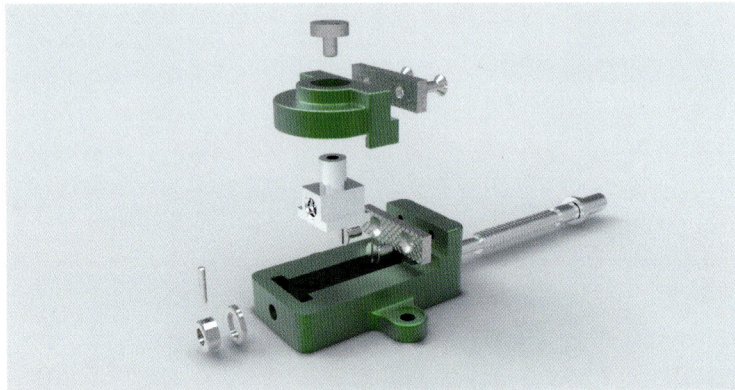

台虎钳

旋塞阀

Creo 2.0

中文版 标准实例教程

蒋晓　主编　　沈培玉　苗青　副主编

清华大学出版社

北　京

内 容 简 介

全书共分 15 章，每章均按实际教学的要求，围绕一个主题，将 Creo 2.0 众多的命令进行了归类，再以典型的产品和零件应用实例为线索有机地串联起来。既详细介绍了各个命令有关选项、提示说明和操作步骤，又通过操作示例给出了产品设计的思路以及命令使用的方法和步骤。同时，根据作者长期从事三维 CAD 教学和研究的体会，以"注意"方式总结了许多关键要点。主要内容包括 Creo 2.0 的入门知识、二维草图的绘制、基准特征的创建、实体建模、曲面设计、零件的装配和工程图的创建等。与众不同的是本书每章都配有"上机操作实验指导"，读者可以根据给出的详细操作步骤自由轻松地创建出富有创意的三维模型。另外，每章所附的上机题都给出了详细的提示。

本书所选实例内容丰富且紧密联系工程实际，具有很强的专业性和实用性。另外，操作步骤命令提示和插图都非常详尽，可操作性强。特别适合读者自学和各类高等院校和职业院校作为相应课程的教材和参考书，同时也适合从事机械设计和工业设计的设计和技术人员学习和参考。

为配合教学，作者还制作了与本书配套的电子教案，供任课教师选用。

图书在版编目（CIP）数据

Creo 2.0 中文版标准实例教程 / 蒋晓主编. —北京： 清华大学出版社， 2014（2019.12重印）
ISBN 978-7-302-35221-1

Ⅰ．①C… Ⅱ．①蒋… Ⅲ．①计算机辅助设计—应用软件—教材 Ⅳ．①TP391.72

中国版本图书馆 CIP 数据核字（2014）第 014306 号

责任编辑：汪汉友
封面设计：傅瑞学
责任校对：梁　毅
责任印制：宋　林

出版发行：清华大学出版社
　　　　网　　　　址：http://www.tup.com.cn, http://www.wqbook.com
　　　　地　　　　址：北京清华大学学研大厦 A 座　　　　邮　　编：100084
　　　　社　总　　机：010-62770175　　　　　　　　　　邮　　购：010-62786544
　　　　投稿与读者服务：010-62776969，c-service@tup.tsinghua.edu.cn
　　　　质　量　反　馈：010-62772015，zhiliang@tup.tsinghua.edu.cn
　　　　课　件　下　载：http://www.tup.com.cn,010-62795954
印　装　者：北京九州迅驰传媒文化有限公司
经　　　销：全国新华书店
开　　本：185mm×260mm　　印　张：24.75　　彩　插：2　　字　数：623 千字
版　　次：2014 年 9 月第 1 版　　　　　　　　　　　　　印　次：2019 年 12 月第 5 次印刷
定　　价：44.50 元

产品编号：054685-01

前　言

笔者长期从事 CAD/CAID 的教学和研发工作，以及工业设计专业产品交互设计、可用性和用户体验、产品创新设计方法、情感化和体验设计等方向的研究。曾先后编著（译）过多本 AutoCAD、Pro/E、MDT、Visual LISP、Rhino 和 NONOBJECT 设计等方面的书籍。受到了业界的欢迎，并被许多著名院校作为指定教材，累计发行数已达数万册。随着最新版 Creo 2.0 的推出，我们在广泛听取读者意见和建议的基础上，以 Creo Parametric 2.0 在机械设计和工业设计中的应用为主线精心组织，并且严格按照最新的机械制图国家标准编写了本教程，其主要特点如下。

- 科学性：根据由浅入深和循序渐进的原则对学时和内容进行科学合理的按排。
- 操作性：以实例引导讲解命令各选项功能的操作方法、步骤和技巧，非常便于读者自学。
- 实用性：以机械与产品实例为线索串联每章的内容，在"上机操作实验指导"中，采用 Step by Step 的方式详细介绍完成该实例的操作方法和步骤。
- 经典性：所选机械实例堪称经典，使读者倍感亲切，易于触类旁通。
- 创新性：所选产品实例具有一定的创新性，且全部为原创设计。
- 针对性：配有大量针对性强的同步上机题，供学生课后上机练习和复习。并附详细建模提示。
- 简明性：根据专业的需要，对 Creo 2.0 的核心内容进行整合，突出简明和高效。
- 丰富性：配有电子教案和实例素材等资源，供任课老师选用。

贯彻全书重要的理念是"边学边用、边用边学"。这种源自于学习语言的方法，经过实践证明是学习 CAD 软件最佳的方法。笔者曾先后培训过数以万计的学生，取得了非常好的效果。还需要说明的是本书虽然以 Creo 2.0 中文版为平台，但在编著过程中也兼顾了 Pro/ENGINEER Wildfire 的读者。

本书由江南大学蒋晓、沈培玉、苗青、刘兆峰、谭伊曼、曾欣、刘康、常海等编著，全书由蒋晓负责策划和统稿。课件由蒋晓、沈培玉、苗青、刘兆峰、谭伊曼、曾丽霞和王秀丽制作，另外，吴杰和蒋璐珺等参加了部分产品案例的设计，谨向他们表示感谢。

由于时间仓促，且受水平的限制，虽然已尽了最大的努力，但疏漏和不当之处在所难免。欢迎读者批评指正，可登录作者的网站（http://www.jnfirebird.com）与作者进行交流。

特别说明，本书涉及的实例源文件和课件可以直接在清华大学出版社网站或作者网站下载。

江南火鸟设计

2014 年 5 月

目　　录

第1章 预 备 知 识

Creo 是美国 PTC 公司于 2010 年 10 月推出的高度集成化的 CAID/CAD/CAM/CAE/PDM 三维软件系统，其整合了 PTC 公司的 Pro/ENGINEER 的参数化技术、CoCreate 的直接建模技术和 ProductView 的三维可视化技术，被广泛地应用于航天航空、机械、电子、汽车、家电、玩具等行业中。其功能非常强大，包括零件设计、工业设计、模具设计、钣金件设计、装配、工程图、工程分析和仿真等许多模块，目前最新版本是 Creo 2.0。而 Creo Parametric 是 Creo 最为重要的应用软件，本书将重点介绍 Creo Parametric。

本章将介绍的内容如下：

（1）启动 Creo 2.0 的方法；

（2）Creo 2.0 工作界面介绍；

（3）模型的操作；

（4）文件的管理；

（5）窗口的管理；

（6）退出 Creo 2.0 的方法。

1.1 启动 Creo 2.0 的方法

启动 Creo 2.0 有下列两种方法。

（1）双击桌面上的 快捷方式图标。

（2）单击任务栏上的"开始"|"所有程序"| PTC Creo | Creo Parametric 2.0。

1.2 Creo 2.0 工作界面介绍

与 Pro/ENGINEER Wildfire 相比，Creo 工作界面发生了非常大的变化，其操作界面更具 Windows 风格。主要由标题栏、功能区、"文件"菜单、导航栏、工具栏（快速访问工具栏和图形工具栏）、信息栏、过滤器和绘图区等组成。

1.2.1 标题栏

标题栏位于主界面的顶部，用于显示当前正在运行的 Creo Parametric 2.0 应用程序名称和打开的文件名等信息。

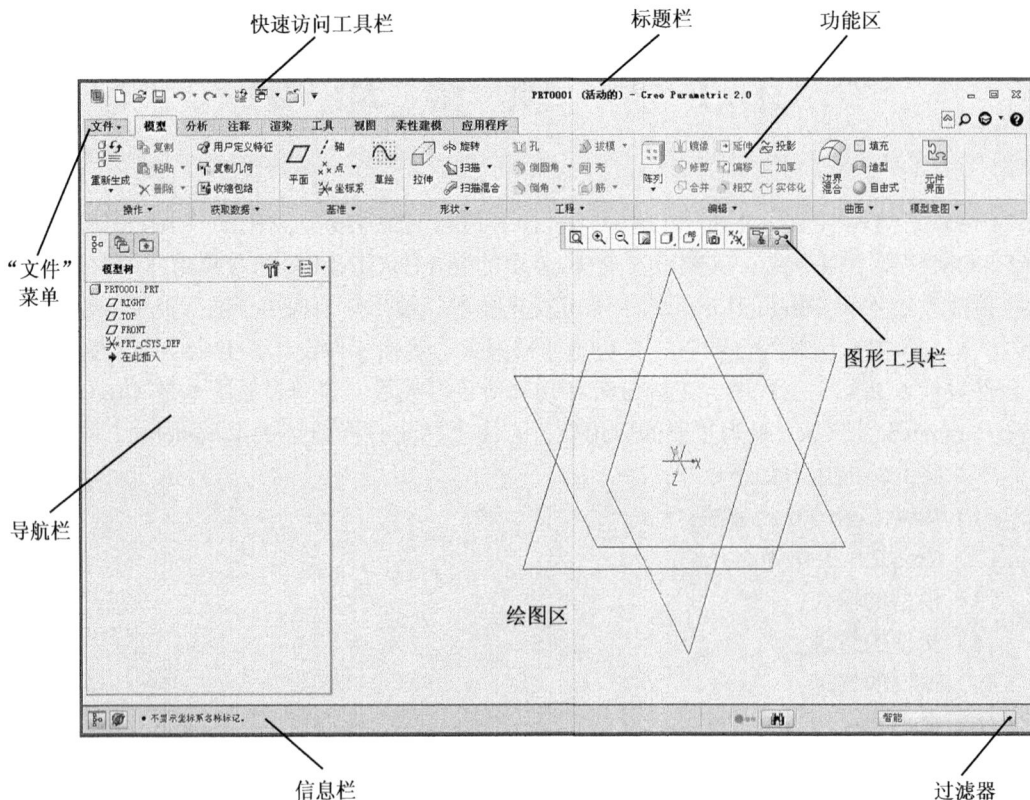

图 1-1　Creo 2.0 工作界面

1.2.2　工具栏

Creo 的工具栏包括快速访问工具栏和图形工具栏两类，如图 1-2 所示。

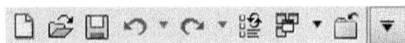

　　（a）快速访问工具栏　　　　　　　　　　　　　（b）图形工具栏

图 1-2　工具栏

1. 快速访问工具栏

快速访问工具栏位于 Creo 界面的左上方。它包含了最常用的工具栏图标按钮，如图 1-2（a）所示，默认显示的有 8 个图标按钮，即"新建"、"打开"、"保存"、"撤销"、"重做"、"重新生成"、"切换窗口"和"关闭窗口"。

2. 图形工具栏

如图 1-2（b）所示图形工具栏用于控制图形的显示。在工具栏右击，弹出快捷菜单，如图 1-3 所示，通过设置可以隐藏或显示工具栏上的按钮。如果选取"位置"选项，可以更改工具栏的位置。

1.2.3 "文件"菜单

"文件"菜单位于 Creo 窗口左上角,单击该菜单将打开下拉菜单,如图 1-4 所示。该菜单包含用于管理文件、管理会话和设置 Creo Parametric 环境和配置选项等操作命令。

1.2.4 导航栏

导航栏位于绘图区的左侧,在导航栏顶部依次排列着"模型树"、"文件夹浏览器"和"收藏夹"3 个选项卡。例如单击"模型树"选项卡可以切换到如图 1-5 所示。

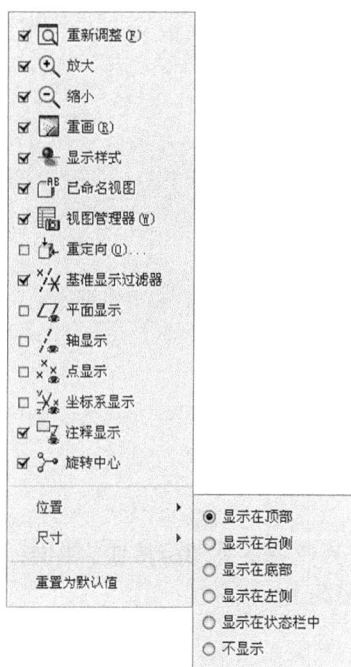

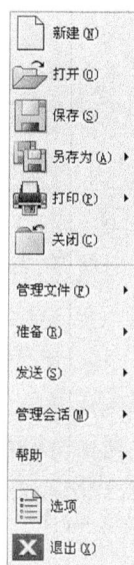

图 1-3 快捷菜单　　　　图 1-4 "文件"菜单　　　　图 1-5 "模型树"面板

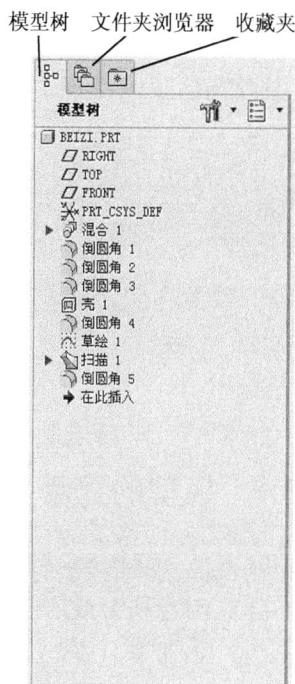

模型树以树状结构按创建的顺序显示当前活动模型所包含的特征或零件,可以利用模型树选择要编辑、排序或重定义的特征[①]。状态栏上的 图标按钮控制导航栏的显示。

1.2.5 绘图区

绘图区是界面中间的空白区域,用户可以在该区域绘制、编辑和显示模型。

1.2.6 信息栏

信息栏显示在当前窗口中操作的相关信息与提示,如图 1-6 所示。

---

① 参考本书第 9 章。

图 1-6 信息栏

1.2.7 过滤器

过滤器位于工作区的右下角。利用过滤器可以设置要选取特征的类型，这样可以非常快捷地选取到要操作的对象。

1.2.8 功能区

功能区有若干个选项卡组成，每个选项卡又包括若干个面板，每个面板又有若干相关的图标按钮组成。如图 1-7 所示，为零件模块中的"模型"选项卡。

图 1-7 "模型"选项卡

1.3 模型的操作

1.3.1 模型的显示

在 Creo 2.0 中模型的显示方式有 6 种，可以单击图形工具栏中下列图标按钮来控制。

（1）⬜带边着色：模型高亮显示所有边线着色显示，如图 1-8 所示。

（2）🔵带反射着色：模型带反射着色显示，如图 1-9 所示。

（3）⬜着色：模型着色显示，如图 1-10 所示。

（4）⬜消隐：模型不显示隐藏线，如图 1-11 所示。

（5）⬜隐藏线：以隐藏线显示模式显示模型，如图 1-12 所示。

（6）⬜线框：以线框显示模式显示模型，如图 1-13 所示。

图 1-8 "带边着色"显示方式　　图 1-9 "带反射着色"显示方式　　图 1-10 "着色"显示方式

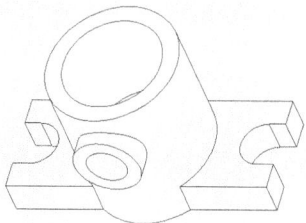

图1-11 "消隐"显示方式　　　　图1-12 "隐藏线"显示方式　　　　图1-13 "线框"显示方式

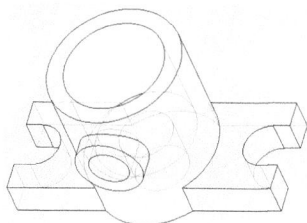

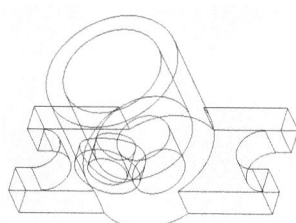

1.3.2　模型的观察

为了从不同角度观察模型局部细节，需要放大、缩小、平移和旋转模型。在 Creo 2.0 中，可以用三键鼠标来完成下列不同的操作。

（1）旋转：按住鼠标中键+移动鼠标。

（2）平移：按住鼠标中键+**Shift** 键+移动鼠标。

（3）缩放：按住鼠标中键+**Ctrl** 键+垂直移动鼠标。

（4）翻转：按住鼠标中键+**Ctrl** 键+水平移动鼠标。

（5）动态缩放：转动鼠标中键滚轮。

另外，图形工具栏中还有以下与模型观察相关的图标按钮，其操作方法非常类似于 AutoCAD 中的相关命令。

（1）🔍 缩小：缩小模型。

（2）🔍 放大：窗口放大模型。

（3）🔍 重新调整：相对屏幕重新调整模型，使其完全显示在绘图窗口。

1.3.3　模型的定向

1. 选择默认的视图

在建模过程中，有时还需要按常用视图显示模型，以方便观察。可以单击图形工具栏中"已命名视图"图标按钮，在其下拉列表中选择默认的视图，如图 1-14 所示，包括标准方向、默认方向、BACK（后视）、BOTTOM（俯视）、FRONT（主视）、LEFT（左视）、RIGHT（右视）和 TOP（仰视）。

2. 重定向视图

除了选择默认的视图，用户还可根据需要重定向视图。

操作步骤如下。

第 1 步，单击"已命名视图"图标按钮，在其下拉列表中单击 重定向 图标按钮，弹出如图 1-15 所示"方向"对话框。

第 2 步，选取 DTM1 基准平面为参考 1，如图 1-16 所示。

注意：DTM1 基准平面为用户创建的基准平面[①]。

第 3 步，选取 TOP 基准平面为参考 2。

注意：参考平面 1 和参考平面 2 必须互相垂直。

第 4 步，单击"保存的视图"按钮，在名称文本框中输入"自定义"，单击"保存"按钮。

第 5 步，单击"确定"按钮，模型显示如图 1-17 所示。同时，"自定义"视图将保存在如图 1-14 所示视图下拉列表中。

图 1-14 保存的视图列表

图 1-15 "方向"对话框

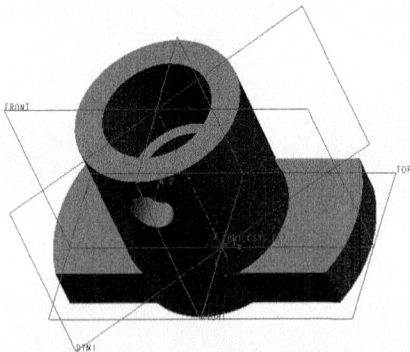

图 1-16 DTM1 基准平面为参考 1

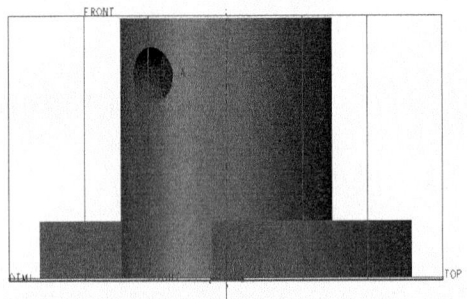

图 1-17 "自定义"视图

1.4 文件的管理

1.4.1 新建文件

在 Creo 2.0 中可以利用"新建"命令调用相关的功能模块，创建不同类型的新文件。调用命令的方式如下。

菜单：执行"文件"|"新建"命令。

图标：单击快速访问工具栏中 的图标按钮。

操作步骤如下。

第 1 步，调用"新建"命令，弹出如图 1-18 所示"新建"对话框。

第 2 步，在"类型"选项组中，选择相关的功能模块单选按钮，默认为"零件" 模块，子类型模块为"实体"。

注意：本书所涉及的模块参见表 1-1。

表 1-1　模块类型和功能一览表

模 块 类 型	功　　能	文件扩展名
草绘	创建二维草图	*.sec
零件	创建三维模型	*.prt
装配	创建三维模型装配	*.asm
绘图	创建二维工程图	*.drw
格式	创建二维工程图格式	*.frm

第 3 步，在"名称"文本框中输入文件名。

注意：如果选择的是"零件"模块，则默认的文件名是 prt0001；如果选择的是"装配"模块则默认的文件名是 asm0001；如果选择"绘图"模块则默认的文件名是 drw0001。用户可以删除后自行输入文件名。

第 4 步，取消选中"使用默认模板"复选框。单击"确定"按钮，弹出如图 1-19 所示"新文件选项"对话框。

图 1-18　"新建"对话框　　　　　　图 1-19　"新文件选项"对话框

第 5 步，在模板选项组中选择 mmns_part_solid（公制）列表项，单击"确定"按钮。

注意：在 Creo 2.0 中，新建文件系统默认的是英制，所以需要选择 mmns_part_solid，改为公制。

1.4.2　打开文件

"打开"命令可以打开已保存的文件。

调用命令的方式如下。

菜单：执行"文件"|"打开"命令。

图标：单击快速访问工具栏中的 📂 图标按钮。

操作步骤如下。

第 1 步，调用"打开"命令，弹出如图 1-20 所示"文件打开"对话框。

第 2 步，选择要打开文件所在的文件夹，在文件名称列表框选中该文件，单击"预览"按钮。

第 3 步，单击"打开"按钮。

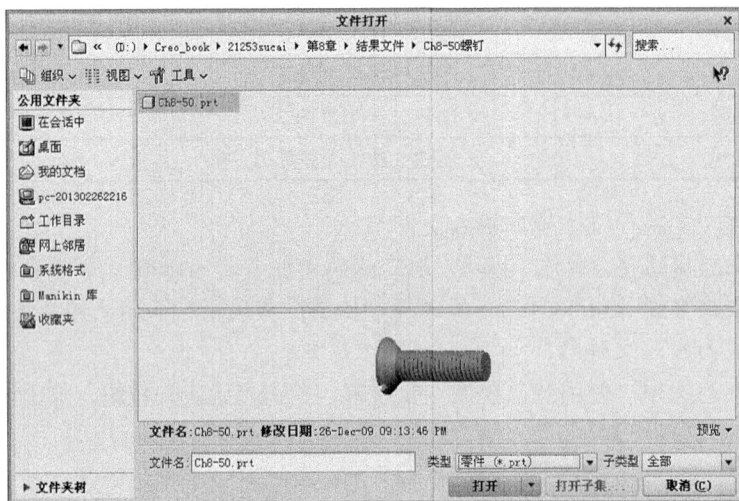

图 1-20　"文件打开"对话框

1.4.3　保存文件

可以利用"保存"命令保存文件。

调用命令的方式如下。

菜单：执行"文件"|"保存"命令。

图标：单击快速访问工具栏中的 💾 图标按钮。

操作步骤如下。

第 1 步，调用"保存"命令。弹出如图 1-21 所示"保存对象"对话框。

第 2 步，单击"确定"按钮。

注意：在 Creo 2.0 中，例如保存一个名为 beizi 的零件，首次保存时文件名为 beizi.prt.1。如果再次保存该零件时，文件名会变为 beizi.prt.2，依此类推，每次保存其版本号自动加 1。

1.4.4　保存副本

"保存副本"命令可以用新文件名保存当前图形或保存为其他类型的文件。

调用命令的方式如下。

菜单：执行"文件"|"另存为"|"保存副本"命令。

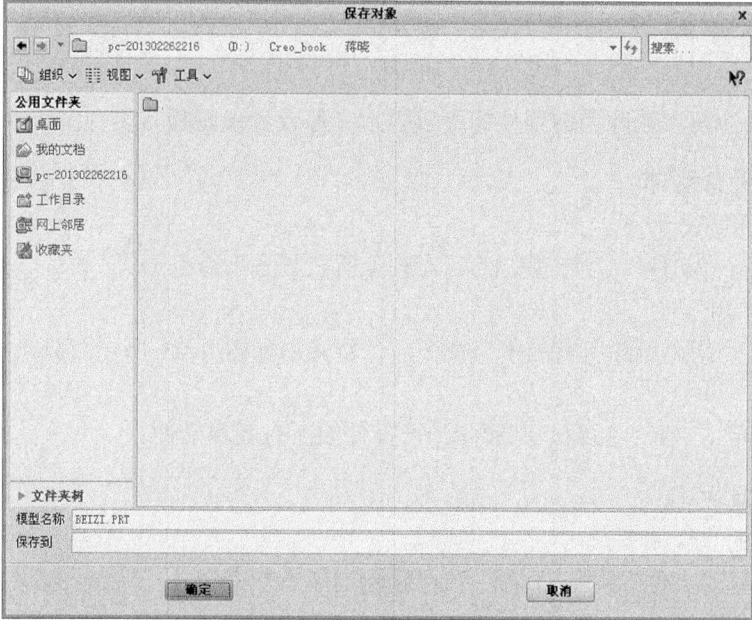

图 1-21 "保存对象"对话框

操作步骤如下。

第 1 步，调用"保存副本"命令后，将弹出如图 1-22 所示"保存副本"对话框。

第 2 步，在"新名称"文本框中，输入新文件名。

第 3 步，单击"类型"下拉列表框，选择文件保存的类型。

第 4 步，单击"确定"按钮。

图 1-22 "保存副本"对话框

1.4.5 删除文件

"删除"命令可以删除当前零件的所有版本文件或者仅删除其所有旧版本文件。

1. 删除所有版本

调用命令的方式如下。

菜单：执行"文件"|"管理文件"|"删除所有版本"命令。

操作步骤如下。

第 1 步，调用"删除所有版本"命令后，将弹出如图 1-23 所示"删除所有确认"对话框。

第 2 步，单击"是"按钮，则删除当前零件的所有版本文件。

2. 删除旧版本

调用命令的方式如下。

菜单：执行"文件"|"管理文件"|"删除旧版本"命令。

操作步骤如下。

第 1 步，调用"删除旧版本"命令后，将弹出如图 1-24 所示"输入其旧版本要被删除的对象"文本框。

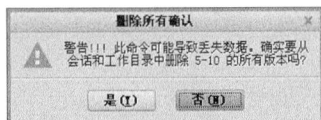

图 1-23 "删除所有确认"对话框　　　　　图 1-24 "输入其旧版本要被删除的对象"文本框

第 2 步，输入要被删除的文件名。

第 3 步，单击 图标按钮，则该文件的旧版本被删除，只保留最新版本。

1.4.6 拭除文件

"拭除"命令可以拭除内存中的模型文件，但并没有删除硬盘中的原文件。

1. 拭除当前文件

调用命令的方式如下。

菜单：执行"文件"|"管理会话"|"拭除当前"命令。

操作步骤如下。

第 1 步，调用"拭除当前"命令，将弹出如图 1-25 所示"拭除确认"对话框。

第 2 步，单击"是"按钮，则将当前活动窗口中的模型文件从内存中删除。

2. 拭除未显示文件

调用命令的方式如下。

菜单：执行"文件"|"管理会话" |"拭除未显示的"命令。

操作步骤如下。

第1步，调用"拭除未显示的"命令，将弹出如图1-26所示"拭除未显示的"对话框。

第2步，单击"确定"按钮，则将所有没有显示在当前窗口中的模型文件从内存中删除。

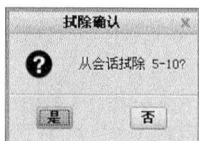

图 1-25 "拭除确认"对话框

图 1-26 "拭除未显示的"对话框

1.4.7 选择工作目录

"选择工作目录"命令可以直接按设置好的路径，在指定的目录中打开和保存文件。

调用命令的方式如下。

菜单：执行"文件" |"管理会话"|"选择工作目录"命令。

操作步骤如下。

第1步，调用"选择工作目录"命令，将弹出如图1-27所示"选择工作目录"对话框。

第2步，设置目标路径选择工作目录。

第3步，单击"确定"按钮。

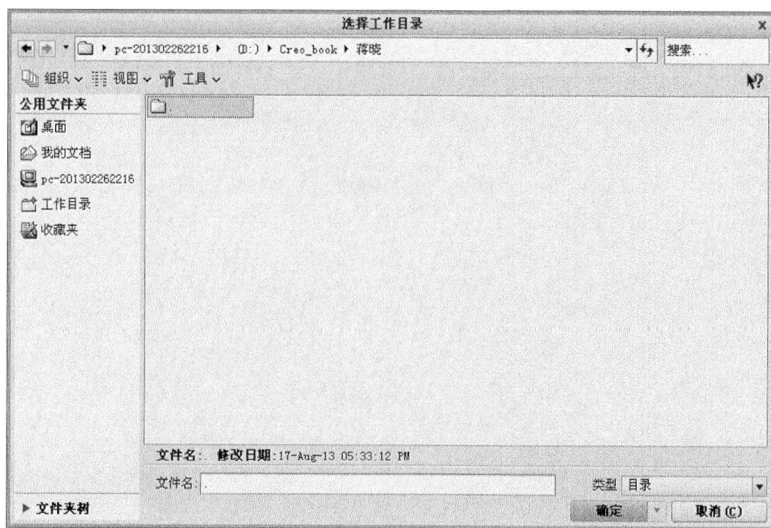

图 1-27 "选择工作目录"对话框

1.5 窗口的管理

1.5.1 激活窗口

在 Creo 2.0 中可以打开多个窗口，但只能有一个窗口处于活动状态。调用"窗口"命令可以选择需要激活的窗口。

调用命令的方式如下。

图标：单击快速访问工具栏中的 图标按钮。

操作步骤如下。

第 1 步，调用"窗口"命令，显示窗口列表，如图 1-28 所示。

第 2 步，选择要激活的窗口。

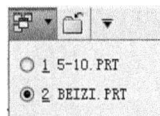

图 1-28　窗口列表

1.5.2 关闭窗口

关闭当前模型工作窗口，并将模型留在内存中。

调用命令的方式如下。

菜单：执行"文件"|"关闭"命令。

图标：**单击快速访问工具栏中的 图标按钮或者单击当前模型工作窗口标题栏右上角的 图标按钮。**

注意：关闭窗口后，模型仍留在内存中。可以单击导航栏中的"文件夹浏览器"选项卡，选择"在会话中"，在右侧列表中双击已关闭的模型文件，打开该模型窗口，如图 1-29 所示。

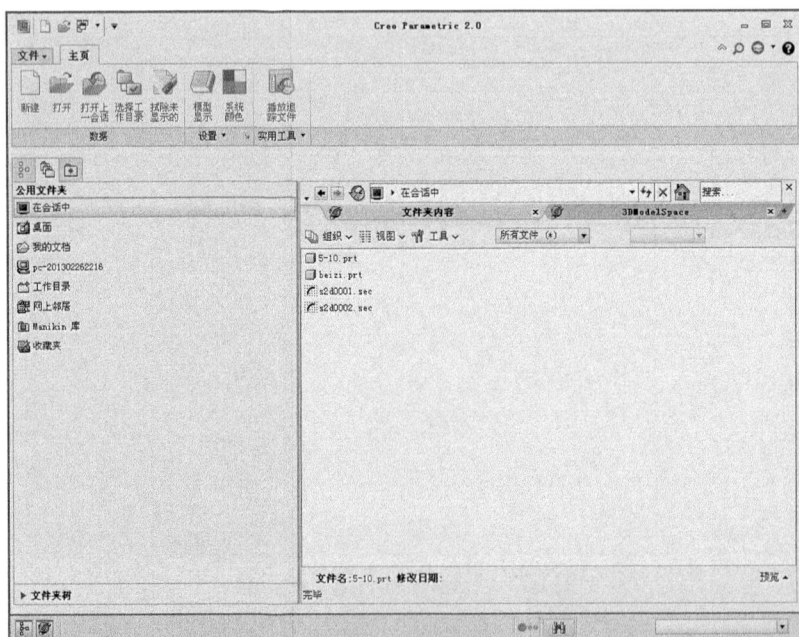

图 1-29　"文件夹浏览器"选项卡

1.6　退出 Creo 2.0 的方法

退出 Creo 2.0 调用命令的方式如下。

菜单：执行"文件"|"退出"命令。

操作步骤如下。

第 1 步，调用"退出"命令，系统弹出如图 1-30 所示"确认"对话框，提示用户保存文件。

第 2 步，如果单击"是"按钮，则退出 Creo 2.0。

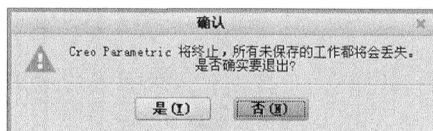

图 1-30　"确认"对话框

第 2 章　二维草图的绘制

二维草图是 Creo 2.0 三维建模的基础，使用 Creo 2.0 在创建基于草绘的三维特征时，需要通过创建内部二维截面或选取现有的"草绘"特征来定义其形状、尺寸和常规放置等。如图 2-1 所示，二维截面分别通过拉伸、旋转得到不同的三维实体。因此，二维截面是生成三维实体的基本元素，一般是由一个或多个草绘段组成的单个开放或封闭的环，可以通过绘制二维草图来创建截面特征。

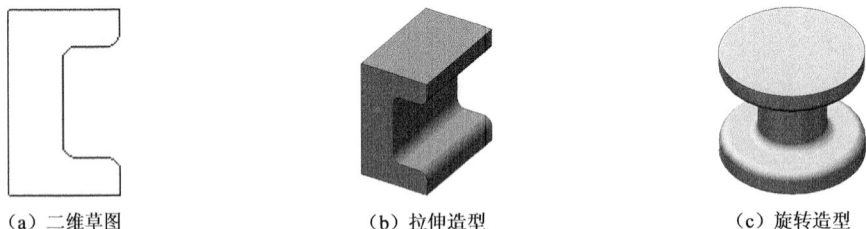

(a) 二维草图　　　　　　　　(b) 拉伸造型　　　　　　　　(c) 旋转造型

图 2-1　由二维草图生成三维实体

本章将介绍的内容如下。
(1) 草绘工作界面；
(2) 直线的绘制；
(3) 矩形的绘制；
(4) 圆弧的绘制；
(5) 圆的绘制；
(6) 圆角的绘制；
(7) 倒角的绘制；
(8) 样条曲线的绘制；
(9) 使用边界图元；
(10) 文本的创建；
(11) 草绘器调色板；
(12) 草绘器诊断。

2.1　二维草绘的基本知识

2.1.1　进入二维草绘环境的方法

在 Creo 2.0 中，二维草绘的环境称为"草绘器"，进入草绘环境有以下两种方式：

(1) 由"草绘"模块直接进入草绘环境（简称 2D 草绘器）。创建新文件时，在如图 2-2 所示的"新建"对话框中的"类型"选项组内选择"草绘"，并在"名称"编辑框中输入文件名称后，可直接进入草绘环境。在此环境下直接绘制二维草图，并以扩展名为.sec 保存文件。此类文件可以导入到零件模块的草绘环境中，作为实体造型的二维截面；也可导入到工程图模块，作为二维平面图元。

（2）由"零件"模块进入草绘环境（简称 3D 草绘器）。创建新文件时，在"新建"对话框中的"类型"选项组内选择"零件"，进入零件建模环境。在此环境下通过选择"模型"选项卡"基准"面板中的草绘工具 图标按钮，进入"草绘"环境，绘制二维截面，可以供实体造型时选用。或是在创建某个三维特征命令中，系统提示"选取一个草绘"时，进入草绘环境[1]，此时所绘制的二维截面属于所创建的特征。用户也可以将零件模块的草绘环境下绘制的二维截面保存为副本，以扩展名为.sec 保存为单独的文件，以供创建其他特征时使用。

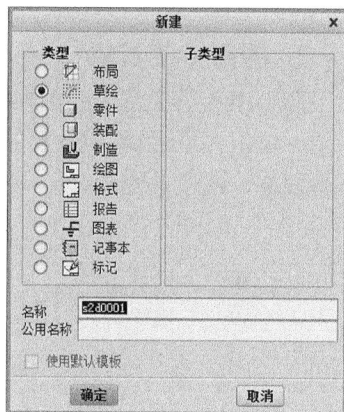

本章除第 2.10 节和第 2.11 节采用第二种方式外，其余均采用第一种方式，直接进入草绘环境，绘制二维草图。

图 2-2 "新建"对话框

2.1.2 草绘工作界面

进入二维草绘的环境后，将显示如图 2-3 所示的工作界面，主要包括：标题栏、导航区、菜单栏、工具栏、草绘区、信息区等。

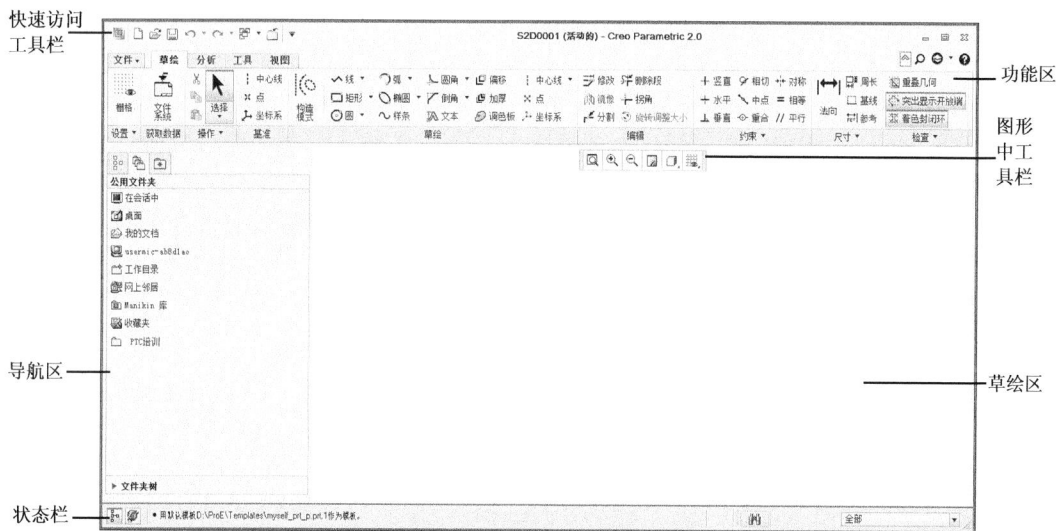

图 2-3 草绘工作界面

1. 功能区

位于标题栏下方的"草绘"界面功能区提供了 Creo 2.0 草绘模块中大多数命令，包括文件、草绘、分析、工具、视图等选项卡，每个选项卡又包括若干面板，如图 2-3 所示为

---

① 参见本书第 5 章。

"草绘"选项卡及其面板，提供了绘制二维草图时，几何图元的创建与编辑、几何约束、尺寸约束等命令。

2. 图形中工具栏

图形中工具栏位于绘图窗口的顶部，包括图形窗口显示的常用工具与过滤器，如图2-4所示。单击"草绘器显示过滤器"，弹出如图2-5所示的菜单，可以控制尺寸、几何约束[①]、屏幕栅格、线段端点的显示或隐藏。

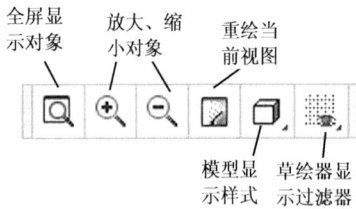

图 2-4　图形中工具栏

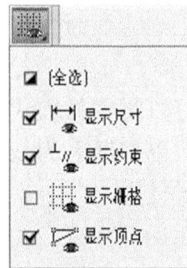

图 2-5　"草绘器显示过滤器"选项

选项说明如下。

（1）显示尺寸：打开或关闭尺寸的显示。

（2）显示约束：打开或关闭几何约束的显示。

（3）显示栅格：打开或关闭栅格的显示。

（4）显示顶点：打开或关闭截面顶点的显示。

除了"屏幕栅格"功能关闭外，其余3个功能均为打开状态，系统显示几何约束符号和尺寸。如图2-6（a）所示。当选择"显示栅格"后，草绘区显示"栅格"，如图2-6（b）所示。单击"草绘"选项卡的"设置"面板上的图标按钮，弹出如图2-7所示的"栅格设置"对话框，可以设置栅格类型、栅格间距、栅格原点和方向等。

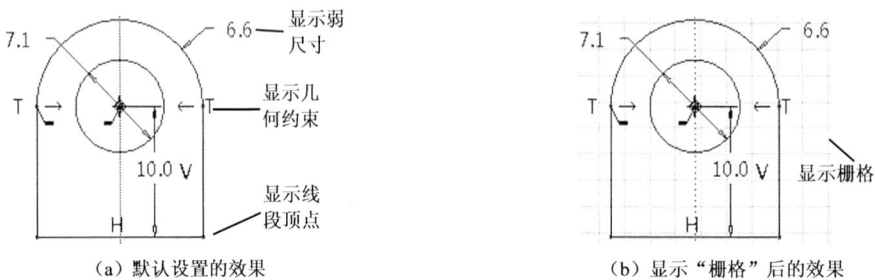

（a）默认设置的效果

（b）显示"栅格"后的效果

图 2-6　"草绘器显示过滤器"各选项的控制效果

注意：

（1）"视图"选项卡提供了控制图形窗口显示的命令。

（2）本章各例题与上机题图例均关闭"尺寸显示"功能。

---

① 参见本书第3.1小节。

2.1.3 二维草图绘制的一般步骤

一般按如下步骤绘制二维草图。

第 1 步，"草绘"，即粗略地绘制出图形的几何形状，如果使用系统默认设置，在创建几何图元移动鼠标时，草绘器会根据图形的形状实时捕捉几何约束，并显示约束条件。几何图元创建之后，系统将保留约束符号，且自动标注草绘图元，添加"弱"尺寸，并以淡蓝色显示，如图 2-6 所示。

第 2 步，根据二维草图形状，用户可以手动添加几何约束条件，控制图元的几何条件以及图元之间的几何关系，如水平、相切、平行、对称等。

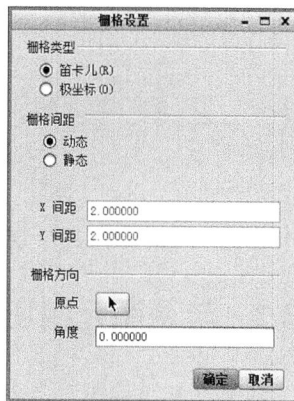

图 2-7 "栅格设置"对话框

第 3 步，根据需要，手动添加"强"尺寸，系统以深蓝色显示。

第 4 步，按草图的实际尺寸修改几何图元的尺寸（包括强尺寸和弱尺寸），精确控制几何图元的大小、位置，系统将按实际尺寸再生图形，最终得到精确的二维草图。

2.2 直线的绘制

Creo 2.0 中的直线图元包括普通直线、与两个图元相切的直线。

调用命令的方式如下。

功能区：单击"草绘"选项卡"草绘"面板中的"线" ∿线 下拉式图标按钮。

2.2.1 普通直线的绘制

利用"线链"命令可以通过两点创建普通直线图元，此为绘制直线的默认方式。

注意：在草绘窗口内右击，在快捷菜单中选取"线链"，可以调用该命令。

操作步骤如下。

第 1 步，单击 ∿线链 图标按钮，调用"线链"命令。

第 2 步，在草绘区内单击，确定直线的起点。

第 3 步，移动鼠标，草绘区显示一条"橡皮筋"线，在适当位置单击，确定直线段的端点，系统在起点与端点之间创建一条直线段。

第 4 步，移动鼠标，草绘区接着上一段线又显示一条"橡皮筋"线，再次单击，创建另一条首尾相接的直线段。直至单击鼠标中键。

第 5 步，重复上述第 2 步～第 4 步，重新确定新的起点，绘制直线段；或单击鼠标中键，结束命令。

如图 2-8 所示，为绘制平行四边形的操作过程。其中约束符号 H 表示水平线、∥表示绘制两条平行线，L 表示两线长度相等，◎表示创建相同点。图 2-8（e）所示为最终的草图。

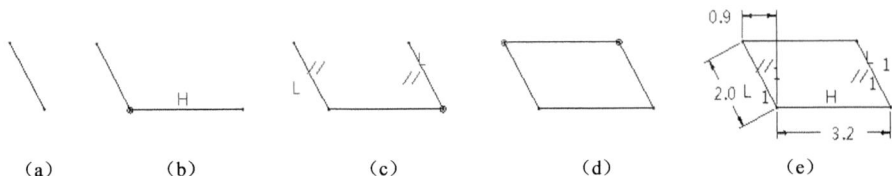

（a）　　　　（b）　　　　（c）　　　　（d）　　　　（e）

图 2-8　绘制平行四边形

注意：单击"草绘"选项卡"操作"面板中的 ▶ 选择图标按钮，也可以结束命令。

2.2.2　与两图元相切直线的绘制

利用"直线相切"命令可以创建与两个圆或圆弧相切的公切线。

操作步骤如下。

第 1 步，单击 ✕ 直线相切 图标按钮，调用"直线相切"命令。

第 2 步，系统提示"在弧、圆或椭圆上选择起始位置。"时，在圆弧、圆或椭圆的适当位置单击，确定直线的起始点。

第 3 步，系统提示"在弧、圆或椭圆上选择结束位置。"时，移动鼠标，在圆弧、圆或椭圆的另一个适当位置单击，系统将自动捕捉切点，创建一条公切线，如图 2-9 所示。

第 4 步，系统再次提示"在弧、圆或椭圆上选取起始位置。"时，重复上述第 2 步和第 3 步，或单击鼠标中键，结束命令。

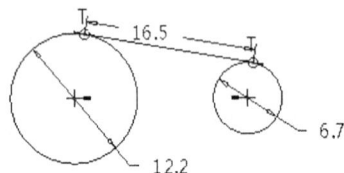

图 2-9　绘制与两图元相切的直线

注意：系统根据在圆或圆弧上选取的位置不同，自动判断是内切还是外切。

2.3　中心线的绘制

中心线是一种构造几何对象，不能用于创建三维特征，而是用作辅助线，主要用于定义对称图元的对称线，以及控制草绘几何的构造直线等。包括中心线、相切中心线。

调用命令的方式如下。

功能区：单击"草绘"选项卡"草绘"面板中的"中心线" ┆ 中心线 ▼ 下拉式图标按钮。

2.3.1　普通中心线的绘制

利用"中心线"命令可以定义两点绘制无限长的中心线。

注意：在草绘窗口内右击，在快捷菜单中选取"构造中心线"，可以调用该命令。

操作步骤如下。

第 1 步，单击 ┆ 中心线 图标按钮，调用"中心线"命令。

第 2 步，在草绘区内单击，确定中心线的通过的一点。

第 3 步，移动鼠标，在适当位置单击，确定中心线通过的另一点，系统通过两点创建一条中心线。

第 4 步，重复上述第 2 步和第 3 步,绘制另一条中心线；或单击鼠标中键，结束命令。

2.3.2 相切中心线的绘制

利用"中心线相切"命令可以创建与两个圆或圆弧同时相切的无限长中心线。
操作步骤如下。
第 1 步，单击 ╆ 中心线相切 图标按钮，调用"中心线相切"命令。
第 2 步～第 4 步，同本书第 2.2.2 小节"直线相切"命令第 2 步～第 4 步。

2.4 矩形的绘制

Creo 2.0 可以绘制如图 2-10 所示的 4 种类型的矩形,矩形的 4 条线为独立的几何对象,可以分别修剪、删除等。

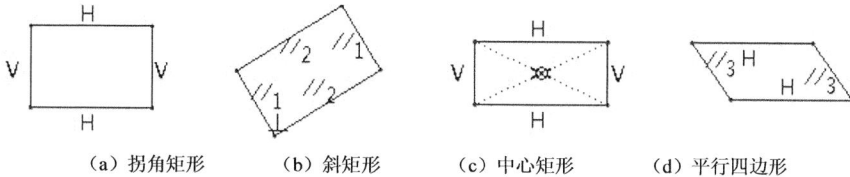

（a）拐角矩形　　（b）斜矩形　　（c）中心矩形　　（d）平行四边形

图 2-10　矩形的类型

调用命令的方式如下。
功能区：单击"草绘"选项卡"草绘"面板中的"矩形" □ 矩形 ▾ 下拉式图标按钮。

2.4.1 拐角矩形的绘制

通过指定矩形的两个对角点创建矩形。
注意：在草绘窗口内右击，在快捷菜单中选取"拐角矩形"，可以调用该命令。
操作步骤如下。
第 1 步，单击 □ 拐角矩形 图标按钮，调用"拐角矩形"命令。
第 2 步，在合适位置单击，确定矩形的一个顶点，如图 2-11 所示的点 1。
第 3 步，移动鼠标，在另一位置单击，确定矩形的另一对角点，如图 2-11 所示的点 2，系统创建矩形。
第 4 步，重复上述第 2 步和第 3 步，继续指定另一矩形的两个对角点，绘制另一矩形，直至单击鼠标中键，结束命令。

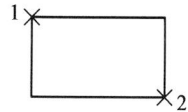

图 2-11　绘制拐角矩形

2.4.2 斜矩形的绘制

通过指定矩形的 3 个顶点创建倾斜的矩形。
操作步骤如下。
第 1 步，单击 ◇ 斜矩形 图标按钮，调用"斜矩形"命令。

第 2 步，在合适位置单击，确定矩形第一条边的一个顶点，如图 2-12 所示的点 1。

第 3 步，移动鼠标至适当位置单击，确定矩形第一条边的另一顶点，如图 2-12 所示的点 2。

第 4 步，再移动鼠标至适当位置单击，确定矩形另一直角边的顶点，如图 2-12 所示的点 3。系统通过这 3 个顶点创建斜矩形。

第 5 步，重复上述第 2~4 步，继续指定另一矩形的 3 个顶点，绘制另一斜矩形，直至单击鼠标中键，结束命令。

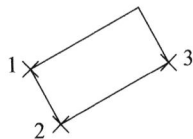

图 2-12　绘制斜矩形

2.4.3　中心矩形的绘制

通过指定矩形的中心点和一个顶点创建对称矩形。系统所创建的矩形对角线通过指定的中心点和顶点，且连接中心点和 4 个顶点的两条构造对角线在两个方向上对称，如图 2-10（c）所示。

操作步骤如下。

第 1 步，单击 中心矩形 图标按钮，调用"中心矩形"命令。

第 2 步，在合适位置单击，确定矩形中心点。

第 3 步，移动鼠标至合适位置单击，确定矩形的一个顶点。

第 4 步，重复上述第 2 步和第 3 步，继续指定另一矩形的中心点和顶点，绘制另一中心矩形，直至单击鼠标中键，结束命令。

2.4.4　平行四边形的绘制

通过指定 3 个顶点创建平行四边形。

操作步骤如下。

第 1 步，单击 平行四边形 图标按钮，调用"平行四边形"命令。

第 2 步，在合适位置单击，确定平行四边形第一条边的一个顶点，如图 2-13 所示的点 1。

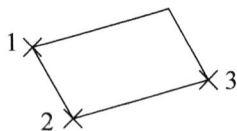

图 2-13　绘制平行四边形

第 3 步，移动鼠标至适当位置单击，确定平行四边形第一条边的另一顶点，如图 2-13 所示的点 2。

第 4 步，再移动鼠标至适当位置单击，确定平行四边形另一边的顶点，如图 2-13 所示的点 3，以确定平行四边形另一边的长度和方向。系统通过这 3 个顶点创建平行四边形。

第 5 步，重复上述第 2 步～第 4 步，继续指定另一平行四边形的 3 个顶点，绘制另一平行四边形，直至单击鼠标中键，结束命令。

2.5　圆 的 绘 制

Creo 2.0 创建圆的方法有：指定圆心和点画圆、画同心圆、三点画圆、画与 3 个图元相切的圆，如图 2-14 所示。

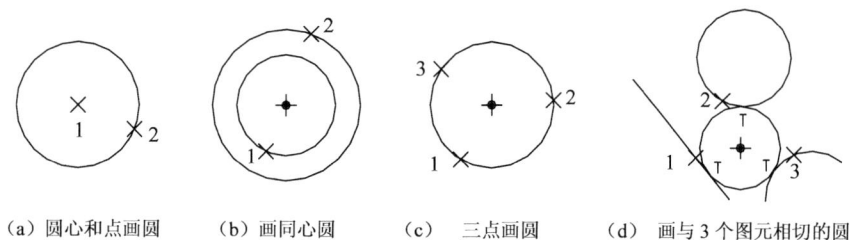

(a) 圆心和点画圆　　(b) 画同心圆　　(c) 三点画圆　　(d) 画与3个图元相切的圆

图 2-14　绘制圆的方法

调用命令的方式如下。

功能区：单击"草绘"选项卡"草绘"面板中的"圆" ⊙圆 ▾ 下拉式图标按钮。

2.5.1　指定圆心和点绘制圆

利用"圆心和点"命令可以通过指定圆心和圆上一点以确定圆的位置和直径创建圆，该方式是默认画圆的方式，如图 2-14（a）所示。

注意：在草绘窗口内右击，在快捷菜单中选取"圆"，可以调用该命令。

操作步骤如下。

第 1 步，单击 ⊙圆心和点 图标按钮，调用"圆心和点"命令。

第 2 步，在合适位置单击，确定圆的圆心位置。如图 2-14（a）所示的点 1。

第 3 步，移动鼠标，在适当位置单击，指定圆上的一点，如图 2-14（a）所示点 2。系统则以指定的圆心，以及圆心与圆上一点的距离为半径画圆。

第 4 步，重复上述第 2 步和第 3 步,绘制另一个圆；或单击鼠标中键，结束命令。

2.5.2　同心圆的绘制

利用圆的"同心"命令可以创建与指定圆或圆弧同心的圆，如图 2-14（b）所示。

操作步骤如下。

第 1 步，单击 ⊙同心 图标按钮，调用"同心"命令。

第 2 步，系统提示"选择一弧(去定义中心)。"时，选取一个圆弧或圆。如图 2-14（b）所示，在小圆的点 1 处单击。

第 3 步，移动鼠标，在适当位置单击，指定圆上的一点，如图 2-14（b）所示的点 2。系统创建与指定圆同心的圆。

第 4 步，移动鼠标，再次单击，创建另一个同心圆；或单击鼠标中键。

第 5 步，系统再次提示"选择一弧(去定义中心)。"时，可重新选取另一个圆弧或圆；或单击鼠标中键，结束命令。

注意：选定的参考圆或圆弧可以是草绘的图元，也可以是已创建的实体特征的一条边。

2.5.3　指定三点绘制圆

利用圆的"3 点"命令可以通过指定三点创建一个圆，如图 2-14（c）所示。

操作步骤如下。

第 1 步单击 ○ ³点 图标按钮，调用"3 点"命令。

第 2 步，分别在适当位置单击，确定圆上的第 1、2、3 点，系统通过指定的三点画圆，如图 2-14（c）所示。

第 3 步，重复上述第 2 步，再创建另一个圆。直至单击鼠标中键，结束命令。

2.5.4　与 3 个图元相切圆的绘制

利用圆的"3 相切"命令可以创建与 3 个已知的图元相切的圆，已知图元可以是圆弧、圆、直线，如图 2-14（d）所示。

操作步骤如下。

第 1 步，单击 ○ ³相切 图标按钮，调用"3 相切"命令。

第 2 步，系统提示"在弧、圆或直线上选择起始位置。"时，选取一个圆弧或圆或直线。如图 2-14（d）所示，在直线点 1 处单击。

第 3 步，系统提示"在弧、圆或直线上选择结束位置。"时，选取第 2 个圆弧或圆或直线，如图 2-14（d）所示，在上面的圆的点 2 处单击。

第 4 步，系统提示"在弧、圆或直线上选择第三个位置。"时，选取第 3 个圆弧或圆或直线，如图 2-14（d）所示，在右侧的圆弧点 3 处单击。

第 5 步，系统再次提示"在弧、圆或直线上选取起始位置。"时，重复上述第 2 步～第 4 步，再创建另一个圆。直至单击鼠标中键，结束命令。

注意：系统根据选取图元时的位置不同，绘制不同的相切圆，如图 2-15 所示粗实线表示的圆，是当选择圆时的点 2 位置不同得到的不同圆。

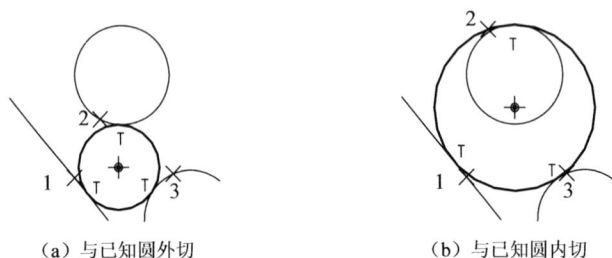

（a）与已知圆外切　　　　　　　　　（b）与已知圆内切

图 2-15　绘制"3 相切"圆

2.6　圆弧的绘制

Creo 2.0 创建圆弧的方法有：指定三点画圆弧、相切端画圆弧、圆心和点画弧、画同心弧、画与 3 个图元相切的圆弧，如图 2-16 所示。

调用命令的方式如下。

功能区：单击"草绘"选项卡"草绘"面板中的"弧" ⌒弧 ▾ 下拉式图标按钮。

（a）三点画弧　　　　　　（b）相切端画弧　　　　　　（c）圆心和端点画弧

（d）画同心弧　　　　　　　　　（e）画与3个图元相切的圆弧

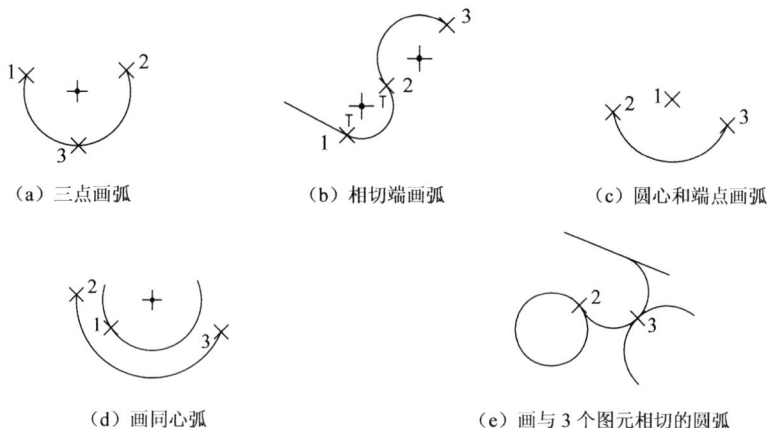

图2-16　绘制圆弧的方法

2.6.1　指定3点绘制圆弧

利用"3点/相切端"命令可以指定3点创建圆弧。

注意：在草绘窗口内右击，在快捷菜单中选取"3点/相切端"，可以调用该命令。

操作步骤如下。

第1步，单击 ⌒3点/相切端 图标按钮，调用"3点/相切端"命令。

第2步，在合适位置单击，确定圆弧的起始点，如图2-16（a）所示的点1。

第3步，移动鼠标，在适当位置单击，指定圆弧的终点，如图2-16（a）所示的点2。

第4步，移动鼠标，在适当位置单击，如图2-16（a）所示的点3，确定圆弧的半径。

第5步，重复上述第2步～第4步，创建另一个圆弧；或单击鼠标中键，结束命令。

若上述第2步将圆弧的起点选择在某一已知的直线、圆弧、曲线的端点处，则在该端点周围出现象限符号，如图2-17（a）所示，系统并提示"选择图元的一端以确定相切"。象限符号以所选线段（或所选曲线的切线方向）为对称，在不同的象限中移动光标，可以绘制两种不同类型的圆弧，操作说明如下。

（1）如果在垂直于所选线段（或所选曲线的切线方向）的象限（即在如图2-17（b）所示的非阴影象限）中移动光标，则可以接着指定圆弧的终点、圆弧上的某一中间点画圆弧，即三点画弧。

（2）如果在平行于所选线段（或所选曲线的切线方向）的象限（即在如图2-17（b）所示的阴影象限）中移动光标，用户可以在适当位置单击确定圆弧的另一端点，则创建与已知线段相切的圆弧。如图2-16（b）所示，12圆弧的起点为直线的右下端点，23圆弧的起点为12圆弧的端点2。

（a）已知线段端点的象限符号　　　　　　（b）相切端画弧

图2-17　圆弧的起点为已知线段的端点

2.6.2　指定圆心和端点绘制圆弧

利用弧的"圆心和端点"命令可以通过指定圆弧的圆心点和端点创建圆弧。

操作步骤如下。

第 1 步，单击 圆心和端点 图标按钮，调用"圆心和端点"命令。

第 2 步，移动鼠标，在适当位置单击，指定圆弧的圆心，如图 2-16（c）所示点 1。

第 3 步，移动鼠标，在适当位置单击，指定圆弧的起始点，如图 2-16（c）所示点 2。

第 4 步，移动鼠标，在适当位置单击，指定圆弧的端点，如图 2-16（c）所示点 3。

第 5 步，重复上述第 2 步～第 4 步，再创建另一个圆弧。直至单击鼠标中键，结束命令。

2.6.3　同心圆弧的绘制

利用弧的"同心"命令可以创建与指定圆或圆弧同心的圆弧。

操作步骤如下。

第 1 步，单击 同心 图标按钮，调用"同心"命令。

第 2 步，系统提示"选取一弧(去定义中心)。"时，选取一个圆弧或圆。如图 2-16（d）所示，在已知圆弧上的点 1 处单击。

第 3 步，移动鼠标，在适当位置单击，指定圆弧的起点，如图 2-16（d）所示点 2。

第 4 步，移动鼠标，在另一适当位置单击，指定圆弧的端点，如图 2-16（d）所示点 3，系统创建与指定圆或圆弧同心的圆弧。

第 5 步，重复上述第 3 步和第 4 步,再创建选定圆或圆弧的同心圆弧；或单击鼠标中键，结束命令。

2.6.4　与 3 个图元相切圆弧的绘制

利用弧的"3 相切"命令可以创建与 3 个已知的图元相切的圆弧，操作方法与"3 相切"画圆方法类似。

操作步骤如下。

第 1 步，单击 3相切 图标按钮，调用"3 相切"命令。

第 2 步～第 5 步，同本书第 2.5.4 小节的第 2 步～第 5 步。

注意：绘制与 3 个图元相切的圆弧实质是指定 3 点画圆弧，只是所指定的 3 个点是与已知图元相切的切点，即第一个切点为圆弧的起点，第二个切点为圆弧的终点。所以应根据圆弧的端点确定选取相切图元的顺序。另外注意选取图元的位置，如图 2-18 所示。

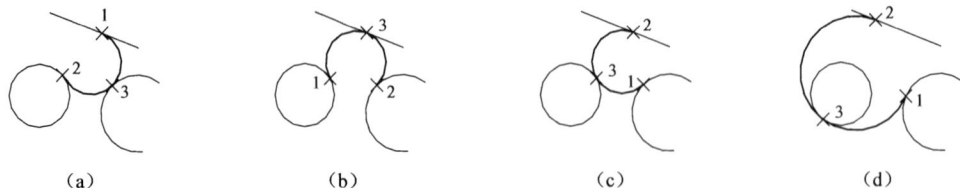

|（a）|（b）|（c）|（d）|

图 2-18　绘制与三个图元相切的圆弧

【例2-1】 用"直线"、"圆"、"圆弧"命令绘制如图2-19所示的草图。

操作步骤如下。

步骤1 创建新文件

第1步，单击"快速访问工具栏"上的"新建" 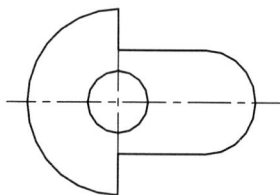 图标按钮，弹出如图2-2所示的"新建"对话框。

第2步，在"类型"选项组内选择"草绘"。

第3步，在"名称"编辑框中输入文件名称sketch1，单击"确定"按钮，进入草绘环境。

图2-19 绘制二维草图（一）

步骤2 绘制互相垂直的中心线

第1步，单击 中心线 图标按钮，调用"中心线"命令。

第2步，在草绘区内单击，确定中心线的通过的一点。

第3步，移动鼠标，出现 "垂直"约束符号V，单击，绘制垂直中心线。

第4步，在草绘区内单击，确定另一中心线通过的一点。

第5步，移动鼠标，出现 "水平"约束符号H，单击，绘制水平中心线。

第6步，单击鼠标中键，结束命令。

步骤3 绘制中间圆

第1步，单击 圆心和点 图标按钮，调用"圆心和点"命令。

第2步，移动鼠标，在两条中心线交点处单击，确定圆的圆心位置，如图2-20（a）所示的点1。

第3步，移动鼠标，在适当位置单击，指定圆上的一点，绘制圆。

第4步，单击鼠标中键，结束命令。

步骤4 绘制左半圆弧

第1步，单击 同心 图标按钮，调用"同心"命令。

第2步，系统提示"选取一弧（去定义中心）。"时，选取中间圆。

第3步，移动鼠标，在垂直中心线的适当位置单击，指定圆弧的起点，如图2-20（b）所示的点2。

第4步，移动鼠标，出现如图2-20（c）所示的界面单击，指定圆弧的端点3，保证圆弧上下对称。

第5步，连续单击鼠标中键两次，结束命令。

步骤5 绘制上半两条直线段

第1步，单击 线链 图标按钮，调用"线链"命令。

第2步，单击圆弧的上端点，确定直线的起点。

第3步，向下移动鼠标，在垂直中心线的适当位置单击，确定直线段的端点，绘制一段垂直线段。

第4步，向右移动鼠标，出现"水平"约束符号H，在适当位置单击，绘制水平直线段，如图2-20（d）所示。

第5步，连续单击鼠标中键两次，结束命令。

步骤6 绘制右半圆弧

第1步，单击 3点/相切端 图标按钮，调用"3点/相切端"命令。

第 2 步，在水平线段的右端点单击，确定圆弧的起始点，并显示象限符号，如图 2-20（e）所示。

第 3 步，在平行于水平线段的象限中移动光标，出现如图 2-20（e）所示的约束条件时单击，指定圆弧的终点。

第 4 步，单击鼠标中键，结束命令。

步骤 7　绘制下半两条直线段

操作过程略。结果如图 2-20（f）所示。

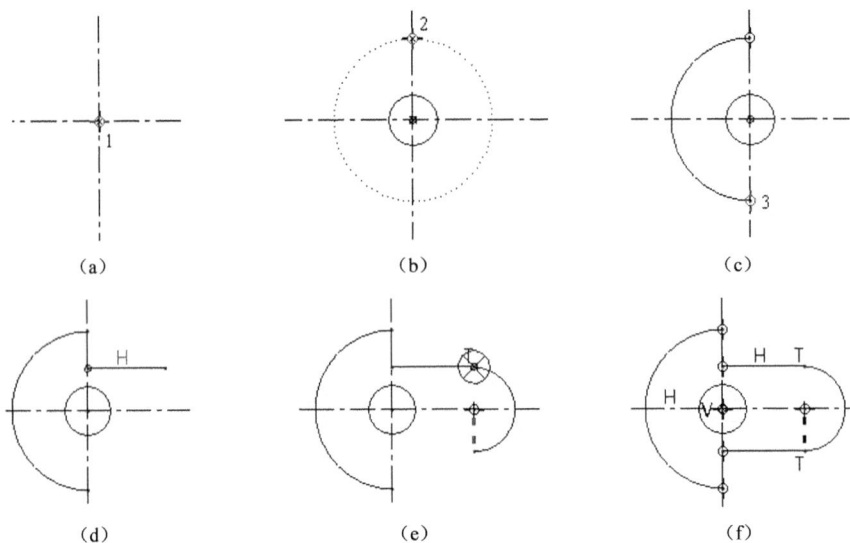

（a）　　　　　　　　　（b）　　　　　　　　　（c）

（d）　　　　　　　　　（e）　　　　　　　　　（f）

图 2-20　草图绘制过程（一）

2.7　圆角的绘制

利用"圆角"命令可以在选取的两个非平行图元之间自动创建圆角过渡，这两个图元可以是直线（包括中心线）、圆、圆弧和样条曲线。创建圆角的方法有：圆形和圆形修剪，如图 2-21 所示。创建圆形圆角时，会自动创建从圆角端点向两个原始图元交点的构造线，如图 2-21（b）所示。创建圆形修剪圆角时不会创建构造线，如图 2-21（c）所示。圆角的半径和位置取决于选取两个图元时的位置，系统选取离开二线段交点最近的点创建圆角。

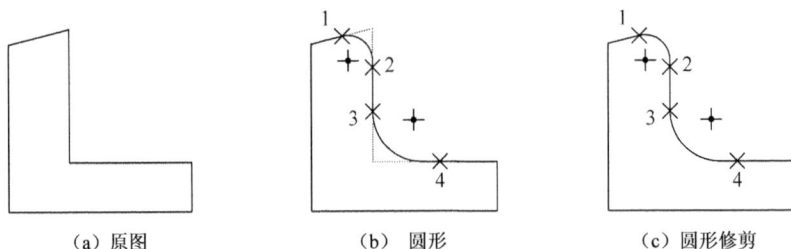

（a）原图　　　　　　　　（b）圆形　　　　　　　　（c）圆形修剪

图 2-21　创建圆角

调用命令的方式如下。

功能区：单击"草绘"选项卡"草绘"面板的"圆角" ⌐圆角 下拉式图标按钮。

操作步骤如下。

第 1 步，单击 ⌐圆形 图标按钮，调用"圆形"命令。

第 2 步， 系统提示"选取两个图元。"时，分别在两个图元上单击，如图 2-21 所示的点 1、点 2，系统自动创建圆角。

第 3 步，系统再次提示"选取两个图元。"时，继续选取两个图元，如图 2-21 所示的点 3、点 4，创建另一个圆角。直至单击鼠标中键，结束命令。

注意：

（1）在草绘窗口内右击，在快捷菜单中选取"圆角"，可以调用"圆形修剪"命令。

（2）不能在两条平行线之间倒圆角。

（3）如果被倒圆角的两个图元中存在圆或圆弧，则系统自动在圆角的切点处将两个图元分割，如图 2-22（b）、（c）所示，粗实线圆弧表示绘制的圆角。用户可以删除多余的线段，如图 2-22（d）所示。

（4）单击"圆角" ⌐圆角 下拉式图标按钮 ⌐ 圆形修剪 ，可以调用"圆形修剪"命令，操作同"圆形"命令。

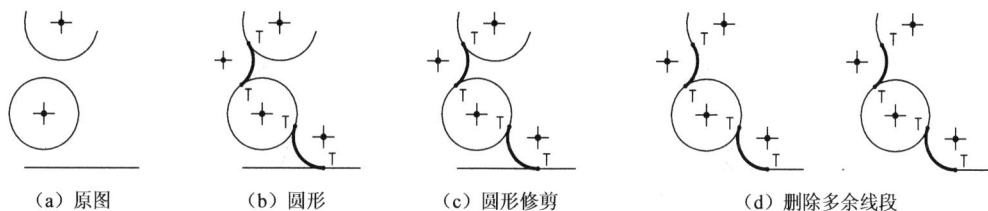

| (a) 原图 | (b) 圆形 | (c) 圆形修剪 | (d) 删除多余线段 |

图 2-22　在圆或圆弧之间倒圆角

【例 2-2】 用"中心线"、"拐角矩形"、"链线"、"圆角"命令绘制如图 2-23 所示的草图。

操作步骤如下。

步骤 1　创建新文件

操作过程略（文件名称 sketch2）。

步骤 2　绘制垂直中心线

操作过程略。

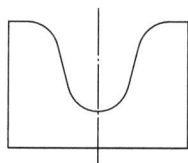

图 2-23　绘制二维草图（二）

步骤 3　绘制矩形

第 1 步，单击 □ 拐角矩形 图标按钮，调用"拐角矩形"命令。

第 2 步，在合适位置单击，确定矩形的一个顶点；再移动鼠标，出现如图 2-24（a）所示的界面，单击，确定矩形的另一对角点，绘制矩形。

第 3 步，单击鼠标中键，结束命令。

注意：如图 2-24（a）所示，要能设置对称约束，必须绘制中心线。

步骤 4　绘制两条斜线

使用"线链"命令依次单击矩形上边左侧的点、下端中心线的点、矩形上边右侧的点，如图 2-24（b）所示，操作过程略。

步骤 5　创建"圆形修剪"圆角

第 1 步，单击 ↘ 圆形修剪 图标按钮，调用"圆形修剪"命令。

第 2 步，系统提示"选取两个图元。"时，分别在左右两条直线的适当位置单击，系统自动创建圆角，如图 2-24（c）所示。

第 3 步，系统再次提示"选取两个图元。"时，单击鼠标中键，结束命令。

步骤 6　创建"圆形"圆角

使用"圆形"命令依次单击矩形上侧边和左侧斜线的适当位置，系统自动创建圆角，并自动修剪直线段、创建构造线，如图 2-24（d）所示，操作过程略。

步骤 7　绘制上侧右水平线

如图 2-24（e）所示，操作过程略。

步骤 8　创建右上端圆角

操作过程略。结果如图 2-24（f）所示。

注意：要使两直线对称、圆角尺寸相等，可添加几何约束①。

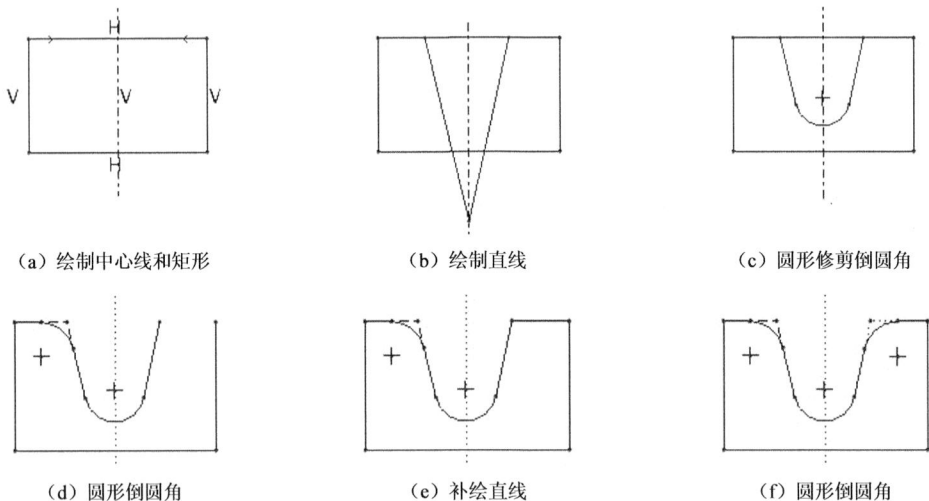

（a）绘制中心线和矩形　　　　（b）绘制直线　　　　（c）圆形修剪倒圆角

（d）圆形倒圆角　　　　（e）补绘直线　　　　（f）圆形倒圆角

图 2-24　草图绘制过程（二）

注意：构造图元不显示在草绘特征中，却可用于约束、控制草绘，不仅简化草绘，且便于尺寸标注。如图 2-24（f）所示，上侧左右两圆角使用"圆形"命令创建，生成的构造线，便于标注圆角顶点之间的距离，而无须通过"点"命令创建圆角顶点后再标注尺寸。

2.8　倒角的绘制

利用"倒角"命令可以在选取的两个非平行图元之间自动创建倒角过渡，这两个图元可以是直线、圆弧和样条曲线。创建倒角的方法有倒角和倒角修剪，如图 2-25 所示。创建倒角会自动创建从倒角端点向两个原始图元交点的构造线，如图 2-25（b）所示。倒角修剪

---

① 参见本书第 3.1 节。

方法不会创建构造线，如图 2-25（c）所示。倒角的距离和位置取决于选取两个图元时的位置。

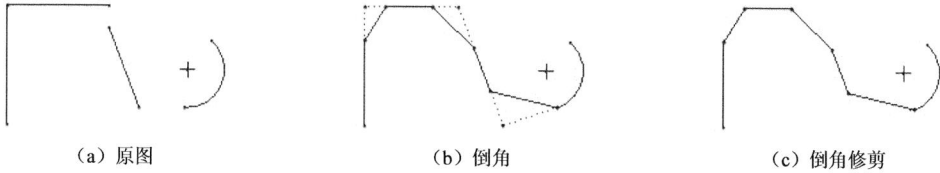

（a）原图　　　　　　　　（b）倒角　　　　　　　　（c）倒角修剪

图 2-25　创建倒角

调用命令的方式如下。

功能区：单击"草绘"选项卡"草绘"面板中的"倒角" ![倒角] 下拉式图标按钮。

操作步骤如下。

第 1 步，单击 ![倒角] 图标按钮，调用"倒角"命令。![] 或"倒角修剪"![]。

第 2 步，系统提示"选取两个图元。"时，分别在两个图元上单击，系统自动创建倒角。

第 3 步，系统再次提示"选取两个图元。"时，继续选取两个图元，创建另一个倒角。直至单击鼠标中键，结束命令。

注意：

（1）单击"倒角" ![倒角] 下拉式图标按钮 ![倒角修剪]，可以调用"倒角修剪"命令，操作同"倒角"命令。

（2）倒角的图元可以不相交；中心线和圆、以及两条平行线之间不能倒角。

2.9　样条曲线的绘制

样条曲线是通过一系列指定点的平滑曲线，为三阶或三阶以上多项式形成的曲线。

调用命令的方式如下。

功能区：单击"草绘"选项卡"草绘"面板中的"样条" ![样条] 图标按钮。

操作步骤如下。

第 1 步，单击 ![样条] 图标按钮，调用"样条"命令。

第 2 步，移动鼠标，依次单击，确定样条曲线所通过的点，直至单击鼠标中键终止该曲线的绘制。

第 3 步，重复上述第 2 步，绘制另一条曲线；单击鼠标中键，结束命令。

注意：创建的样条曲线可以通过拖动其通过点至新的位置，改变曲线的形状，如图 2-26（a）所示，拖动点 A 至新的位置 B 点处，样条曲线的形状如图 2-26（b）所示。

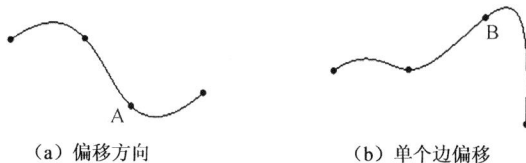

（a）偏移方向　　　　　　　　（b）单个边偏移

图 2-26　样条曲线

2.10 通过边生成图元

使用草绘器中的"通过边生成图元"的相关命令，可以选择现有的几何生成新图元。通过边生成图元有两种类型：投影边和偏移边。用户可以使用实体边生成图元，即将实体特征的边投影到草绘平面创建几何图元或偏移图元，系统在创建的图元上添加"～"约束符号。

注意：

（1）2D 和 3D 草绘器中均可使用"偏移边"，而"投影边"仅可在 3D 草绘器中创建。

（2）可以选择不在草绘平面上的实体边。

2.10.1 使用投影边创建图元

在 3D 草绘器中，利用"投影"命令可以将实体特征的边投影到草绘平面创建几何图元，即几何图元的大小不变。如本小节所示的模型，均以其顶面作为草绘平面[①]，进入 3D 草绘器，利用"投影"命令，创建几何图元。

调用命令的方式如下。

功能区：单击"草绘"选项卡"草绘"面板中的"投影" 投影 图标按钮。

操作步骤如下。

第 1 步，单击 投影 图标按钮，调用"投影"命令，弹出如图 2-27 所示的选择使用边"类型"对话框。

第 2 步，系统提示"选择要使用的边。"时，移动鼠标，在实体特征的某条边上单击，如图 2-28（a）所示，选取上半圆边，系统自动创建与所选边重合的图元，即具有约束符号"～"的边。

第 3 步，系统再次提示"选择要使用的边。"时，移动鼠标，在实体特征的另一条边上单击，如图 2-28（a）所示，选取下半圆边，系统再创建与所选边重合的图元，直至单击"类型"对话框中的"关闭"按钮。

注意：选择实体上圆边时，并非创建一个圆，而是创建上下分界的圆弧。

图 2-27 选择使用边类型

（a）三维模型　　　　　　（b）使用边

图 2-28 创建单个边界图元

---

① 参见本书第 5.1.1 小节和 5.1.3 小节。

操作及选项说明如下。

（1）单一（S）

选定实体特征上单一的边创建草绘图元。该类型为默认的边类型，操作步骤如上述步骤所示。

（2）链（H）

选定实体特征上相同面上的两条边，创建连续的边界。如图 2-29 所示的模型，进入草绘环境，在如图 2-27 所示的选择使用边"类型"对话框中选择"链"选项，系统提示"通过选择曲面的两个图元或两个边或选择曲线的两个图元指定一个链。"时，选取实体特征上的一条边，如图 2-27（a）所示的左侧顶端大圆弧，再按住 Ctrl 键选取另一条边，如图 2-31（a）所示的右侧顶端大圆弧，系统将这两条边之间的所有边以红色粗实线显示。随即弹出如图 2-30 所示的"选取"菜单管理器，当直接选择"接受"，关闭"类型"对话框后，则创建如图 2-31（b）所示的边图元。如果选择"下一个"，则另一侧连续边被选中，如图 2-31（c）所示，再选择"接受"，则创建如图 2-31（d）所示的图元。

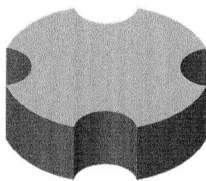

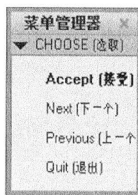

图 2-29　三维模型　　　　图 2-30　"链"边类型菜单管理器

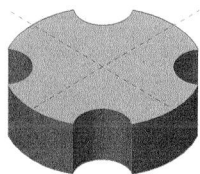　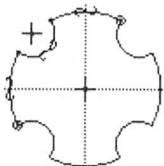　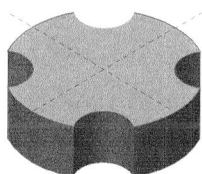　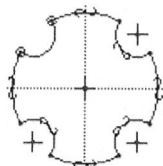

（a）"接受"边链　　（b）创建连续边　　（c）"下一个"边链　　（d）创建另一侧连续边

图 2-31　使用"链"边类型创建图元

注意：

① 选择的两条边必须是在同一个面上。

② 图 2-31（b）、（d）显示的是"草绘视图"方向的线框显示模式。

（3）环（L）

从实体特征上图元的一个环来创建封闭边图元。在如图 2-27 所示的"边类型"对话框中选择"环"选项，系统提示"选择指定图元环的图元，选择指定轮廓线的曲面，选择指定轮廓线的草图或曲线特征。"时，选取实体特征的面。如果所选面上只有一个环，则系统直接创建循环的边界图元，如图 2-32（a）所示。如果所选面上含有多个环，如图 2-28（a）所示实体的顶面含有两个环，则提示"选择所需围线。"，并弹出如图 2-33 所示的"选取链"菜单管理器，用户选择其中的一个环，单击菜单管理器上的"接受"；或持续单击"下一个"，再单击"接受"，创建所需要的环，结果如图 2-32（b）所示。

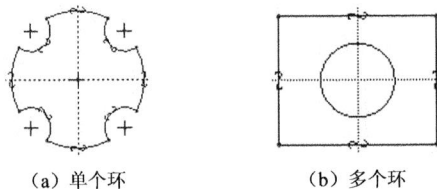

（a）单个环　　　　　（b）多个环

图 2-32　使用"环"边类型创建图元

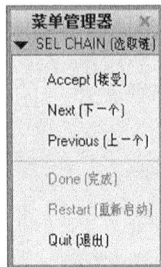

图 2-33　"环"边类型菜单管理器

2.10.2　使用偏移边创建图元

利用"偏移"命令，可以选择已存在的实体特征的边或几何图元，将其偏移一定距离，创建新的几何图元。

调用命令的方式如下。

功能区：单击"草绘"选项卡"草绘"面板中的"偏移" 偏移 图标按钮。

操作步骤如下。

第 1 步，单击 偏移 图标按钮，调用边的"偏移"命令，弹出如图 2-34 所示的选择偏移边"类型"对话框。

第 2 步，系统提示"选择要偏移的图元或边。"时，移动鼠标，在实体特征的某条边（或几何图元）上单击，如图 2-35（a）所示，选取左侧的弧边。

图 2-34　选择偏移边类型

第 3 步，系统显示"于箭头方向输入偏移[退出]"文本框，并在草绘区显示偏移方向的箭头，如图 2-35（a）所示，用户在该文本框中输入偏距。

第 4 步，系统再次提示"选择要偏移的图元或边。"时，重复上述第 2 步和第 3 步，直至单击"类型"对话框中的"关闭"按钮。

注意：

（1）若偏距值为正，则沿箭头方向偏移边，创建的几何变大；若偏距值为负，则沿箭头的反方向偏移边，创建的几何变小。

（2）上述步骤为偏距边类型的默认选项"单一"。偏距边类型选项意义与"使用边"类型相同，创建的图元如图 2-35 所示。由如图 2-35（d）所示的环偏移生成的图元，经拉伸造型后生成的实体特征如图 2-36 所示。

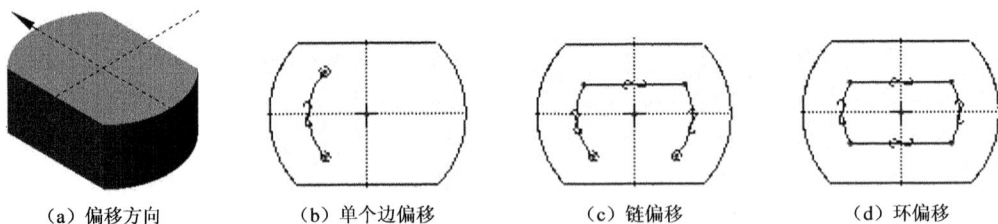

（a）偏移方向　　　　　（b）单个边偏移　　　　　（c）链偏移　　　　　（d）环偏移

图 2-35　选择偏距边类型

（3）当偏移边被删除时，系统将保留其参考图元，如图 2-37 所示。如果在二维截面中不使用这些参考，当退出"草绘器"时，系统则将参考图元删除。

图 2-36　使用环偏移边生成的实体

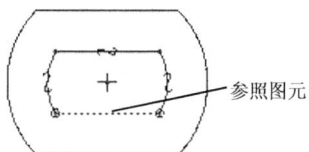

图 2-37　偏移边删除后的参考图元

2.11　使用加厚边生成图元

使用"加厚"命令，可以选择现有的几何图元或实体边，并指定加厚的宽度和偏移距离生成新图元。加厚边的类型同样有单一、链、环，加厚边端部封闭类型有开放、平整、圆形，如图 2-38 所示，并在选定边和加厚边之间自动创建尺寸。

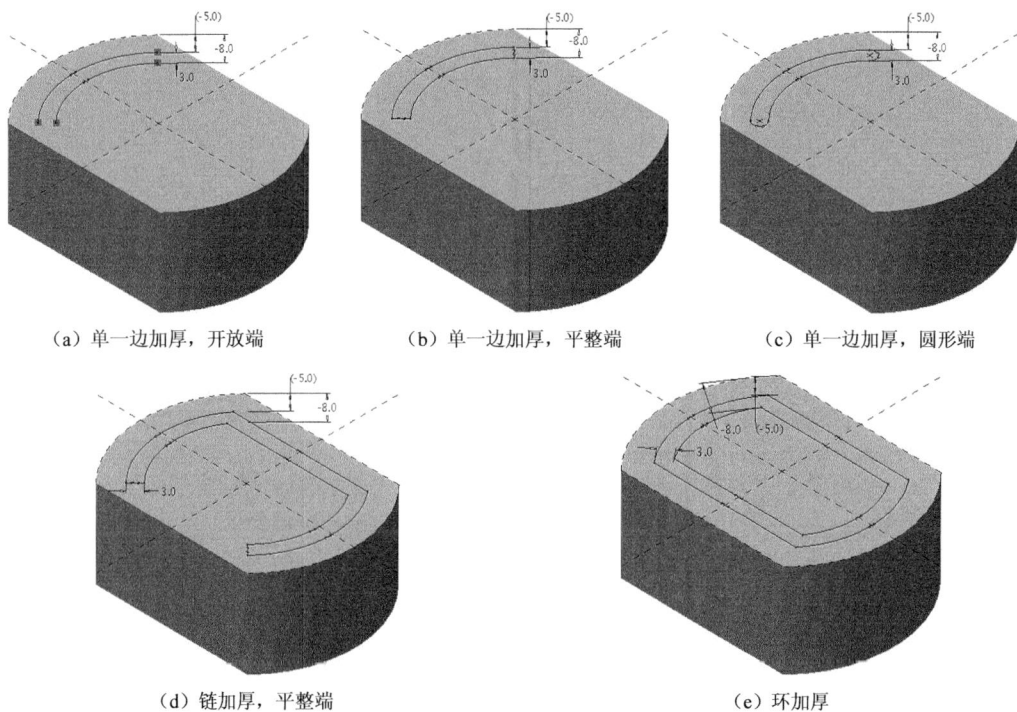

（a）单一边加厚，开放端　　　　（b）单一边加厚，平整端　　　　（c）单一边加厚，圆形端

（d）链加厚，平整端　　　　　　　　　（e）环加厚

图 2-38　加厚边类型与端部封闭类型

调用命令的方式如下。

功能区：单击"草绘"选项卡"草绘"面板中的"加厚" 加厚 图标按钮。

操作步骤如下。

第 1 步，单击 加厚 图标按钮，调用"加厚"命令，弹出如图 2-39 所示的选择加厚边和选择端封闭"类型"对话框。

第 2 步，系统提示"选择要偏移的图元或边。"时，移动鼠标，在某一图元或实体特征的某条边上单击，如图 2-38（a）所示，选取上半圆实体边。

第 3 步，系统显示"输入厚度[-退出-]"文本框，用户在该文本框中输入厚度。如图 2-38（a）所示的加厚厚度 3，回车。

第 4 步，系统显示"于箭头方向输入偏移[退出]"文本框，并在草绘区显示偏移方向的箭头，用户在该文本框中输入偏距。如图 2-38（a）所示的偏移值-8，回车。

第 5 步，系统再次提示"选择要偏移的图元或边。"时，重复上述第 2 步～第 4 步，直至单击"类型"对话框中的"关闭"按钮。

注意：

（1）如图 2-39 所示的对话框中，"链"和"环"选项与"投影"命令中的相应选项操作方法相同。

（2）2D 和 3D 草绘器中均可以使用"加厚边"。

图 2-39 选择加厚边和选择端封闭类型

【例 2-3】 用"加厚"命令，在如图 2-40（a）所示的箱体顶面创建二维图元。
操作步骤如下。

步骤 1　打开文件

打开源文件 ch2-40a.prt。

步骤 2　进入草绘环境①

单击"模型"选项卡"基准"面板上的 图标按钮，选择零件顶面为草绘平面，RIGHT 基准面为参考平面，方向右向，进入草绘环境。

步骤 3　使用"加厚"命令创建二维截面

第 1 步，单击 图标按钮，调用"加厚"命令，弹出如图 2-39 所示的选择加厚边和选择端封闭"类型"对话框。

第 2 步，系统提示"选择要偏移的图元或边。"时，选择加厚边类型为"链"，端封闭类型为"平整"。

第 3 步，系统提示"通过选择曲面的两个图元或两个边或选择曲线的两个图元指定一个链。"时，移动鼠标，在箱体内壁右上侧边上单击，再按住 Ctrl 键在左下侧边上单击，如图 2-40（b）所示，系统提示"选择个链"，并将这两条边之间的所有边以红色粗实线显示，同时弹出如图 2-30 所示的"选取"菜单管理器，选择"接受"，关闭"类型"对话框。

第 4 步，在"输入厚度[-退出-]"文本框中输入厚度 4，回车。

第 5 步，观察草绘区显示偏移方向的箭头，在"于箭头方向输入偏移[退出]"文本框中输入偏距 9，回车。

第 6 步，系统再次提示"通过选择曲面的两个图元或两个边或选择曲线的两个图元指定一个链。"时，单击"类型"对话框中的"关闭"按钮。创建的二维截面如图 2-40（c）所示。

---

① 参见本书第 5.1.3 小节。

步骤 4 将上述二维截面拉伸切割成槽[①]

如图 2-40（d）所示。

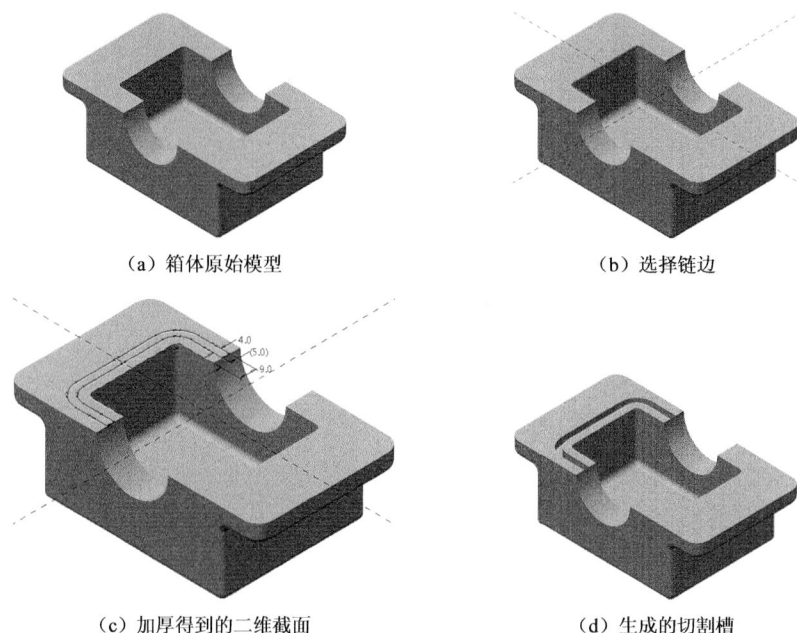

(a) 箱体原始模型

(b) 选择链边

(c) 加厚得到的二维截面

(d) 生成的切割槽

图 2-40　由加厚边生成箱体顶部切割槽

注意：如图 2-40（c）所示的尺寸中，加厚宽度尺寸 4 以及偏移距离尺寸 9 可以修改，而加（）的尺寸为参考尺寸，不能修改。

2.12　文本的创建

利用"文本"命令可以创建文字图形，在 Creo 2.0 中文字也是截面，可以用"拉伸"命令对文字进行操作。

调用命令的方式如下。

功能区：单击"草绘"选项卡"草绘"面板中的"文本" 图标按钮。

操作步骤如下。

第 1 步，单击 图标按钮，调用"文本"命令。

第 2 步，系统提示"选择行的起点，确定文本高度和方向。"时，移动鼠标，单击，确定文本行的起点。

第 3 步，系统提示"选择行的第二点，确定文本高度和方向。"时，移动鼠标，在适当位置单击，确定文本行的第二点。系统在起点与第二点之间显示一条直线（构建线），并弹出"文本"对话框，如图 2-41（a）所示。

第 4 步，在"文本"对话框中的"文本行"文本框中输入文字，最多可输入 79 个字符，且输入的文字动态显示于草绘区。

---

① 参见本书第 5.1.2 小节。

第5步，在"文本"对话框中的"字体"选项组内选择字体、设置文本行的对齐方式、宽高比例因子、倾角等。

第6步，单击"确定"按钮，关闭对话框，系统创建单行文本。

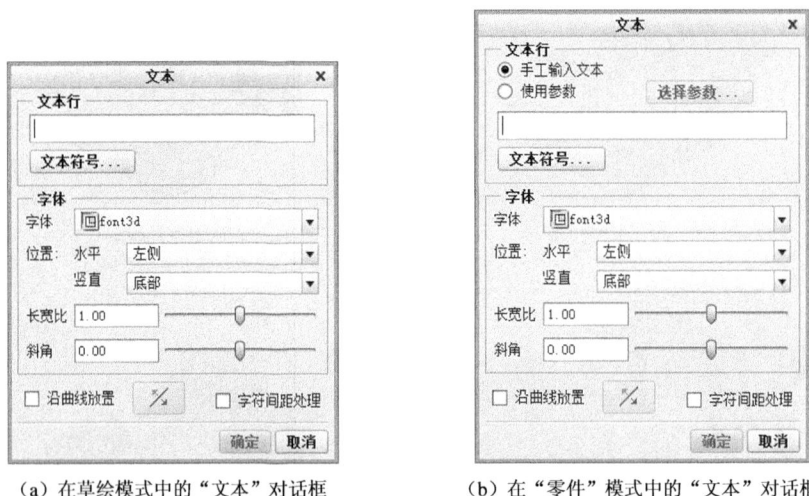

（a）在草绘模式中的"文本"对话框   （b）在"零件"模式中的"文本"对话框

图 2-41　"文本"对话框

注意：

（1）构建线的长度决定文本的高度，其角度决定文本的方向，如图 2-42 所示。

（2）双击已创建的文字，可以弹出"文本"对话框，以更改文字内容及其相关设置。

（a）创建水平的文本行   （b）创建倾斜的文本行

图 2-42　创建文本

操作及选项说明如下。

（1）单击"文本符号"按钮，弹出如图 2-43 所示的对话框，从中选取要插入的符号。

（2）当由"零件"模式进入草绘环境，则"文本"对话框如图 2-41（b）所示。系统允许用户"使用参数"，当选择"使用参数"单选按钮，"选择参数"按钮亮显，同时弹出"选择参数"对话框，从中选择已定义的参数，显示其参数值。如果选取了未赋值的参数，则文字中将显示"***"。

（3）"字体"下拉列表中显示了系统提供的字体文件名。表中有两类字体，其中 PTC 字体为 Creo 2.0 系统提供的字体，True Type 字体是由 Windows 系统提供的已注册的字体，在字体文件名前分别用"回"、"T"前缀区别。

图 2-43　"文本符号"对话框

（4）在"位置"选项区，选取水平和垂直位置的组合，确定文本字符串相对于起始点的对齐方式。其中"水平"定义文字沿文本行方向（即垂直于构建线方向）的对齐方式，其设置效果如图 2-44 所示，"左侧"为默认设置。"竖直"定义文字沿垂直于文本行（即构建线方向）的对齐方式，其设置效果如图 2-45 所示，"底部"为默认设置。"△"表示文本行的起始点。

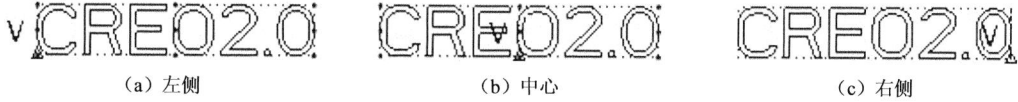

| （a）左侧 | （b）中心 | （c）右侧 |

图 2-44　设置文本的水平位置

| （a）底部 | （b）中间 | （c）顶部 |

图 2-45　设置文本的垂直位置

（5）在"长宽比"文本框中输入文字宽度与高度的比例因子，或使用滑动条设置文本的长宽比。

（6）在"斜角"文本框中输入文本的倾斜角度，或使用滑动条设置文本的斜角。

（7）选中"沿曲线放置"复选框，设置将文本沿一条曲线放置，接着选取要在其上放置文本的曲线。如图 2-46 所示。

（8）选中"字符间距处理"复选框，将启用文本字符串的字体字符间距处理功能，以控制某些字符对之间的空格，设置文本的外观。

图 2-46　沿曲线放置文字

2.13　草绘器调色板

草绘器调色板是一个具有若干个选项卡的几何图形库，系统含有四个预定义的选项卡：多边形、轮廓、形状、星形，每个选项卡包含若干同一类别的截面形状。用户可以向调色板添加选项卡，将截面形状按类别放入选项卡内，并且随时使用调色板中的截面。

2.13.1　使用调色板形状

利用"调色板"命令可以方便快捷地选定调色板中的几何形状，将其输入到当前草绘中，并且可以对选定的截面形状调整大小，进行平移和旋转操作。

调用命令的方式如下。

功能区：单击"草绘"选项卡"草绘"面板中的"调色板" 调色板 图标按钮。

操作步骤如下。

第 1 步，单击 调色板 图标按钮，调用"调色板"命令，弹出如图 2-47（a）所示的"草绘器调色板"对话框。

第 2 步，系统提示"将调色板中的外部数据插入到活动对象。"时，选择所需的选项卡，显示选定选项卡中形状的缩略图和标签，并在预览区显示相对应的截面形状，如图 2-47（b）所示。

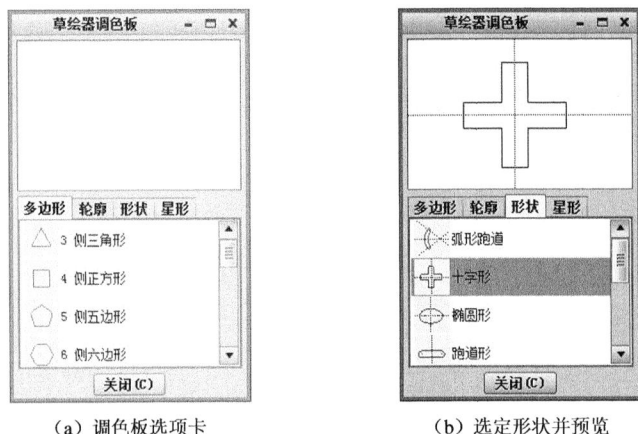

（a）调色板选项卡　　　　　　　　（b）选定形状并预览

图 2-47　"草绘器调色板"对话框

第 3 步，双击选定形状的缩略图或标签，光标变成 🖳。

第 4 步，单击，确定放置形状的位置，打开如图 2-48 所示的"旋转调整大小"操控板，同时被输入的形状位于带有句柄（控制滑块）的点画线方框内，"平移"控制滑块与选定的位置重合，如图 2-49（a）所示。

图 2-48　"旋转调整大小"操控板

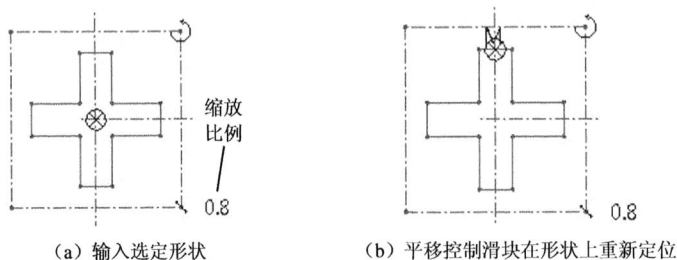

（a）输入选定形状　　　　　　（b）平移控制滑块在形状上重新定位

图 2-49　输入调色板形状

第 5 步，在"旋转调整大小"操控板中输入旋转角度以及缩放比例。

第 6 步，单击 ✔ 图标按钮（或单击鼠标中键），关闭操控板。

操作说明如下。

（1）单击并按住鼠标拖动位置控制滑块 ⊗，可移动所选截面形状。默认情况下，位置控制滑块位于形状的中心，在 ⊗ 上右击鼠标，并将其拖动到所需的捕捉点上，如图 2-49（b）所示，将位置滑块移至顶边中点处。

（2）单击并按住鼠标左键拖动旋转控制滑块 ↻，可旋转所选截面形状，同时"旋转角度"文本框内动态显示形状的旋转角度值，直至松开左键。

（3）单击并按住鼠标左键拖动缩放控制滑块 ↖，可修改所选截面形状大小，同时"缩放比例"文本框内的比例值动态显示缩放比例值，直至松开左键。

注意：

① 如图 2-49 所示，输入形状的比例 0.8 仅在打开"显示尺寸"时才显示。

② 输入形状的尺寸为强尺寸。

2.13.2 创建自定义形状选项卡

用户可以预先创建自定义形状的草绘文件（.sec 文件），置于当前工作目录下，则在草绘器调色板中会出现一个（仅出现一个）与工作目录同名的选项卡，且工作目录下的草绘文件中的截面形状将作为可用的形状出现该选项卡中。如图 2-50 所示。

注意：

（1）如果将草绘文件名称更改为中文名，其截面形状仍然是可用的形状，但是该草绘文件自身将不能被打开。

（2）默认情况下，系统将草绘器形状目录下的截面文件定义为草绘器调色板中的形状，故要创建自定义形状选项卡，除了上述方法，用户也可以将需要的若干个自定义形状的截面文件置于该目录下。使用配置选项 sketcher_palette_path 可以指定草绘器形状目录的路径。

图 2-50　创建自定义形状选项卡

2.14　草绘器检查

草绘器检查提供了与创建基于草绘的特征和再生失败相关的信息，可以帮助用户实时了解、分析和解决草绘中出现的问题。如图 2-3 所示，功能区右侧的"检查"面板提供了草绘器检查工具。

2.14.1　着色封闭环

利用"着色封闭环"诊断工具，系统将以预定义颜色填充形成封闭环的图元所包围的区域，以此来检测几何图元是否形成封闭环。该检查工具默认为打开，草绘时，一旦形成封闭环，将被着色。

功能区：单击"草绘"选项卡|"检查"面板中的"着色封闭环" 着色封闭环 图标按钮。

执行该命令后，系统将着色当前草绘中所有的几何封闭环，如图 2-51（a）所示。

注意：

（1）只有"操作"面板上的 图标按钮下凹时，即处于选取项目状态，才显示封闭环的着色填充。

（2）如果封闭环内包含封闭环，则从最外层环起，奇数环被着色，如图 2-51（b）所示。

（3）封闭环必须是首尾相接，自然封闭。不允许有图元重合，或出现多余图元，如图 2-51（c）所示的三角形内不被着色。

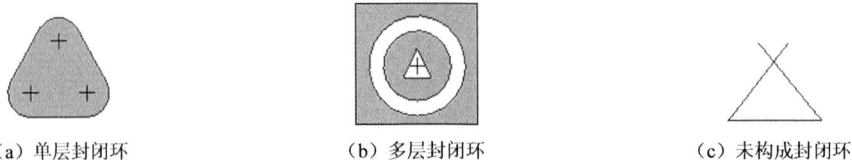

| （a）单层封闭环 | （b）多层封闭环 | （c）未构成封闭环 |

图 2-51　着色封闭环

2.14.2　突出显示开放端

利用"突出显示开放端"检查工具，系统将突出显示属于单个图元的端点，即不为多个图元所共有的端点，以此来检测活动草绘中任何与其它图元的终点不重合的图元的端点。该检查工具默认为打开，当创建新图元时，一旦形成开放端，则自动加亮显示。

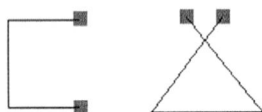

图 2-52　加亮开放的端点

调用命令的方式如下。

功能区：单击"草绘"选项卡"检查"面板中的"突出显示开放端"　突出显示开放端　图标按钮。

执行该命令后，系统将以默认的红色正方形加亮显示当前草绘中所有开放的端点，如图 2-52 所示。

2.14.3　重叠几何

利用"重叠几何"检查工具，系统将加亮重叠图元，以此来检测活动草绘中任何与其他图元相重叠的几何。

调用命令的方式如下。

功能区：单击"草绘"选项卡"草绘"面板中的"重叠几何"　重叠几何　图标按钮。

执行该命令后，系统将以默认的绿色加亮显示当前草绘中相重叠的几何边，如图 2-53 所示。

图 2-53　显示重叠几何

2.14.4　特征要求

在"3D 草绘器"中，利用"特征要求"诊断工具，可以分析判断草绘是否满足其定义的当前特征类型的要求。

调用命令的方式如下。

功能区：单击"草绘"选项卡"检查"面板中的"特征要求"　图标按钮。

执行该命令后，系统将弹出"特征要求"对话框，该对话框显示当前草绘是否适合当前特征的消息，并列出了对当前特征的草绘要求及其状态，如图 2-54 所示。在状态列中用以下状态符号表示是否满足要求的状态：

（1）✓：满足要求。

（2）△：满足要求，但不稳定。表示对草绘的简单更改可能无法满足要求。

（3）❶：不满足要求。

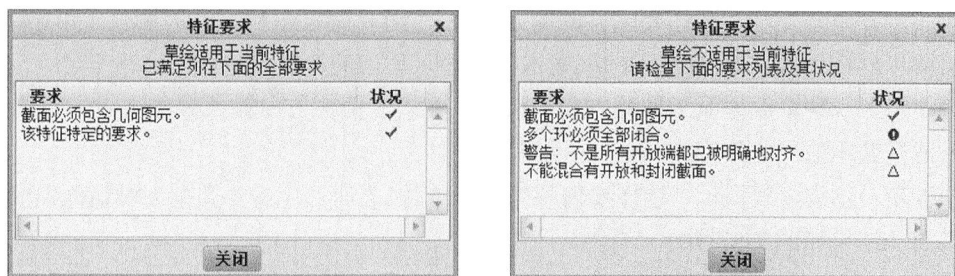

（a）不合适的草绘 　　　　　　　　　　（b）合适的草绘

图 2-54 "特征要求"对话框

注意：

（1）"特征要求"检查工具在"2D 草绘器"中不可用。

（2）当有一个要求未满足时，则该草绘即为不合适。

2.15 上机操作实验指导一 简单二维草图绘制

根据如图 2-55 所示的二维草图。主要涉及的命令包括"中心线"、"圆弧"、"加厚"、"圆"、"直线"、"圆角"、"调色板"等命令。

操作步骤如下。

步骤 1 创建新文件

创建新文件 sketch3，进入草绘环境，操作过程略。

步骤 2 绘制垂直中心线

单击 中心线 图标按钮，启动"中心线"命令，绘制垂直中心线，操作过程略。

步骤 3 绘制上端外侧大圆弧

第 1 步，单击 圆心和端点 图标按钮，调用"圆心和端点"命令。

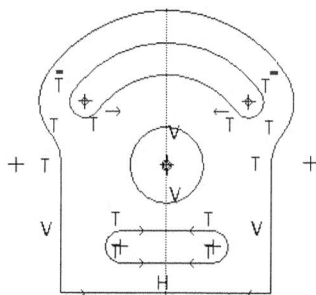

图 2-55 二维草图的绘制

第 2 步，移动鼠标，在垂直中心线适当位置单击，确定圆弧圆心。

第 3 步，向左移动鼠标，在垂直中心线左侧适当位置单击，指定圆弧的起始点，如图 2-56 所示。

第 4 步，向右移动鼠标，出现如图 2-56 所示的界面单击，指定圆弧的端点，保证圆弧左右对称。

第 5 步，单击鼠标中键，结束命令。

步骤 4　使用"加厚"命令创建弧形图元

第 1 步，单击 图标按钮，调用"加厚"命令，弹出如图 2-39 所示的选择加厚边和选择端封闭"类型"对话框。

第 2 步，系统提示"选择要偏移的图元或边。"时，默认加厚边类型为"单一"，端封闭类型为"圆形"。

第 3 步，系统提示"选择要偏移的图元或边。"时，移动鼠标，在大圆弧上单击。

第 4 步，在"输入厚度[-退出-]"文本框中输入适当的厚度值，回车。

第 5 步，观察草绘区显示偏移方向的箭头，在"于箭头方向输入偏移[退出]"文本框中输入适当偏距值（此处应为负值），回车。

第 6 步，系统再次提示"选择要偏移的图元或边。"时，单击"类型"对话框中的"关闭"按钮，结果如图 2-57 所示。

步骤 5　绘制左右两侧同心圆弧

第 1 步，单击 图标按钮，调用"同心"命令。

第 2 步，系统提示"选择一弧(去定义中心)。"时，选取上述加厚图元的左侧圆弧。

第 3 步，移动鼠标至上段大圆弧左端点，单击，指定圆弧的起点。

第 4 步，移动鼠标，在另一适当位置单击，指定圆弧的端点，系统创建与指定圆或圆弧同心的圆弧，如图 2-58 所示。

第 5 步，选择上述加厚图元的右侧圆弧，移动鼠标至上段大圆弧右端点，单击，指定圆弧的起点，再次移动鼠标，在另一适当位置单击，指定圆弧的端点。

第 6 步，单击鼠标中键，结束命令。结果如图 2-58 所示。

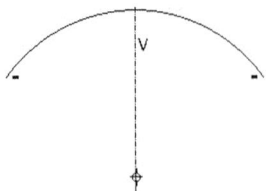

图 2-56　绘制大圆弧　　　　　图 2-57　加厚外侧圆弧边　　　　　图 2-58　绘制同心圆弧

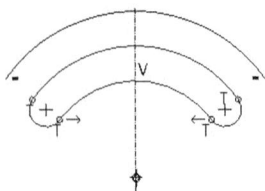

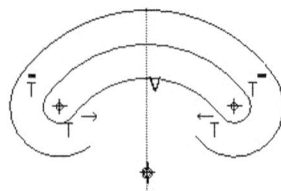

步骤 6　绘制中间同心圆

第 1 步，单击 图标按钮，调用"同心"命令。

第 2 步，系统提示"选择一弧（去定义中心）。"时，选取上端外侧大圆弧。

第 3 步，移动鼠标，在适当位置单击，指定圆上的一点，系统创建与指定圆同心的圆，单击鼠标中键。

第 4 步，系统再次提示"选择一弧（去定义中心）。"时，单击鼠标中键，结束命令，如图 2-59 所示。

步骤 7　绘制直线

第 1 步，在适当位置绘制底部左右对称的水平直线段，如图 2-60（a）所示，操作过程略。

第 2 步，以水平底边右端点为起点，绘制右侧竖直线，端点在右侧圆弧上，如图 2-60（b）

所示。

第 3 步，以水平底边左端点为起点，绘制左侧竖直线，端点在左侧圆弧上。

步骤 8　绘制圆角

用"圆形修剪"命令，创建圆角，操作过程略，如图 2-61 所示。

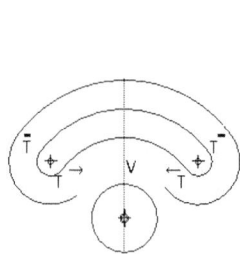

图 2-59　绘制同心圆

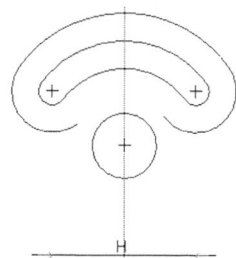

（a）绘制底部对称的水平直线　　　（b）绘制右侧竖直线

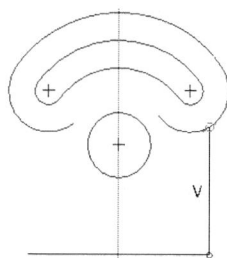

图 2-60　绘制直线段

步骤 9　使用调色板导入"跑道形"截面

第 1 步，单击 调色板 图标按钮，调用"调色板"命令，弹出如图 2-47（a）所示的"草绘器调色板"对话框。

第 2 步，系统提示"将调色板中的外部数据插入到活动对象。"时，选择"形状"选项卡，选择"跑道形"形状，如图 2-62（a）所示。

第 3 步，双击选定形状的缩略图或标签，光标变成 ，在接近垂直中心线的适当位置单击。

第 4 步，单击并按住鼠标拖动平移控制滑块 ，移动截面形状至垂直中心线适当位置，并在"旋转调整大小"操控板中输入适当的缩放比例，导入的截面形状如图 2-62（b）所示。

第 5 步，单击 图标按钮，关闭对话框。

第 6 步，单击，结束命令。

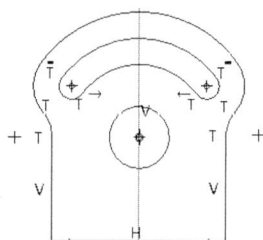

图 2-61　绘制圆角

（a）调色板"形状"选项卡　　　（b）导入的"跑道形"截面形状

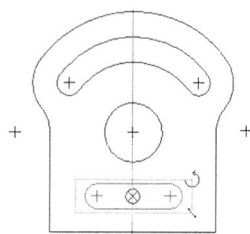

图 2-62　使用"调色板"导入截面

步骤 10　保存图形

参见本书第 1 章，操作过程略。

2.16 上　机　题

1. 利用"直线"命令、"圆弧"命令、"圆角"命令，绘制如图 2-63 所示的二维草图，保证指定的约束条件，文件名称 sketch4。

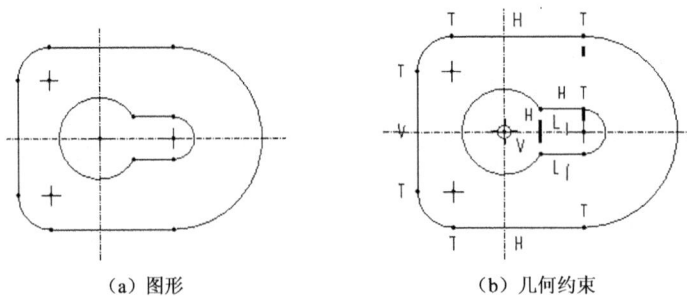

（a）图形　　　　　　　（b）几何约束

图 2-63　二维草图（一）

2. 利用"草绘器调色板"、"矩形"命令、"圆弧"命令、"圆"命令，绘制如图 2-64 所示的二维草图，保证指定的约束条件，文件名称 sketch5。

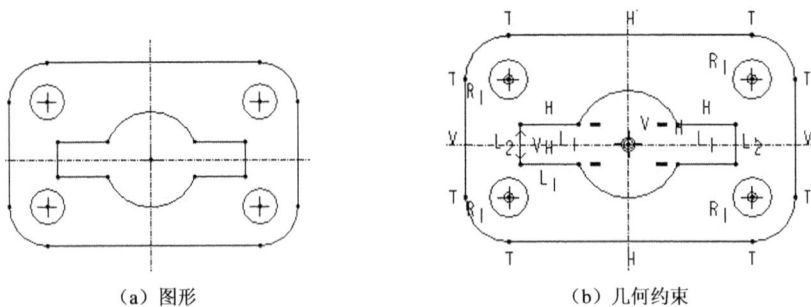

（a）图形　　　　　　　（b）几何约束

图 2-64　二维草图（二）

第3章　二维草图的编辑

第 2 章在草绘器中绘制二维草图时，使用的是系统默认设置，草图的几何形状由草绘器自动捕捉几何约束加以控制。而一般情况下，在 Creo 2.0 草绘器中绘制二维草图时，首先是粗略地画出最初的几何形状，再利用编辑、约束等命令，对几何图元进行适当的调整、修改，得到最终准确的图形。

本章将介绍的内容如下：

（1）选择图元的方法；

（2）几何约束；

（3）尺寸约束；

（4）删除图元；

（5）修剪图元；

（6）分割图元；

（7）镜像图元；

（8）缩放旋转图元；

（9）复制图元；

（10）解决约束和尺寸冲突。

3.1　选　择　对　象

在编辑二维草图时，常常需要选择几何图元、几何约束、尺寸等，被选中的对象呈现红色。Creo 2.0 提供了"依次"、"链"、"所有几何"、"全部"这 4 种选择对象的方法。

调用命令的方式如下。

功能区：单击"草绘"选项卡"操作"面板中的"选择" 下拉式图标按钮。

3.1.1　依次

"依次"为默认的选择对象的方法。

操作步骤如下。

第 1 步，单击 图标按钮，调用"依次"命令。

第 2 步，单击某一对象，所选的对象红显。

第 3 步，按住 Ctrl 键，依次单击其他对象，则可选择多个对象。

操作说明如下。

（1）单击"选择" 下拉式图标按钮的 图标按钮，也可调用"依次"命令。

（2）一般某个命令执行完成后，选择按钮 下凹，就可以选择对象。

（3）选择多个对象的另一种方法是：在适当位置按下鼠标左键，并拖动鼠标，构成一个选择窗口，松开鼠标左键，则窗口内的对象被选中。

注意：几何图元以及文字必须完全落在窗口内才被选中；标注对象只要其尺寸数值落在窗口内，就被选中。

（4）创建选项集后，在"状态"栏右下侧的"选定项"区域指示"选择了 n 项"。

注意：

① 当创建选择集后，又单击某个对象，或用窗口框选多个对象后，系统则从选择集中清除原先的所有被选中的对象，而用最后选取的对象创建新的选择集。

② 如果要从选项集中删除某对象，移动鼠标至该加亮的对象上，按下 Ctrl 键的同时单击。

3.1.2　链

操作步骤如下。

第 1 步，单击 图标按钮，调用"链"命令。

第 2 步，系统提示"选择作为所需链一端或所需环一部分的图元"时，单击某一图元，则即可选中与该对象具有公共顶点或相切关系的连续的多条边或曲线。

3.1.3　所有几何和全部

单击"所有几何"选项，系统自动选取所有的几何图元。

单击 全部 图标按钮，系统自动选取所有的几何图元、几何约束、尺寸。

3.2　几　何　约　束

在草绘器中，几何约束是利用图元的几何特性（如等长、平行等）对草图进行定义，也称为几何限制。几何约束可以减少不必要的尺寸，以利于图形的编辑和设计变更，达到参数化设计的目的，满足设计要求。几何约束的设置有以下两种方法：

（1）使用实时几何约束；

（2）手动添加几何约束。

3.2.1　使用实时几何约束

默认设置下，绘制图元时，系统会随着光标的移动实时捕捉显示几何约束，并在几何图元附近动态显示约束类型符号，帮助用户来定位几何图元，用户可以根据设计意图即时控制它们，而无须在草绘后再手动添加几何约束。

1. 几何约束符号

表 3-1 列出了系统提供的约束条件的符号、含义等。

表 3-1　约束条件符号含义

约 束 符 号	含　　义	解　　释
V	竖直图元	铅垂的直线
H	水平图元	水平的直线
//	平行图元	互相平行的直线
⊥	垂直图元	互相垂直的直线
T	相切图元	两条线段相切
R	相等半径	具有半径相等的圆或圆弧
L	相等长度	具有相等长度的直线段
M	中点	点或圆心处于线段的中点
→←←	对称图元	关于中心线对称的两点
○	相同点	点或圆心重合
−○−	图元上的点	点或圆心位于图元上
− −	水平排列	两点水平对正
∣	竖直排列	两点垂直对正

如图 3-1 所示的二维草图设置了多种几何约束条件。其中带有相同下标号的约束符号为一对几何约束条件。如 R_1 表示两个圆具有相等的半径，R_2 表示两个圆角的半径相等。

2. 设置约束选项

几何约束符号的显示，以及用于实时约束的约束类型，均可在"Creo Parametric 选项"对话框的"草绘器"选项组中设置。

调用命令的方式如下。

功能区：单击下拉菜单"文件"|"选项"命令。

操作步骤如下。

第 1 步，调用"选项"命令，弹出"Creo Parametric 选项"对话框。

第 2 步，选择"草绘器"选项，弹出如图 3-2

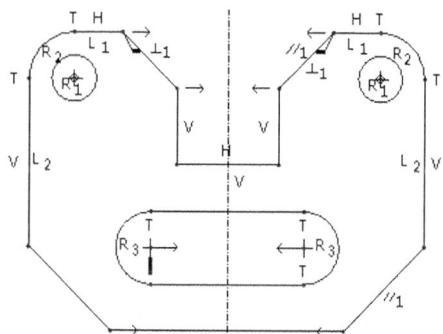

图 3-1　几何约束条件

所示的"设置对象显示、栅格、样式和约束的选项"窗口，在"对象显示设置"组中，选中或不选中"显示约束"复选框，控制约束符号的显示。

第 3 步，在"草绘器约束假设"组中，列出了用于实时约束的类型，默认情况下各约束条件前的复选框均为选中，单击复选框，可以选中或移除约束条件。

第 4 步，单击"确定"按钮，确认所作的设置。

第 5 步，系统弹出如图 3-3 所示的对话框，可以根据需要确定是否将所做的设置保存到配置文件。

注意：

（1）只有在"草绘器约束假设"选项中被选中的约束类型，才能实现实时约束。

（2）单击"恢复默认值"按钮，可以重新设置为缺省的约束类型。

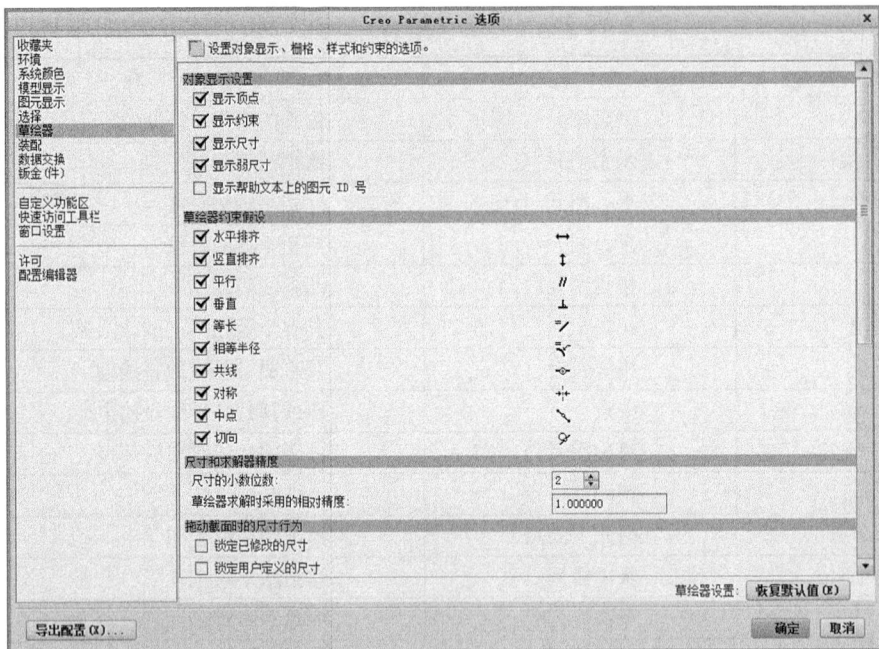

图 3-2 "Creo Parametric 选项"对话框的"草绘器"设置

（3）单击图形中工具栏的"草绘器显示过滤器"中的"显示约束"，也可以控制约束符号的显示。

（4）本书第 2 章均是使用实时几何约束的方法创建的二维草图。

（5）本章第 3.2.2 小节与第 3.2.3 小节均关闭"显示尺寸"功能。

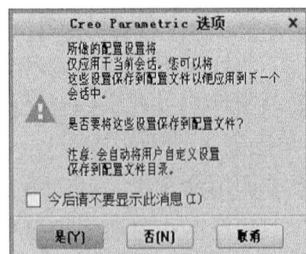

图 3-3 "Creo Parametric 选项
警告"对话框

2. 几何约束条件的控制

草绘过程中，随着光标的移动，系统显示不同的实时约束类型，并以绿色显示活动约束。用户可以在单击鼠标进行定位前，对活动约束加以控制。

（1）锁定约束

当活动约束为"启用"状态时，如图 3-4（a）所示，右击鼠标，系统将自动锁定活动约束。如图 3-4（b）所示，将两点水平对正约束锁定，锁定的约束用绿色圆圈表示。

（2）禁止约束

当活动约束为"锁定"状态时，右击鼠标，即可禁用该约束，如图 3-4（c）所示，禁止使用两点水平对正约束。被禁用的约束用绿色斜杠表示。

（3）启用约束

当活动约束为"禁用"状态时，单击鼠标右键，可以重新启用活动约束。

（4）当显示多个实时约束类型时，可以使用 Tab 键在各约束之间进行切换，以选择所需要的约束类型为活动约束。

（5）禁止实时显示约束

(a) 启用约束　　　　　　　(b) 锁定约束　　　　　　　(c) 禁止约束

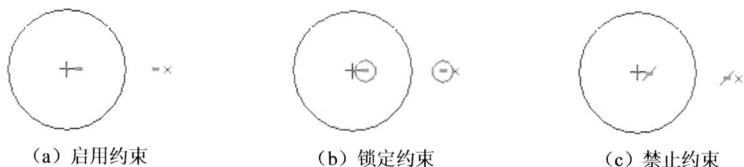

图 3-4　实时约束控制

如果草绘图元时，按住 Shift 键，将不显示实时约束，即不使用实时约束。

3.2.2　手动添加几何约束

一般情况下，绘制图元时无须力求形状准确，只要先使根据草图形状，用实时约束粗略地绘制几何图元，得到草图的初始图形，然后根据几何条件手动添加其他必要的几何约束。

调用命令的方式如下。

功能区：单击"草绘"选项卡"约束"面板中的"约束"图标按钮。

操作步骤如下。

第 1 步，单击某一"约束"图标按钮，调用相应"约束"命令。

第 2 步，按照系统提示，单击选取需要添加约束条件的图元，系统按照所添加的约束条件更新草图。

第 3 步，重复上述第 2 步，为其他具有相同约束条件的图元添加该类约束条件。

第 4 步，直至单击鼠标中键，结束命令。

注意：

（1）在上述第 3 步后，接着再单击"约束"面板中的另一约束图标按钮可添加另一几何约束条件。

（2）默认情况下，"约束"面板下拉菜单中的"解释"选项暗显，当选择某个约束符号后，"解释"选项亮显，如图 3-5（a）所示，单击该选项，系统在信息区提供所选约束或尺寸的相应解释，并且突出显示选定的约束或尺寸的参考。如图 3-5（b）所示，选择平行约束符号，系统显示"突出显示直线平行"的信息，且该约束的参考几何图元两条平行线红显。

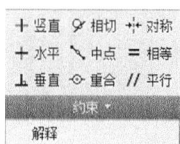

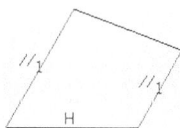

（a）"约束"面板　　　　　　　　　（b）突出显示平行线

图 3-5　解释、突出显示所选约束

以下介绍各"约束"类型的含义及其相应约束条件的添加方法。

1. 竖直/水平约束

第 1 步，单击 ╋竖直 / ╋水平 图标按钮，调用"竖直"/"水平"约束命令。

第 2 步，系统提示"选择一直线或两点"时，选取一条斜线或两个点。所选的斜线更新为铅垂线或水平线；或使两点位于一条铅垂线或水平线上。

2. 垂直约束

第1步，单击 ⊥垂直 图标按钮，调用"垂直"约束命令。

第2步，系统提示"选择两图元使它们正交。"时，选取两条线（包括圆弧）。被选择的两条线成为互相垂直的线条，如图3-6所示。

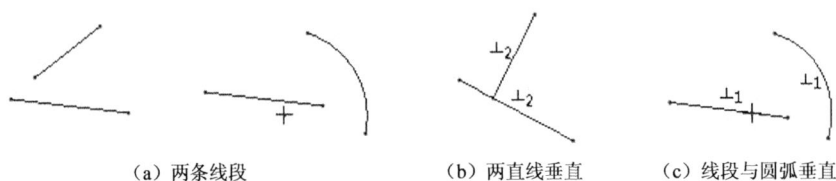

（a）两条线段　　　　　　（b）两直线垂直　　　　（c）线段与圆弧垂直

图 3-6　垂直约束

注意：直线与圆弧添加垂直约束后，直线将通过圆弧圆心，且直线垂直与其延长线与圆弧交点处的切线方向。

3. 平行约束

第1步，单击 //平行 图标按钮，调用"平行"约束命令。

第2步，系统提示"选择两个或多个线图元使它们平行。"时，选取两条线。被选择的两条线成为互相平行的线条，如图3-7所示。

第3步，系统继续提示"选择两个或多个线图元使它们平行。"时，继续选取两条线使它们平行，或单击鼠标中键结束命令。

4. 相切约束

第1步，单击 ✿相切 图标按钮，调用"相切"约束命令。

第2步，系统提示"选择两图元使它们相切。"时，选取直线段以及圆弧或圆，被选择的直线与圆弧或圆成为相切的图元，如图3-8所示。

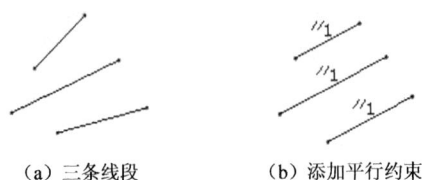

（a）三条线段　　　（b）添加平行约束　　　　（a）原草图　　　（b）添加相切约束

图 3-7　平行约束　　　　　　　　　　　　　图 3-8　相切约束

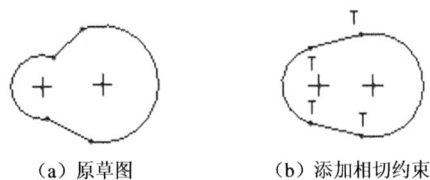

5. 中点约束

第1步，单击 ╲中点 图标按钮，调用"中点"约束命令。

第2步，系统提示"选择一点和一条线或弧。"时，分别选取一个点以及一条直线或圆弧，则所选的点将置于所选线的中点。如图3-9所示。

注意：选择的点可以是点、线段端点、圆或圆弧的圆心。

6. 重合约束

第1步，单击 ◇重合 图标按钮，调用"重合"约束命令。

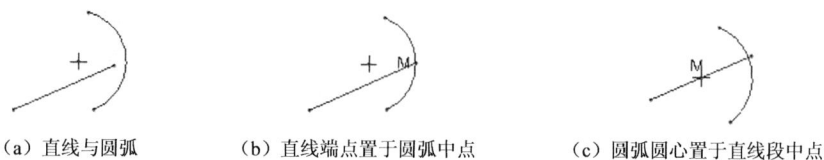

(a) 直线与圆弧　　(b) 直线端点置于圆弧中点　　(c) 圆弧圆心置于直线段中点

图 3-9　中点约束

第 2 步，系统提示"选取要对齐的两图元或顶点。"时，选择两个点；或点与线条；或两条直线段。

操作说明如下。

（1）当选择两个点时，如图 3-10（a）所示，直线 L 的下端点与直线 R 的左端点，则将所选的两点重合，如图 3-10（b）所示。

（2）当选择点与线条，如图 3-10（a）所示，直线 L 的下端点与直线 R，则将点置于直线上，如图 3-10（c）所示。

（3）当选择两条直线段，如图 3-10（a）所示，直线 L 与直线 R，则将两条直线设置为共线，如图 3-10（d）所示。

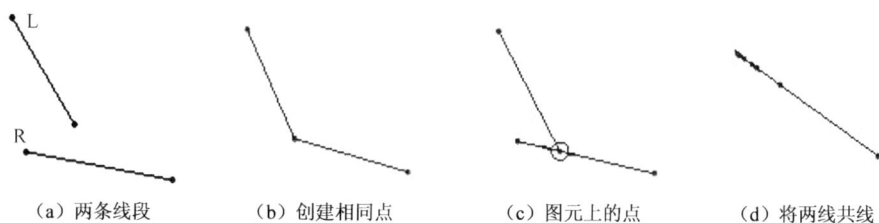

（a）两条线段　　（b）创建相同点　　（c）图元上的点　　（d）将两线共线

图 3-10　重合约束

7. 对称约束

第 1 步，单击 [对称] 图标按钮，调用"对称"约束命令。

第 2 步，系统提示"选择中心线和两顶点来使它们对称"时，选择对称的中心线以及两个点，如图 3-11 所示，选择铅直中心线以及水平线段的左端点和右端点，则所选的两个端点关于铅直中心线对称。

8. 相等约束

第 1 步，单击 [相等] 图标按钮，调用"相等"约束命令。

第 2 步，系统提示"选择两条或多条直线（相等段），两个或多个弧/圆/椭圆（等半径），一条样条与一条线或弧（等曲率）、两个或多个线性/角度尺寸（等尺寸）。"时，分别选取若干直线段，使它们等长；或若干弧/圆/椭圆，使它们等径；或若干尺寸，使尺寸相等；或若干样条曲线，使它们曲率半径相等。

第 3 步，单击鼠标中键，继续重复第 2 步，创建其他对象的相等约束。

注意：当选择椭圆和圆或圆弧等径时，弹出如图 3-12 所示的"椭圆半径"对话框，并提示"选择将哪些半径设置为和第二图元的半径相等。"，用户可以在对话框选择椭圆的长轴或短轴与圆或圆弧半径相等。如图 3-13 所示，椭圆的长轴半径与上下小圆弧半径相等。

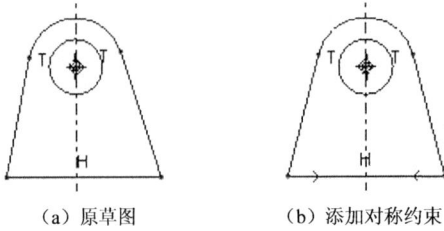

(a) 原草图　　　　　　　　(b) 添加对称约束　　　　　　　图 3-12　"椭圆半径"对话框

图 3-11　对称约束

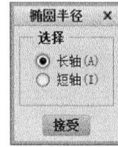

(a) 原草图　　　　　　　　　　　　　　　　(b) 添加对称约束

图 3-13　相等约束

3.2.3　删除几何约束

几何约束条件虽然可以帮助用户准确定义草图，减少所标注的尺寸。但在某些情形下，有些实时约束条件并不是用户所需要的，而在创建图元时又没有禁用该约束，那么在图元创建之后可以将该约束删除，而是通过尺寸加以控制。

操作步骤如下。

第 1 步，单击"草绘"选项卡"操作"面板中的 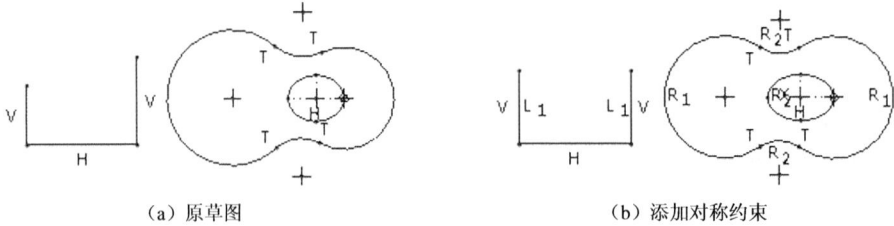 图标按钮。

第 2 步，选取需要删除的约束符号。

第 3 步，按 Delete 键，删除所选取的约束条件。

注意：选择需要删除的约束符号，右击，利用快捷菜单中的"删除"，也可以删除约束条件。

删除一个约束条件，系统将自动添加一个尺寸。如图 3-14（a）所示，等长约束条件 L_1 为实时约束，无法直接修改其尺寸，如果删除顶边的等长约束，则添加尺寸 1.47，如果删除 2 对等长约束，则系统自动添加两个尺寸，1.83 和 1.47，如图 3-14（b）所示。可以修改尺寸，如图 3-14（c）所示。

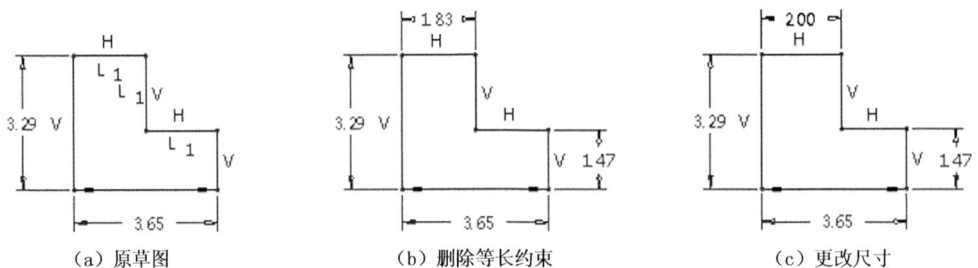

(a) 原草图　　　　　　　　(b) 删除等长约束　　　　　　　(c) 更改尺寸

图 3-14　删除约束

3.3　尺　寸　约　束

在绘制几何图元后，系统会自动为其标注弱尺寸（默认为淡蓝色显示），以完全定义草图。但弱尺寸标注的基准无法预测，且有些弱尺寸往往不是用户所需要的，不能满足设计要求。要完成精确的二维草图，且能根据设计要求控制尺寸，在设置几何约束条件后，应该手动标注所需要的尺寸，即标注强尺寸。然后根据具体尺寸数值对各尺寸加以修改，系统便能再生出最终的二维草图。

3.3.1　标注尺寸

手动标注尺寸的类型有线性尺寸、径向尺寸、角度尺寸、弧长等。

调用命令的方式如下。

功能区：单击"草绘"选项卡"尺寸"面板中的"法向"⊢┤图标按钮。

快捷菜单：在"草绘器"窗口内右击，在快捷菜单中选取"尺寸"。

操作步骤如下。

第1步，单击⊢┤图标按钮，调用"法向"命令。

第2步，单击选取需要标注的图元。

第3步，移动鼠标，在适当位置单击鼠标中键，确定尺寸的放置位置，弹出尺寸值文本框，回车接受当前尺寸值；或输入一个新值，回车。

第4步，重复上述第2步和第3步，标注其他尺寸。

第5步，单击鼠标中键，结束尺寸标注。

注意：

（1）如图3-2所示，默认设置下，"Creo Parametric 选项"对话框的"草绘器"选项组的"对象显示设置"组中，"显示尺寸"和"显示弱尺寸"两个复选框均被选中，系统显示所有尺寸（包括强尺寸和弱尺寸）。另外，单击"图形中工具栏"中的"草绘器显示过滤器"的"显示尺寸"选项，可以控制尺寸的显示。

（2）弱尺寸不能手动删除，而在添加强尺寸后，系统会自动删除不必要的弱尺寸和约束。

（3）尺寸位置不合适，可以单击选择尺寸，拖动鼠标，将尺寸移至合适位置。

系统根据选择的几何图元类型和尺寸的放置位置判断标注类型，标注出相应尺寸。以下介绍各类尺寸的标注方法。

1. 线性标注

线性标注包括直线段长度、两平行线的距离、点到直线的距离、两点之间的距离等，如图3-15所示。

（1）直线的长度

启动命令后，单击选取需要标注长度的直线或直线段的两个端点，以鼠标中键点取尺寸位置。

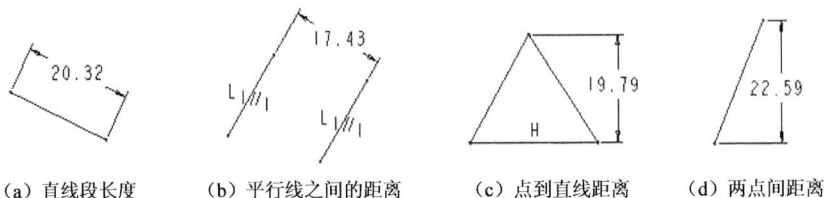

（a）直线段长度　　　　（b）平行线之间的距离　　　　（c）点到直线距离　　　　（d）两点间距离

图 3-15　标注线性尺寸

（2）两平行线的距离

启动命令后，单击选取需要标注距离的两条直线，以鼠标中键点取尺寸位置。

（3）点到直线的距离

启动命令后，单击选取点以及直线，以鼠标中键点取尺寸位置。

（4）两点之间的距离

启动命令后，分别单击选取两个点（包括点图元、线的端点、圆或圆弧圆心），以鼠标中键点取尺寸位置。系统根据点取的尺寸位置，标注这两个点之间的距离、或垂直距离，或水平距离。

注意：

① 当选取两点后，如图 3-16 所示的直线段两端点，若尺寸位置点取在以标注线段为对角线的矩形范围内，如图 3-16（b）所示的点×，则标注两点的距离；否则，标注线段两端点的垂直或水平距离，若点取在如图 3-16（c）所示的×位置，则标注两点的垂直距离。

② 无法标注中心线的长度。

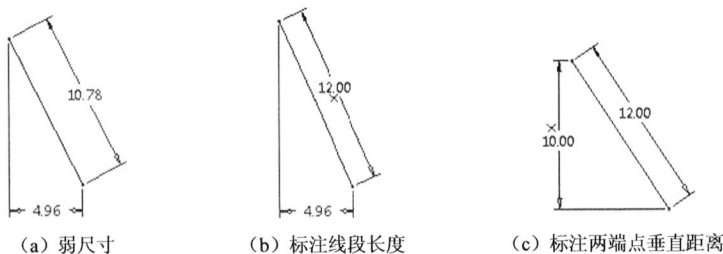

（a）弱尺寸　　　　　　（b）标注线段长度　　　　　　（c）标注两端点垂直距离

图 3-16　标注两端点的距离

2. 径向标注

径向标注是指圆或圆弧的半径或直径尺寸的标注。

（1）半径

启动命令后，单击选取需要标注半径的圆或圆弧，以鼠标中键点取尺寸位置。如图 3-17（a）所示。

当在半径尺寸上右击，弹出如图 3-17（b）所示的快捷菜单，可选择"转化为直径"或"转换为线性"，转换后的尺寸如图 3-17（c）、（d）所示。

（2）直径

启动命令后，双击选取需要标注直径的圆或圆弧，以鼠标中键点取尺寸位置。同样可以将直径尺寸转换为半径尺寸和线性尺寸。

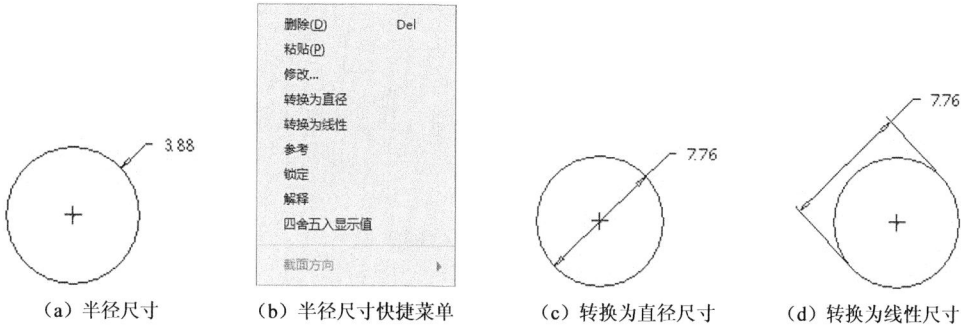

（a）半径尺寸　　　（b）半径尺寸快捷菜单　　　（c）转换为直径尺寸　　　（d）转换为线性尺寸

图 3-17　半径尺寸及其转换

3. 旋转直径（总角度）标注

当需要标注用于旋转造型的二维截面的直径时，可以利用旋转直径标注。

启动命令后，在旋转截面的一图元上单击，如图 3-18 所示，单击右侧点 1，再选取作为旋转轴的中心线，如图 3-18 所示的点 2 处单击中心线，再单击右侧 1，最后以鼠标中键点取尺寸位置。如图 3-18 所示，标注尺寸 2.41。

注意：

（1）所选图元可以是点、与中心线平行的直线，如图 3-18 所示的尺寸 1.38，可以依次选择竖直直线、中心线、再选择竖直直线。

（2）也可以依次选择中心线、图元、中心线创建旋转直径。

（3）可以通过旋转直径快捷菜单，将其转换为半径尺寸和线性尺寸。

（4）如果所选的直线与中心线倾斜，则标注总夹角，如图 3-19 所示。

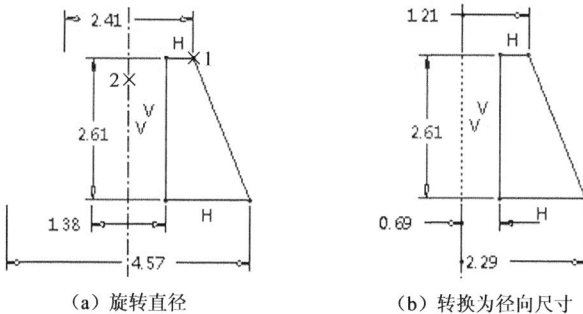

（a）旋转直径　　　　　（b）转换为径向尺寸

图 3-18　标注旋转直径尺寸

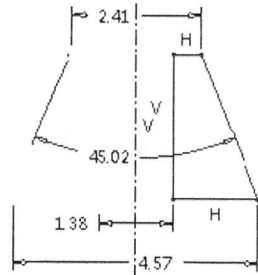

图 3-19　标注总角度

4. 角度标注

角度尺寸是指两非平行直线之间的夹角以及圆弧的中心角。

（1）两直线夹角

启动命令后，分别单击选取需要标注角度的两条非平行直线，以鼠标中键点取尺寸位置。如图 3-20 所示。

注意：当标注两条直线夹角时，点取尺寸的位置将影响标注的结果，如图 3-20 所示。

（2）圆弧的中心角

启动命令后，依次选择圆弧一端点、圆心、另一端点，以鼠标中键点取尺寸位置。如

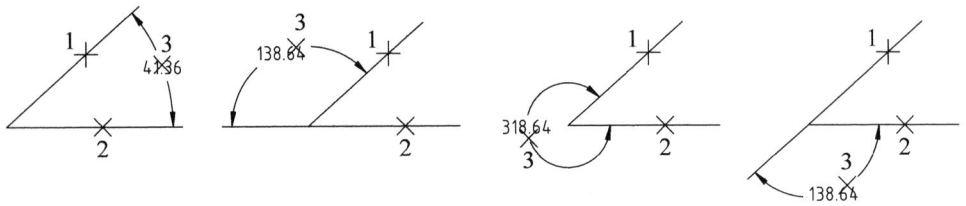

图 3-20　标注两直线的夹角

图 3-21 所示。

5. 圆弧的弧长标注

启动命令后，依次选择圆弧、圆弧的两个端点，以鼠标中键点取尺寸位置。如图 3-22 所示。

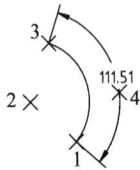

图 3-21　标注圆弧的中心角　　　　　图 3-22　标注弧长

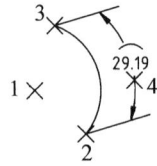

6. 圆或圆弧的位置标注

圆或圆弧的位置可以由以下尺寸确定。

（1）确定圆心位置

启动命令后，分别选择 2 圆或圆弧的圆心，或圆/圆弧的圆心与参考图元，以鼠标中键点取尺寸位置，标注两圆心或圆心与参考图元之间的距离。如图 3-23（a）所示的尺寸 2.20 及 2.26。

（2）由圆周确定位置和尺寸

启动命令后，分别选择圆、圆弧的圆周，或圆/圆弧的圆周与参考图元，以鼠标中键点取尺寸位置，标注圆周之间，或圆周与参考图元之间的距离，系统自动将尺寸界线与所选的圆或圆弧相切。如图 3-23（a）所示的尺寸 2.25 及 3.23，以及图 3-23（b）、（c）的尺寸。

注意：当选择的两个图元均为圆（圆弧），则系统根据尺寸位置点取的位置，确定是水平或竖直尺寸，如图 3-23（b）、（c）所示。

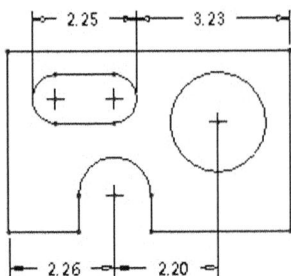

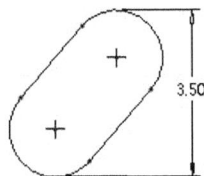

（a）由圆心确定位置　　　（b）由圆周确定垂直尺寸　　　（c）由圆周确定水平尺寸

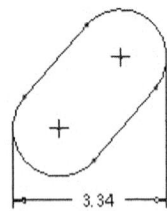

图 3-23　确定圆、圆弧的位置

7. 圆角顶点位置标注

在两条非平行的直线之间倒圆角时，若使用"圆形"命令创建，则生成构造线，可直接标注两圆角顶点之间的距离，如图 3-24（a）所示。若使用"圆形修剪"命令创建圆角，二直线从切点到交点之间的线段被修剪掉，如需要标注交点的位置，则在倒圆角之前，先利用"绘图"菜单的"点"命令，在交点处创建点图元，倒圆角后标注点图元与参考图元之间的距离，即可确定圆角顶点的位置，如图 3-24（b）所示，创建两个点图元，倒角后，标注两个点之间的距离。

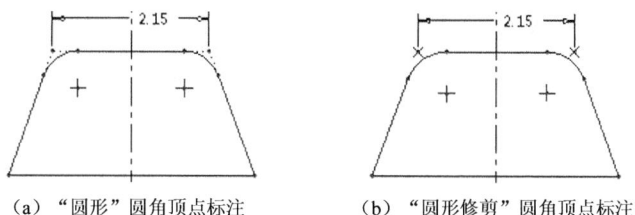

（a）"圆形"圆角顶点标注   （b）"圆形修剪"圆角顶点标注

图 3-24　标注圆角位置

3.3.2　修改尺寸

设计时一般都需要修改弱尺寸或手动标注的强尺寸，进行设计变更。

注意：当弱尺寸值被修改后，则弱尺寸自动转换为强尺寸。

1. 修改单个尺寸

若仅需要修改个别尺寸，且当前尺寸值与实际的尺寸值偏离较小的情况下，可以通过双击尺寸，激活该尺寸的尺寸文本框，输入尺寸的新值，则相应的几何图元更新为新的尺寸。

2. 拖动几何图元修改尺寸

单击并按住鼠标左键拖动某图元，则该图元本身和与之有约束关系的图元尺寸随之自动更新，保持约束关系，如图 3-25 所示。

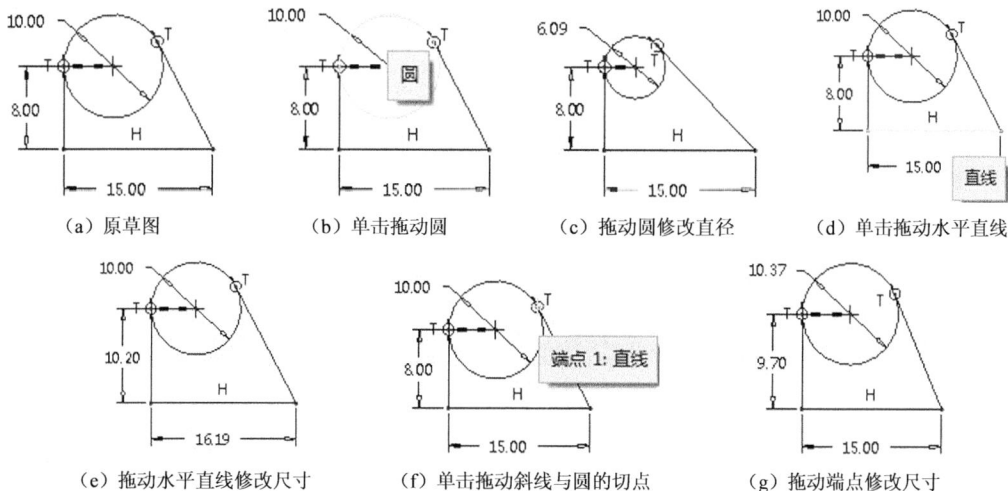

（a）原草图   （b）单击拖动圆   （c）拖动圆修改直径   （d）单击拖动水平直线

（e）拖动水平直线修改尺寸   （f）单击拖动斜线与圆的切点   （g）拖动端点修改尺寸

图 3-25　拖动图元修改尺寸

注意：拖动圆心可以修改圆心位置。

3. 拖动尺寸拖动器修改尺寸

当光标接近某些尺寸的空心箭头处，系统将显示尺寸拖动器，可以拖动尺寸拖动器修改尺寸，如图 3-26 所示。

（a）显示尺寸 15 的尺寸拖动器　　　　　　　（b）修改后的草图

图 3-26　拖动尺寸拖动器修改尺寸

4. 利用"修改尺寸"对话框修改尺寸

若一次需要修改的尺寸较多，而当前尺寸值偏离实际尺寸较大，则应使用"修改尺寸"对话框修改几何图元的尺寸数值。

调用命令的方式如下。

功能区：单击"草绘"选项卡"编辑"面板中的"修改" 修改 图标按钮。

操作步骤如下。

第 1 步，单击 修改 图标按钮，调用"修改"命令。

第 2 步，选取需要修改的某个尺寸，弹出"修改尺寸"对话框。

第 3 步，按住 Ctrl 键继续选择其他需要修改的尺寸，则所有选择的尺寸均列在对话框中，如图 3-27 所示。

第 4 步，取消选中"重新生成"复选框。

第 5 步，依次在各尺寸的文本框中输入新的尺寸数值，回车。

第 6 步，单击 图标按钮，系统再生二维草图，并关闭对话框。

操作及选项说明如下。

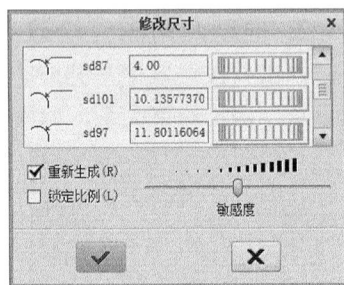

图 3-27　"修改尺寸"对话框

（1）默认设置下，每输入一个新的数值回车后，系统随即再生草图，致使草图形状发生变化，如果输入的数值不合适，则会造成计算失败。故一般在修改尺寸数值之前，执行上述第 4 步，取消选中"重新生成"复选框，在所有的尺寸数值输入后，单击 图标按钮后，系统才会再生草图。

（2）在"修改尺寸"对话框中，单击并拖动每个尺寸文本框右侧的旋转轮盘，或在旋转轮盘上使用鼠标滚轮，动态修改尺寸数值。需要增大尺寸值，可以向右拖动相应旋转轮盘，或是在相应的旋转轮盘上，使鼠标滚轮向上滚动。否则，减少尺寸值。

（3）"锁定比例"复选框默认为不选中，一个尺寸发生变化，随即改变草图中的该尺寸值。当选中"锁定比例"复选框，一个尺寸数值改变后，被选择的尺寸将一起发生变化，保证尺寸数之间的比例关系。

（4）也可用窗口框选需要修改的尺寸，再单击 ⧉ 修改 图标按钮，也可弹出"修改尺寸"对话框，则所有选择的尺寸直接列在对话框中。

3.4 草绘图元的编辑

草绘的几何图元常常需要编辑修改，得到需要的形状。

3.4.1 删除图元

操作步骤如下。

第 1 步，选取需要删除的图元。

第 2 步，按 Delete 键，系统随即删除选定的图元。

3.4.2 拖动图元端点

采用鼠标拖动线段端点的方式可以改变线段长度。有如下操作方法。

1. 任意拖动图元端点

移动鼠标至线段的端点，并按住鼠标拖动，系统将显示拖动器 ⊕，则可以改变该端点的位置，而另一端点的位置不变。此时，直线段可以绕固定端点旋转并伸缩；圆弧可以改变圆心位置和半径。

注意：当按住直线段图元拖动时，则靠近光标的端点位置发生改变，直线段可以绕固定端点旋转，而长度不变。

2. 在线段方向上拖动端点

移动鼠标至线段的端点，并按住 Ctrl 键拖动线段端点，则线段方向不变，而在其方向上长度发生变化；按住 Ctrl 键拖动圆弧端点时，保证半径不变。如图 3-28 所示。

（a）拖动直线端点 1 至 2 点　　　　　　（b）拖动圆弧端点 3 至 4 点

图 3-28　在线段方向上拖动端点

注意：按住 Ctrl 键拖动端点时，系统在该线段与其他图元的相交处自动显示其创建的约束。如图 3-29 所示。

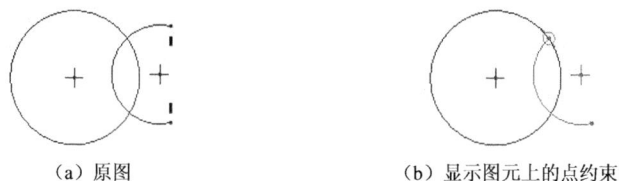

（a）原图　　　　　　　　（b）显示图元上的点约束

图 3-29　拖动圆弧端点至圆上

3.4.3　修剪图元

利用修剪功能可以将不需要的部分图元修剪掉。

1. 动态修剪图元

调用命令的方式如下。

功能区：单击"草绘"选项卡"编辑"面板中的"删除段" 〖删除段〗 图标按钮。

操作步骤如下。

第 1 步，单击 〖删除段〗 图标按钮，调用"删除段"命令。

第 2 步，系统提示"选择图元或在图元上面拖动鼠标来修剪"时，单击选取需要修剪的图元，系统将其显示红色后，随即删除该图元。如图 3-30（b）所示，水平线段与右侧圆相切的切点右侧被修剪。

第 3 步，单击鼠标中键，结束命令。

注意：

（1）可以拖动鼠标绘出不规则的曲线，与该曲线相交的线段被选中，并呈现红色，当松开鼠标左键后，这些线段被修剪。如图 3-30（c）、（d）所示。

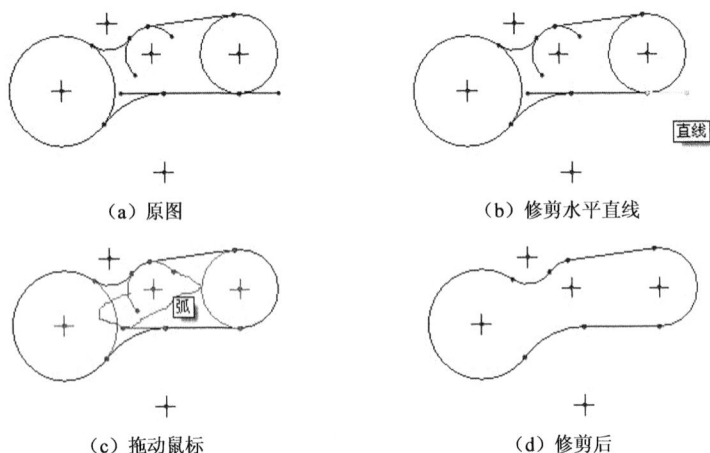

（a）原图　　　　　　　　　　（b）修剪水平直线

（c）拖动鼠标　　　　　　　　（d）修剪后

图 3-30　动态修剪图元

（2）如果所选图元不与其他图元相交，则整个线段被删除；如果所选图元与其他图元相交（相切），则位于交点（切点）一侧的图元选择位置所处的那一段图元被修剪。

2. 拐角修剪

调用命令的方式如下。

功能区：单击"草绘"选项卡"编辑"面板中的"拐角" 〖拐角〗 图标按钮。

操作步骤如下。

第 1 步，单击 〖拐角〗 图标按钮，调用"拐角"命令。

第 2 步，系统提示"选择要修整的两个图元。"时，单击选取两条线，则系统自动修剪或延伸所选的两条线。如图 3-31 所示。

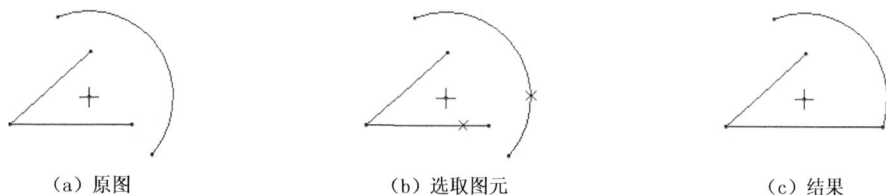

（a）原图   （b）选取图元   （c）结果

图 3-31　拐角修剪

注意：如果线段被修剪，则应在保留的那一侧单击选择线段，如图 3-31（b）所示，选择圆弧的位置。

3. 分割图元

调用命令的方式如下。

功能区：单击"草绘"选项卡"编辑"面板中的"分割" 图标按钮。

操作步骤如下。

第 1 步，在草绘器中，单击 图标按钮，调用"分割"命令。

第 2 步，在要分割的位置单击图元，则系统在指定位置将所选的图元分割成两段。如图 3-32 所示。

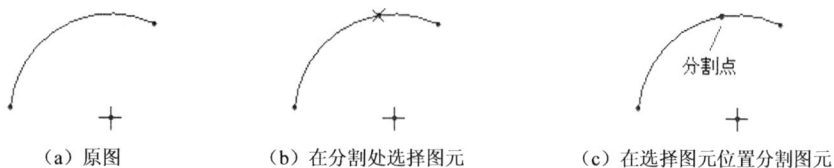

（a）原图   （b）在分割处选择图元   （c）在选择图元位置分割图元

图 3-32　分割图元

注意：如果在两个图元的交点附近单击，系统则会自动捕捉交点，并将两个图元分别在交点处分割成两段。

3.5　镜 像 图 元

利用中心线作为对称线，将几何图元镜像复制到中心线的另一侧。对于对称的二维草图，可以只画对称中心线一侧的半个图形，然后使用镜像命令，复制得到另一侧图形，这样可以减少尺寸数。

调用命令的方式如卜。

功能区：单击"草绘"选项卡"编辑"面板中的"镜像" 图标按钮。

操作步骤如下。

第 1 步，选取需要镜像的几何图元。

第 2 步，单击 图标按钮，调用"镜像"命令。

第 3 步，系统提示"选择一条中心线。"时，选取中心线作为镜像线，系统将所选图元镜像至中心线的另一侧。如图 3-33 所示。

第 4 步，单击，结束命令。

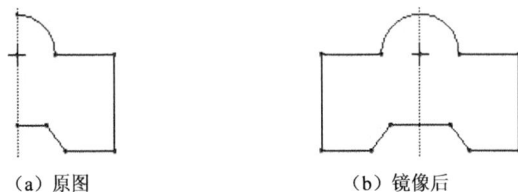

　　　　（a）原图　　　　　　　　　　　（b）镜像后

图 3-33　镜像图元

注意：只能镜像几何图元，无法镜像尺寸、文本图元、中心线和参考图元。

3.6　缩放旋转移动图元

利用"旋转调整大小"命令可以将选定的图元移动、缩放和旋转。

调用命令的方式如下。

功能区：单击"草绘"选项卡"编辑"面板中的"旋转调整大小" 旋转调整大小 图标按钮。

快捷菜单：在"草绘器"窗口内右击，在快捷菜单中选取"旋转调整大小"。

操作步骤如下。

第 1 步，选取几何图元。

第 2 步，单击 旋转调整大小 图标按钮，调用"旋转调整大小"命令，打开如图 3-34 所示的"旋转调整大小"操控板。

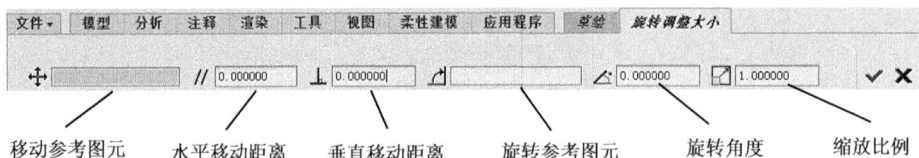

图 3-34　"旋转调整大小"操控板

　　第 3 步，所选的几何图元上显示带有控制滑块句柄的点画线方框，以及在位置控制滑块⊗处表示水平与垂直移动正方向的箭头，如图 3-35（a）所示。

　　注意：当打开"显示尺寸"时，则显示水平、垂直移动距离及缩放比例值，如图 3-35（a）所示。单击某个值，显示字段编辑文本框，输入相应的值。

　　第 4 步，在"旋转调整大小"操控板的"旋转角度"文本框中输入旋转角度以及缩放比例，图形按输入的值动态更新，如图 3-35（b）所示。

　　第 5 步，必要时，分别在"水平移动距离"和"垂直移动距离"文本框中输入水平和垂直方向的移动距离（也可鼠标左键拖动位置控制滑块至新位置），图形更新至新位置，如图 3-35（c）所示。

　　第 6 步，单击 ✓ 图标按钮（或单击鼠标中键），关闭操控板。

　　第 7 步，单击，结束命令。

注意：

（1）控制滑块含义及操作参见第 2.13.1 小节。

（2）角度为正，被选择的图元逆时针旋转，否则顺时针旋转；移动距离为正，则所选图元沿箭头方向移动，否则沿箭头反方向移动。

（3）原位置的控制滑块句柄显示为灰色。

操作说明如下。

（1）当需要指定旋转基点时，可以单击"旋转参考图元"收集器，在点图元或线的端点或坐标系处单击，则"旋转参考图元"收集器显示参考图元，且位置控制滑块移至指定点上；也可用鼠标右击位置控制滑块⊗，并按住拖动至参考点上。指定旋转参考图元后，水平移动和垂直移动距离文本框的距离值发生变化，如图 3-35（d）所示。

（2）当需要指定移动参考时，可以单击"移动参考图元"收集器，在直线图元或中心线上单击，则"移动参考图元"收集器显示参考图元，且位置控制滑块处的箭头方向发生相应变化，水平和垂直移动距离也发生相应变化。如图 3-35 所示，选择中心线，则"移动参考图元"收集器显示"中心线（构造）"，所选图元移动的距离显示如图 3-35（e）所示。

注意： 当用鼠标拖动控制滑块⊗，移动距离值将显示水平与垂直距离，如图 3-35（f）所示。

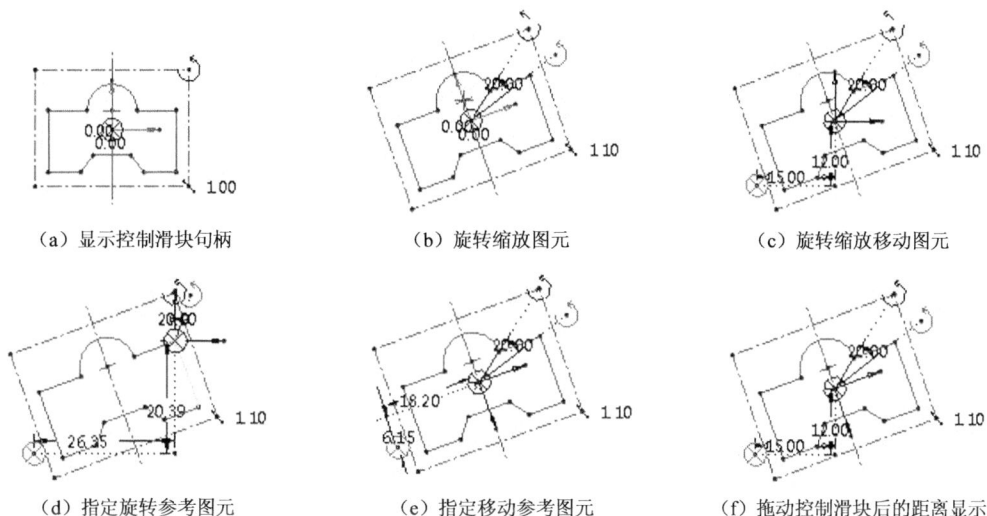

（a）显示控制滑块句柄　　　　　（b）旋转缩放图元　　　　　（c）旋转缩放移动图元

（d）指定旋转参考图元　　　　　（e）指定移动参考图元　　　　（f）拖动控制滑块后的距离显示

图 3-35　旋转缩放移动图元

3.7　图元的复制

通过复制操作可以将选定的对象置放于剪贴板中，再使用粘贴操作将复制到剪贴板中的对象粘贴到当前窗口的草绘器（活动草绘器）中。可以进行复制的对象有几何图元、中心线以及与选定几何图元相关的强尺寸和约束等。允许多次使用剪贴板上复制或剪切的草绘几何。可以在多个草绘器窗口中通过复制粘贴操作来移动某个草图对象。被粘贴的草绘图元可以平移、旋转或缩放。

3.7.1　复制图元

调用命令的方式如下。

功能区：单击"草绘"选项卡"操作"面板中的"复制" 图标按钮。

快捷菜单：在"草绘器"窗口内右击，在快捷菜单中选取"复制"。

操作步骤如下。

第 1 步，将需要进行复制操作的草绘器窗口激活为当前活动窗口。

第 2 步，选择需要复制的对象。

第 3 步，单击 图标按钮，调用"复制"命令，系统将选定的图元及其相关的强尺寸和约束一起复制到剪贴板上。

注意：使用 Ctrl+C 组合键也可以复制选定的对象。

3.7.2 粘贴图元

调用命令的方式如下。

功能区：单击"草绘"选项卡"操作"面板中的"粘贴" 图标按钮。

快捷菜单：在"草绘器"窗口内右击，在快捷菜单中选取"粘贴"。

操作步骤如下。

第 1 步，将需要进行粘贴操作的草绘器窗口激活为当前活动窗口。

第 2 步，单击 图标按钮，调用"粘贴"命令，

第 3 步，光标显示为 时，单击确定放置粘贴图元的位置。

第 4 步，打开如图 3-34 所示的"旋转调整大小"操控板，同时被粘贴图元的中心在指定位置，并显示带有控制滑块句柄的点画线方框。

第 5 步和第 6 步，同本书第 3.6 小节的第 4 步～第 7 步。系统将会创建附加的尺寸和几何约束。

注意：

（1）使用 Ctrl+V 组合键也可以粘贴剪贴板上的对象。

（2）可以在当前草绘器窗口中粘贴另一个草绘器中复制到剪贴板上的图元，如图 3-36所示。

（a）原图 　　　　　　（b）被粘贴的图元

图 3-36　在当前草绘器窗口粘贴另一个草绘器中的图元

3.8　解决约束和尺寸冲突问题

有时在手动添加几何约束和尺寸时，如果有多余的约束或尺寸存在，就会与已有的强约束或强尺寸发生冲突，如图 3-37 所示，两条水平线已有水平约束和相切约束，且标注有强尺寸半径 4.34，如再标注宽度尺寸，就会发生约束和尺寸冲突，此时，"草绘器"系统会加亮显示冲突的约束和尺寸，如图 3-37 所示的尺寸 4.34、8.68，以及下面的"水平"约束H。同时弹出"解决草绘"对话框，如图 3-38 所示，提示用户相冲突的约束和尺寸，给出

解决冲突的处理方法，用户必须使用一种方法，删除加亮的尺寸或约束之一。

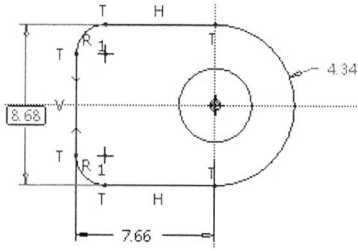

图 3-37 标注多余尺寸产生冲突

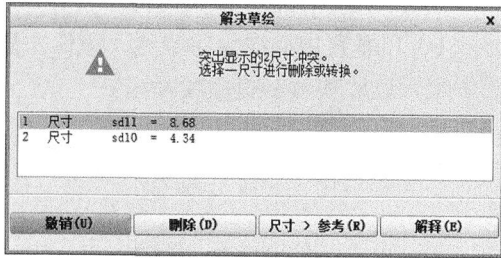

图 3-38 "解决草绘"对话框

操作及选项说明如下。

（1）单击"撤销"按钮，取消正在添加的约束或尺寸，回到导致冲突之前的状态。

（2）选取某个约束或尺寸，单击"删除"按钮，将其删除。

（3）当存在冲突尺寸时，"尺寸>参考"按钮亮显，选取一个尺寸，单击该按钮，将所选尺寸转换为参考尺寸。如图 3-39 所示的尺寸 8.68。

（4）选取一个约束，单击"解释"按钮，"草绘器"将加亮与该约束有关的图元。可以获取该约束的说明。

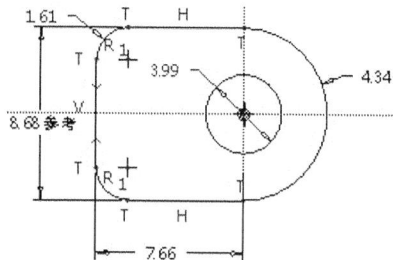

图 3-39 将选定的多余尺寸转换为参考尺寸

3.9 上机操作实验指导二 复杂二维草图绘制

根据如图 3-40 所示的平面图形，用复制粘贴法绘制与编辑其二维草图。主要涉及的命令包括"中心线"命令、"圆"命令、"线链"命令、"镜像"命令、"删除段"命令、"复制"命令、"粘贴"命令、"约束"命令、"标注尺寸"命令、"修改尺寸"命令等。

操作步骤如下。

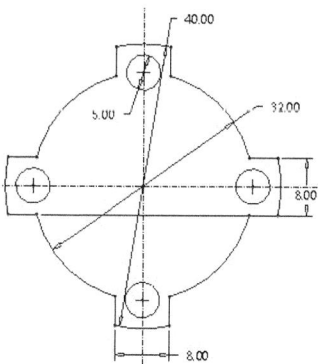

图 3-40 二维草图的绘制与编辑

步骤 1 创建新文件

创建新文件 sketch6，进入草绘环境，操作过程略。

步骤 2 绘制水平和垂直中心线

用"中心线"命令绘制中心线，操作过程略。

步骤 3 以中心线交点为圆心，绘制两个圆

用"圆心和点"命令绘制圆，操作过程略。如图 3-41（a）所示。

步骤 4 绘制顶部小圆

用"圆心和点"命令绘制圆，圆心位于上述内侧圆的最高点，操作过程略。如图 3-41（b）所示。

步骤 5   绘制顶部左侧直线

用"线链"命令绘制左侧直线段，操作过程略。如图 3-41（b）所示。

步骤 6   以垂直中心线为对称线，镜像左侧直线

第 1 步，选取顶部左侧直线段。

第 2 步，单击 镜像 图标按钮，调用"镜像"命令。

第 3 步，系统提示"选择一条中心线"时，选取垂直中心线作为镜像线，得到另一侧直线段。

第 4 步，单击，结束命令。如图 3-41（c）所示。

步骤 7   以水平中心线为对称线，镜像顶部小圆及其两侧直线

操作过程略。如图 3-41（d）所示。

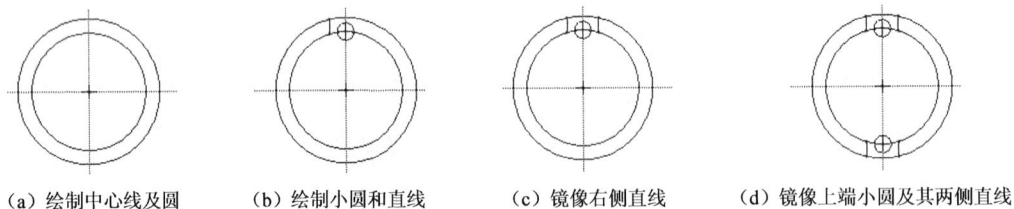

（a）绘制中心线及圆   （b）绘制小圆和直线   （c）镜像右侧直线   （d）镜像上端小圆及其两侧直线

图 3-41   绘制与编辑几何图元

步骤 8   修剪外圆

单击 删除余段 图标按钮，按下鼠标左键并拖动，在外圆的左侧圆弧上绘出不规则的曲线，曲线经过的圆弧段呈现红色，松开鼠标左键，即被修剪；用同样方法，修剪右侧外圆弧，如图 3-42（a）所示。

步骤 9   复制粘贴顶部小圆及其两侧直线

第 1 步，用框选方法选取顶部圆弧、小圆及其两侧直线。

第 2 步，单击 图标按钮，调用"复制"命令，将选定的图元及其相关的强尺寸和约束一起复制到剪贴板上。

第 3 步，单击 图标按钮，调用"粘贴"命令，光标显示为 时，单击确定放置粘贴图元的位置。打开如图 3-34 所示的"旋转调整大小"操控板，同时被粘贴图元的中心在指定位置，并显示带有控制滑块句柄的点画线方框。右击并拖动鼠标，将控制滑块移至小圆的圆心，再拖动位置控制滑块 ⊗，移动粘贴的图元至圆的左侧象限点，如图 3-42（b）所示。拖动旋转控制滑块 ，将粘贴的图元旋转 90°，如图 3-42（c）所示。

步骤 10   镜像左侧图元，并修剪图形

操作过程略，如图 3-42（d）所示。

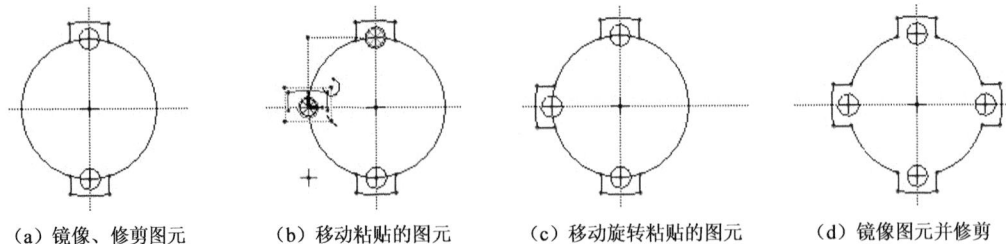

（a）镜像、修剪图元   （b）移动粘贴的图元   （c）移动旋转粘贴的图元   （d）镜像图元并修剪

图 3-42   编辑图元

步骤 11 手动添加几何约束

第 1 步，在绘图窗口顶部的"图形中工具栏"中，单击如图 2-4 所示的"草绘器显示过滤器"，在如图 2-5 所示的菜单中选择"显示尺寸"、"显示约束"，选择尺寸，单击拖动鼠标，适当调整尺寸位置，草图如图 3-43 所示。

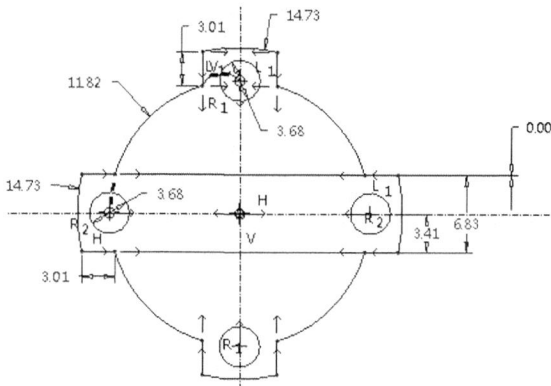

图 3-43 显示约束和尺寸

第 2 步，单击 ≡ 相等 图标按钮，调用"相等"约束命令。

第 3 步， 系统提示"选择两条或多条直线(相等段)， 两个或多个弧/圆/椭圆(等半径)，一条样条与一条线或弧(等曲率)、两个或多个线性/角度尺寸（等尺寸）。"时，依次选择外侧顶部圆弧和左侧圆弧，单击鼠标中键，使其半径相等，则减少一个半径尺寸 14.73。

第 4 步，依次选择顶部小圆和左侧小圆，单击鼠标中键，使其半径相等，则减少一个直径尺寸 3.68。

第 5 步，依次选择顶部左侧直线段和左侧底部直线段，单击鼠标中键，则减少一个线性尺寸 3.01。

第 6 步，单击 ✛ 对称 图标按钮，调用"对称"约束命令。

第 7 步，系统提示"选择中心线和两顶点来使它们对称"时，选择对称的中心线以及左侧上下两直线段的右端点，弹出如图 3-44 所示的"解决草绘"对话框，并显示冲突信息。选择"尺寸 sd40=0.00"，单击"删除"按钮，将其删除，退出对话框，减去尺寸 3.41。

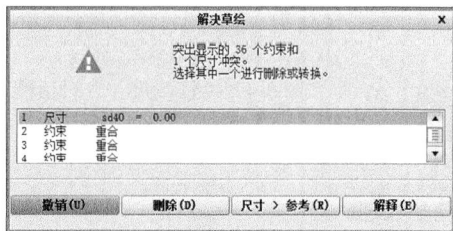

（a）"解决草绘"对话框

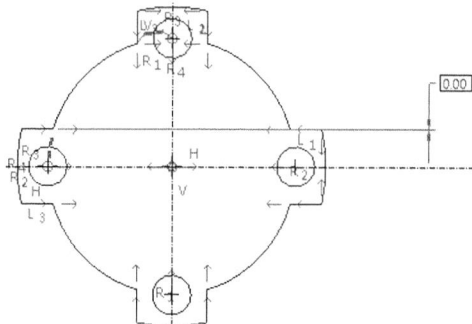

（b）具有尺寸冲突的草绘

图 3-44 添加约束

第 8 步，单击鼠标中键，结束命令，结果如图 3-45 所示。

步骤 12 标注尺寸

第 1 步，单击"图形中工具栏"的"草绘器显示过滤器"，在菜单中取消选择"显示约束"，关闭约束的显示。

第 2 步，单击 ⟷ 图标按钮，调用"法向"命令。

第 3 步，双击半径为 11.82 的圆弧，以鼠标中键点取尺寸位置，标注直径尺寸 23.64。用同样方法标注直径 29.46。

第 4 步，依次单击底部两侧直线段，标注尺寸 6.74。

第 5 步，单击鼠标中键，结束尺寸标注。单击拖动鼠标调整尺寸位置，标注结果如图 3-46 所示。

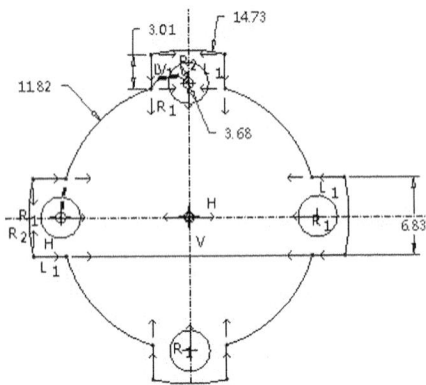

图 3-45 添加约束后的草图   图 3-46 标注尺寸

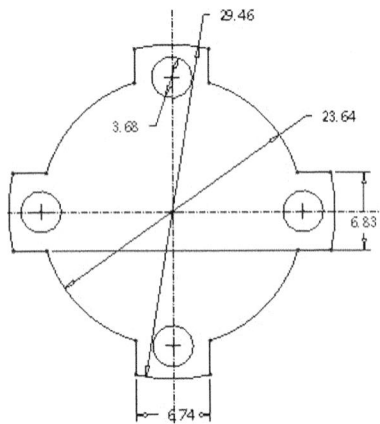

步骤 13 修改尺寸

第 1 步，窗口框选需要修改的尺寸。

第 2 步，单击 ⊒修改 图标按钮，调用"修改"命令，弹出"修改尺寸"对话框。

第 3 步，取消选中"重新生成"复选框，如图 3-47 所示。

第 4 步，依次在各尺寸的文本框中输入新的尺寸数值，回车。

第 5 步，单击"✓"图标按钮，系统再生二维草图，并关闭对话框。

第 6 步，单击，完成二维草图的绘制与编辑。

步骤 14 保存图形

参见本书第 1 章，操作过程略。

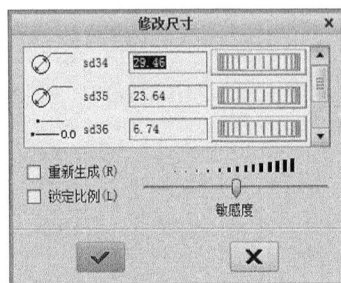

图 3-47 "修改尺寸"对话框

3.10 上 机 题

1. 按约束条件和尺寸绘制与编缉如图 3-48 所示的两个二维草图 sketch7 和 sketch8。

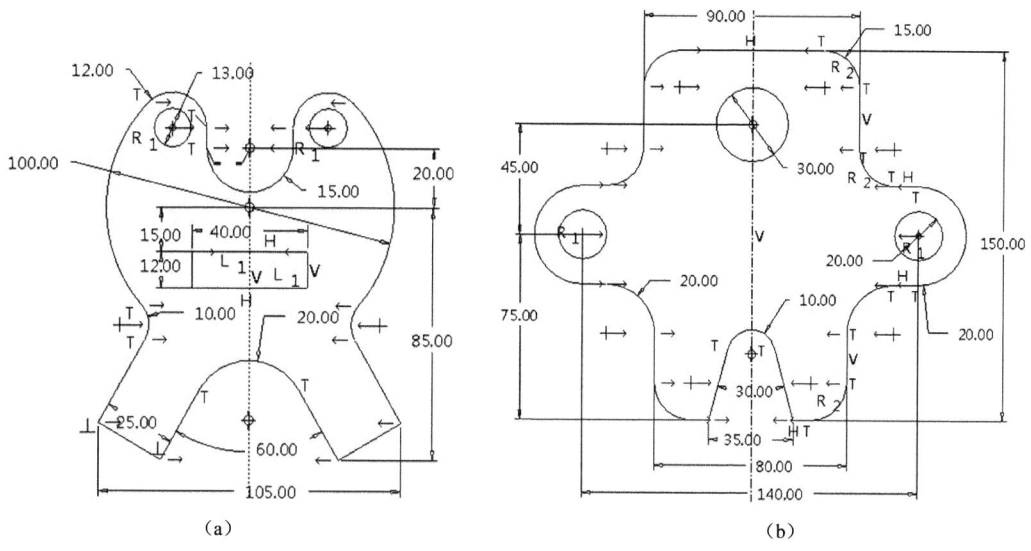

（a）　　　　　　　　　　　　　　　（b）

图 3-48　绘制与编辑二维草图（一）

2. 使用复制粘贴法，按约束条件和尺寸绘制与编缉如图 3-49 所示的二维草图 sketch9。

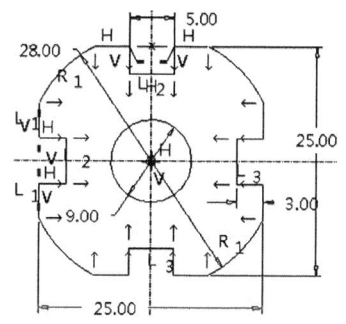

图 3-49　绘制与编辑二维草图（二）

第 4 章　基准特征的创建

基准特征是三维建模的重要参考，在 Creo 2.0 中创建和放置其他特征时，往往需要用到基准特征精确定位或辅助参考。基准特征主要包括基准平面、基准轴、基准点、基准曲线和基准坐标系。

本章将介绍的内容如下：

（1）创建基准平面的方法和步骤；

（2）创建基准轴的方法和步骤；

（3）创建基准点的方法和步骤；

（4）创建基准曲线的方法和步骤；

（5）创建基准坐标系的方法和步骤。

4.1　基准平面的创建

基准平面为 2D 参考几何，系统将平面 FRONT、RIGHT、TOP 作为默认的基准平面，用户可以根据零件建模或三维装配的需要创建基准平面，作为特征的草绘平面或参考平面，或用作尺寸定位、约束参考等。

调用命令的方式如下。

功能区：单击"模型"选项卡"基准"面板中的"平面" ▱ 图标按钮。

4.1.1　创建基准平面的方法

操作步骤如下。

第 1 步，单击 ▱ 图标按钮，调用"平面"命令，弹出如图 4-1 所示的"基准平面"对话框，默认打开"放置"选项卡。

第 2 步，系统提示"选择 3 个参考(例如平面、曲面、边或点)以放置平面"时，选择参考面，或线，或点。

第 3 步，从"约束"下拉列表中选择约束类型，并根据需要设置约束参数（如约束条件为"偏移"时），如图 4-2 所示。

第 4 步，按住 Ctrl 键，继续依次选择其他参考，指定约束类型和约束参数，直到基准平面被完全约束。

第 5 步，选定基准平面的方向，单击"基准平面"对话框中的"确定"按钮完成。

注意：仅当基准平面被完全约束，对话框的"确定"按钮亮显，才能完成操作。

操作及选项说明如下。

（1）操作过程中，系统根据选择的参考特征和约束条件，实时预览所创建的基准平面，

图 4-1 "基准平面"对话框

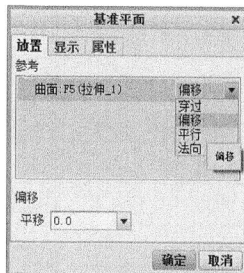

图 4-2 设置约束类型

以便用户修改。若需要删除某一参考图元，可在"基准平面"对话框的"参考"收集器选择该参考图元，在弹出的快捷菜单中选择"移除"。

（2）所创建的基准平面系统依次命名为 DTM1、DTM2、DTM3…，若需要重命名，用户可以在模型树选中某一基准平面，右击，在弹出的快捷菜单中选择"重命名"选项，在激活的文本框中输入新的名称。

（3）基准平面具有方向性，箭头指向正方向。背向观察，基准平面灰色显示；正面观察，基准平面亮显。

（4）选择基准平面的常用方法有模型树中选择基准平面、选择基准平面框、选择基准平面标记。

（5）基准及基准标记的显示与否可以通过"视图"选项卡"显示"面板中相应的图标按钮，如图 4-3 所示。

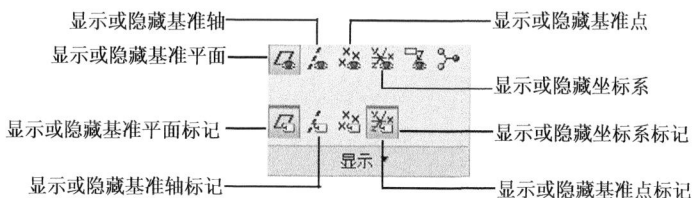

图 4-3 "显示"面板

4.1.2 创建基准平面的种类

创建基准平面时，"放置"选项卡"参考"收集器内即时显示所选的参考，如图 4-2 所示，其右侧随即显示"约束"下拉列表。表 4-1 列出了基准平面的约束类型以及所选的参考及约束条件。

表 4-1 基准平面约束类型及其参考

约束类型	所选的参考	约束条件
穿过	平面、柱面、锥面	基准平面通过所选的参考平面、参考点、参考线，或通过柱面或锥面的轴线
	实体边、轴线、曲线	
	实体顶点、点	

约束类型	所选的参考	约 束 条 件
法向	平面	基准平面与所选的参考平面、参考线垂直，或为曲线上选定点的法向
	轴线、边	
	曲线	
平行	平面	基准平面与参考平面平行
偏移	平面	基准平面与参考平面平移一段距离
	坐标系	基准平面法向于所选的坐标轴方向，并从原点平移偏移值
角度	平面	当选择参考轴线时，基准平面可绕所选参考平面旋转一定角度
相切	圆柱面	基准平面与参考圆柱面相切

由上述约束类型可知，创建基准平面的方式有多种，根据所选参考的不同，可以分为以下几种。

1. 将一平面平移创建基准平面

当选择一个参考平面（基准平面或实体平面），默认的约束类型为"偏移"，可以沿参考平面的法向平移一段距离创建基准平面。

打开文件 Ch4-4.prt，如图 4-4（a）所示，选择底板底面，"基准平面"对话框"参考"收集器内显示所选参考，如图 4-4（b）所示，在"平移"文本框内输入偏移值为 40，模型显示如图 4-4（c）所示，完成后，创建的基准平面如图 4-4（d）所示的 DIM1。

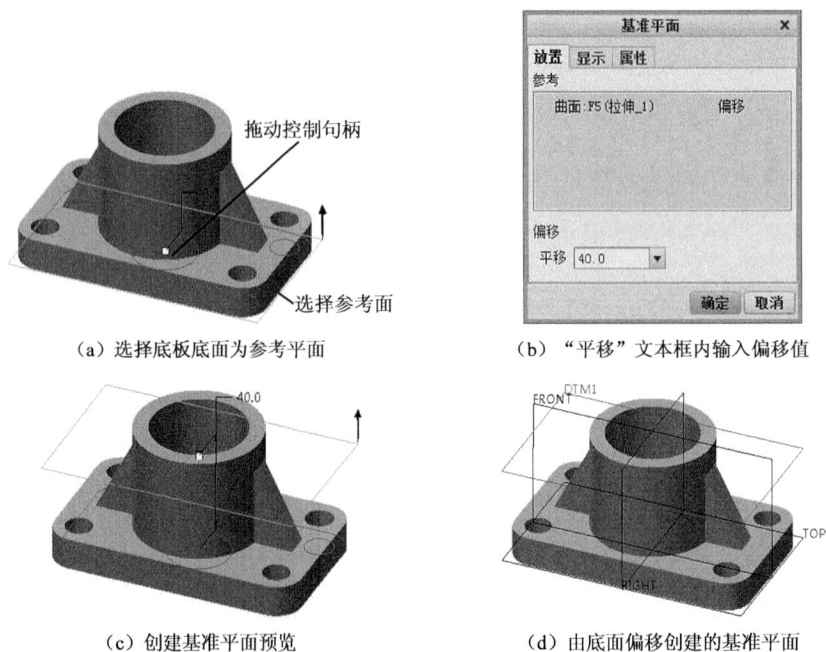

（a）选择底板底面为参考平面

（b）"平移"文本框内输入偏移值

（c）创建基准平面预览

（d）由底面偏移创建的基准平面

图 4-4 通过一平面创建基准平面

注意：

（1）偏移值为正，则基准平面沿箭头方向偏移；偏移值为负，则基准平面沿箭头反方向偏移。也可以将拖动控制句柄拖曳至某一位置，确定偏移距离。

（2）当选择参考平面后，除了上述"偏移"默认约束类型外，还可从如图 4-2 所示的"约束"下拉列表中选择"穿过"、或"平行"、或"法向"。若选择"穿过"约束，则创建出与参考平面重合的基准平面，若选择"平行"或"法向"，则还需要选择另一个参考特征（如点、线）来创建与第一参考面平行或垂直的基准平面。

2. 平行参考平面与另一参考柱面相切

当选择参考平面后，从"约束"下拉列表中选择"平行"约束类型，再按住 Ctrl 键，选择一个参考柱面，并选择"相切"约束类型，则创建的基准平面与所选参考平面平行，且与所选柱面相切。如图 4-5（a）、（b）、（c）所示，创建基准平面 DIM1。

如图 4-5 所示，在圆柱面上切割键槽所需要创建的基准平面，即是上述两种方法的应用。

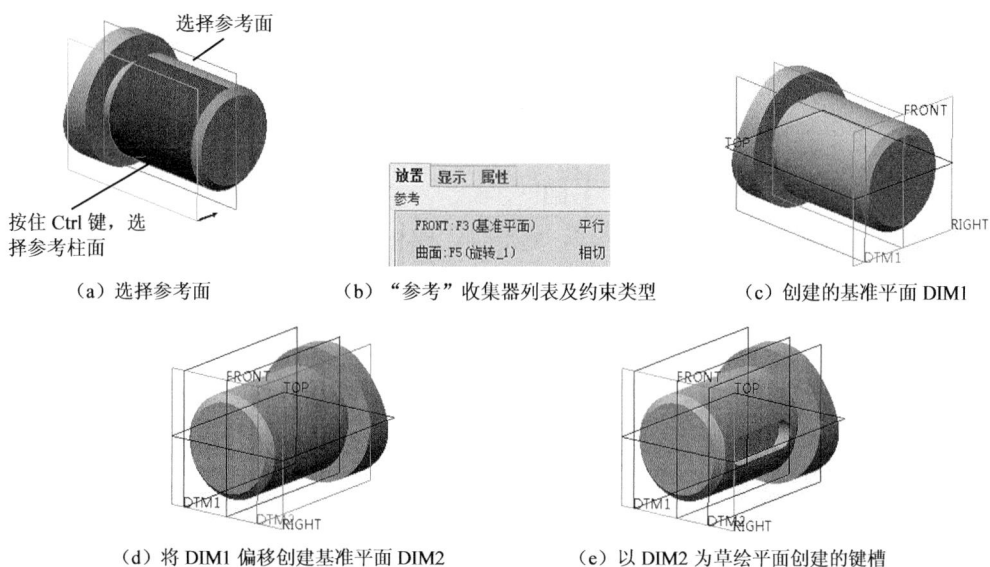

（a）选择参考面   （b）"参考"收集器列表及约束类型   （c）创建的基准平面 DIM1

（d）将 DIM1 偏移创建基准平面 DIM2   （e）以 DIM2 为草绘平面创建的键槽

图 4-5   通过平面创建基准平面及其应用实例

3. 通过三点创建基准平面

利用"穿过"约束指定的三点创建一个基准平面，这是一种创建基准平面的基本方法，打开文件 Ch4-6.prt 如图 4-6（a）所示，选择点 A 作为创建基准平面的第 1 个参考点，再按住 Ctrl 键，依次选择点 B、C 为第 2、3 个参考点，约束类型如图 4-6（b）所示，创建的基准平面如图 4-6（c）所示。

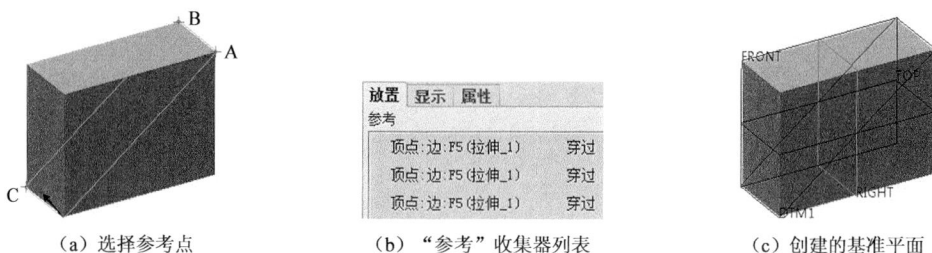

（a）选择参考点   （b）"参考"收集器列表   （c）创建的基准平面

图 4-6   通过三点创建基准平面

4. 通过两条直线创建基准平面

利用空间两条共面直线或垂直直线（实体边或轴线）创建基准平面。

打开文件 Ch4-7.prt，如图 4-7（a）所示，选择一条参考轴线，按住 Ctrl 键，选择另一条与其共面的参考直线，约束类型只能为"穿过"。如图 4-7（b）所示，选择一条参考轴线，按住 Ctrl 键，选择另一条与其垂直的参考直线，约束类型自动设为"穿过"第一条参考线，"法向"于另外一条直线的基准平面。这两种方法均可创建如图 4-7（c）所示的基准面。

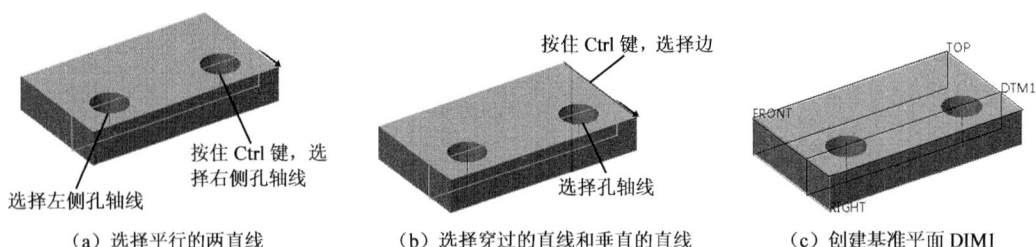

| （a）选择平行的两直线 | （b）选择穿过的直线和垂直的直线 | （c）创建基准平面 DIM1 |

图 4-7 通过两条直线创建基准平面的两种方法

5. 通过一点与一面创建基准平面

通过指定点并与另一参考平面平行、或垂直、或相切创建基准平面。

打开文件 Ch4-8.prt，如图 4-8（a）所示，选择第一参考点 A，按住 Ctrl 键，选择平面 B 面为参考平面，并默认约束类型如图 4-8（b）所示，创建的基准平面如图 4-8（c）所示。

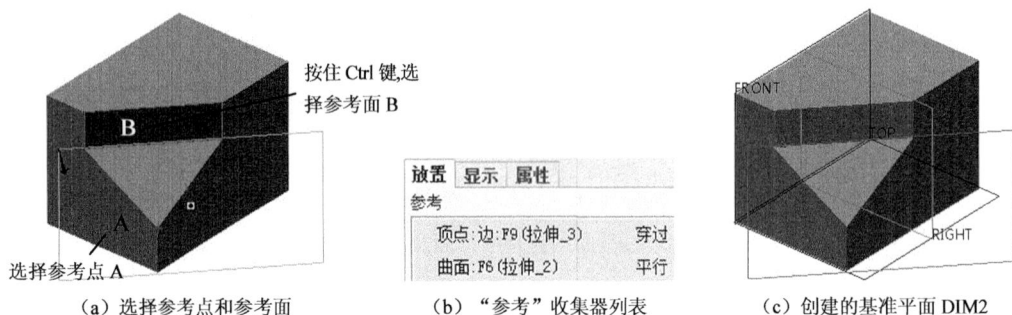

| （a）选择参考点和参考面 | （b）"参考"收集器列表 | （c）创建的基准平面 DIM2 |

图 4-8 通过参考点与参考面平行创建基准平面

注意：如果选择的参考面为圆柱面，可设置约束类型为"相切"，则可以创建通过参考点且与圆柱面相切的基准平面，如图 4-9 所示。

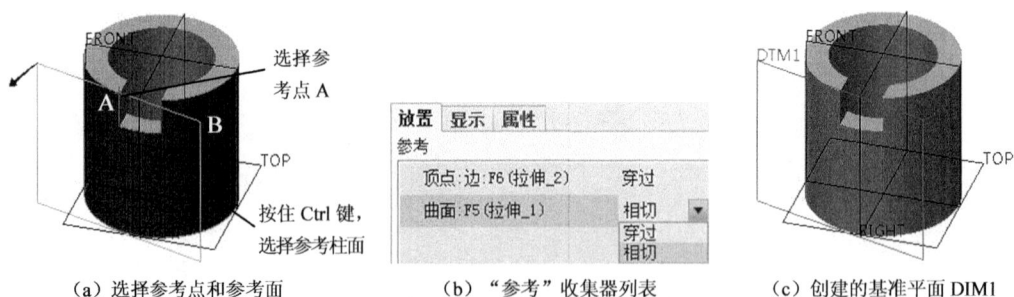

| （a）选择参考点和参考面 | （b）"参考"收集器列表 | （c）创建的基准平面 DIM1 |

图 4-9 通过参考点与参考面相切创建基准平面

6. 通过两点与一面创建基准平面

通过指定的两个参考点并与一个参考面平行或垂直。这两个点可以包含在该参考面内，也可以不包含。

打开文件 Ch4-10.prt，如图 4-10（a）所示，选择的参考点 A，按住 Ctrl 键，选择参考点 B，继续按住 Ctrl 键，选择顶面 C 为参考平面，并设置约束类型为"平行"模式（"法向"为默认设置），如图 4-10（b）所示。创建的基准平面如图 4-10（c）所示。

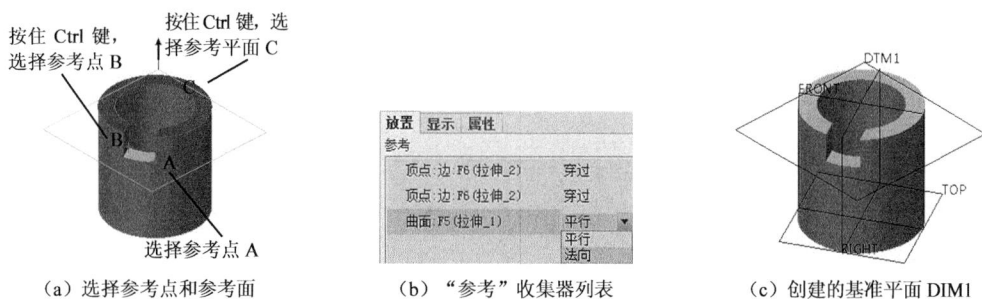

| （a）选择参考点和参考面 | （b）"参考"收集器列表 | （c）创建的基准平面 DIM1 |

图 4-10　通过两个参考点与一个参考面创建基准平面

注意：如图 4-11 所示，如果选择的是圆柱面及其上的两个点作参考，并默认为"穿过"，则可以创建通过这两个参考点并与圆柱面相交的基准平面。

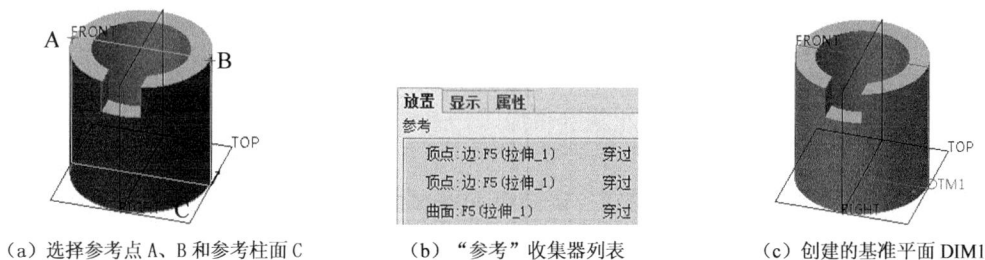

| （a）选择参考点 A、B 和参考柱面 C | （b）"参考"收集器列表 | （c）创建的基准平面 DIM1 |

图 4-11　通过两个参考点与一个参考圆柱面创建基准平面

7. 通过一直线和平面创建基准平面

通过指定的一直线（实体边线或轴线）与参考平面呈一定角度创建基准平面。

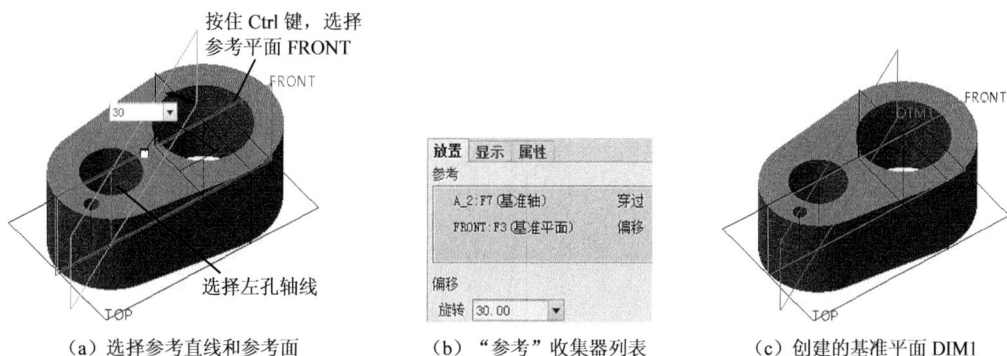

| （a）选择参考直线和参考面 | （b）"参考"收集器列表 | （c）创建的基准平面 DIM1 |

图 4-12　通过一条参考线与一个参考平面创建基准平面

打开文件 Ch4-12.prt，如图 4-12（a）所示，选择左孔轴线，并默认为"穿过"，按住 Ctrl 键，选择基准平面 FRONT 为参考平面，在对话框的"偏移"文本框中输入旋转角度值 30，如图 4-12（b）所示，创建的基准平面如图 4-12（c）所示。

"约束类型"选项说明如下。

（1）参考平面约束类型有 3 种，默认为"偏移"，创建的基准平面与参考平面可以成指定角度；若选择"平行"，则创建的基准平面与参考平面平行；若选择"法向"，则创建的基准平面与参考平面垂直。

（2）如果选择的参考面是圆柱面，则可以创建通过指定直线且"穿过"圆柱面轴线或"相切"于圆柱面的基准平面，如图 4-13 所示。

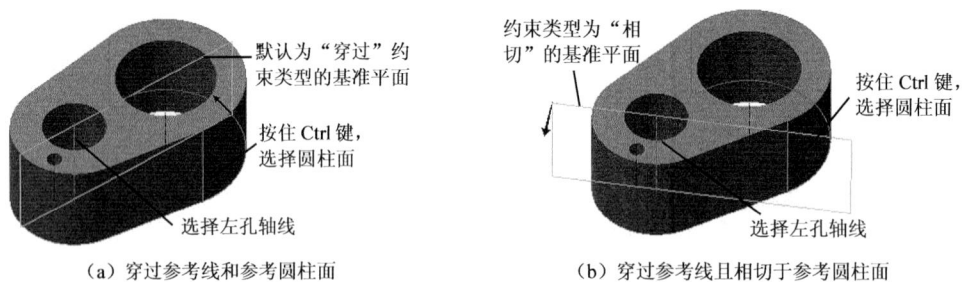

（a）穿过参考线和参考圆柱面

（b）穿过参考线且相切于参考圆柱面

图 4-13　通过移条参考线与一个参考圆柱面创建基准平面

4.1.3　调整基准平面的显示尺寸

基准平面的大小不受限制。创建基准平面时，系统根据模型的大小自动调整其显示尺寸，如果默认显示的大小妨碍建模过程中的观察，可以根据实际需要自定义基准平面显示尺寸。"显示"选项卡中的"调整轮廓"复选框允许调整基准平面显示尺寸。

操作步骤如下。

第 1 步，单击 ▱ 图标按钮，调用"平面"命令，弹出"基准平面"对话框。

第 2 步，选择"显示"选项卡，如图 4-14 所示，选中"调整轮廓"复选框，然后选择"大小"选项，在"宽度"和"高度"文本框中输入相应值。

注意：

（1）如图 4-15 所示，可以利用拖动控制句柄手动调整基准面显示大小。

（2）在"大小"下拉列表中选择"参考"选项，可调整基准平面与选定的参考基准平面相拟合。

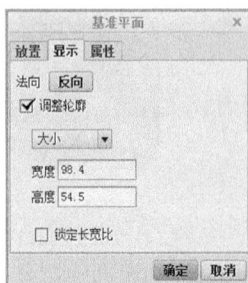

图 4-14　"显示"选项卡调整基准面大小

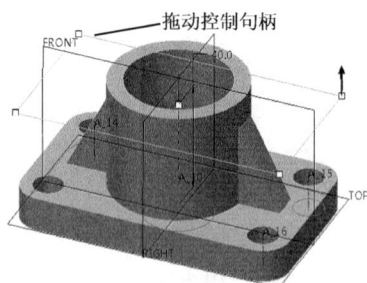

图 4-15　利用拖动控制句柄调整基准面大小

4.2　基准轴的创建

在 Creo 2.0 中，基准轴主要作为柱体、旋转体以及孔特征等的中心轴线，也可以在创建特征或三维装配时用作定位参考，以及作为轴阵列的旋转轴等。

注意：拉伸圆柱、创建旋转特征和孔特征时，系统会自动生成回转体轴线。

调用命令的方式如下。

功能区：单击"模型"选项卡"基准"面板中的"轴" <kbd>↗ 轴</kbd> 图标按钮。

4.2.1　创建基准轴的方法

操作步骤如下。

第 1 步，单击 <kbd>↗ 轴</kbd> 图标按钮，调用"轴"命令，弹出如图 4-16 所示的"基准轴"对话框，默认打开"放置"选项卡。

第 2 步，系统提示"选择 2 个参考(例如平面、曲面、边或点)以放置轴。"时，选择参考面，或线，或点。

第 3 步，设置约束类型，并根据需要设置约束参数。

第 4 步，按住 Ctrl 键并依次选择其他参考，指定约束类型和约束参数，直到基准轴被完全约束。

第 5 步，单击"基准轴"对话框中的"确定"按钮完成。

注意：

（1）系统可实时预览基准轴，帮助用户确认或加以修改，操作灵活，方便。

（2）在 Creo 2.0 中，系统对所创建的基准轴的命名依次为 A_1、A_2、A_3 等，用户可以根据需要在左边的模型树中对其进行重命名。

图 4-16　"基准轴"对话框　　　　图 4-17　选择参考特征及其约束类型

4.2.2　创建基准轴的种类

"基准轴"对话框的结构与"基准平面"对话框类似，"参考"收集器内显示所选的参考，并可从参考右侧的"约束"下拉列表中选择约束类型，如图 4-17 所示。表 4-2 列出了基准轴的约束类型以及所选的参考及约束条件。

表 4-2　基准轴约束类型及其参考

约束类型	所选的参考	约 束 条 件
穿过	实体边	基准轴通过所选的参考边
	实体顶点、点	基准轴通过参考点
	平面	基准轴通过参考平面
	柱面、锥面	基准轴通过柱面、锥面的轴线
法向	平面	基准轴与所选的参考平面垂直
相切	曲线	基准轴与参考曲线在指定点处相切

可见，创建基准轴的方式也有多种，下面介绍常用的几种方法。

1. 通过两个点创建基准轴

通过指定的两点创建一个基准轴。

打开文件 Ch4-18.prt，如图 4-18（a）所示，选择 A 点作为第一个参考点，按住 Ctrl 键，选择 B 点作为第二个参考点，"参考"收集器如图 4-18（b）所示，创建的基准轴如图 4-18（c）所示。

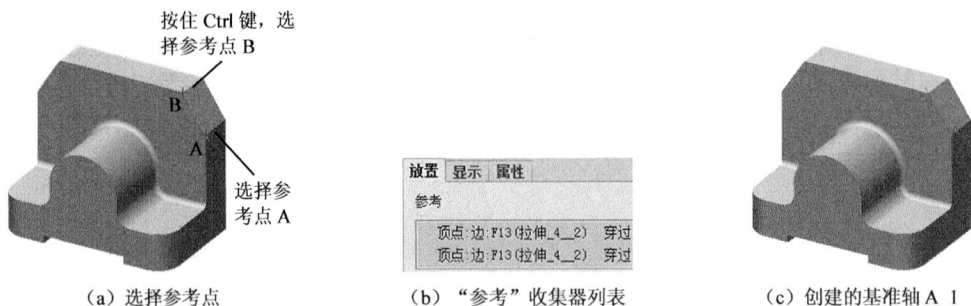

（a）选择参考点　　　（b）"参考"收集器列表　　　（c）创建的基准轴 A_1

图 4-18　通过两个点创建基准轴

2. 通过一点与一平面创建基准轴

创建通过指定的参考点（实体顶点、基准点等）并与参考平面垂直的基准轴。

打开文件 Ch4-19.prt，如图 4-19（a）所示，选择点 A 为参考点，按住 Ctrl 键选择参考面 B，系统自动设置约束类型，如图 4-19（b）所示。完成创建如图 4-19（c）所示的基准轴 A_2。

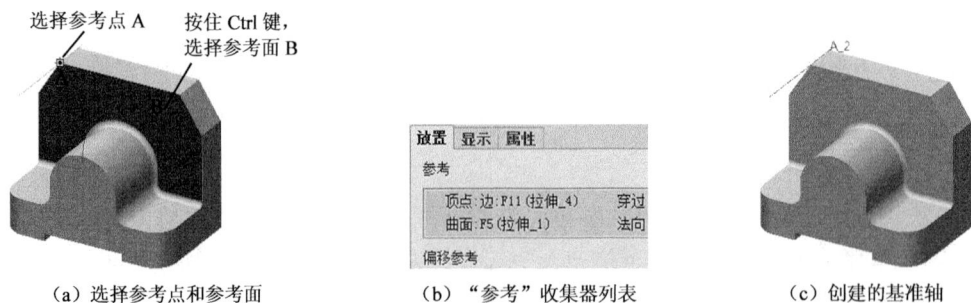

（a）选择参考点和参考面　　　（b）"参考"收集器列表　　　（c）创建的基准轴

图 4-19　通过一点与一平面创建基准轴

3. 通过两个不平行平面创建基准轴

通过空间两平面的交线创建基准轴。相交的两个面包括两平面延长后相交，或平面与圆弧面的相切。

打开文件 Ch4-20.prt，如图 4-20（a）所示，选择模型顶面 A 作为第一个参考平面，按住 Ctrl 键选择基准平面 RIGHT 作为第二个参考面，系统根据选择的两个参考面，自动设置约束类型为"穿过"，如图 4-20（b）所示。完成创建如图 4-20（c）所示的基准轴 A_3。

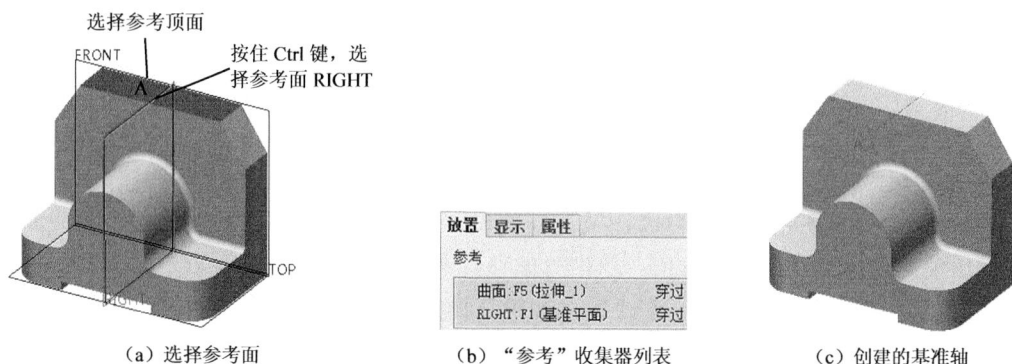

（a）选择参考面 （b）"参考"收集器列表 （c）创建的基准轴

图 4-20　通过两个不平行平面创建基准轴

4. 通过柱面创建基准轴

通过柱面的轴线创建基准轴。

（a）选择参考点和参考面 （b）"参考"收集器列表 （c）创建的基准轴

图 4-21　通过一个柱面创建基准轴

如图 4-21（a）所示，选择模型前侧 U 形体顶部圆柱面作为参考面，系统根据选择的柱面，自动设置约束类型为"穿过"，如图 4-21（b）所示。完成创建如图 4-21（c）所示的基准轴 A_4。

5. 通过圆弧创建基准轴

对于模型中的倒圆角、圆弧过渡等特征，可以根据实体的圆弧创建出与圆弧轴线同轴的基准轴。

如图 4-22（a）所示，选择圆角圆弧边线，"参考"收集器中，自动设置约束类型为"中心"，如图 4-22（b）所示。完成创建如图 4-22（c）所示的基准轴 A_5。

		A_5
（a）选择参考弧线	（b）"参考"收集器列表	（c）创建的基准轴

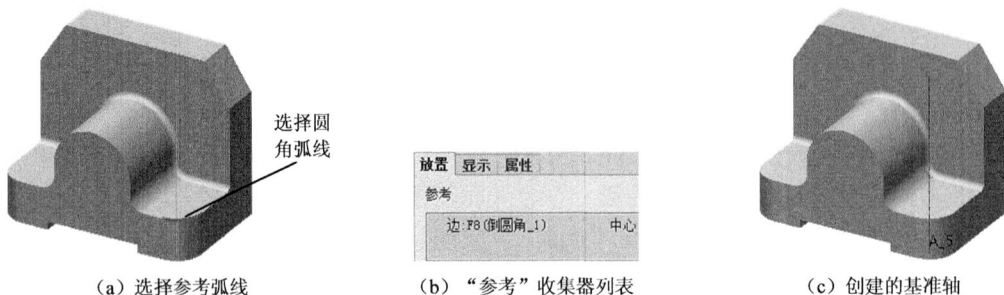

图 4-22　通过一段圆弧创建基准轴

6. 通过垂直于面创建基准轴

当选择一个参考面时，基准轴将法向于该参考面，其位置需要由偏移参考确定。

如图 4-23（a）所示，选择参考面 A，系统设置约束类型为"法向"，且在参考面的选择点处出现两个拖动句柄及偏移值；单击"偏移参考"收集器，选择顶边，按住 Ctrl 键选择左侧边，如图 4-23（b）所示；在"偏移参考"收集器中修改偏移值分别为 15 和 12，如图 4-23（c）所示。完成创建如图 4-23（d）所示的基准轴 A_6。

注意： 可以分别拖动两个拖动控制句柄至偏移参考特征上，"偏移参考"收集器中自动显示参考特征。

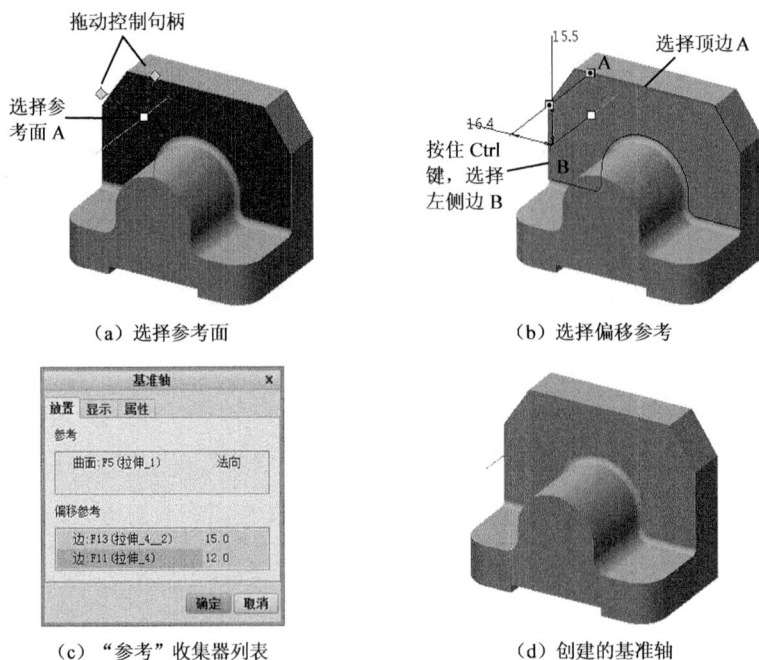

（a）选择参考面	（b）选择偏移参考

（c）"参考"收集器列表	（d）创建的基准轴

图 4-23　通过垂直于面创建基准轴

7. 通过曲线上一点并相切于曲线创建基准轴

创建通过曲线（圆、圆弧以及样条曲线等）上一点并与曲线相切的基准轴。

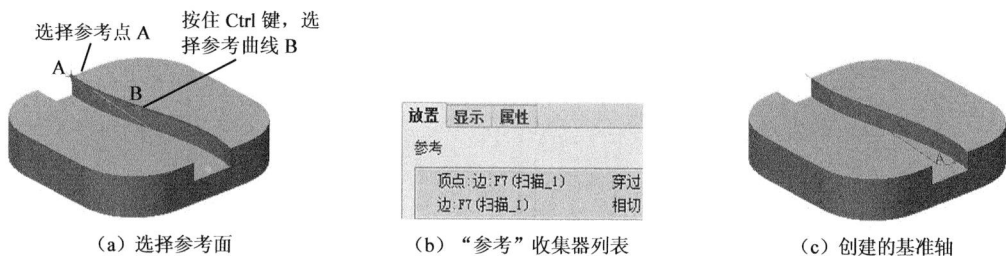

（a）选择参考面　　　　　（b）"参考"收集器列表　　　　　（c）创建的基准轴

图 4-24　通过曲线上一点并相切于曲线创建基准轴

打开文件 Ch4-24.prt，如图 4-24（a）所示，选择点 A 作为参考点，按住 Ctrl 键选择曲线 B 为参考曲线，系统根据选择的两个参考特征，自动设置约束类型如图 4-24（b）所示。完成创建如图 4-24（c）所示的基准轴 A_1。

注意：基准轴的显示长度可以在"基准轴"对话框的"显示"选项卡中调整。

4.3　基准点的创建

基准点不但可以用于构成其他基本特征，还可以作为创建拉伸、旋转等基础特征时的终止参考，以及作为创建孔特征、筋特征的放置和偏移参考对象。基准点包括草绘基准点、放置基准点、偏移坐标系基准点和域基准点，本节介绍前两种。

4.3.1　草绘基准点的创建

在 Creo 2.0 中，草绘基准点就是在所选取的草绘平面上创建的基准点，一般可以用于分割图元或作为修改节点。

调用命令的方式如下。

功能区：单击"草绘"选项卡"基准"面板中的"点" ✕ 点 图标按钮。

【例 4-1】　利用草绘基准点，在如图 4-25 所示的模型上创建基准轴 A_2。

操作步骤如下。

步骤 1　进入草绘环境

第 1 步，打开文件 Ch4-25.prt，如图 4-25 所示。

第 2 步，单击"模型"选项卡"基准"面板中的"草绘" 图标按钮，弹出如图 4-26 所示的"草绘"对话框。

第 3 步，选择图 4-27 所示的圆柱顶面作为草绘平面，采用系统默认参考和方向，单击"草绘"按钮，进入草绘模式。

步骤 2　创建构造圆

第 1 步，单击"草绘"面板中的"构造模式" 图标按钮，开启"构造"模式。

第 2 步，单击 ⊙ 圆心和点 图标按钮，调用"圆心和点"命令，绘制如图 4-28 所示的构造圆，直径尺寸为 $\phi25$。

步骤 3　创建草绘基准点

第 1 步，单击 ✕ 点 图标按钮，调用"点"命令。

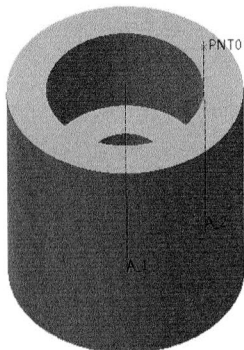

图 4-25　创建基准点和基准轴　　　　图 4-26　"草绘"对话框　　　　图 4-27　选择草绘平面

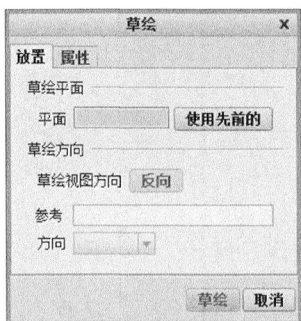

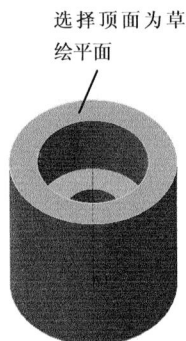

第 2 步，在构造圆与直线参考轴相交处单击，创建草绘点，如图 4-29 所示。

第 3 步，单击"草绘"选项卡"关闭"面板中的 ✓ 图标按钮，完成草绘点的创建，如图 4-30 所示。

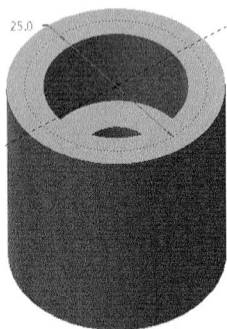

图 4-28　绘制构造圆　　　　图 4-29　单击草绘点位置　　　　图 4-30　绘制草绘点

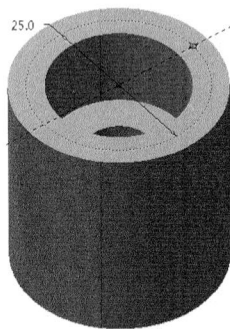

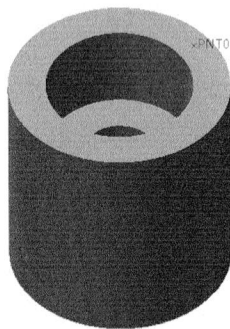

步骤 4　创建草绘基准轴

第 1 步，单击 ✐ 轴 图标按钮，调用"轴"命令，弹出"基准轴"对话框。

第 2 步，系统提示："选择两个参考(例如平面、曲面、边或点)以放置轴。"时，选择刚创建的草绘点，约束类型默认为"穿过"。

第 3 步，按住 Ctrl 键，选择顶面，约束类型默认为"法向"。

第 4 步，单击"基准轴"对话框中的"确定"按钮完成。创建如图 4-25 所示的基准轴。

4.3.2　放置基准点的创建

创建放置基准点的方法与上述创建基准平面和基准轴的方法类似。

调用命令的方式如下。

功能区：单击"模型"选项卡"基准"面板"基准点" ✕✕点 ▾ 下拉式图标按钮。

启动命令后，弹出如图 4-31 所示的"基准点"对话框，默认打开"放置"选项卡，然后定义放置参考，再选择偏移参考确定基准点的定位尺寸，直至基准点完全被约束，如图 4-32 所示。可以通过多种方式来创建放置基准点。

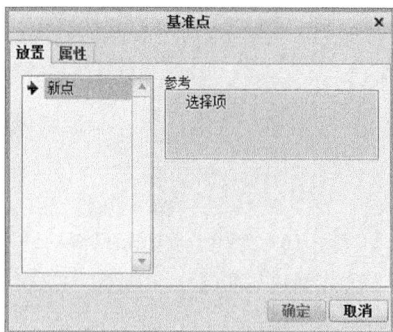

图 4-31 "基准点"对话框

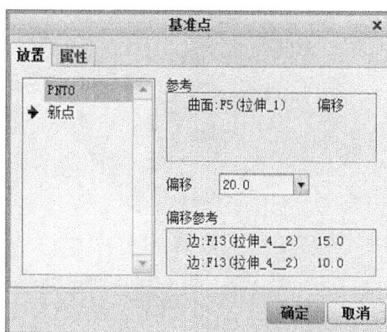

图 4-32 定义放置参考和偏移参考

1. 在曲线或边线上创建基准点

在曲线或实体的边线上创建基准点包括"曲线末端"和"参考"两种模式。

操作步骤如下。

第 1 步，打开文件 Ch4-33.prt，如图 4-33 所示。

第 2 步，单击 ✕✕ 图标按钮，调用"点"命令，弹出"基准点"对话框。

第 3 步，系统提示："选择 3 个参考(例如曲面、曲线、边或点)以放置点。"时，在模型中选择一条参考边线，如图 4-33（a）所示的边 A，约束类型为"在其上"。

第 4 步，在对话框的"放置"选项卡中选择"曲线末端"单选按钮。

第 5 步，默认偏移方式为"比率"，并在"偏移值"文本框中输入比率值 0.6。 如图 4-33（b）所示。

第 6 步，单击"确定"按钮，完成基准点的创建，结果如图 4-33（c）所示的 PNT0。

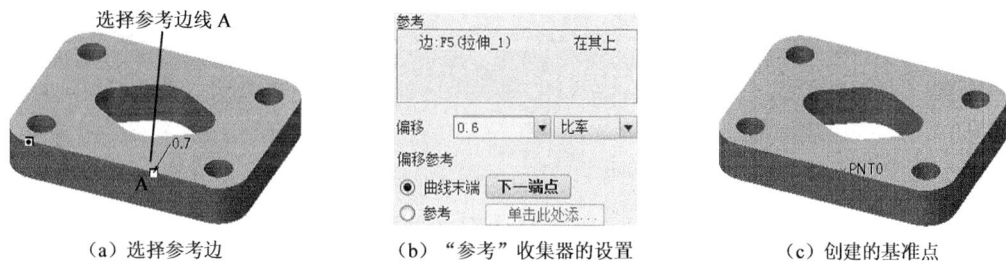

（a）选择参考边 　　　（b）"参考"收集器的设置 　　　（c）创建的基准点

图 4-33 通过曲线或边线"曲线末端"方式创建基准点

操作及选项说明如下。

（1）"偏移参考"类型默认为"曲线末端"，此时，偏移类型默认为"比率"，可在"偏移值"文本框中输入的数值可以为 0～1 之间的数。如果选择"实数"，则可输入基准点与指定的曲线末端之间的距离。"曲线末端"为所选参考线的端点，可单击"下一端点"按钮，确定参考线的端点。

（2）选择"参考"方式，则需要再选取一个平面作偏移参考，这个平面必须与曲线或实体边线在空间中相交，而设置的偏移距离为基准点到该平面的垂直距离，如图 4-34 所示。

注意：偏移值的正负，确定参考点在偏移方向上沿哪一侧偏移。

（a）选择参考边　　　　　　　　　　　（b）"参考"收集器的设置

图 4-34　通过曲线或边线"参考"方式创建基准点

（3）在 Creo 2.0 中，系统对所创建的基准点的命名依次为 PNT0、PNT1、PNT3 等，用户可以根据需要在左边的模型树中对其进行重命名。

2. 在曲线的交点处创建基准点

该方式需要用到空间中相交或相异的两条曲线或实体边线。

操作步骤如下。

第 1 步和第 2 步，同上第 1 步和第 2 步。

第 3 步，系统提示："选择 3 个参考(例如曲面、曲线、边或点)以放置点。"时，选择第一条参考曲线，如图 4-35（a）所示的边线 A，默认约束类型为"在其上"。

第 4 步，按住 Ctrl 键，选择第二条参考曲线，如图 4-35（a）所示的边线 B，默认约束类型为"在其上"，如图 4-35（b）所示。

第 5 步，单击"确定"按钮，创建的基准点如图 4-35（c）所示的 PNT1。

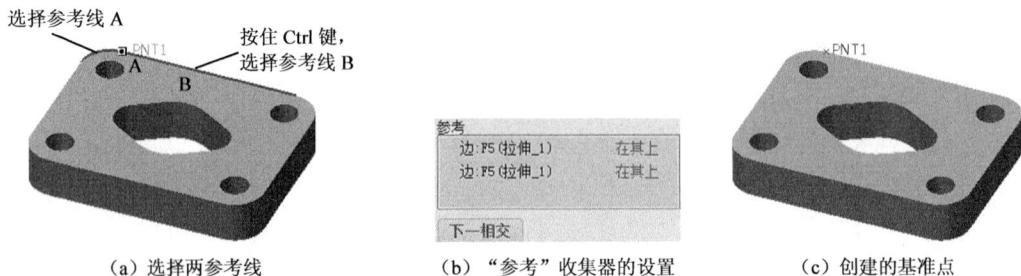

（a）选择两参考线　　　　（b）"参考"收集器的设置　　　（c）创建的基准点

图 4-35　通过两曲线交点创建基准点

操作及选项说明如下。

（1）若两参考曲线相交，则在交点处创建基准点；若两参考曲线相异，则会在第一条曲线上创建基准点，基准点的位置在两条曲线的最短距离处，如图 4-36 所示。

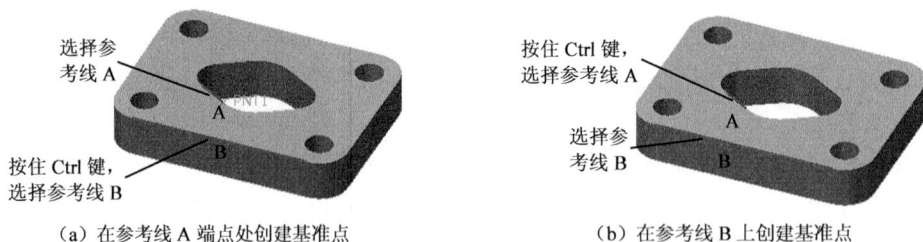

（a）在参考线 A 端点处创建基准点　　　　　（b）在参考线 B 上创建基准点

图 4-36　通过两相异曲线创建基准点

（2）如果两参考曲线有多个交点，可以单击"参考"收集器下的"下一相交"按钮，切换交点。

3. 在曲线与曲面的交点处创建基准点

在相交的曲线（曲线或实体边线）与曲面（曲面或实体表面）的交点处创建基准点。
操作步骤如下。

第1步～第2步，同上第1步～第2步。

第3步，系统提示："选择3个参考(例如曲面、曲线、边或点)以放置点。"时，选择参考曲线，如图4-37（a）所示的曲线A，默认设置约束类型为"在其上"。

第4步，按住Ctrl键，选择参考面，如图4-37（a）所示的曲面，默认约束类型为"在其上"。如图4-37（b）所示。

第5步，单击"确定"按钮，创建的基准点如图4-37（c）所示的PNT2。

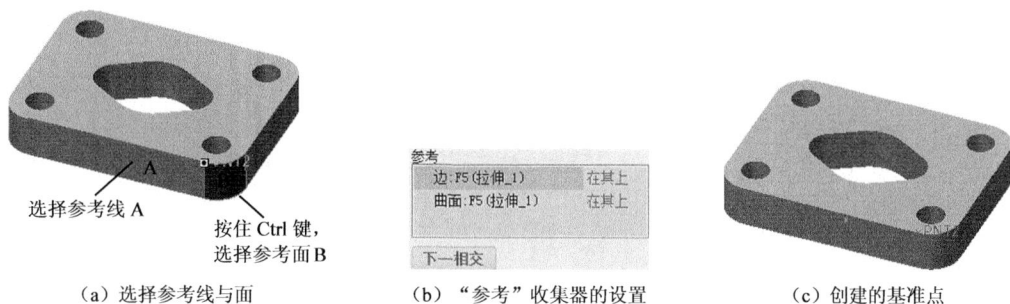

（a）选择参考线与面　　　　（b）"参考"收集器的设置　　　　（c）创建的基准点

图4-37　通过曲线与曲面的交点创建基准点

4. 在圆的中心创建基准点

如果参考特征为圆弧，约束类型默认为"在其上"，则在圆弧上创建基准点；如果约束类型设置为"居中"，则创建的基准点在圆心处。

操作步骤如下。

第1步～第2步，同上第1步～第2步。

第3步，系统提示："选择3个参考(例如曲面、曲线、边或点)以放置点。"时，选择参考曲线圆弧，如图4-38（a）所示的圆弧，并设置其约束类型为"居中"，如图4-38（b）所示。

第4步，单击"确定"按钮，创建的基准点如图4-38（c）所示的PNT3。

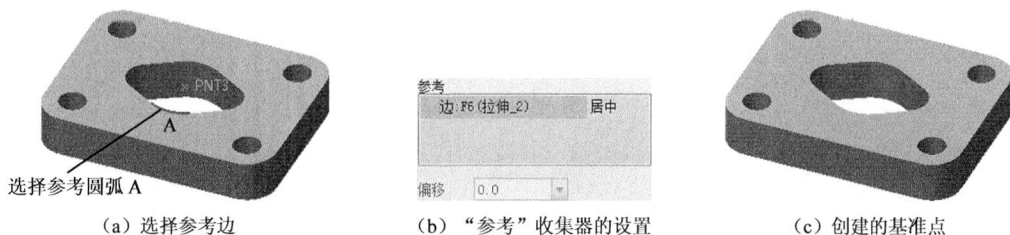

（a）选择参考边　　　　（b）"参考"收集器的设置　　　　（c）创建的基准点

图4-38　在圆的中心创建基准点

5. 通过偏移点创建基准点

通过一点（各种类型的点）偏移创建基准点。指定参考点后，还需要选择辅助参考，确定偏移方向，然后设置沿指定方向的偏移距离。辅助参考可以是实体边线、曲线、平面的法线方向以及坐标系中的坐标轴。

操作步骤如下。

第 1 步和第 2 步，同上第 1 步和第 2 步。

第 3 步，系统提示："选择 3 个参考(例如曲面、曲线、边或点)以放置点。"时，选择偏移参考点，如图 4-39（a）所示的点 A，并设置其约束类型为"偏移"模式。

第 4 步，按住 Ctrl 键，选择辅助参考线，如图 4-39（a）所示的实体边线 B，选择约束类型为"平行"。

第 5 步，在"偏移"文本框中输入偏移值 10，回车，如图 4-39（b）所示。

第 6 步，单击"确定"按钮，创建的基准点如图 4-39（c）所示 PNT4。

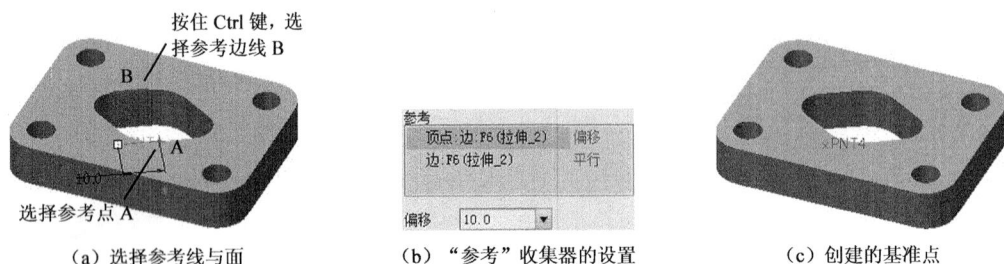

（a）选择参考线与面　　　　　（b）"参考"收集器的设置　　　　　（c）创建的基准点

图 4-39　通过偏移点创建基准点

6. 通过 3 个相交面创建基准点

在 3 个相交面的交点处创建基准点，相交的面可以是曲面，也可以是平面。如果相交处有多个点，可以单击基准点对话框中的"下一相交"按钮来进行切换。

操作步骤如下。

第 1 步和第 2 步，同上第 1 步和第 2 步。

第 3 步，系统提示："选择 3 个参考（例如曲面、曲线、边或点）以放置点。"时，选择第一个参考曲面，如图 4-40（a）所示的曲面 A，默认约束类型为"在其上"模式。

第 4 步，按住 Ctrl 键，依次选择第二、三个参考曲面，如图 4-40（a）所示的曲面 B、C，默认约束类型为"在其上"模式，如图 4-40（b）所示。

第 5 步，单击"确定"按钮，创建的基准点如图 4-40（c）所示 PNT5。

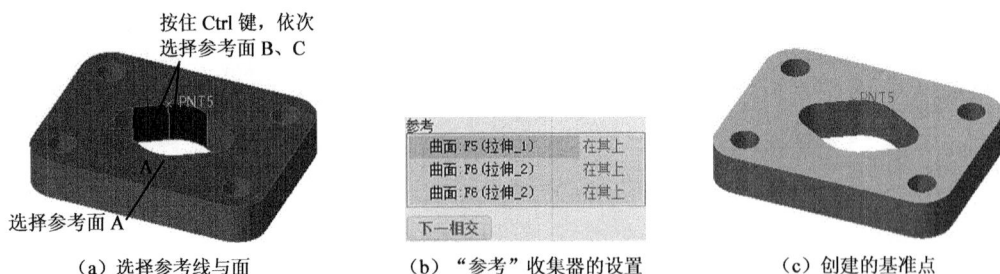

（a）选择参考线与面　　　　　（b）"参考"收集器的设置　　　　　（c）创建的基准点

图 4-40　通过 3 个相交曲面创建基准点

7. 在曲面上或偏移曲面创建基准点

选择一个曲面后，有两种约束类型。默认约束类型为"在其上"，该约束类型需要继续选择两个面或两条实体边线作定位参考，用以确定基准点的位置。当选择"偏移"约束时，选择两个平面或实体边线作为定位参考外，还需设置偏移的距离值。

操作步骤如下。

第1步和第2步，同上第1步和第2步。

第3步，系统提示："选择3个参考（例如曲面、曲线、边或点）以放置点。"时，选择一个参考面，如图4-41（a）所示的A面，默认约束类型为"在其上"。

第4步，单击"基准点"对话框的"偏移参考"收集器，将其激活。

第5步，选择第一个偏移参考面，如图4-41（a）所示的边B，并设置其偏移值为25，如图4-41（b）所示。

第6步，按住Ctrl键，选择第二个偏移参考面，如图4-41（a）所示的边C，并设置其偏移值为8。

第7步，单击"确定"按钮，创建的基准点如图4-41（c）所示PNT6。

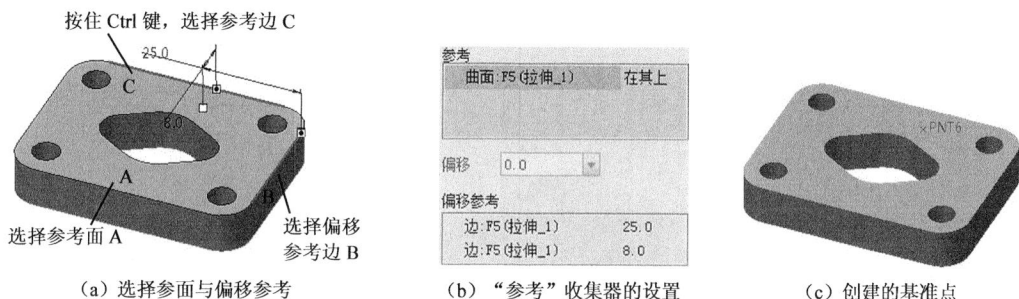

（a）选择参面与偏移参考　　　　（b）"参考"收集器的设置　　　　（c）创建的基准点

图4-41　在曲面上创建基准点

注意：若第3步中，设置约束类型为"偏移"，则可以在"偏移"文本框中输入偏移值，如输入20，如图4-42所示。

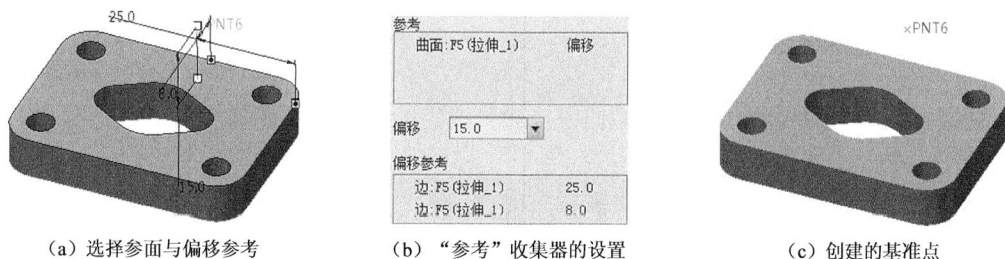

（a）选择参面与偏移参考　　　　（b）"参考"收集器的设置　　　　（c）创建的基准点

图4-42　从曲面偏移创建基准点

4.4　基准曲线的创建

在Creo 2.0中，基准曲线可用于创建和修改曲面，并作为扫描轨迹线或截面轮廓来创建其他特征。创建基准曲线的方式也有多种，下面介绍其中常见的几种。

4.4.1 绘制基准曲线

绘制基准曲线是在草绘环境下通过各种方式绘制的几何曲线，包括直线、圆弧、一般曲线等。

操作步骤如下。

第1步，打开文件 Ch4-43.prt，如图 4-43 所示。

第2步，单击"模型"选项卡"基准"面板中的"草绘"⌇图标按钮，弹出如图 4-26 所示的"草绘"对话框。

第3步，选择如图 4-43 所示实体前侧面为草绘平面，默认参考平面 RIGHT，其正方向向右，如图 4-44 所示，单击"确定"按钮，进入草绘环境。

图 4-43 草绘基准曲线

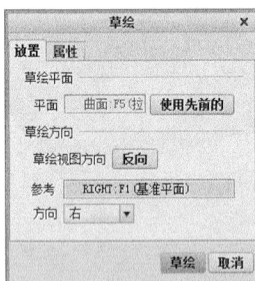

第4步，单击~样条图标按钮，调用"样条"命令。

第5步，在草绘平面上绘制一条曲线，如图 4-45 所示。

注意：可以单击"设置"面板中的⌗草绘视图图标按钮，使草绘平面与屏幕平行。

第6步，单击"草绘"选项卡的"关闭"面板中的✓图标按钮，完成基准曲线的创建，如图 4-46 所示。

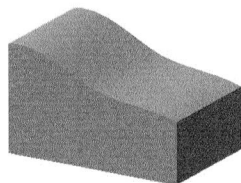

图 4-44 定义草绘平面   图 4-45 绘制曲线   图 4-46 草绘的基准曲线

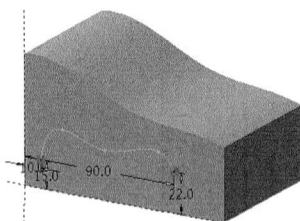

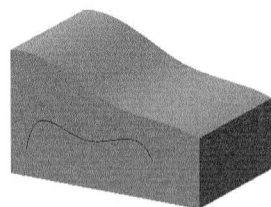

4.4.2 投影创建基准曲线

通过"投影"命令将一个面上的曲线投影到选定的面上，创建基准曲线。

调用命令的方式如下。

功能区：单击"模型"选项卡"编辑"面板中的"投影"⊠投影图标按钮。

操作步骤如下。

第1步，打开文件 Ch4-43.prt，在模型树中右击"曲线1"，在弹出的快捷菜单中选择"取消隐藏"，如图 4-47 所示。

第2步，选择刚显示的曲线，单击⊠投影图标按钮，调用"投影"命令，模型显示如图 4-48 所示，并打开如图 4-49 所示的"投影曲线"操控板，且"曲面"的"选择项"收集框被激活。

第3步，单击实体顶部曲面，采用操控板上默认的设置，模型显示如图 4-50 所示。

第4步，单击✓图标按钮，创建的基准曲线如图 4-51 所示。

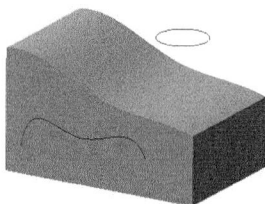

图 4-47 原始模型

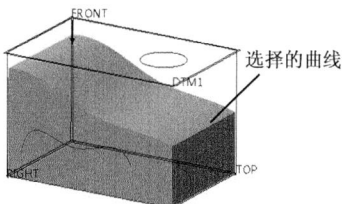

图 4-48 选择投影曲线

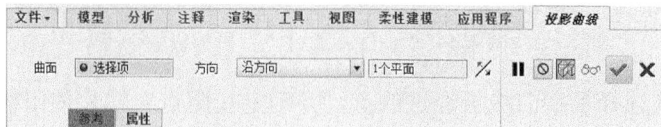

图 4-49 "投影"操控板

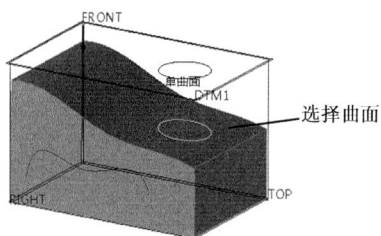

图 4-50 选择曲面为投影面

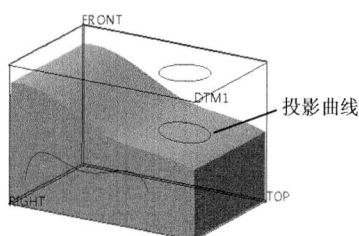

图 4-51 创建投影基准曲线

注意：在"投影曲线"操控板中，默认的"方向"设置是"沿方向"选项，表示沿指定的方向投影。单击 ✕ 图标按钮可以改变投影方向。如果在"方向"下拉列表中选择"垂直于曲面"选项，则表示垂直于曲线平面或指定的平面、曲面投影。

4.4.3 使用"基准曲线"命令创建基准曲线

"模型"选项卡的"基准"面板中提供了创建基准曲线的 3 种方法，如图 4-52 所示。

若选择"来自横截面的曲线"，则可以直接选取横截面的边界线创建基准曲线，也可以利用横截面与零件轮廓的交线来创建。本节主要介绍前两种方法。

1. 经过点创建基准曲线

经过预先定义好的曲线上的若干点：起始点、若干中间点、末点，并定义点的连接类型，创建基准曲线。

操作步骤如下。

第 1 步，打开文件 Ch4-53.prt，如图 4-53 所示。

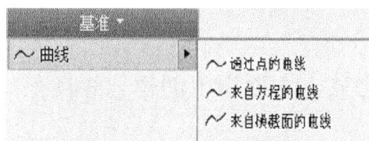

图 4-52 基准曲线菜单

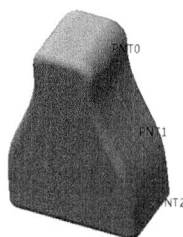

图 4-53 原始模型

第 2 步，单击"基准"面板中"曲线" $\curvearrowright$ 曲线 下拉式按钮中的 $\curvearrowright$ 通过点的曲线 按钮，打开如图 4-54 所示的"曲线：通过点"操控板。

无预览　预览

使用直线连接两点

使用样条连接两点

图 4-54　"曲线：通过点"操控板

第 3 步，依次选择基准曲线所经过的点，并确定在两点之间是使用样条曲线连接，还是用直线连接。

第 4 步，单击"末端条件"按钮，在"曲线侧"选择起点或终点，在"终止条件"下拉列表中选择终止条件类型，如图 4-55 所示。设置结果如图 4-56 所示。

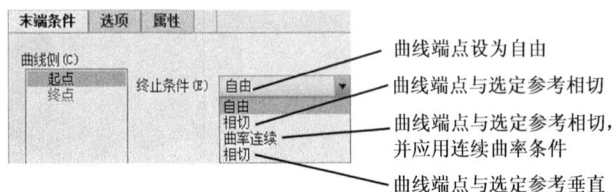

曲线端点设为自由
曲线端点与选定参考相切
曲线端点与选定参考相切，并应用连续曲率条件
曲线端点与选定参考垂直

图 4-55　设置起点和终点的终止条件

第 5 步，单击 $\checkmark$ 图标按钮，创建的基准曲线如图 4-56（c）所示。

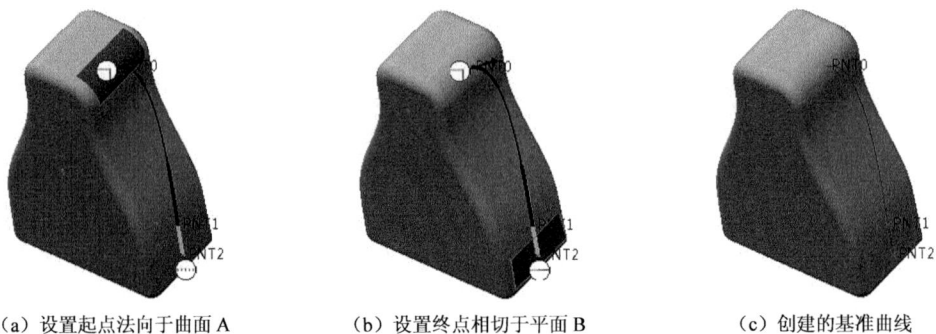

（a）设置起点法向于曲面 A　　　　（b）设置终点相切于平面 B　　　　（c）创建的基准曲线

图 4-56　通过点创建基准曲线

操作及选项说明如下。

（1）当选择起点后，如图 4-54 所示的操控板中，默认选中 $\curvearrowright$，即选择点与前一点之间使用样条连接；单击 $\curvearrowright$，选择点与前一点使用直线连接，同时弹出"添加圆角"图标按钮，单击该按钮，使用圆角过渡曲线，可在圆角半径文本框中输入圆角半径值。

（2）单击"放置"，也可以设置与修改点之间的连接类型，如图 4-57 所示。

2. 由方程创建基准曲线

运用这种方式创建基准曲线需要用到数学公式，主要用于创建一些具有特定形状的模型特征。

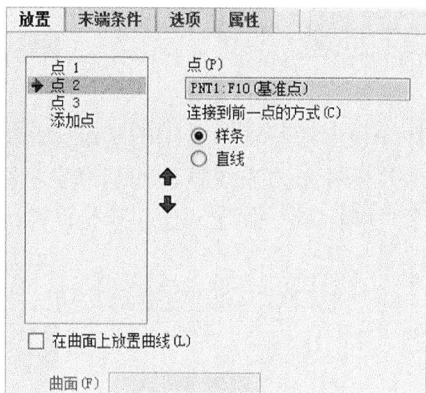

（a）设置点2与点1的连接类型　　　　　（b）设置点3与点2的连接类型

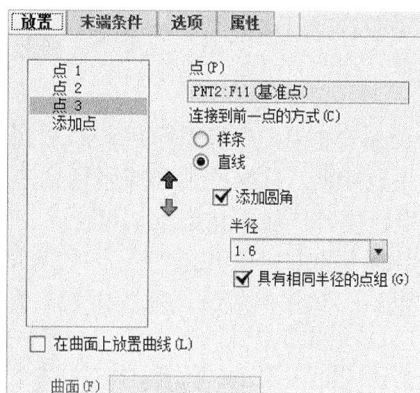

图 4-57　设置起点和终点的终止条件

操作步骤如下。

第1步，单击"基准"面板中"曲线" 曲线 下拉式按钮中的 来自方程的曲线 按钮，打开如图 4-58 所示的"曲线：从方程"操控板。

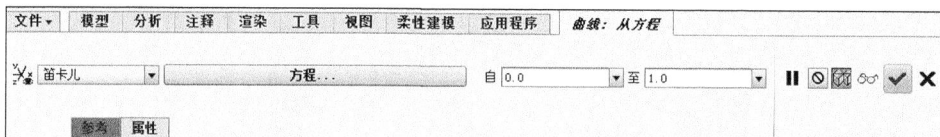

图 4-58　"曲线：从方程"操控板

第2步，在坐标系类型下拉列表中选择坐标系类型，默认为"笛卡儿"。

第3步，系统提示为"选择方程要参考的坐标系。"时，选择坐标系"PRT_CSYS_DEF"。

第4步，单击"方程"按钮，系统打开"方程"编辑器窗口，在该窗口中输入曲线方程，如图 4-59 所示。单击"确定"按钮，关闭方程编辑器窗口。

第5步，单击 图标按钮，创建的基准曲线如图 4-60 所示。

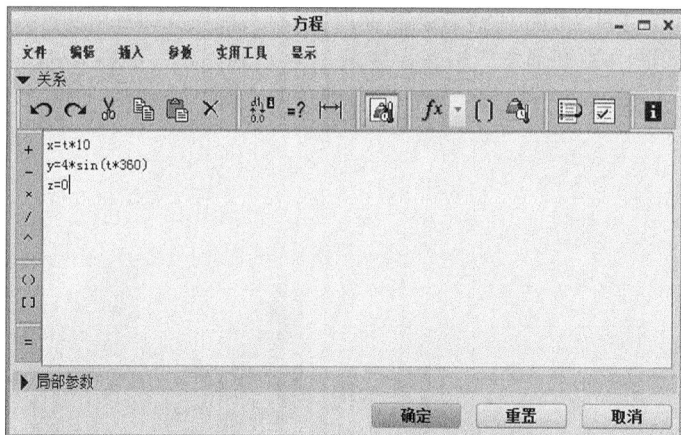

图 4-59　输入曲线方程

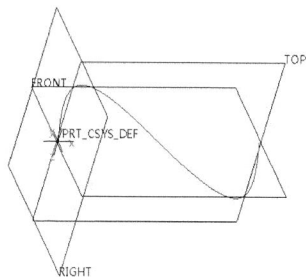

图 4-60　由方程创建的基准曲线

4.5 坐标系的创建

在 Creo 2.0 中，坐标系可用于添加到零件组件中作参考特征，常用的基准坐标系类型有笛卡儿坐标系、柱坐标系和球坐标系，其中笛卡儿坐标系为系统默认的基准坐标系。在进行三维建模时，通常使用默认坐标系。可以利用"坐标系"命令创建基准坐标系。

调用命令的方式如下。

功能区：单击"模型"选项卡"基准"面板中的"坐标系" 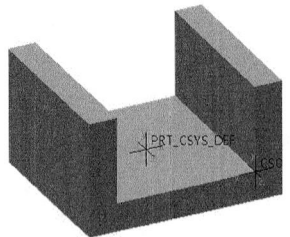 图标按钮。

4.5.1 创建基准坐标系的方法

操作步骤如下。

第 1 步，打开文件 Ch4-61.prt，如图 4-61 所示。

第 2 步，单击 坐标系 图标按钮，调用"坐标系"命令，弹出"坐标系"对话框。

第 3 步，系统提示"选择 3 个参考(例如平面、边、坐标系或点)以放置坐标系。"时，选择第一个参考图元，按住 Ctrl 键，选择第二、第三个参考图元，如图 4-62 所示。"参考"收集器中显示如图 4-63（a）所示。

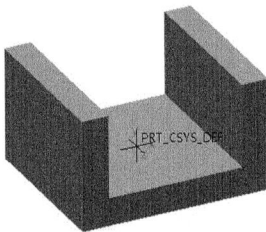

图 4-61　原始模型

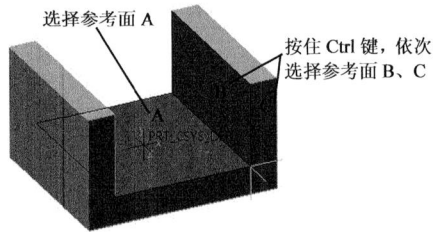

图 4-62　选择参考图元

第 4 步，如需要更改坐标轴名称、调整坐标轴方向，单击"方向"选项卡，如图 4-63（b）所示。单击"使用"收集器，在其下的"确定"或"投影"收集器的坐标轴下拉列表中选择坐标轴名称，单击"反向"按钮，可以将所对应的坐标轴方向反向。

第 5 步，单击"坐标系"对话框中的"确定"按钮，完成坐标系的创建，如图 4-64 所示的 CS0。

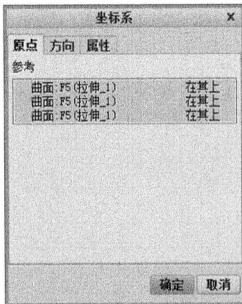

（a）"原点"选项卡

（b）"方向"选项卡

图 4-63　"坐标系"对话框

图 4-64　新创建的坐标系

注意：创建完坐标系后，系统将依次把所创建的坐标系命名为 CS0、CS1、CS2、CS3…，用户可以在模型树中对其进行重命名。

4.5.2 创建基准坐标系的种类

在创建坐标系时，根据选择参考的不同，可以分为以下几种。

1. 通过三个面

即上述方法创建的 CS0。坐标轴的方向分别垂直于 3 个参考面，第一个参考面默认确定坐标轴 X 方向，第二个参考面默认确定坐标轴 Y 方向，系统将根据右手定则自动确定 Z 方向。也可根据需要，使用上述第 3 步方法重新定向。

2. 通过两直线

在模型上依次选择两实体边线、轴线或曲线作为参考边分别确定坐标轴 X、Y 方向，创建坐标系，它们的交点或最短距离处为坐标系原点，且原点位于选择的第一条直线上，如图 4-65 所示。

3. 通过一点与两直线

先在模型上选择一个点作为创建坐标系的原点，然后单击"方向"选项卡，激活"使用"收集器，选择两直线作为两个方向上的轴向，如图 4-66 所示。

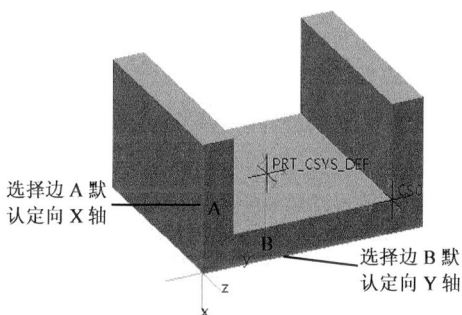

图 4-65　通过两直线创建坐标系

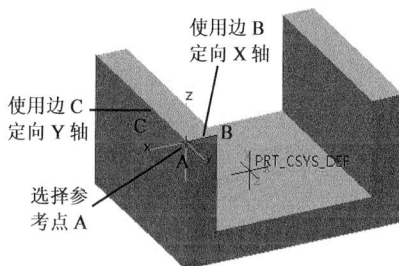

图 4-66　通过一点两线创建坐标系

4. 通过偏移或旋转现有坐标系

选择一个现有坐标系，然后在对话框中设置偏移值，如图 4-67 所示，或选择现有坐标系后单击"定向"选项卡，再在其中设置各轴向的旋转角度，如图 4-68 所示。

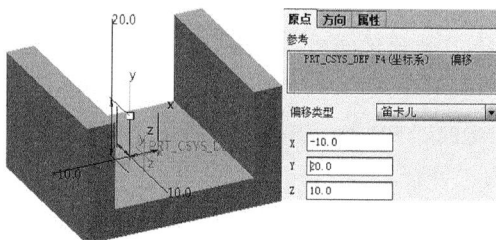

图 4-67　通过偏移创建坐标系

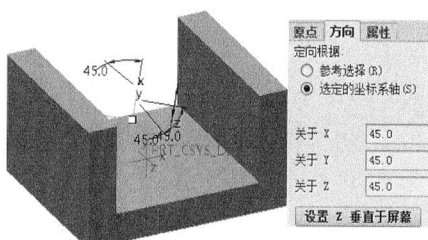

图 4-68　通过旋转创建坐标系

操作选项及说明如下。

在"坐标系"对话框中，包含有"原点"、"方向"和"属性"3个选项卡。

（1）"原点"选项卡

"原点"选项卡用以定义坐标原点，包含的选项如下。

① 参考：用于收集模型上的参考图元，需要调整已选参考时，可在其上右击，在弹出的快捷菜单中选择"移除"。

② 偏移类型：如果使用偏移坐标系方法创建基准坐标系，则弹出该选项。可从"偏移类型"下拉列表中选择坐标系的偏移类型，并设置相应的偏移值。偏移类型包含有"笛卡儿"、"圆柱状"、"球状"和"自文件"几种方式。

（2）"方向"选项卡

"方向"选项卡用以设置坐标系的位置，包含的选项如下。

① 参考选择：如果"通过三面"、"通过两线"、"通过一点两线"方法创建基准坐标系，需要使用该选项，选择参考确定坐标轴方向。

② 选定的坐标系轴：该选项用来设置与原坐标系各轴向之间的旋转角度。

4.6 上机操作实验指导三 基准特征创建

1. 根据创建基准特征的相关知识，在模型上创建如图 4-69 所示的基准特征。主要涉及的命令包括"平面"命令、"轴"命令和"点"命令。

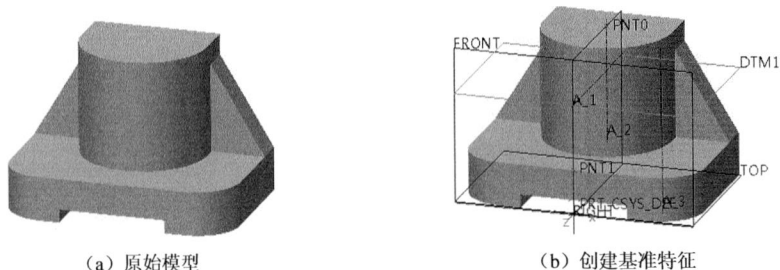

（a）原始模型　　　　　　　　（b）创建基准特征

图 4-69　利用三维模型创建基准特征

操作步骤如下。

步骤 1　打开文件

参见本书第 1 章，打开文件 Ch4-69.prt，如图 4-69（a）所示。

步骤 2　创建基准平面 DIM1

第 1 步，单击"模型"选项卡"基准"面板中的"平面" ▱ 图标按钮，弹出如图 4-1 所示的"基准平面"对话框。

第 2 步，系统提示："选择 3 个参考(例如平面、曲面、边或点)以放置平面。"时，选择如图 4-70（a）所示的底面，默认约束类型为"偏移"。

第 3 步，输入偏移值为 25，如图 4-70（b）所示，模型显示如图 4-70（a）所示。

第 4 步，单击"确定"按钮，创建的基准平面如图 4-70（c）所示的 DIM1。

（a）选择底面为参考平面　　　　　（b）输入偏移值　　　　　（c）创建的基准面

图 4-70　创建基准平面 DIM1

步骤 3　创建基准轴 A_1

第 1 步，单击"模型"选项卡"基准"面板中的"轴" 图标按钮，弹出如图 4-16 所示的"基准轴"对话框。

第 2 步，系统提示："选择 2 个参考（例如平面、曲面、边或点）以放置轴。"时，选择如图 4-71（a）所示的基准面 DIM1 作为第一个参考平面。

第 3 步，按住 Ctrl 键选择基准平面 RIGHT 作为第二个参考面，系统根据选择的两个参考面，自动设置约束类型为"穿过"，如图 4-71（b）所示。

第 4 步，单击"基准轴"对话框中的"确定"按钮，创建如图 4-71（c）所示的基准轴 A_1。

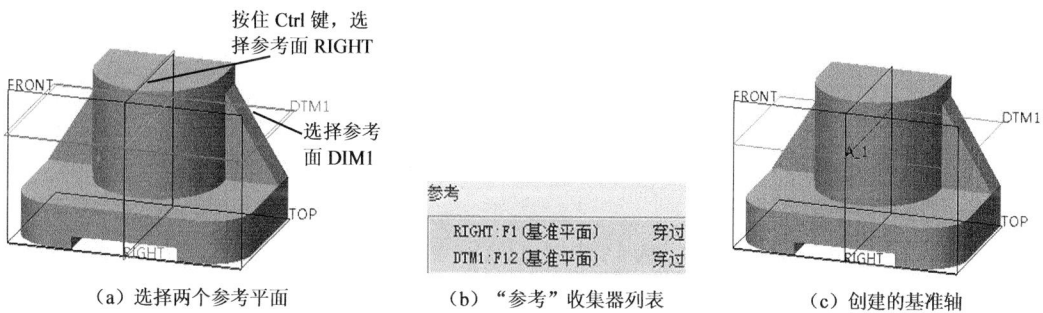

（a）选择两个参考平面　　　（b）"参考"收集器列表　　　（c）创建的基准轴

图 4-71　创建基准轴 A_1

步骤 4　创建基准轴 A_2

调用"轴"命令，如图 4-72 所示，选择 U 形体的圆柱面，默认约束类型为"穿过"，创建基准轴 A_2。

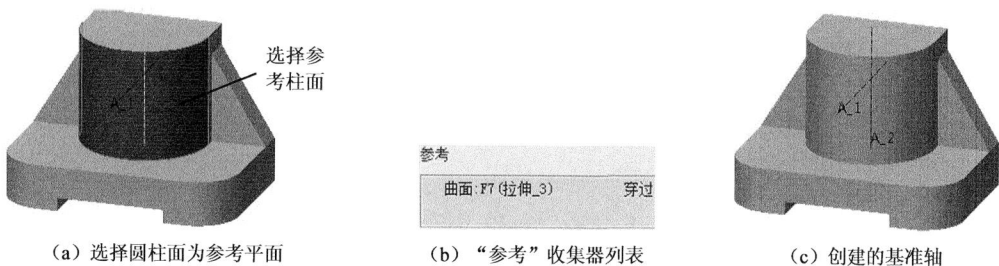

（a）选择圆柱面为参考平面　　　（b）"参考"收集器列表　　　（c）创建的基准轴

图 4-72　创建基准轴 A_2

步骤 5　创建基准轴 A_3

调用"轴"命令，如图 4-73 所示，选择底板右侧倒角圆弧边，约束类型自动设为"中心"，创建基准轴 A_3。

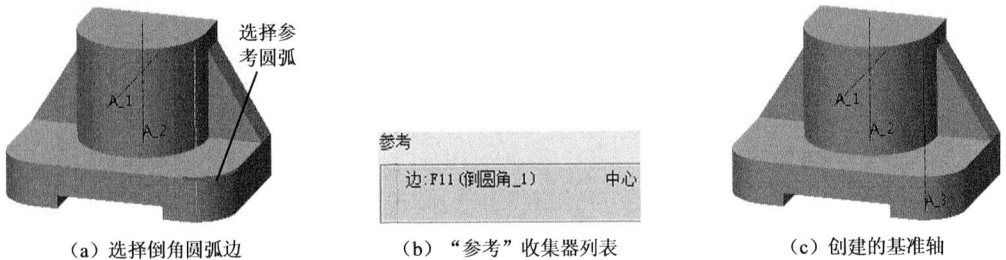

（a）选择倒角圆弧边　　　　　　（b）"参考"收集器列表　　　　　　（c）创建的基准轴

图 4-73　创建基准轴 A_3

步骤 6　创建基准点 PNT0

第 1 步，单击"模型"选项卡"基准"面板中的"点" ××点 图标按钮，弹出如图 4-31 所示的"基准点"对话框。

第 2 步，系统提示："选择 3 个参考(例如曲面、曲线、边或点)以放置点。"时，选择 U 形体顶部圆弧边，如图 4-74（a）所示，并设置其约束类型为"居中"，如图 4-74（b）所示。

第 3 步，单击"确定"按钮，创建的基准点如图 4-74（c）所示的 PNT0。

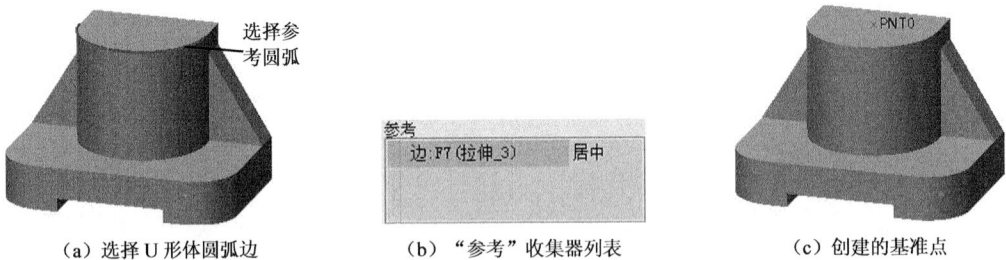

（a）选择 U 形体圆弧边　　　　　（b）"参考"收集器列表　　　　　　（c）创建的基准点

图 4-74　创建基准点 PNT0

步骤 7　创建基准点 PNT1

调用"点"命令，如图 4-75 所示，选择底板上表面边线，默认约束类型为"在其上"，偏移比率值 0.5，创建基准点 PNT1。

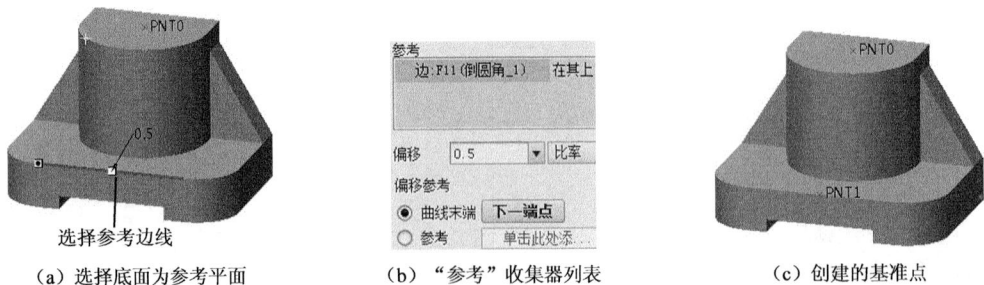

（a）选择底面为参考平面　　　　　（b）"参考"收集器列表　　　　　　（c）创建的基准点

图 4-75　创建基准点 PNT1

步骤 8　保存图形

参见本书第 1 章，操作过程略。

4.7 上 机 题

根据基准特征创建的相关知识，利用"平面"和"轴"命令，创建如图 4-76 所示的基准特征。

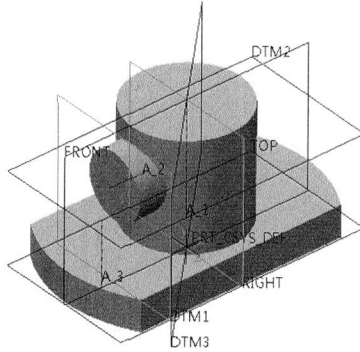

图 4-76 创建基准特征

建模提示。

（1）打开文件 Ch4-76.prt，如图 4-76 所示。

（2）创建基准平面 DTM2。选择基准平面 TOP 为参考面，采用默认的"偏移"模式，偏移距离为 35。

（3）创建基准平面 DTM3。选择零件模型中的轴线 A_1 和 FRONT 为参考，其中轴线采用默认约束类型"穿过"，FRONT 平面默认约束类型为"偏移"。在"偏移"的文本框中输入旋转角度值为 45。

（4）创建基准轴 A_3。选择零件底板的上表面为参考，偏移参考分别为 FRONT 和 RIGHT 基准面，并设置偏移 FRONT 基准面位 0，偏移 RIGHT 基准面为 35。

第 5 章　基础特征的创建

基础特征是 Creo 2.0 三维建模的最基本也是最重要的特征之一。与其他工程类三维 CAD 软件类似，基础特征都是对二维特征截面经过不同处理后形成的特征。在建模过程中，可以增加材料也可以移除材料，可以创建实体特征和薄壳也可以创建曲面特征。

本章将介绍的内容如下：

（1）创建拉伸特征的方法和步骤；

（2）创建旋转特征的方法和步骤；

（3）创建扫描特征的方法和步骤；

（4）创建混合特征的方法和步骤。

5.1　拉伸特征的创建

拉伸特征是将二维特征截面沿垂直于草绘平面的方向拉伸而生成的特征。

调用命令的方式如下。

功能区：单击"模型"选项卡"形状"面板中的"拉伸" 图标按钮。

5.1.1　创建增加材料拉伸特征

利用"拉伸"命令可以创建增加材料拉伸特征。

操作步骤如下。

第 1 步，单击 图标按钮。打开"拉伸特征"操控板，如图 5-1 所示。

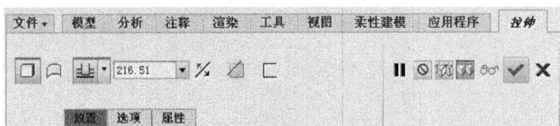

图 5-1　"拉伸特征"操控板

第 2 步，在该操控板中，单击"拉伸为实体" 图标按钮（此为默认设置）。

注意：这里如果单击"拉伸为曲面" 图标按钮，则可以创建曲面[①]。

第 3 步，单击"放置"选项卡，弹出"放置"下滑面板，如图 5-2 所示，单击"定义"按钮，弹出"草绘"对话框，如图 5-3 所示。

第 4 步，选择 TOP 基准平面为草绘平面，RIGHT 基准平面为参考平面，参考平面方向为向右（此为默认设置），如图 5-3 所示，单击"草绘"按钮，进入草绘模式。

---

① 参见本书第 10.1 节。

图 5-2 "放置"下滑面板

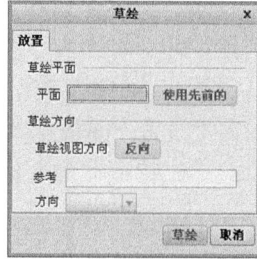

图 5-3 "草绘"对话框

注意：草绘平面即绘制二维特征截面或轨迹线的平面，可以选择基准平面或实体上的平面。参考平面即选择一个与草绘平面垂直的平面，作为草绘平面放置位置的参考[①]。参考平面可以选择基准平面或实体上的平面，或者也可以利用"基准平面"命令临时创建一个基准平面[②]。

第 5 步，单击"设置"面板上的"草绘视图" 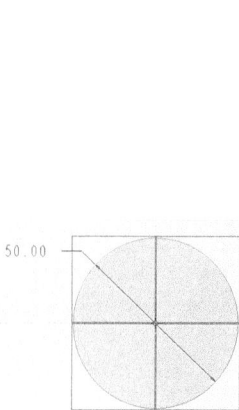 图标按钮，使 TOP 基准平面与屏幕平行。

第 6 步，草绘二维特征截面并修改草绘尺寸值，如图 5-4 所示，待重生成草绘截面后，单击 ✔ 图标按钮，回到零件模式，如图 5-5 所示。

第 7 步，在"拉伸特征"操控板中，以指定的深度值拉伸（此为默认设置），输入"深度值"为 100，如图 5-6 所示，单击 ✔ 图标按钮。

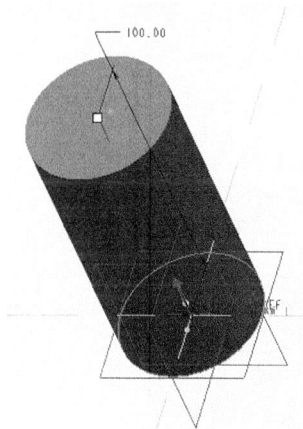

图 5-4　二维特征截面

图 5-5　创建拉伸特征

图 5-6　输入拉伸深度数值

注意：深度值也可以在如图 5-5 所示界面中直接双击数值后，在弹出的文本框中修改。

5.1.2　创建移除材料拉伸特征

利用"拉伸"命令可以创建移除材料拉伸特征。

操作步骤如下。

---

① 参见本书第 5.1.3 小节。

② 参见本书第 4.1 节。

第 1 步～第 3 步，同本书第 5.1.1 小节的第 1 步～第 3 步。

第 4 步，选择零件上表面为草绘平面，RIGHT 基准平面为参考平面，参考平面方向为向右（此为默认设置），如图 5-7 所示，单击"草绘"按钮，进行草绘模式。

第 5 步，单击"设置"面板上的"草绘视图" 图标按钮，使零件上表面与屏幕平行。

第 6 步，草绘二维特征截面并修改草绘尺寸值，如图 5-8 所示，待重生成草绘截面后，单击 图标按钮，回到零件模式。

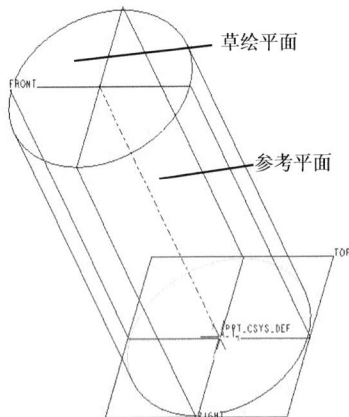

图 5-7　选择草绘平面和参考平面　　　　图 5-8　二维特征截面

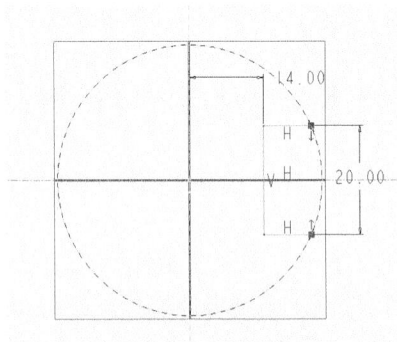

第 7 步，在"拉伸特征"操控板中，单击"移除材料" 图标按钮。

注意： 这里，如果移除材料的一侧为默认，则三维模型如图 5-9 所示。如果单击"移除材料为草绘另一侧" 图标按钮，则生成的三维模型如图 5-10 所示。

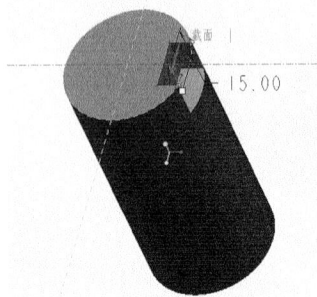

图 5-9　移除材料为默认一侧　　　　图 5-10　移除材料为草绘的另一侧

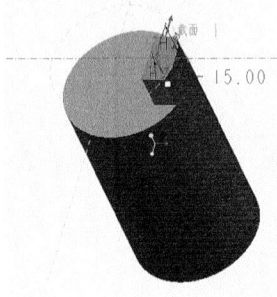

第 8 步，在"拉伸特征"操控板中，以指定的深度值拉伸（此为默认设置），输入"深度值"为 15，单击 图标按钮。

操作及选项说明如下。

1）定义二维特征截面的方法

（1）在激活"拉伸"命令前选取一条草绘的基准曲线。

（2）在"拉伸"命令调用过程中，单击"拉伸"操控板中的"基准" 图标按钮。

（3）激活"拉伸"命令并选取一条已有的草绘基准曲线。

（4）激活"拉伸"命令并草绘截面。

2）指定拉伸特征深度的方法

在"拉伸"操控板中，单击 ![icon] 图标按钮右侧的 ![icon]，可以指定拉伸特征的深度的方法。

（1）![icon] 盲孔：自草绘平面以指定深度值拉伸二维特征截面。

注意：指定一个负的深度值可以改变拉伸方向。

（2）![icon] 对称：在草绘平面两侧分别以指定深度值的一半对称拉伸二维特征截面，如图 5-11 所示。

（3）![icon] 穿至：将二维特征截面拉伸，使其与选定曲面或平面相交，如图 5-12 所示。

（4）![icon] 到下一个：将二维特征截面拉伸至下一曲面，如图 5-13 所示。

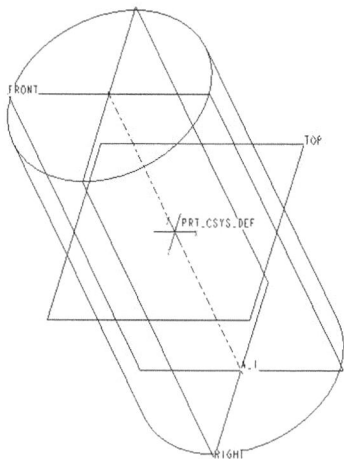

图 5-11　对称

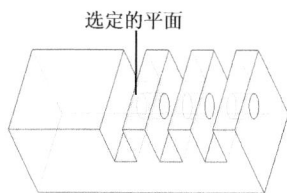

图 5-12　穿至

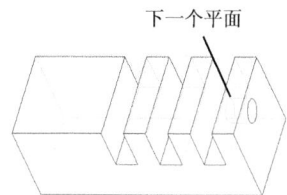

图 5-13　到下一个

（5）![icon] 穿透 ：拉伸二维特征截面，使之与所有曲面相交，如图 5-14 所示。

（6）![icon] 到选定项：将二维特征截面拉伸至一个选定点、曲线、平面或曲面，如图 5-15 所示。

3）其他选项说明

（1）![icon]：将拉伸的深度方向更改为草绘的另一侧。

（2）![icon]：为截面轮廓指定厚度创建薄壳特征，如图 5-16 所示，建模过程可以参考增加材料拉伸特征。

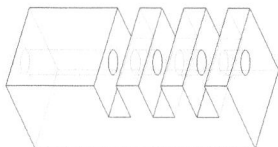

图 5-14　穿透

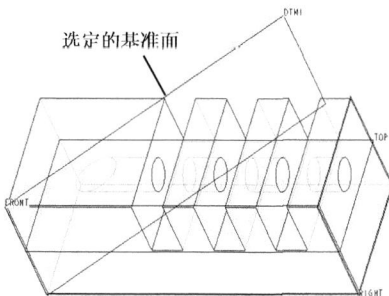

图 5-15　到选定项

图 5-16　薄壳特征

（3）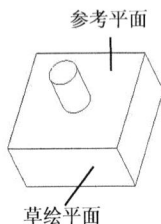：分别为无预览、分离方式预览、连接方式预览、校验方式预览要生成的拉伸特征。

（4）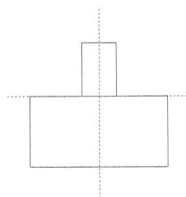：暂停模式。

（5）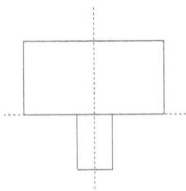：取消特征创建或重定义。

（6）"选项"：单击该选项卡，弹出如图 5-17 所示"选项"下滑面板，在该下滑面板中可以重定义草绘平面一侧或两侧拉伸特征的深度。"封闭端"复选框可以设置创建的曲面拉伸特征端口是否封闭，但在创建实体特征时不可用。"添加锥度"复选框可以设置创建的曲面或实体带有锥度（范围为–30°～30°）。

4）参考平面方向的设置

在 Creo 2.0 中，创建草绘特征必须选取或创建草绘平面和参考平面，草绘平面用于绘制二维特征截面，而参考平面用来为草绘平面定向。系统总是按如图 5-2 所示"草绘"对话框中设置的参考平面的方向，将草绘平面转至与屏幕平行的位置，然后再进行二维草绘。参考平面的方向可以有 4 种，如图 5-18 实体模型所示分别是顶（如图 5-19 所示）、底（如图 5-20 所示）、左（如图 5-21 所示）和右（如图 5-22 所示）。

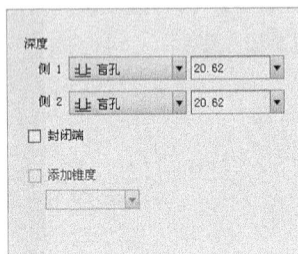

图 5-17　"选项"下滑面板　　图 5-18　三维实体模型　　图 5-19　参考平面方向为"顶"

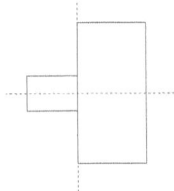

图 5-20　参考平面方向为"底"　图 5-21　参考平面方向为"左"　图 5-22　参考平面方向为"右"

5.2　旋转特征的创建

旋转特征是将二维特征截面绕中心轴旋转生成的特征。

调用命令的方式如下。

功能区：单击"模型"选项卡"形状"面板中的"旋转" 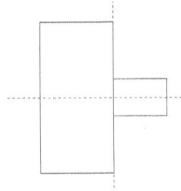 图标按钮。

5.2.1　创建增加材料旋转特征

利用"旋转"命令可以创建增加材料旋转特征。

操作步骤如下。

第1步，单击 ⚬⚬旋转 图标按钮，打开"旋转特征"操控板，如图 5-23 所示。

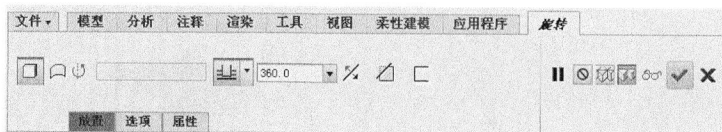

图 5-23 "旋转特征"操控板

第2步，在该操控板中，单击"旋转为实体" ⬜ 图标按钮（此为默认设置）。

注意： 这里如果单击"旋转为曲面" ⬜ 图标按钮，则可以创建曲面特征[①]。

第3步，单击"放置"选项卡，弹出"放置"下滑面板，单击"定义"按钮，弹出"草绘"对话框。

第4步，选择 FRONT 基准平面为草绘平面，RIGHT 基准平面为参考平面，参考平面方向为向右（此为默认设置），单击"草绘"按钮，进行草绘模式。

第5步，草绘二维特征截面并修改草绘尺寸值，如图 5-24 所示，待重生成草绘截面后，单击 ✔ 图标按钮，回到零件模式，如图 5-25 所示。

注意： 二维特征截面中必须包括一条绕其旋转的中心线。

第6步，在"旋转特征"操控板中，以自草绘平面以指定的角度值旋转（此为默认设置），选择"旋转角度值"为 360，如图 5-26 所示，单击 ✔ 图标按钮。

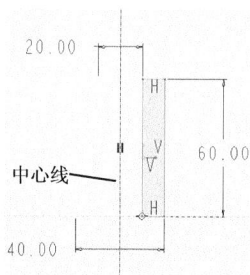

图 5-24 二维特征截面　　　图 5-25 创建旋转特征　　　图 5-26 输入旋转角度

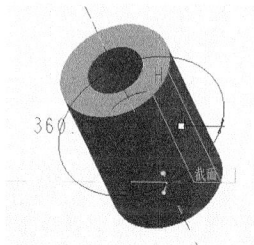

5.2.2 创建移除材料旋转特征

利用"旋转"命令可以创建移除材料旋转特征。

操作步骤如下。

第1步～第4步，同本书第 5.2.1 小节第 1 步～第 4 步。

第5步，草绘二维特征截面并修改草绘尺寸值，如图 5-27 所示，待重生成草绘截面后，单击 ✔ 图标按钮，回到零件模式。

第6步，在"旋转特征"操控板中，单击"移除材料" ⬜ 图标按钮。

第7步，在"旋转特征"操控板中，以自草绘平面以指定的角度值旋转（此为默认设置），选择"旋转角度值"为 90，单击 ✔ 图标按钮，生成的三维实体模型如图 5-28 所示。

[①] 参见本书第 10.1 节。

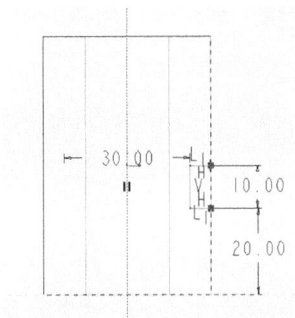

图 5-27　二维特征截面　　　　　图 5-28　三维实体模型

操作及选项说明如下。

1）指定旋转角度的方法

在"旋转特征"操控板中，单击 图标按钮右侧的 ，可以指定旋转特征的旋转角度的方法。

（1） 变量：自草绘平面以指定的角度值旋转二维特征截面。

（2） 对称：在草绘平面两个方向上分别以指定角度值的一半在草绘平面的双侧旋转二维特征截面。

（3） 到选定项：将二维特征截面旋转至选定点、平面或曲面，如图 5-29 所示。

2）其他选项说明

（1） ：将旋转的角度方向更改为草绘的另一侧。

（2） ：为截面轮廓指定厚度创建薄壳特征。

（3） ：指定旋转轴。

（4）"选项"：单击该选项卡，弹出如图 5-30 所示"选项"下滑面板，在该下滑面板中可以重定义草绘平面一侧或两侧的旋转角度。"封闭端"复选框可以设置创建的曲面旋转特征端口是否封闭。但在创建实体特征时不可用。

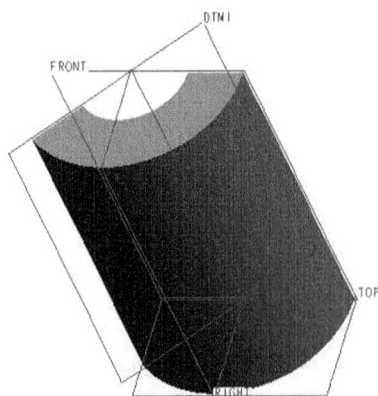

图 5-29　二维特征截面旋转至指定基准面　　　　　图 5-30　"选项"下滑面板

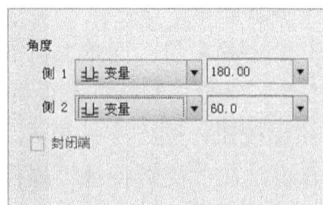

注意：

（1）旋转实体特征的截面必须是封闭的，旋转曲面特征的截面可以是不封闭的。

（2）二维特征截面必须在中心线的一侧。

（3）如果二维特征截面中包含多条中心线，则系统默认以第一条中心线为旋转轴，用户也可以指定一条中心线为旋转轴。

5.3　扫描特征的创建

扫描特征是将一个二维特征截面沿指定的轨迹曲线进行扫描而生成的特征。

调用命令的方式如下。

功能区：单击"模型"选项卡"形状"面板中的 图标按钮。

利用"扫描"命令创建增加材料扫描特征。

操作步骤如下。

第1步，单击 图标按钮，打开"扫描特征"操控板，如图5-31所示。

图 5-31　"扫描特征"操控板

第2步，单击"扫描为实体" 图标按钮（此为默认设置）。

第3步，单击"恒定截面扫描" 图标按钮（此为默认设置）。

第4步，单击"扫描特征"操控板右端的 下拉式按钮下的 图标按钮，选择 TOP 基准平面为草绘平面，选择 RIGHT 基准平面为参考平面，参考平面方向为向右，绘制扫描轨迹如图5-32所示，单击 图标按钮，回到零件模式。

注意：这里可以绘制扫描轨迹，也可以直接选取已有曲线作为扫描轨迹。

第5步，单击 图标按钮，系统自动选取上步绘制的曲线，如图5-33所示。

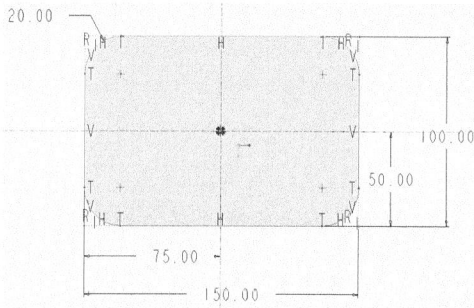

图 5-32　扫描轨迹

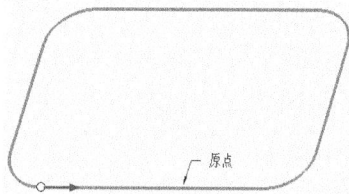

图 5-33　选取曲线

第6步，单击"扫描特征"操控板上的 图标按钮，进入草绘模式，绘制截面草图如图5-34所示，单击 图标按钮，回到零件模式。

第7步，单击 图标按钮，完成扫描特征的创建，如图5-35所示。

操作及选项说明如下。

1）设置连接方式属性

当扫描截面为恒定、存在开放的平面轨迹、截平面控制选择的是"垂直于轨迹"、水平/

(a) 草绘方向   (b) 标准方向

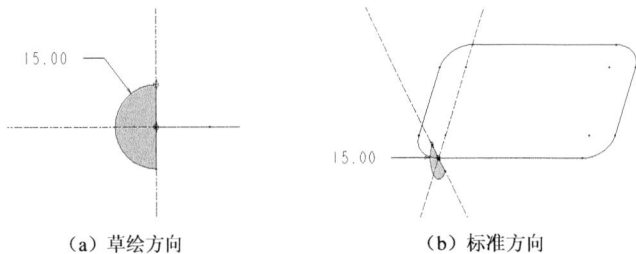

图 5-34　草绘截面   图 5-35　扫描特征

竖直控制选择的是"自动",以及邻近项至少包含一个实体特征时可用。创建的扫描特征与已有特征连接,则有两种不同的连接方式。单击"选项"选项卡,弹出如图 5-36 所示"选项"下滑面板。

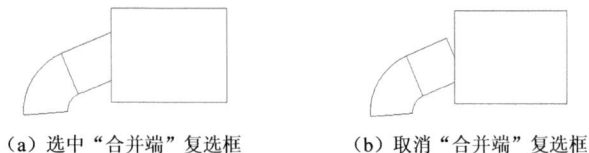

(1) 选中"合并端"复选框:如图 5-37 (a) 所示为两实体连接时完全融合。将实体扫描特征的端点连接到邻近的实体曲面而不留间隙。

注意: 扫描端点处必须要在实体曲面上。

(2) 取消选中"合并端"复选框:如图 5-37 (b) 所示为两实体连接时相互不融合。

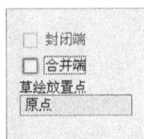

图 5-36　"选项"下滑面板   (a) 选中"合并端"复选框   (b) 取消"合并端"复选框

图 5-37　连接方式

2) 其他选项说明

(1) ⬚：创建可变截面扫描[①]。

(2) ⬚：创建簿壳扫描特征。

(3) ⬚：创建移除材料扫描特征。

(4) ⬚：打开"草绘器"创建或编辑扫描截面。

(5) ⬚：创建曲面扫描特征。

注意:

(1) 轨迹线不能自交。

(2) 相对于扫描截面的大小,扫描轨迹线中的弧或样条曲线的半径不能太小,否则扫描会失败。

5.4　混合特征的创建

混合特征是将至少两个以上的平面截面在其边处用过渡曲面连接生成的连续特征。

调用命令的方式如下。

功能区:单击"模型"选项卡"形状"面板中的 混合 图标按钮。

---

① 参见本书第 8.1 节。

利用"混合"命令创建增加材料混合特征。

操作步骤如下。

第1步，单击 混合 图标按钮，打开"混合特征"操控板，如图5-38所示。

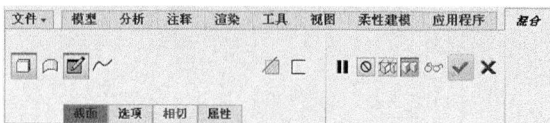

图5-38 "混合特征"操控板

第2步，单击"混合为实体" ▢ 图标按钮（此为默认设置）。

第3步，单击"选项"选项卡，弹出"选项"下滑面板，如图5-39所示，选择"直"单选按钮。

注意： 如果选择"平滑"单选按钮，则完成混合特征如图5-46所示。

第4步，单击"截面" 选项卡，弹出"截面"下滑面板，如图5-40所示，选择"草绘截面"单选按钮（此为默认设置）。

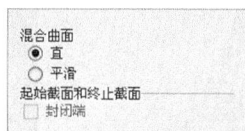

图 5-39 "选项"下滑面板

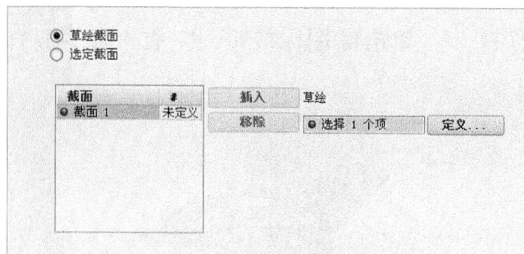

图 5-40 "截面"下滑面板

第5步，单击"定义"按钮，在弹出的"草绘"对话框中，选择TOP基准平面为草绘平面，选择RIGHT基准平面为参考平面，参考平面方向为向右，进入草绘模式。

第6步，绘制如图5-41所示第1个二维截面。单击✔图标按钮，回到零件模式。

第7步，在"截面"下滑面板中的"截面1"文本框中输入偏移距离为150。

第8步，单击"草绘"按钮，绘制如图5-42所示第2个二维截面。单击✔图标按钮，回到零件模式。

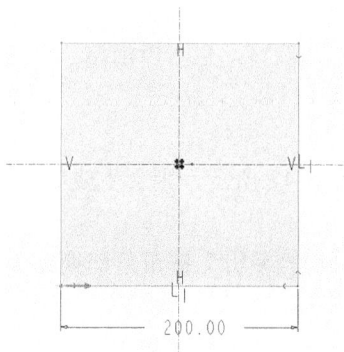

图 5-41 第1个二维截面

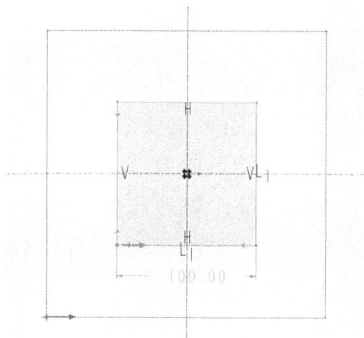

图 5-42 第2个二维截面

第9步，在"截面"下滑面板中，单击"插入"按钮，在"截面2"文本框中输入偏移距离为150。

第10步，单击"草绘"按钮，绘制如图5-43所示第3个二维截面。单击✔图标按钮，回到零件模式。此时，"截面"下滑面板显示如图5-44所示。

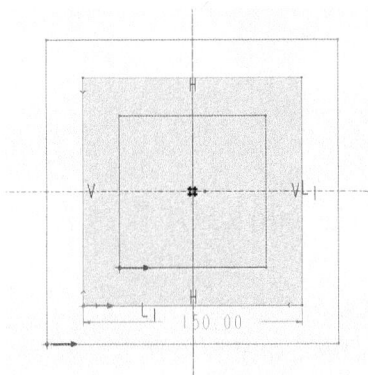

图5-43　第3个二维截面

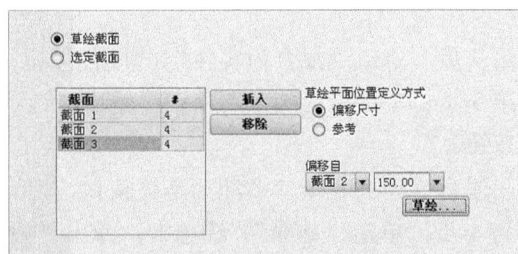

图5-44　"截面"下滑面板

第11步，单击✔图标按钮，完成"直"混合特征的创建如图5-45所示。

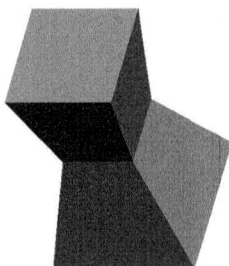

图5-45　"直"混合

图5-46　"平滑"混合

操作及选项说明如下。

1）不同类型的混合

（1）平行混合：所有混合截面位于截面草绘中的多个平行平面上。

（2）旋转混合：混合截面绕Y轴旋转，最大角度可达120°。每个截面都单独草绘并用截面坐标系对齐。

（3）一般混合：混合截面可以绕X轴、Y轴和Z轴旋转，也可以沿这三个轴平移。每个截面都单独草绘，并用截面坐标系对齐。

2）创建混合特征的要点

（1）修改起始点的方法。如果起始点不一致，如图5-47所示，则会生成如图5-48所示扭曲的混合特征。修改起始点操作步骤如下。

第1步，在"截面"下滑面板中，选中截面1，单击"编辑"按钮，切换到如图5-41所示第1个二维截面。

第2步，选中第1个二维截面的左下角点，右击，在弹出的快捷菜单中选择"起点"命令。则生成如图5-45所示混合特征。

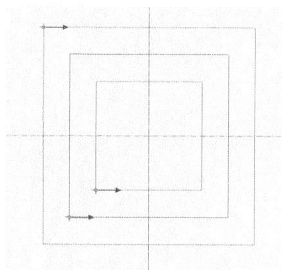

图 5-47 起始点不一致

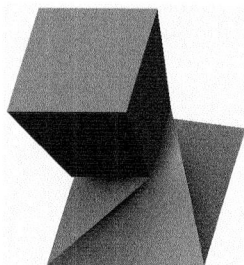

图 5-48 扭曲的混合特征

注意：如果要改变起始点箭头方向，可以选中该点再右击，在弹出的快捷菜单中选择"起点"命令。

（2）混合截面图元数不同处理的方法。

因为在 Creo 2.0 中要求每个混合截面必须有相同数目的图元。当图元数不同时可以根据建模的要求采用以下两种方法：

① 加入混合顶点。如图 5-49 所示第 1 个截面有 4 个图元，第 2 个截面有 3 个图元，则必须加入 1 个混合顶点增加 1 个图元，操作步骤如下。

第 1 步，在"截面"下滑面板中，选中截面 2，单击"草绘"按钮，切换到第 2 个二维截面（如果第 2 个截面为选中状态，则可以省略该步）。

第 2 步，选中混合顶点，右击，弹出如图 5-50 所示快捷菜单，选择"混合顶点"命令。生成混合特征如图 5-51 所示。

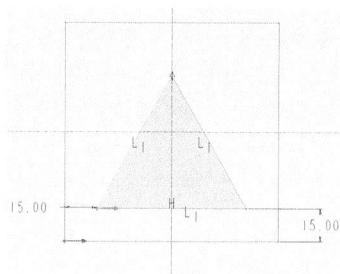

图 5-49 加入混合顶点

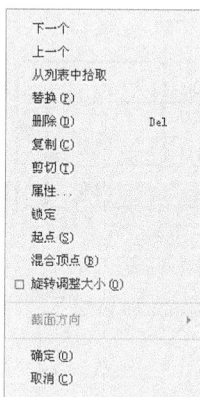

图 5-50 快捷菜单

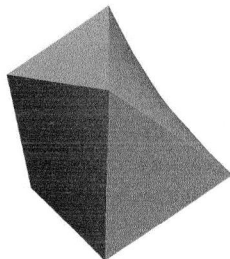

图 5-51 混合特征

② 加入分割点。如图 5-52 所示第 1 个截面有 4 个图元，第 2 个截面有 1 个图元，可以在第 2 个截面上加入 4 个分割点，操作步骤如下。

第 1 步，在"截面"下滑面板中，选中截面 2，单击"草绘"按钮，切换到第 2 个二维截面（如果第 2 个截面为选中状态，则可以省略该步）。

第 2 步，绘制两条中心线与圆相交，单击 ⤴ 图标按钮，分割中心线与圆的 4 个交点。生成混合特征如图 5-53 所示。

3）其他选项说明

（1）▢：创建薄壳混合特征。

（2）◿：创建移除材料混合特征。

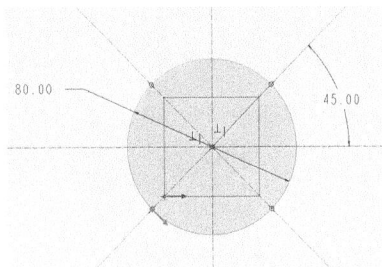

图 5-52　加入分割点

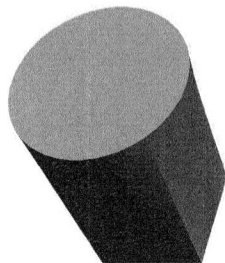

图 5-53　分割点后生成的混合特征

（3）✏：打开"草绘器"草绘或编辑混合截面。

（4）〰：选定截面来创建混合特征。

（5）▱：创建曲面混合特征。

5.5　上机操作实验指导四　支座和锁建模

1. 根据如图 5-54 所示支座的三视图，创建该零件的三维实体模型。主要涉及的命令包括"拉伸"命令和"旋转"命令。

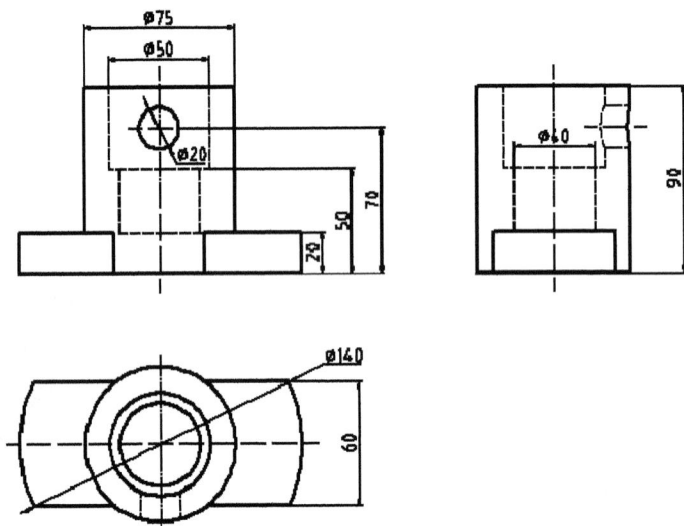

图 5-54　支座三视图

操作步骤如下。

步骤 1　创建新文件

参见本书第 1 章，操作过程略。

步骤 2　创建带孔圆柱体旋转特征

第 1 步，在零件模式中，单击 ⊕ 旋转 图标按钮，打开"旋转特征"操控板。

第 2 步，在该操控板中，单击"旋转为实体" ▭ 图标按钮。

第 3 步，单击"放置"下滑面板中的"定义"按钮，弹出"草绘"对话框。

第4步，选择FRONT基准平面为草绘平面，RIGHT基准平面为参考平面，参考平面方向为向右,单击"草绘"按钮，进入草绘模式。

第5步，绘制如图5-55所示二维特征截面，单击✔图标按钮，回到零件模式。

第6步，在"旋转特征"操控板中，指定旋转的方法为"变量"（此为默认设置），输入"旋转角度值"为360，单击✔图标按钮，完成三维模型如图5-56所示。

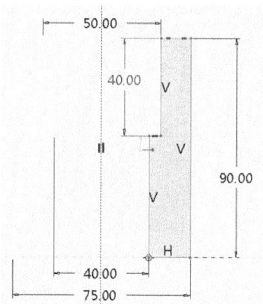

图 5-55　带孔圆柱二维特征截面

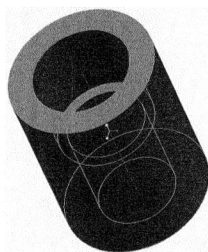

图 5-56　带孔圆柱特征

步骤3　创建底板增加材料拉伸特征

第1步，单击▱图标按钮，打开"拉伸特征"操控板。

第2步，在该操控板中，单击"拉伸为实体"▱图标按钮（此为默认设置）。

第3步，单击"放置"下滑面板中的"定义"按钮，弹出"草绘"对话框。

第4步，选择带孔圆柱下底面为草绘平面，RIGHT基准平面为参考平面，参考平面方向为向右（此为默认设置），单击"草绘"按钮，进入草绘模式。

第5步，草绘二维特征截面如图5-57所示，单击✔图标按钮，回到零件模式。

第6步，在"拉伸特征"操控板中，以指定的深度值拉伸（此为默认设置），输入"深度值"为20，单击✔图标按钮，完成三维模型，如图5-58所示。

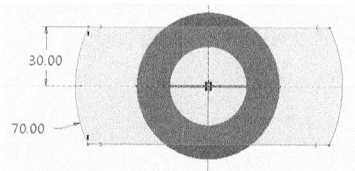

图 5-57　底板二维特征截面

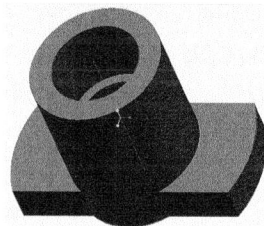

图 5-58　底板特征

步骤4　创建孔移除材料拉伸特征

第1步～第3步同步骤3第1步～第3步。

第4步，选择FRONT为草绘平面，RIGHT基准平面为参考平面，参考平面方向为向右（此为默认设置），单击"草绘"按钮，进行草绘模式。

第5步，草绘一圆并修改草绘尺寸值，待重生成草绘截面后，单击✔图标按钮，回到零件模式。

第6步，在"拉伸特征"操控板中，单击"移除材料"▱图标按钮。

第7步，在"拉伸特征"操控板中，指定拉伸特征深度的方法为"穿透"，单击✔图标按钮，完成的三维模型如图 5-59 所示。

步骤 5　保存图形

参见本书第 1 章，操作过程略。

2. 创建如图 5-60 所示的锁的模型。主要涉及的命令包括"混合"命令、"倒圆角"命令、"拉伸"命令和"扫描"命令。

图 5-59　支座三维模型　　　　　　　　图 5-60　锁模型

操作步骤如下。

步骤 1　创建新文件

参见本书第 1 章，操作过程略。

步骤 2　创建混合特征

第 1 步，单击"模型"选项卡"形状"面板中的 ^{混合} 图标按钮，打开"混合特征"操控板。

第 2 步，单击"截面"选项卡，弹出"截面"下滑面板，选择"草绘截面"单选按钮（此为默认设置）。

第 3 步，单击"定义"按钮，在弹出的"草绘"对话框中，选择 TOP 基准平面为草绘平面，选择 RIGHT 基准平面为参考平面，参考平面方向为向右，进入草绘模式。

第 4 步，绘制如图 5-61 所示第 1 个二维截面。单击 ✔ 图标按钮，回到零件模式。

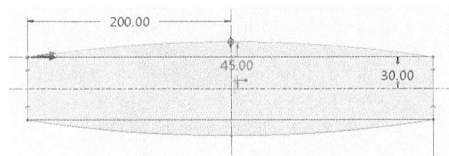

第 5 步，在"截面"下滑面板中，"截面 1"文本框中输入偏移距离为 150。

第 6 步，单击"草绘"按钮，绘制如图 5-62 所示第 2 个二维截面。单击 ✔ 图标按钮，回到零件模式。

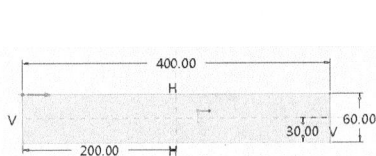

图 5-61　第 1 个二维截面　　　　　　　图 5-62　第 2 个二维截面

第 7 步，在"截面"下滑面板中单击"插入"按钮，在"截面 2"文本框中输入偏移距离为 150。

第 8 步，单击"草绘"按钮，绘制第 3 个二维截面，形状和尺寸与第 1 个二维截面相同，如图 5-63 所示，单击 ✔ 图标按钮，完成混合截面的绘制。

第 9 步，选择"选项"下滑面板中，"混合曲面"选项组下的"平滑"单选按钮（默认）。

第 10 步，单击 ✔ 图标按钮，完成混合特征的创建，如图 5-64 所示。

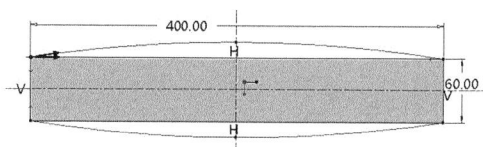

图 5-63 第 3 个二维截面

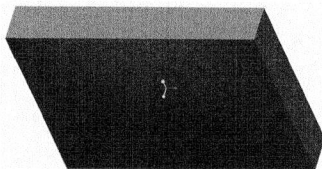

图 5-64 创建混合特征

步骤 3 创建倒圆角特征[①]

第 1 步，单击"工程"面板中的 倒圆角 图标按钮，打开"圆角特征"操控板。

第 2 步，在该操控板的文本框中设置倒圆角半径值为 5。

第 3 步，按住 Ctrl 键不放，在模型上选择所有的边线，如图 5-65 所示。

第 4 步，单击 ✔ 图标按钮，完成倒圆角特征的创建，如图 5-66 所示。

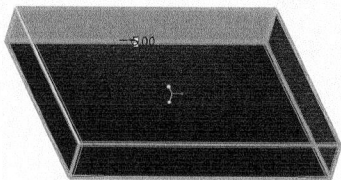

图 5-65 选择倒圆角边

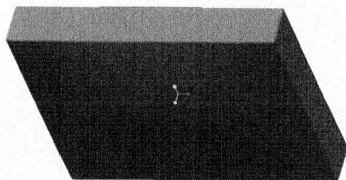

图 5-66 创建倒圆角特征

步骤 4 创建扫描特征

第 1 步，单击"形状"面板中的 图标按钮，打开"扫描特征"操控板。

第 2 步，单击"扫描为实体" □ 图标按钮（此为默认设置）。

第 3 步，单击"恒定截面扫描" ─ 图标按钮（此为默认设置）。

第 4 步，单击"扫描特征"操控板右端的 基准 下拉式按钮下的 图标按钮，弹出"草绘"对话框，选择 FRONT 基准平面为草绘平面，RIGHT 基准平面为参考平面，方向为向右（此为默认设置），单击"草绘"按钮，进入草绘模式。

第 5 步，在作图窗口中绘制如图 5-67 所示的图形作为扫描的轨迹线。

第 6 步，单击 ✔ 图标按钮，完成扫描轨迹线的绘制。

第 7 步，单击 ▶ 图标按钮，退出暂停模式，系统自动选取上步绘制的曲线。

第 8 步，单击 图标按钮，进入草绘模式，绘制如图 5-68 所示的扫描截面。

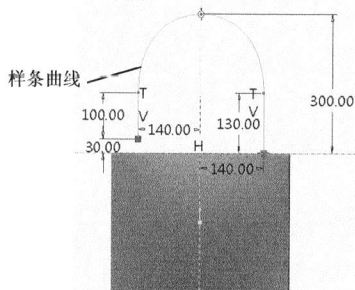

图 5-67 草绘扫描轨迹线

图 5-68 绘制扫描截面

---

① 参见本书第 6.2 节。

第9步，单击✔图标按钮，完成扫描截面的绘制。

第10步，单击✔图标按钮，完成扫描特征的创建，如图5-69所示。

步骤5　创建拉伸特征

第1步，单击▱图标按钮，打开"拉伸特征"操控板。

第2步，在该操控板中，单击"拉伸为实体"▱图标按钮（此为默认设置），并单击"移除材料"▱图标按钮。

第3步，单击"放置"下滑面板中的"定义"按钮，弹出"草绘"对话框。

第4步，选取如图5-70所示的平面为草绘平面，采用默认的参考和方向设置，单击"草绘"按钮，进入草绘模式。

图 5-69　创建扫描特征

图 5-70　选取草绘平面

第5步，草绘二维特征截面并修改草绘尺寸值，如图5-71所示，待重生成草绘截面后，单击✔图标按钮，回到零件模式。

第6步，在"拉伸特征"操控板中，指定拉伸特征深度的方法为"盲孔"（此为默认设置），输入"深度值"为39。

第7步，单击✔图标按钮，完成拉伸特征的创建，如图5-72所示。

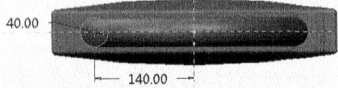

图 5-71　绘制拉伸截面

图 5-72　创建拉伸特征

步骤6　创建倒圆角特征

第1步，单击"工程"面板中的🔲图标按钮，打开"圆角特征"操控板。

第2步，单击操控板的"集"选项卡，弹出"集"下滑面板。

第3步，单击该下滑面板中的"参考"收集器，将其激活，并在模型中选择扫描特征的尾部边线。

第4步，在该下滑面板的"半径"选项栏中设置其倒圆角半径值为10。

第5步，单击"段"下滑面板中的"新建集"命令，创建第二处倒圆角特征"集2"，并在模型中选择拉伸特征的顶部边线。

第6步，在下滑面板的"半径"选项栏中设置其倒圆角半径值为1，如图5-73所示，此时模型如图5-74所示。

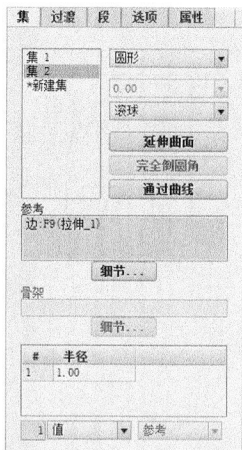

图 5-73 "放置"下滑面板设置

图 5-74 选择倒圆角边线

第 7 步，单击 ✓ 图标按钮，完成圆角特征的创建，完成三维模型如图 5-60 所示。

步骤 7 保存图形

参见本书第 1 章，操作过程略。

5.6 上 机 题

1. 利用"拉伸"命令、"旋转"命令、"倒角"命令和"螺旋扫描"命令创建如图 5-75 所示的 M16 螺母三维模型。

建模提示。

（1）利用"拉伸"命令创建螺母六棱柱边长为 16，高为 12.8。

（2）利用"旋转"命令移除材料，旋转截面如图 5-76 所示。

（3）利用"拉伸"命令创建孔直径为 13.6。

（4）利用"倒角"命令对孔倒角 C2[①]。

（5）利用"螺旋扫描"命令创建螺距为 1.55 的内螺纹[②]。

2. 创建如图 5-77 所示的组合体零件模型，三视图如图 5-78 所示。主要涉及的命令包括"拉伸"命令和"旋转"命令。

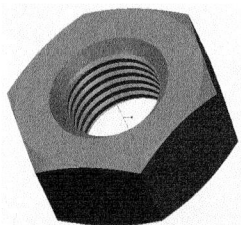

图 5-75 螺母三维模型

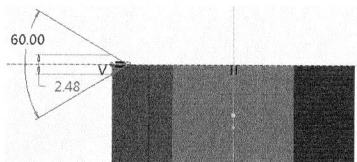

图 5-76 旋转截面

图 5-77 组合体

---

① 参考本书第 6.3 节。

② 参考本书第 8.3 节。

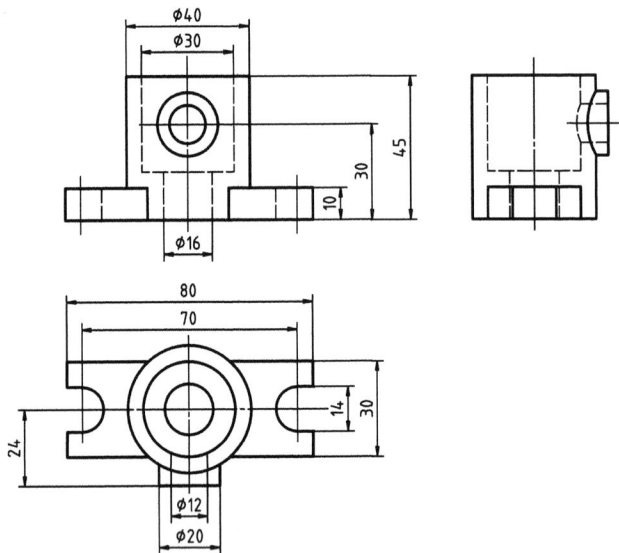

图 5-78　组合体三视图

建模提示。

（1）创建底座拉伸特征。选择 TOP 平面为草绘平面，采用默认的参考和方向设置。

（2）创建拉伸圆柱体特征。仍选择 TOP 平面为草绘平面，采用默认的参考和方向设置，完成三维模型如图 5-79 所示。

（3）创建旋转移除材料特征。以 FRONT 平面为草绘平面，采用默认的参考和方向设置，绘制的二维截面如图 5-80 所示。在"旋转特征"操控板上单击"移除材料" ⬜ 图标按钮，完成三维模型如图 5-81 所示。

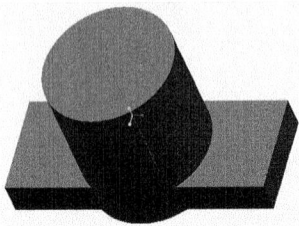

图 5-79　创建拉伸圆柱体特征

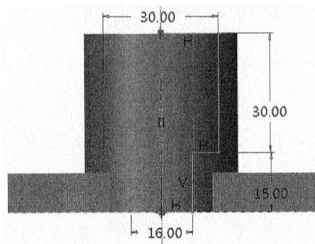

图 5-80　绘制旋转截面

（4）创建拉伸移除材料特征。分别对拉伸底板的两端进行拉伸移除材料操作，完成三维模型如图 5-82 所示。

图 5-81　创建旋转移除材料特征

图 5-82　创建拉伸移除材料特征

（5）创建基准平面。以 FRONT 平面为偏移参考，平移距离为 24，创建一个基准平面 DTM1，如图 5-83 所示。

（6）创建拉伸特征。以新创建的基准平面 DTM1 为草绘平面，草绘一直径为 20 的圆作为特征截面，采用默认的参考和方向设置。指定拉伸特征深度为"拉伸到到选定的点、曲线、平面或曲面"⊥方式，并选择（2）中圆柱体的外表面作为拉伸的终止面。创建的拉伸特征如图 5-84 所示。

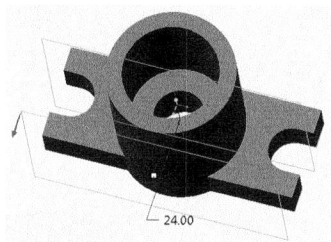

图 5-83　创建基准平面

图 5-84　创建拉伸特征

（7）创建拉伸移除材料特征。创建方法与上一步相似，草绘一直径为 12 的圆作为特征截面，在"拉伸特征"操控板上选中"移除材料"⊿图标按钮。选择（2）中圆柱体的内表面作为拉伸的终止面。完成三维模型，如图 5-77 所示。

3. 创建如图 5-85 所示的杯子模型。主要涉及的命令包括"混合"命令、"倒圆角"命令、"抽壳"命令和"扫描"命令。

建模提示。

（1）创建混合特征。在"混合特征"操控板中，打开"截面"面板，选择"草绘截面"单选按钮。单击"定义"按钮，弹出"草绘"对话框，选择 TOP 基准平面为草绘平面，RIGHT 基准平面为参考平面，方向为向右（此为默认设置），单击"草绘"按钮，进入草绘模式，绘制第 1 个二维截面。同理绘制第 2 个二维截面（需要加入分割点），偏移值为 80，如图 5-86 所示。单击✔图标按钮，完成混合特征建模，如图 5-87 所示。

图 5-85　杯子模型

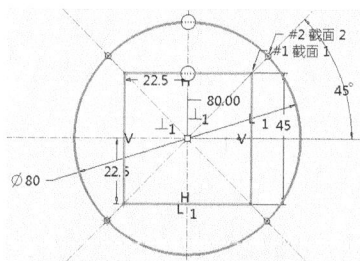

图 5-86　混合特征截面图

图 5-87　创建混合特征

（2）创建倒圆角特征。选择模型边线进行倒圆角操作，倒角半径值侧边为 10，底边为 5，如图 5-88 所示，完成的三维模型如图 5-89 所示。

（3）创建壳特征[①]。选择模型顶面为移除的曲面，设置抽壳厚度为 2，如图 5-90 所示，完成的三维模型如图 5-91 所示。

———————————

① 参考本书第 6.5 节。

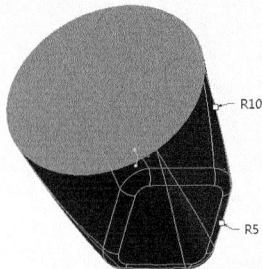

图 5-88　选择倒圆边线　　　　　图 5-89　创建圆角特征　　　　　图 5-90　选择移除的曲面

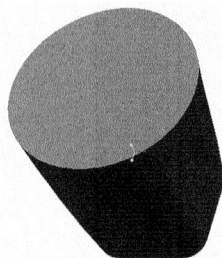

（4）杯口创建倒圆角特征，半径值为 1，如图 5-92 所示，完成的三维模型如图 5-93 所示。

图 5-91　创建壳特征　　　　　图 5-92　选择倒圆角边线　　　　　图 5-93　创建圆角特征

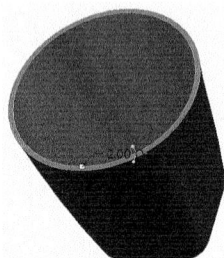

（5）创建扫描特征。

第 1 步，打开"扫描特征"操控板，选择 FRONT 基准平面为草绘平面，RIGHT 基准平面为参考平面，方向为向右（此为默认设置），在草绘作图窗口中绘制如图 5-94 所示的图形作为扫描的轨迹线，单击✔图标按钮，完成扫描轨迹线的绘制，如图 5-95 所示。

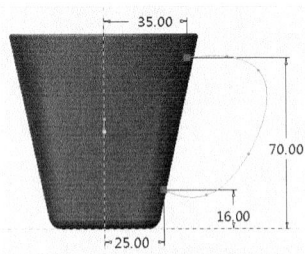

第 2 步，在"扫描特征"操控板中单击☑图标按钮，进入草绘模式，绘制如图 5-96 所示的扫描截面。单击✔图标按钮，完成扫描轨截面的绘制，如图 5-97 所示。

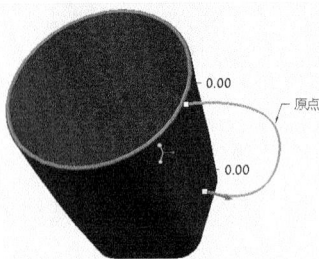

图 5-94　草绘扫描轨迹线

图 5-95　完成扫描轨迹线绘制　　　图 5-96　草绘扫描截面　　　　图 5-97　完成扫描特征创建

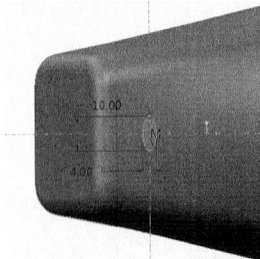

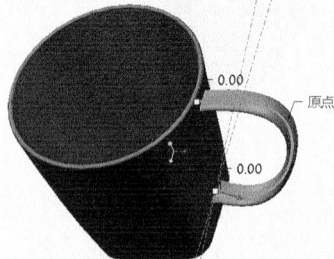

第 3 步，单击✔图标按钮，完成扫描特征的创建。

（6）杯子把手根部倒圆角，半径值为 1.5，完成杯子模型如图 5-85 所示。

第 6 章 工程特征的创建

工程特征是基于工程实践中建模的需要建立起来的一种重要的三维实体特征。与基础特征及其他实体特征不同，工程特征都是在已有的特征基础之上对其增加材料移除材料而创建的特征。

本章将介绍的内容如下：

（1）创建孔特征的方法和步骤；

（2）创建圆角特征的方法和步骤；

（3）创建自动倒圆角特征的方法和步骤；

（4）创建倒角特征的方法和步骤；

（5）创建抽壳特征的方法和步骤；

（6）创建拔模特征的方法和步骤；

（7）创建筋特征的方法和步骤。

6.1 孔特征的创建

孔特征是在现有实体模型的基础上，通过预先指定孔的放置平面、定位尺寸、直径、深度等一系列参数而生成的特征。

调用命令的方式如下。

图标：单击"模型"选项卡"工程"面板中的 孔 图标按钮。

6.1.1 简单孔特征的创建

利用"孔"命令可以创建简单孔特征。

操作步骤如下。

第 1 步，在零件模式中，单击 图标按钮，以 TOP 基准平面为草绘平面，采用默认参考和方向设置，绘制二维特征截面，如图 6-1 所示，设置拉伸深度为 200，创建拉伸实体特征，如图 6-2 所示。

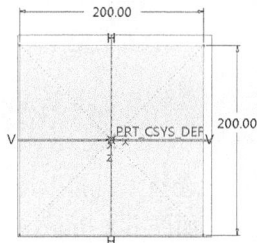

图 6-1 二维特征截面

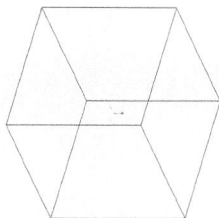

图 6-2 拉伸实体特征

第2步，单击 孔 图标按钮，打开"孔特征"操控板，如图6-3所示。

图6-3　"孔特征"操控板

第3步，在该操控板中，单击"创建简单孔" 图标按钮（此为默认设置）。

第4步，单击"放置"选项卡，弹出如图6-4所示"放置"下滑面板，在该下滑面板中激活"放置"收集器，选择正方体的上表面作为孔的放置平面，模型显示如图6-5所示。

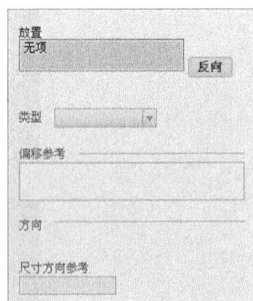

图6-4　"放置"下滑面板

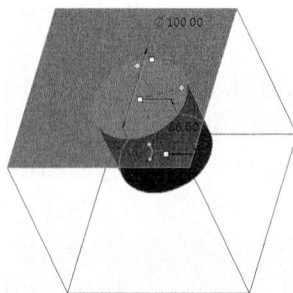

图6-5　选择孔的放置平面

第5步，在"放置"下滑面板中，设置孔的定位方式的"类型"为线性，并激活"偏移参考"收集器，按住Ctrl键不放，依次选取正方体上表面的两条临边作为孔的定位基准，如图6-6所示。

注意：选取偏移参考作为孔的定位基准也可以直接用鼠标拖动两个定位句柄至指定的边或者面，这样的方法可以让操作变得更加快捷。

第6步，在该下滑面板中，修改"偏移参考"收集器中孔的定位尺寸，如图6-7所示。

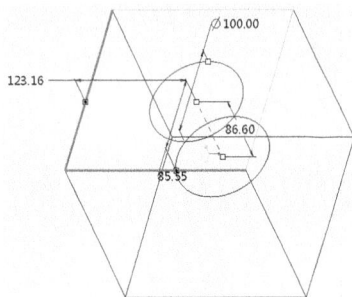

图6-6　选取偏移参考

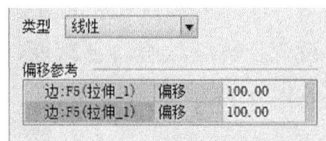

图6-7　修改孔的定位尺寸

注意：修改孔的定位尺寸也可以直接在绘图区中显示的相应的尺寸上双击进行修改，这样的方法同时也适用于定义钻孔的直径和深度。

第7步，单击"形状"选项卡，弹出"形状"下滑面板，选择"盲孔"方式以指定钻孔的深度值，并输入孔"深度值"为100，"直径值"为150，如图6-8所示，单击 图标按钮，生成的简单孔特征如图6-9所示。

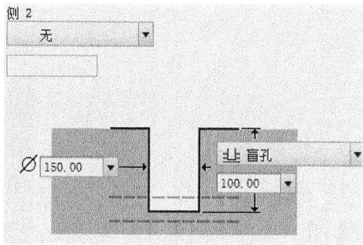

图 6-8 修改参数后的"形状"下滑面板

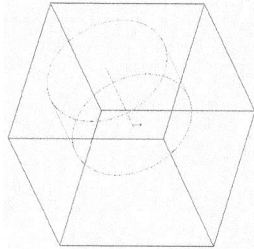

图 6-9 完成简单孔特征的创建

6.1.2 草绘孔特征的创建

利用"孔"命令可以创建草绘孔特征。

操作步骤如下。

第 1 步～第 6 步，同本书第 6.1.1 小节第 1 步～第 6 步。

第 7 步，在"孔特征"操控板中，单击 图标按钮，选取"使用草绘定义钻孔轮廓"，如图 6-10 所示，再单击 图标按钮，系统进入草绘模式。

注意：在单击 图标按钮之后，在其右侧会出现两个图标按钮，单击 图标按钮，打开现有的草绘轮廓；单击 图标按钮，直接进入草绘模式，创建二维特征截面。

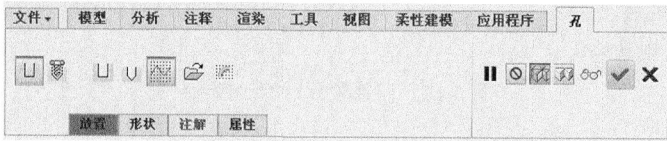

图 6-10 选取"使用草绘定义钻孔轮廓"

第 8 步，草绘二维特征截面并修改尺寸值，如图 6-11 所示，待重生成草绘截面后，单击 图标按钮，回到零件模式。

注意：绘制孔特征的截面，必须具有垂直的旋转轴；至少有一个图元垂直于旋转中心；所有图元位于旋转轴的一侧；截面必须为封闭环。

第 9 步，单击 图标按钮，完成草绘孔特征的创建，如图 6-12 所示。

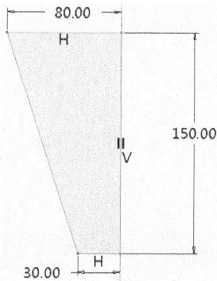

图 6-11 二维特征截面

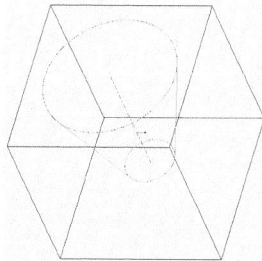

图 6-12 完成草绘孔特征的创建

注意：回到零件模式后，再次单击 图标按钮，可直接对草绘的特征截面进行修改。

6.1.3 标准孔特征的创建

利用"孔"命令可以创建标准孔特征。

操作步骤如下。

第 1 步～第 6 步，同本书第 6.1.1 小节第 1 步～第 6 步。

第 7 步，在"孔特征"操控板中，单击 图标按钮，创建标准孔，如图 6-13 所示。

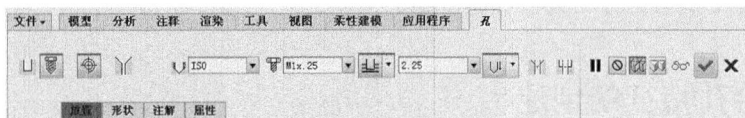

图 6-13　创建标准孔

第 8 步，在该操控板中，单击"添加攻丝" 图标按钮（此为默认设置），创建具有螺纹特征的标准孔，指定标准孔的螺纹类型为 ISO，输入螺钉的尺寸为 M64×6，指定钻孔深度的类型为"盲孔"（此为默认设置），单击 图标按钮，并输入直到孔尖端的"钻孔深度值"为 150，设置参数后的操控板如图 6-14 所示，此时绘图区中的模型如图 6-15 所示。

注意：螺纹类型包括 ISO、UNC、UNF 三个标准，其中 ISO 标准符合我国的标准。

图 6-14　设置参数后的操控板

第 9 步，单击"形状"选项卡，弹出"形状"下滑面板，依次输入螺纹的"深度值"为 120，钻孔顶角的"角度值"为 120，如图 6-16 所示。

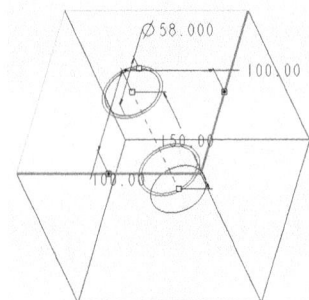

图 6-15　设置参数后的模型显示

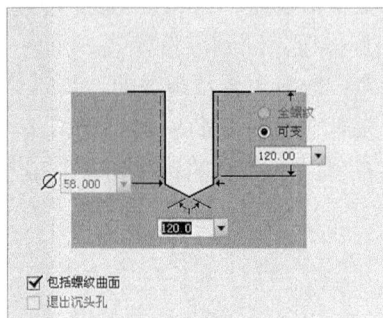

图 6-16　"形状"下滑面板

第 10 步，在"孔特征"操控板中，单击 图标按钮，为标准孔添加"沉头孔"，并在"形状"下滑面板中定义相应的参数值，如图 6-17 所示，单击 图标按钮，完成标准孔特征的创建，如图 6-18 所示。

操作及选项说明如下。

1）孔的定位方式的类型

在"放置"下滑面板中，可以指定孔的定位方式的类型。

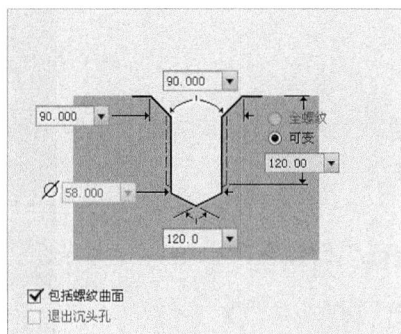

图6-17 "形状"下滑面板

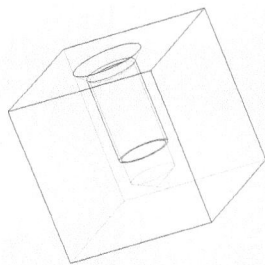

图6-18 完成标准孔特征的创建

（1）线性：使用两个线性尺寸，通过预先指定的偏移参考来确定孔的中心线的坐标位置。

（2）径向：使用一个线性尺寸和一个角度尺寸，通过预先指定的参考轴和参考平面来确定孔的中心线的极坐标位置，如图6-19所示。

（3）直径：和径向定位方式类似，不同的是其用直径标注极坐标，如图6-20所示。

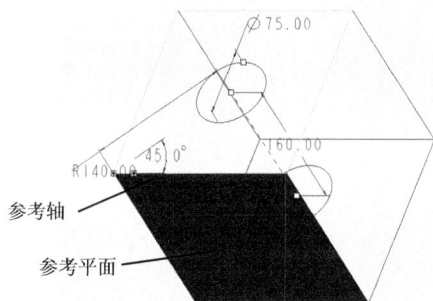

图6-19 孔的径向定位方式

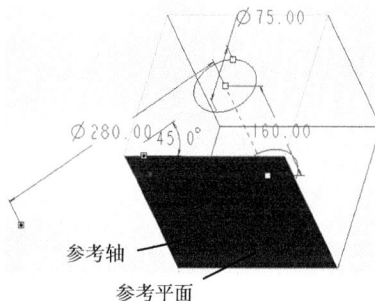

图6-20 孔的直径定位方式

2）其他选项说明

（1） 选中该图标按钮可以创建具有螺纹特征的孔，同时使用该选项可以在螺纹或锥孔和间隙孔或钻孔之间切换，系统默认状态下会选择此项"攻丝"。

（2） 指定到肩末端的钻孔深度。

（3） 指定到孔尖端的钻孔深度。

（4） 允许用户创建锥孔。

（5） 允许用户创建间隙孔。

6.2 圆角特征的创建

圆角特征是一种通过向一条或多条边、边链或在曲面之间添加半径而形成的一种边处理特征，其中的曲面可以是实体模型曲面，也可以是零厚度的面组或曲面。

调用命令的方式如下。

图标：单击"模型"选项卡"工程"面板中的 倒圆角 图标按钮。

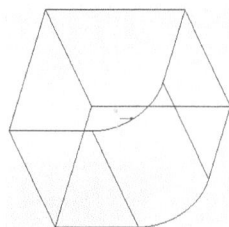

6.2.1 恒定倒圆角特征的创建

利用"倒圆角"命令可以创建恒定倒圆角特征。

操作步骤如下。

第 1 步，打开文件 Ch6-2.prt。

第 2 步，单击 _{倒圆角} 图标按钮，打开"圆角特征"操控板，如图 6-21 所示。

图 6-21 "圆角特征"操控板

第 3 步，选取正方体的一条边作为倒圆角参考，如图 6-22 所示，并输入恒定倒圆角的"半径值"为 80，如图 6-23 所示，单击 ✔ 图标按钮，完成恒定倒圆角特征的创建，如图 6-24 所示。

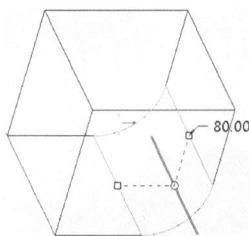

图 6-22 选取倒圆角参考　　图 6-23 输入倒圆角半径值　　图 6-24 完成恒定倒圆角特征的创建

注意：拖动半径句柄可以动态修改尺寸。

6.2.2 完全倒圆角特征的创建

利用"倒圆角"命令可以创建完全倒圆角特征。

操作步骤如下。

第 1 步和第 2 步，同本书第 6.2.1 小节第 1 步和第 2 步。

第 3 步，按住 Ctrl 键不放，选取正方体上表面两侧的两条边线作为完全倒圆角的参考，如图 6-25 所示。

注意：完全倒圆角是将两参考边线或者两曲面之间的模型表面全部转化为圆角，因此不能选取相邻的边线或者曲面作为参考，否则完全倒圆角特征将无法生成。

第 4 步，单击"集"选项卡，弹出"集"下滑面板，如图 6-26 所示，单击"完全倒圆角"按钮，此时的模型显示如图 6-27 所示。

第 5 步，在"圆角特征"操控板中，单击 ✔ 图标按钮，

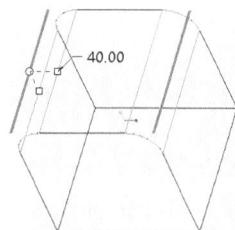

图 6-25 选取倒圆角参考

完成完全倒圆角特征的创建，如图 6-28 所示。

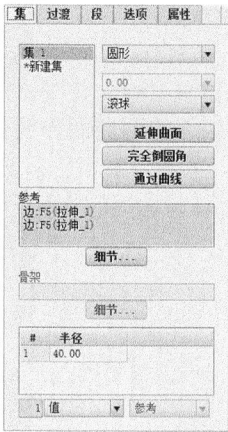

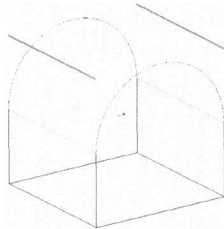

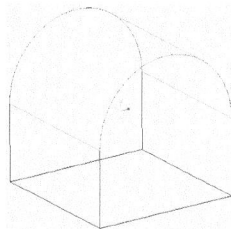

图 6-26 "集"下滑面板　　图 6-27 "完全倒圆角"操作　　图 6-28 完成完全倒圆角特征的创建

6.2.3 可变倒圆角特征的创建

利用"倒圆角"命令可以创建可变倒圆角特征。

操作步骤如下：

第 1 步和第 2 步，同本书 6.2.1 小节第 1 步和第 2 步。

第 3 步，选取正方体的一条边作为倒圆角参考，如图 6-29 所示。

注意：可变倒圆角也可以在多条边或边链上创建半径发生变化的圆角，但一般情况下只应用于一条边。

第 4 步，在绘图区中，将鼠标移至半径数字或半径句柄处并右击，在弹出的快捷菜单中选择"添加半径"选项，如图 6-30 所示，为圆角添加一个新的半径，此时的模型显示如图 6-31 所示。

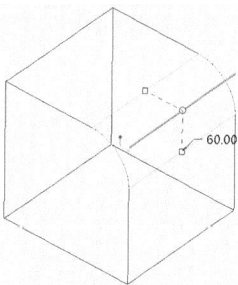

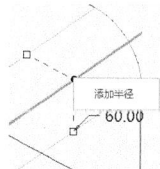

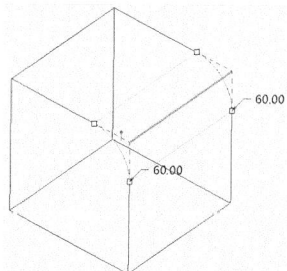

图 6-29 选取倒圆角参考　　图 6-30 选择"添加半径"　　图 6-31 为圆角添加新的半径

注意：在"集"下滑面板的半径栏中右击，弹出的快捷菜单同样可以选择"添加半径"选项，另外选择"成为常数"选项会去除该半径。

第 5 步，在模型中利用相同的方法为圆角再添加一个新的半径，在绘图区中，双击相应的半径值修改其尺寸，如图 6-32 所示，单击 ✓ 图标按钮，完成可变倒圆角特征的创建，如图 6-33 所示。

注意：在"集"下滑面板中也可以设置相应的半径值、位置值。其中数值"0.50"表示相应的圆角控制点在圆角曲面片上的位置比例。

操作及选项说明如下。

1）选取倒圆角参考的方式

（1）在创建恒定倒圆角特征的过程中，也可选取多条边、边链或相邻的两曲面作为倒圆角参考，如图 6-34～图 6-36 所示。

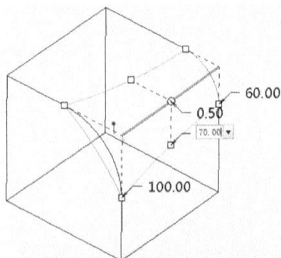

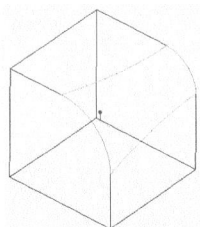

图 6-32　修改半径尺寸　　　图 6-33　完成可变倒圆角特征的创建　　　图 6-34　选取多条边作为参考

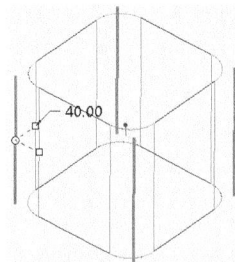

（2）在创建完全倒圆角特征的过程中，也可选取两个曲面作为参考，利用驱动曲面决定完全倒圆角特征，如图 6-37 所示。

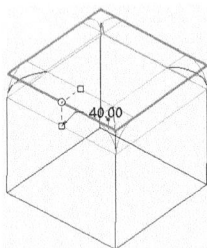

图 6-35　选取边链作为参考　　　图 6-36　选取两曲面作为参考　　　图 6-37　驱动曲面决定完全倒圆角特征

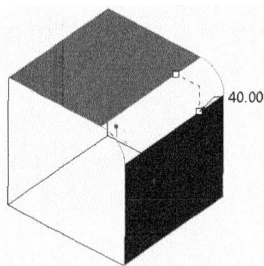

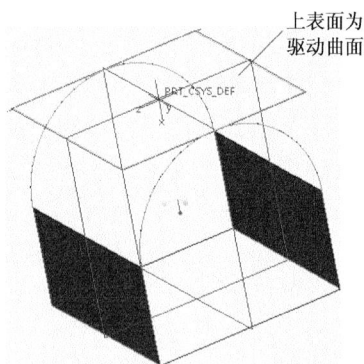

2）其他选项说明

（1）![图标]：单击该图标按钮，可以激活"集"模式，用来处理倒圆角集，系统默认状态下会选取此项。

（2）![图标]：单击该图标按钮，可以激活"过渡"模式，利用该模式可以定义倒圆角特征的所有过渡。

（3）"集"：在该面板上可以定义圆角的类型及各种参数，同时可查看并编辑倒圆角参考及其属性。

（4）"过渡"：激活"过渡"模式后可使用此项，该栏列出所有除默认过渡之外的用户定义的过渡。

（5）"段"：利用该下滑面板可查看倒圆角特征的全部倒圆角集，查看当前倒圆角集中的全部倒圆角段，修剪、延伸或排除这些倒圆角段，以及处理放置模糊问题。

（6）"选项"：单击该选项卡，可在弹出的下滑面板中定义实体圆角或曲面圆角。

6.3 自动倒圆角特征的创建

自动倒圆角特征是通过排除边线的方式，系统自动选取其他所有的边线创建圆角而生成的一种倒圆角特征，其中被选取的排除边线保持不变。

调用命令的方式如下。

图标：单击"模型"选项卡"工程"面板中的 ⚙️自动倒圆角 图标按钮。

操作步骤如下。

第 1 步，在零件模式中，单击 📄 图标按钮，以 TOP 基准平面为草绘平面，创建一边长为 200 的正方体实体特征，如图 6-38 所示，再以正方体的上表面为草绘平面，创建一边长为 150 的正方体去除材料拉伸特征，如图 6-39 所示。

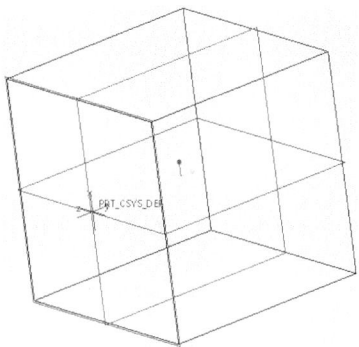

图 6-38 创建正方体实体特征

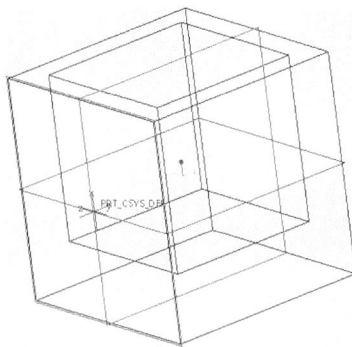

图 6-39 创建去除材料拉伸特征

第 2 步，单击 ⚙️自动倒圆角 图标按钮，打开"自动倒圆角特征"操控板，如图 6-40 所示。

图 6-40 "自动倒圆角特征"操控板

第 3 步，单击"范围"选项卡，弹出下滑面板，如图 6-41 所示，选择"实体几何"单选按钮，并选中"凸边"复选框和"凹边"复选框（此均为默认设置）。

注意：对实体几何上的边自动倒圆角，应选择"实体几何"单选按钮；对曲面组上的边自动倒圆角，应选择"面组"单选按钮；不通过排除边的方式，仅对选取的边或边链倒圆角，应选择"选定的边"单选按钮；仅对"凸边"倒圆角，应选中"凸边"复选框；仅对"凹边"倒圆角，应选中"凹边"复选框。

第 4 步，单击"排除"选项卡，弹出下滑面板，如图 6-42 所示，激活"排除的边"收集器，按住 Ctrl 键依次选取实体特征上表面的四条边作为排除参考，如图 6-43 所示。

注意：如果直接在绘图区模型中选取排除参考也可，选取的结果将会在"排除"下滑面板中显示。

图 6-41 "范围"下滑面板　　图 6-42 "排除"下滑面板　　图 6-43 选取排除参考

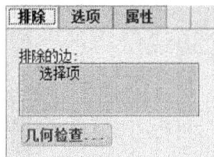

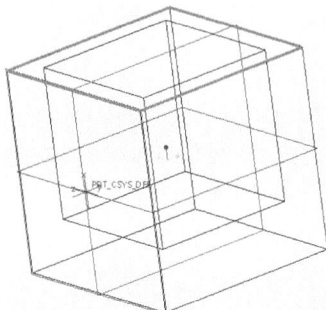

第 5 步，在"自动倒圆角"操控板中，输入凸边的"半径值"为 10，凹边的"半径值"为 5，如图 6-44 所示，单击 ✔ 图标按钮，完成自动倒圆角特征的创建，如图 6-45 所示。

图 6-44 输入凸边和凹边的半径值　　图 6-45 完成自动倒圆角特征的创建

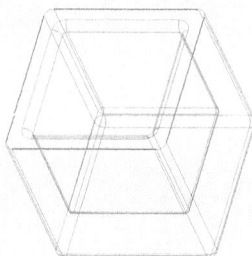

注意：如果输入的凸边或凹边的半径值过大，将会导致部分凸边或凹边不能形成倒圆角特征。

6.4　倒角特征的创建

倒角特征是对边或拐角进行斜切削而生成的一种特征。在 Creo 2.0 中可以创建两种类型的倒角特征，一种是边倒角，另一种是拐角倒角。

6.4.1　边倒角特征的创建

利用"倒角"命令可以创建边倒角特征。

调用命令的方式如下。

图标：单击"模型"选项卡"工程"面板中的 倒角 图标按钮。

操作步骤如下。

第 1 步，打开文件 Ch6-2.prt。

第 2 步，单击 倒角 图标按钮，打开"边倒角特征"操控板，如图 6-46 所示。

第 3 步，按住 Ctrl 键依次选取正方体的三条相邻的边作为倒角参考，如图 6-47 所示，在"倒角特征"操控板中，指定边倒角的类型为"D×D"（此为默认设置），输入倒角值 D 为 50，如图 6-48 所示。

图 6-46 "边倒角特征"操控板

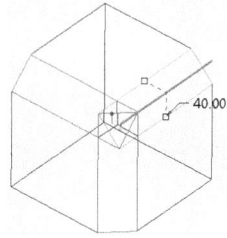

图 6-47 选取倒角参考

注意：倒角值 D 也可以在如图 6-47 中直接双击数值后，在文本框中修改。

第 4 步，在"边倒角特征"操控板中，单击▨图标按钮，激活"过渡"模式，单击倒角边相交区域，激活该操控板中"过渡类型"下拉列表。在该下拉列表中指定过渡类型为"拐角平面"，如图 6-49 所示，单击✓图标按钮，完成边倒角特征的创建，如图 6-50 所示。

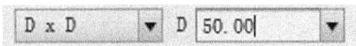

图 6-48 指定倒角类型并输入 D 值

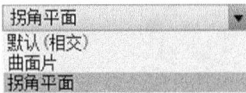

图 6-49 选取过渡类型

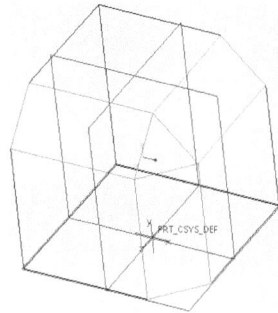

图 6-50 完成边倒角特征的创建

6.4.2 拐角倒角特征的创建

利用"拐角倒角"命令可以创建拐角倒角特征。

调用命令的方式如下。

图标：单击"模型"选项卡"工程"面板中的 ▽拐角倒角 图标按钮。

操作步骤如下：

第 1 步，同本书第 6.4.1 小节第 1 步。

第 2 步，单击 ▽拐角倒角 图标按钮，打开"拐角倒角特征"操控板，如图 6-51 所示。

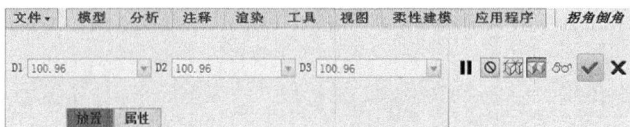

图 6-51 "拐角倒角特征"操控板

第 3 步，在绘图区中选择要创建拐角倒角的顶点，如图 6-52 所示。

第 4 步，在"拐角倒角特征"操控板中分别设置 D1 值为 50，D2 值为 70，D3 值为 100，如图 6-53 所示，效果如图 5-54 所示。单击✓图标按钮，完成拐角倒角特征的创建，如图 6-54 所示。

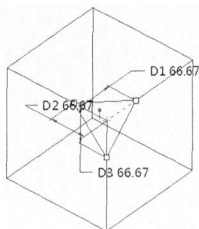

图 6-52 选择要创建拐角倒角的顶点

图 6-53 设置 D1、D2、D3 数值

注意： 系统默认拐角边的顺序为逆时针，用户将按照此顺序依次定义每条拐角边尺寸的长度值。

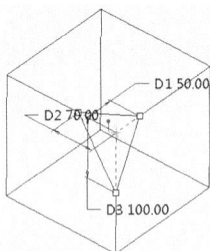

图 6-54 设置拐角倒角参数

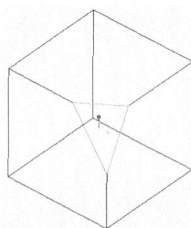

图 6-55 完成拐角倒角特征

操作及选项说明如下。

1）边倒角的类型

在"边倒角特征"操控板中，可以选择不同的边倒角类型。

（1）D×D：可以创建倒角边两侧的倒角距离相等的倒角特征。

（2）D1×D2：可以创建倒角边两侧的倒角距离不相等的倒角特征，如图 6-56 所示。

（3）角度×D：可以创建通过一个倒角距离和一个倒角角度定义的倒角特征，如图 6-57 所示。

注意： 在"边倒角特征"操控板中，单击 ⚹ 图标按钮，可以切换角度使用的参考曲面。

（4）45×D：仅限在两正交平面相交处的边线上创建倒角特征，系统将默认倒角的角度为 45°，如图 6-58 所示。

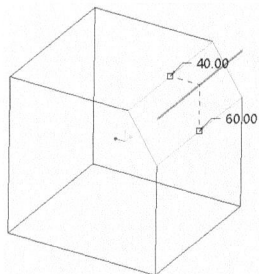

图 6-56 D1×D2 标注形式

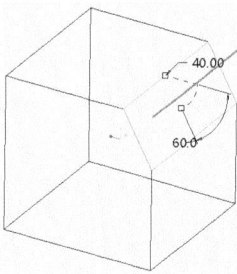

图 6-57 角度×D 标注形式

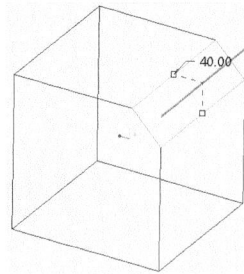

图 6-58 45×D 标注形式

2）过渡的几种类型

在"边倒角特征"操控板中，单击 ⚹ 图标按钮，激活"过渡"模式，可以定义倒角特征的过渡类型。

（1）默认（相交）：倒角过渡处将按照系统默认的方式进行处理，如图 6-59 所示。

（2）曲面片：在选取参考曲面后，对于三个倒角相交形成的过渡，可以创建能够设置相对于参考曲面的圆角参数的曲面片；对于四个倒角相交形成的过渡，则创建系统默认的曲面片，如图 6-60 所示。

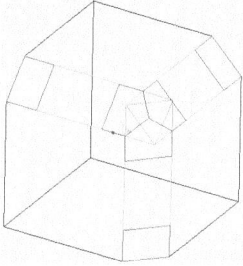

图 6-59　默认（相交）的过渡　　　　　　　图 6-60　曲面片的过渡

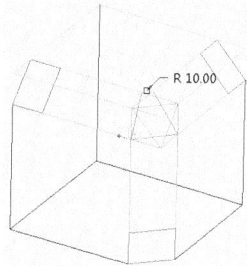

（3）拐角平面：对倒角过渡处进行平面处理。

6.5　抽壳特征的创建

抽壳特征是通过将实体内部掏空只留一个特定壁厚的壳而生成的特征。

调用命令的方式如下。

图标：单击"模型"选项卡"工程"面板中的 图标按钮。

6.5.1　单一厚度抽壳特征的创建

利用"壳"命令可以创建单一厚度抽壳特征。

操作步骤如下。

第 1 步，打开文件 Ch6-2.prt。

第 2 步，单击 图标按钮，打开"壳特征"操控板，如图 6-61 所示，系统按照默认的方式对模型进行抽壳处理，此时的模型显示如图 6-62 所示。

图 6-61　"壳特征"操控板

第 3 步，单击"参考"选项卡，弹出"参考"下滑面板，如图 6-63 所示，激活"移除的曲面"收集器，按住 Ctrl 键依次选取正方体的上表面和一个侧面作为移除参考，如图 6-64 所示。

注意：如果未选取要移除的曲面，则会创建一个如图 6-62 所示的"封闭"壳，整个零件内部被掏空，且空心部分没有入口；如果要删除某个移除参考，则在"移除的曲面"收集器中右击选择的曲面，选择"移除"选项即可。

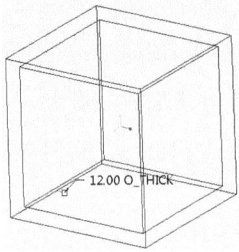

图 6-62 系统默认的抽壳

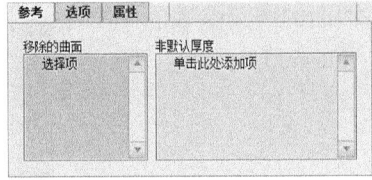

图 6-63 "参考"下滑面板

第 4 步，在"壳特征"操控板中，在"厚度"文本框中输入壳体的厚度值为 30，如图 6-65 所示。

第 5 步，单击 ✓ 图标按钮，完成单一厚度抽壳特征的创建，如图 6-66 所示。

注意：单击"壳特征"操控板上的 ⚹ 图标按钮或将壳体的厚度值定义为负值，壳厚度将被添加到零件的外部。

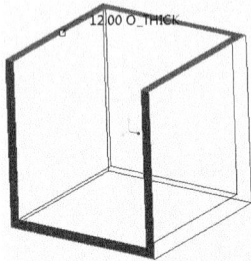

图 6-64 选取移除参考

图 6-65 输入厚度值

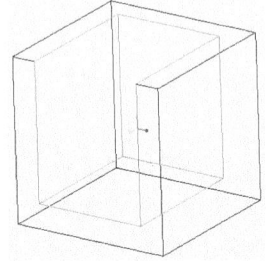

图 6-66 完成抽壳特征的创建

6.5.2 不同厚度抽壳特征的创建

利用"壳"命令可以创建不同厚度抽壳特征。

操作步骤如下。

第 1 步～第 4 步，同本书第 6.5.1 小节第 1 步～第 4 步。

第 5 步，在"参考"下滑面板中，激活"非默认厚度"收集器，选取正方体的底面，以修改该面的抽壳厚度，如图 6-67 所示。

第 6 步，在该收集器中，输入已选的不同厚度曲面的厚度值为 60，如图 6-68 所示，在"壳特征"操控板中，单击 ✓ 图标按钮，完成不同厚度抽壳特征的创建，如图 6-69 所示。

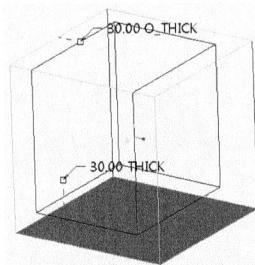

图 6-67 选取不同厚度曲面

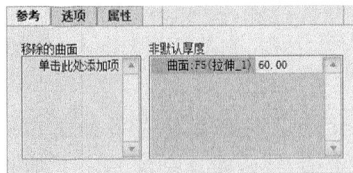

图 6-68 输入厚度值

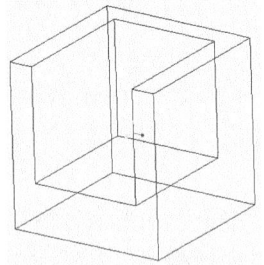

图 6-69 完成抽壳特征的创建

注意：Creo 2.0 在创建抽壳特征时，会将之前添加到实体的所有特征掏空，因此使用"壳"命令时，特征创建的次序特别重要，一般最后创建抽壳特征会避免出现壳体不均匀的缺陷。

操作及选项说明如下。

在创建抽壳特征的过程中，可以单击"选项"选项卡，打开下滑面板并激活"排除的曲面"收集器，如图 6-71 所示，在绘图区中选取要排除的曲面，使其不被壳化，如图 6-72 所示，原始模型如图 6-70 所示，最终创建的抽壳特征如图 6-73 所示。

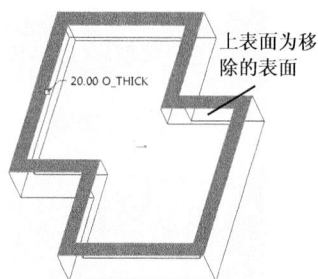

图 6-70　原始模型

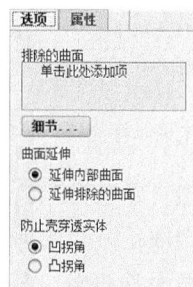

图 6-71　"选项"下滑面板

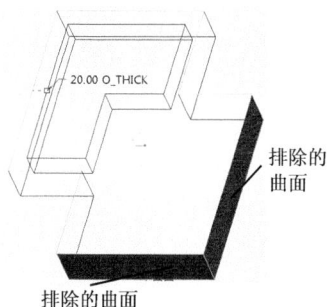

图 6-72　选取排除的曲面

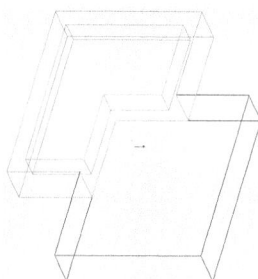

图 6-73　完成抽壳特征的创建

6.6　拔模特征的创建

拔模特征是向单独曲面或一系列曲面中添加一个–30°～30°的拔模斜度而形成的一种特征。

调用命令的方式如下。

图标：单击"模型"选项卡"工程"面板中的 [拔模] 图标按钮。

6.6.1　基本拔模特征的创建

利用"拔模"命令可以创建基本拔模特征。

操作步骤如下。

第 1 步，在零件模式中，单击 图标按钮，以 TOP 基准平面为草绘平面，采用默认参考和方向设置，指定拉伸特征深度的方式为"对称"，创建一边长为 200 的正方体实体特征，如图 6-74 所示。

第 2 步，单击 拔模图标按钮，打开"拔模特征"操控板，如图 6-75 所示。

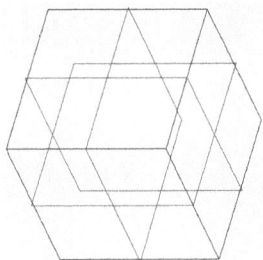

图 6-74　正方体实体特征　　　　　　　　　图 6-75　"拔模特征"操控板

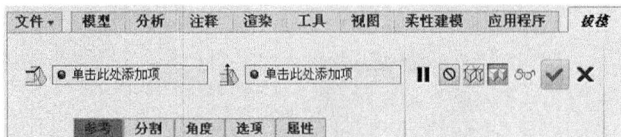

第 3 步，单击"参考"选项卡，弹出"参考"下滑面板，如图 6-76 所示，激活"拔模曲面"收集器，选取正方体的前表面作为拔模曲面，如图 6-77 所示。

注意：单个曲面或曲面组都可以作为拔模曲面的参考。

第 4 步，激活"拔模枢轴"收集器，选取正方体的上表面作为拔模枢轴参考，如图 6-78 所示。

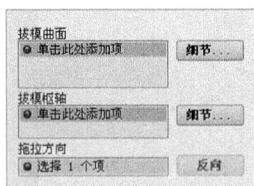

图 6-76　"参考"下滑面板　　　图 6-77　选取拔模曲面　　　图 6-78　选取拔模枢轴参考

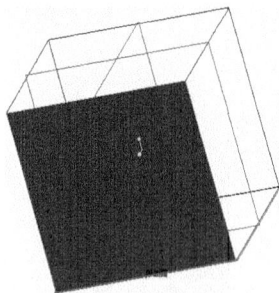

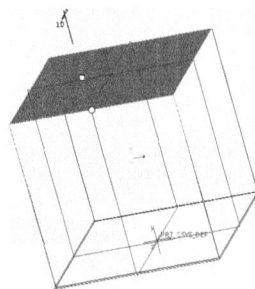

注意：选取上表面作为拔模枢轴后，系统会默认上表面为拖拉方向参考。拖拉方向也称拔模方向，是用于测量拔模角度的方向，在"拖拉方向"收集器框中，右击，在快捷菜单中选择"移除"选项，可重新定义拖拉方向参考。

第 5 步，在该操控板中，输入拔模的角度值为 15，如图 6-79 所示，单击 图标按钮，完成基本拔模特征的创建，如图 6-80 所示。

图 6-79　输入拔模角度值　　　　　　　　　图 6-80　完成基本拔模特征的创建

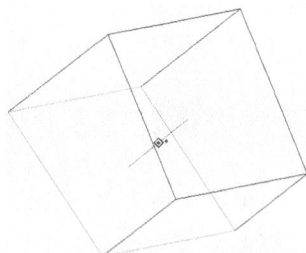

6.6.2 分割拔模特征的创建

利用"拔模"命令可以创建分割拔模特征。

操作步骤如下。

第1步～第3步,同本书第6.6.1小节第1步～第3步。

第4步,单击"参考"选项卡,激活"参考"下滑面板中的"拔模枢轴"收集器,选取TOP基准平面作为拔模枢轴参考,如图6-81所示。

第5步,单击"分割"选项卡,弹出如图6-82所示"分割"下滑面板,选择"根据拔模枢轴分割"选项,如图6-83所示。

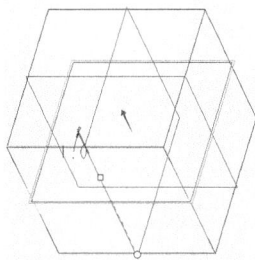

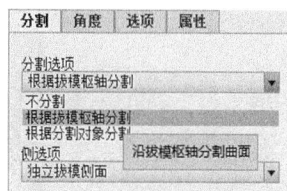

图 6-81　选取拔模枢轴参考　　图 6-82　"分割"下滑面板　　图 6-83　选择"根据拔模枢轴分割"

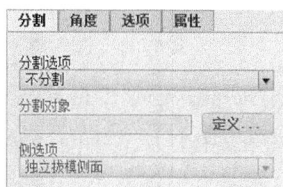

第6步,在"拔模特征"操控板中,输入拔模的角度值分别为10、30,如图6-84所示,单击✔图标按钮,完成分割拔模特征的创建,如图6-85所示。

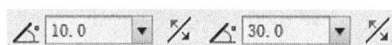

图 6-84　输入拔模角度值　　　　　　　　　图 6-85　完成分割拔模特征的创建

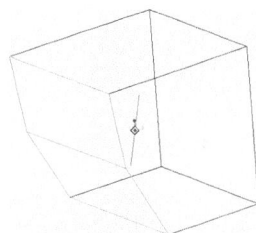

6.7　筋特征的创建

筋特征是在相邻两曲面间形成薄翼或腹板伸出项的一种增料特征。

调用命令的方式如下。

图标:单击"模型"选项卡"工程"面板中的图筋图标按钮。

利用"筋"命令可以创建筋特征。

操作步骤如下。

第1步,在零件模式中,单击图标按钮,以TOP基准平面为草绘平面,创建一长为200,宽为200,高为30的长方体,如图6-86所示,再以长方体的上表面为草绘平面创建一个直径为100,高为80的圆柱体,如图6-87所示。

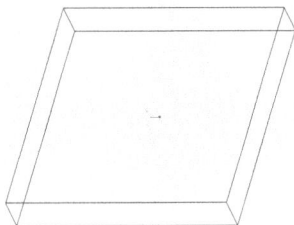

图 6-86 创建长方体

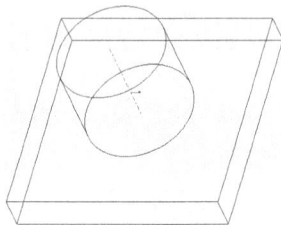

图 6-87 创建圆柱体

第 2 步，单击 图标按钮，打开"轮廓筋"操控板，如图 6-88 所示。

图 6-88 "轮廓筋"操控板

第 3 步，单击"参考"下滑面板中的"定义"按钮，如图 6-89 所示，选择 FRONT 基准平面为草绘平面，接受系统默认的 RIGHT 基准平面为参考平面，方向向右，单击"草绘"按钮，进行草绘模式。

第 4 步，绘制如图 6-90 所示的截面直线，绘制时注意必须使截面直线两端点与相邻两图元相交，单击 图标按钮，回到零件模式。

图 6-89 "参考"下滑面板

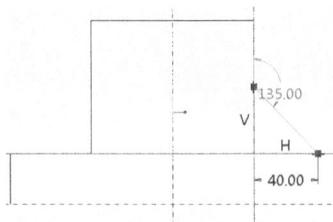

图 6-90 绘制截面直线

第 5 步，在"筋特征"操控板中，输入筋的厚度值为 30，如图 6-91 所示，单击 图标按钮，完成筋特征的创建，如图 6-92 所示。

注意：若发现材料的生成方向不正确，如图 6-93 所示，可单击"参考"下滑面板中的"反向"按钮，或直接单击图形上的方向指示箭头。

图 6-91 输入筋厚度值

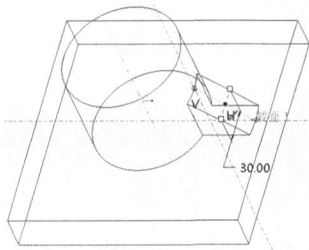

图 6-92 完成筋特征的创建

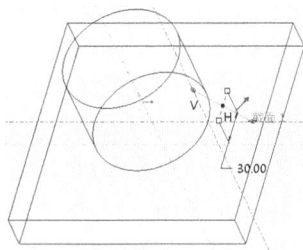

图 6-93 筋的生成方向不正确

6.8　上机操作实验指导五　烟灰缸建模

1. 根据工程特征创建的相关知识，创建如图 6-94 所示的烟灰缸模型。主要涉及的命令包括"拔模"命令、"孔"命令、"倒圆角"命令以及"壳"命令。

操作步骤如下。

步骤 1　创建新文件

参见本书第 1 章，操作过程略。

步骤 2　创建基本拔模特征

第 1 步，以 TOP 基准面为草绘平面，采用默认参考和方向设置。绘制如图 6-95 所示的圆形封闭曲线。

第 2 步，在零件模式中，单击 图标按钮，选取圆形封闭曲线作为二维特征截面，创建拉伸实体特征，如图 6-96 所示。

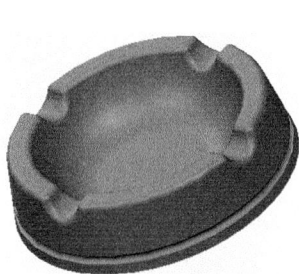

图 6-94　烟灰缸模型

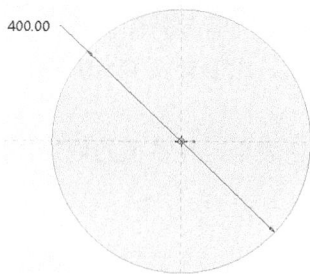

图 6-95　二维特征截面

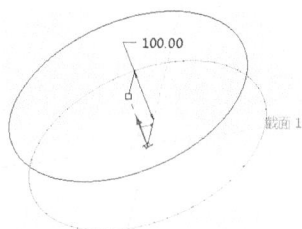

图 6-96　创建拉伸实体特征

第 3 步，单击 图标按钮，打开"拔模特征"操控板，并选取拉伸实体的侧面作为拔模曲面，如图 6-97 所示。

第 4 步，在该操控板中，激活"拔模枢轴"收集器，并选取拉伸实体的上表面作为拔模枢轴参考，如图 6-98 所示。

第 5 步，输入拔模的角度值为 10,单击 图标按钮，完成基本拔模特征的创建，如图 6-99 所示。

图 6-97　选取拔模曲面参考

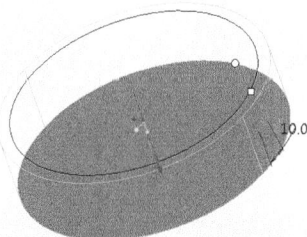

图 6-98　选取枢轴参考

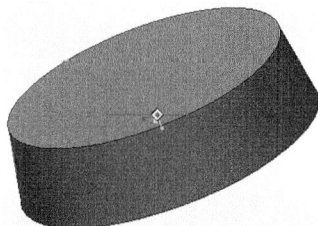

图 6-99　基本拔模特征的创建

步骤 3　创建草绘孔特征

第 1 步，单击 图标按钮，打开"孔特征"操控板。

第 2 步，在该操控板中，单击"放置"选项卡，弹出"放置"下滑面板，激活"放置参考"收集器，并选取拔模特征的上表面和拉伸实体特征的中心轴 A1 作为放置参考，如图 6-100 所示。

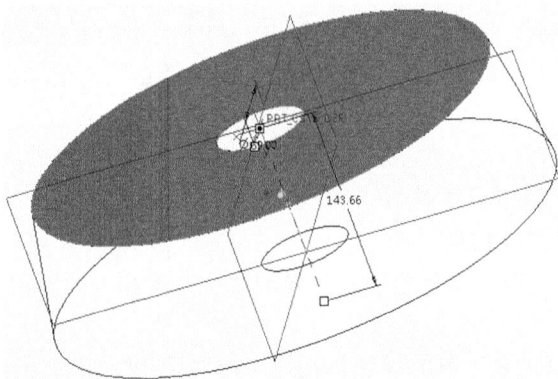

图 6-100　选取放置参考

第 3 步，在"孔特征"操控板中，单击▦图标按钮，选取"草绘"定义孔轮廓，再单击▦图标按钮，系统进入草绘模式，绘制如图 6-101 所示的二维特征截面，然后单击✔图标按钮，回到零件模式。

第 4 步，单击✔图标按钮，完成草绘孔特征的创建，如图 6-102 所示。

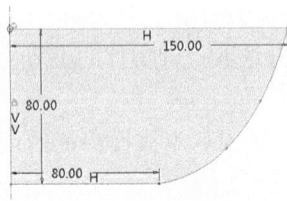

图 6-101　二维特征截面

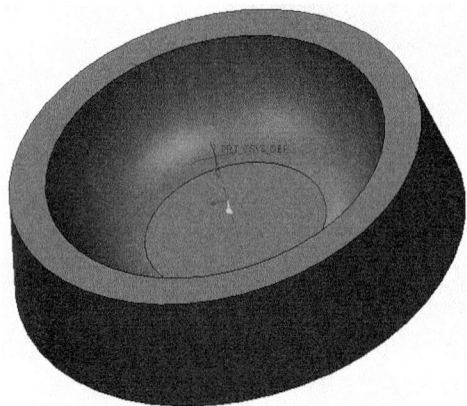

图 6-102　草绘孔特征的创建

步骤 4　创建恒定倒圆角特征

第 1 步，单击⟳倒圆角图标按钮，打开"圆角特征"操控板。

第 2 步，依次选取实体表面的两条边线作为倒圆角参考，如图 6-103 所示。

第 3 步，在"圆角特征"操控板中，输入恒定倒圆角的半径值为 10。

第 4 步，单击✔图标按钮，完成恒定倒圆角特征的创建，如图 6-104 所示。

步骤 5　创建凹槽移除材料拉伸特征

参见本书第 5 章，以 RIGHT 基准面为草绘平面，TOP 基准平面为参考平面，方向向上。绘制如图 6-105 所示的圆形封闭曲线，输入"深度值"为 300，创建移除材料拉伸特征，最终模型显示如图 6-106 所示。

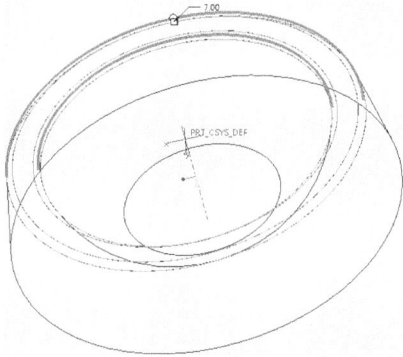

图 6-103　选取倒圆角参考

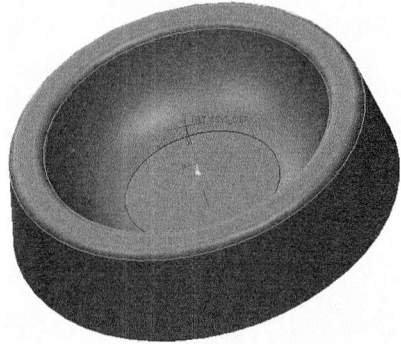

图 6-104　创建恒定倒圆角特征

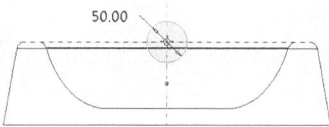

图 6-105　圆形封闭曲线

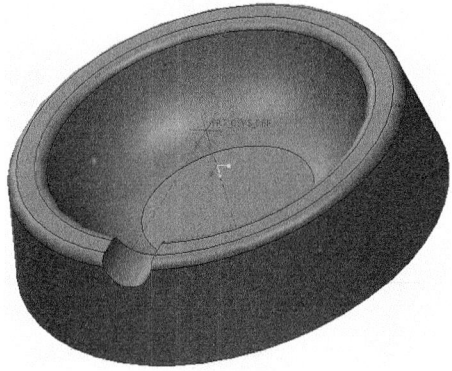

图 6-106　创建移除材料拉伸特征

步骤 6　创建圆角特征和阵列特征

第 1 步，同步骤 4 第 1 步。

第 2 步，选取凹槽的边线作为倒圆角参考，输入半径值为 10，创建恒定倒圆角特征，如图 6-107 所示。

第 3 步，创建阵列特征[①]，此时模型显示如图 6-108 所示。

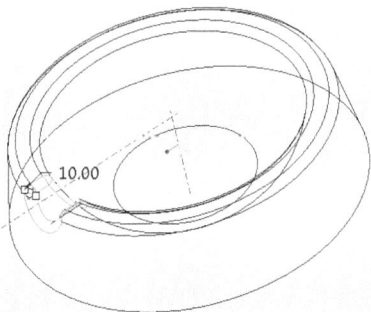

图 6-107　创建恒定倒圆角特征

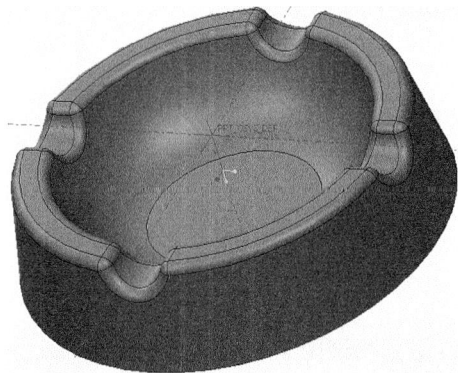

图 6-108　创建阵列特征

---

①　参见本书第 7 章。

步骤 7　创建抽壳特征

第 1 步，单击 [回壳] 图标按钮，打开"壳特征"操控板，系统以默认的方式对模型进行抽壳处理，此时的模型显示如图 6-109 所示。

第 2 步，选取底面作为移除参考，如图 6-110 所示，在"壳特征"操控板中，输入壳体的"厚度值"为 10。

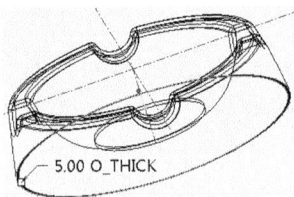

图 6-109　抽壳

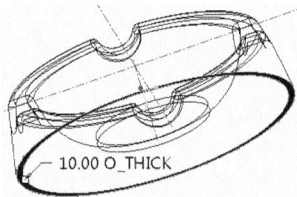

图 6-110　选取移除参考

第 3 步，单击 [✓] 图标按钮，完成抽壳特征的创建，如图 6-111 所示。

步骤 8　创建底部去除材料旋转特征

参见本书第 5 章，以 FRONT 基准面为草绘平面，采用默认参考和方向设置，绘制如图 6-112 所示的圆形封闭曲线作为旋转特征的二维特征截面，以拉伸实体特征的中心轴 A1 为旋转轴，创建移除材料旋转特征，并以"半径值"为 2 给凹槽的边线倒圆角，完成烟灰缸模型的创建如图 6-94 所示。

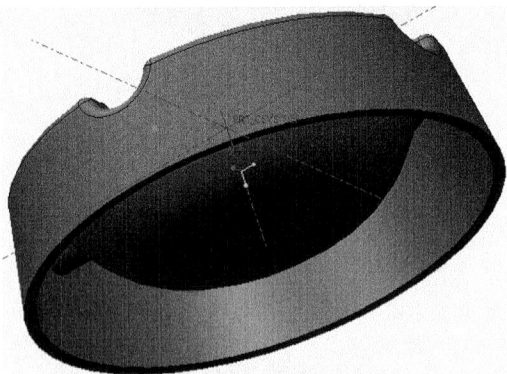

图 6-111　抽壳特征的创建

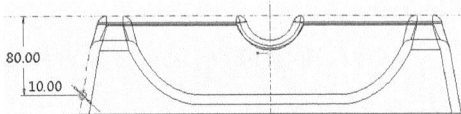

图 6-112　二维特征截面

步骤 9　保存图形

参见本书第 1 章，操作过程略。

6.9　上　机　题

1. 根据附录图 A-6（e）所示千斤顶底座的视图，创建该零件的三维模型。

建模提示。

（1）以 FRONT 基准面为草绘平面，采用默认参考和方向设置，绘制如图 6-113 所示的二维特征截面，创建如图 6-114 所示的旋转实体特征。

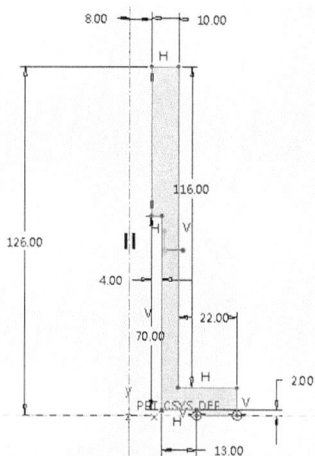

图 6-113 二维特征截面

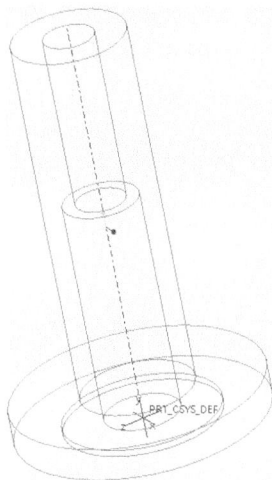

图 6-114 旋转实体特征

（2）分别选取旋转实体特征顶部的两条边线作为倒角参考，输入"D 值"分别为 2 和 1 创建边倒角特征，如图 6-115、图 6-116 所示，最终模型显示如图 6-117 所示。

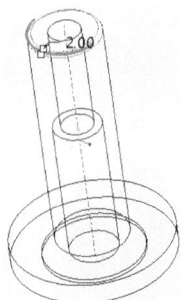

图 6-115 创建边倒角特征 1

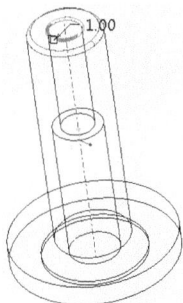

图 6-116 创建边倒角特征 2

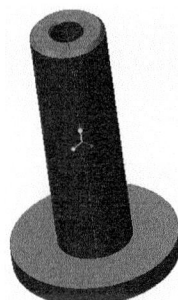

图 6-117 模型显示

（3）以 FRONT 基准面为草绘平面，采用默认参考和方向设置，绘制如图 6-118 所示的二维特征截面，输入"厚度值"为 6 创建筋特征，如图 6-119 所示。

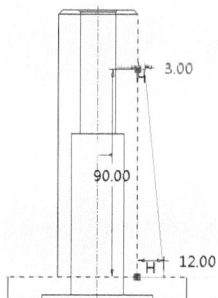

图 6-118 二维特征截面

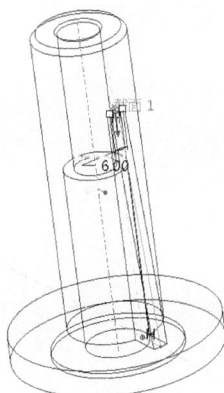

图 6-119 创建筋特征

（4）选取筋特征的边线作为倒圆角参考，输入"半径值"分别为 1、2、3，创建恒定倒圆角特征，如图 6-120 所示。

（5）创建阵列特征[1]，此时模型显示如图 6-121 所示。

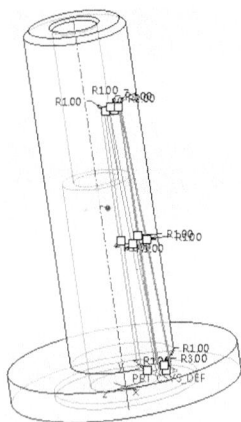

图 6-120　创建圆角特征

图 6-121　创建阵列特征

（6）选取底部边线作为倒圆角参考，输入"半径值"为 2，创建恒定倒圆角特征，如图 6-122 所示。

（7）创建螺旋扫描特征[2]，如图 6-123 所示，完成底座三维实体模型的创建如图 6-124 所示。

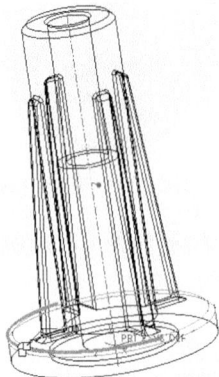

图 6-122　创建圆角特征

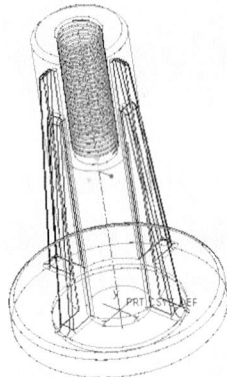

图 6-123　创建螺旋扫描特征

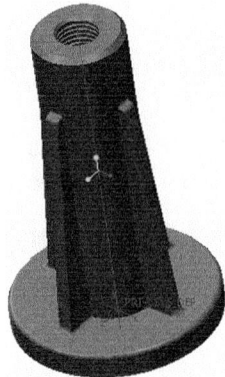

图 6-124　底座三维模型的创建

---

① 参见本书第 7 章。

② 参见本书第 8 章。

第 7 章 特征的编辑

在实际建模过程中，用户经常会遇到模型上具有相同的特征，如果重复建模非常烦琐，又没有必要。这时便可以利用特征的编辑命令对其进行复制、镜像、阵列等操作，大大地提高工作效率。

本章将介绍的内容如下：

（1）创建相同参考复制特征的方法和步骤；

（2）创建新参考复制特征的方法和步骤；

（3）创建镜像复制特征的方法和步骤；

（4）创建移动复制特征的方法和步骤；

（5）创建旋转复制特征的方法和步骤；

（6）创建阵列特征的方法和步骤；

（7）创建粘贴特征的方法和步骤。

7.1 相同参考复制特征

相同参考复制特征是指利用与源特征相同的放置面和参考面来复制特征，而只对源特征的尺寸进行修改。

调用命令的方式如下。

功能区：单击"模型"选项卡"操作"面板中的"特征操作"|"复制"|"相同参考"命令。

利用"相同参考"方式复制模型特征。

操作步骤如下。

第 1 步，打开文件 Ch7-4.prt。

第 2 步，单击"操作"|"特征操作"，弹出"特征"菜单管理器，如图 7-1 所示。

第 3 步，单击"特征"菜单管理器中的"复制"选项，弹出"复制特征"菜单管理器，如图 7-2 所示。

第 4 步，在"复制特征"菜单管理器中选择"相同参考"|"选择"|"独立"|"完成"选项，弹出"选择特征"菜单管理器，如图 7-3 所示。

注意："复制特征"菜单管理器中包含特征复制的方式、特征复制的范围以及特征副本的关联属性等几大项。

第 5 步，在模型中选择进行相同参考方式复制的特征，如图 7-4 所示。

第 6 步，单击"选择特征"菜单管理器中的"完成"选项，此时模型显示出尺寸，如图 7-5 所示。同时弹出"组元素"对话框和"组可变尺寸"菜单管理器，如图 7-6 所示。

第 7 步，在"组可变尺寸"菜单菜单管理器中选中要改变尺寸的复选框，这里选择 Dim3。

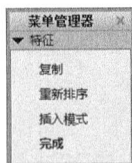

图 7-1 "特征"菜单管理器　　图 7-2 "复制特征"菜单管理器　　图 7-3 "选择特征"菜单管理器

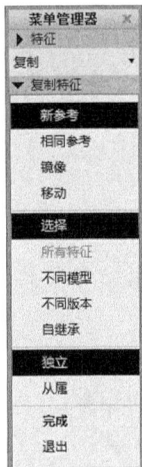

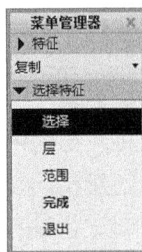

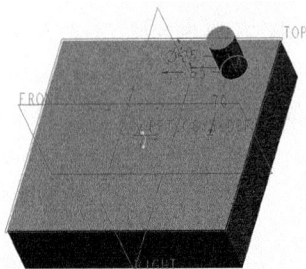

图 7-4　选取源特征　　　　　　　　　　图 7-5　模型尺寸显示

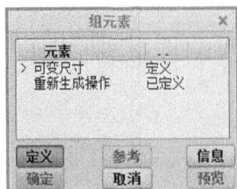

图 7-6 "组元素"对话框及"组可变尺寸"菜单管理器

　　注意：在选择要修改的尺寸时，用鼠标在"组可变尺寸"菜单管理器中的复选框上停留可使模型中对应的尺寸颜色显示发生改变，通过这种方式可以帮助确定需要修改的尺寸。

　　第 8 步，单击"完成"选项，在作图窗口上部弹出的文本框中输入修改数值，此处将原来的数值 65 修改为 20，如图 7-7 所示。

图 7-7　输入修改数值

　　第 9 步，单击文本框后面的 ✔ 图标按钮，完成数值修改设置，回到"组元素"对话框。

　　第 10 步，在"组元素"对话框中单击"确定"按钮，回到"特征"菜单管理器。

　　第 11 步，单击"特征"菜单管理器中的"完成"选项，完成相同参考方式复制特征的操作，如图 7-8 所示。

操作选项及说明如下。

1）特征副本的关联属性

（1）独立：复制出的特征副本的截面和尺寸等参数元素
独立于源特征，与源特征无关联。

（2）从属：复制出的特征副本的截面和尺寸等参数元素
与源特征相关联，当源特征发生变化时，复制的特征副本也
将发生相应的变化。

图 7-8　相同参考复制特征

2）选取源特征的方式

（1）选择：指在当前的绘图区直接选取要复制的源特征。

（2）层：指通过特征所在的层来选取要复制的源特征。

（3）范围：指通过特征生成的序号范围来选取要复制的源特征。

7.2　新参考复制特征

新参考复制特征是通过重新定义特征的参考来复制源特征的。使用该方式不但可以复
制不同零件模型的特征，还可以复制同一零件模型中不同版本之间的特征。

调用命令的方式如下。

功能区：单击"模型"选项卡"操作"面板中的"特征操作"｜"复制"｜"新参考"命令。

利用"新参考"方式复制特征。

操作步骤如下。

第 1 步～第 3 步，同本书第 7.1.1 小节中第 1 步～第 3 步。

第 4 步，在"复制特征"菜单管理器中选择"新参考"｜"选择"｜"独立"｜"完成"选
项，弹出"选择特征"菜单管理器，如图 7-3 所示。

第 5 步，在模型中选择进行新参考方式复制的特征，这里仍选择拉伸圆柱体特征，如
图 7-9 所示。

第 6 步，单击"选择特征"菜单管理器中的"完成"选项，弹出"组元素"对话框和
"组可变尺寸"菜单管理器，如图 7-6 所示。

第 7 步，在"组可变尺寸"菜单管理器中选中需要改变尺寸的复选框，此处选中 Dim1
和 Dim3，如图 7-10 所示。

图 7-9　选择进行新参考复制的特征

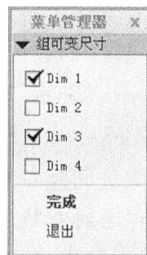

图 7-10　选中需要改变的尺寸

第 8 步，单击"组可变尺寸"菜单管理器中的"完成"选项。

第 9 步，根据提示在作图窗口上部弹出的文本框中输入修改数值，将 Dim1 的数值修改为 60，并单击其后的 ✓ 图标按钮。

第 10 步，将 Dim3 的数值修改为 20，并单击 ✓ 图标按钮完成尺寸修改，弹出"参考"菜单管理器，如图 7-11 所示。

第 11 步，选择"替代"选项（此为默认设置），并在作图窗口中选择一平面作为草绘放置平面。

第 12 步，继续在作图窗口中选择一个平面，该平面垂直于草绘放置平面，作为垂直参考面。

第 13 步，根据系统提示，再次选择一个平面，选择的平面垂直于前面所选的两个平面，作为截面尺寸标注参考，如图 7-12 所示。

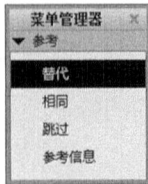

图 7-11 "参考"菜单管理器

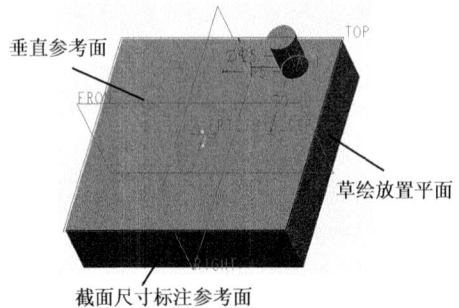

图 7-12 替换参考的选取

第 14 步，在完成了第 11～13 步之后，弹出如图 7-13 所示的"方向"菜单管理器。此时模型如图 7-14 所示。

图 7-13 "方向"菜单管理器

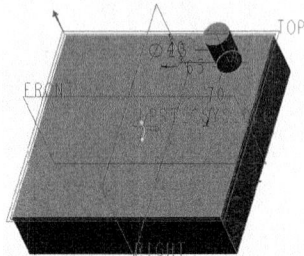

图 7-14 草绘面复制方向设置

注意：图中向上红色箭头表示源特征（拉伸圆柱体）相对于参考的拉伸方向，向右红色箭头表示复制特征的拉伸方向。

第 15 步，单击"确定"选项，模型变为如图 7-15 所示。

注意：完成第 15 步后，图形中的向右红色箭头表示源特征相对于参考的位置偏移方向，向上红色箭头表示复制特征的位置偏移方向，即相对于垂直参考面沿箭头方向偏移 20，相对于截面尺寸参考面对应地偏移 70（原值未改动）。

第 16 步，再次单击"确定"选项，弹出"组放置"菜单管理器，如图 7-16 所示。

第 17 步，单击"组放置"菜单管理器中的"完成"选项，回到"特征"菜单管理器。

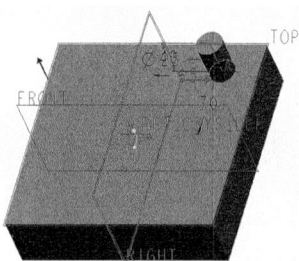

图 7-15　参考面复制方向设置

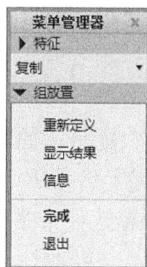

图 7-16　"组放置"菜单

第 18 步，单击"特征"菜单管理器中的"完成"选项，完成新参考特征的复制，如图 7-17 所示。

注意：如果在第 11 步时单击"相同"选项，则选择的是与源特征相同的草绘放置面，接下来根据提示可进行第 12 步的操作。若继续单击"相同"选项，表示选择的垂直参考面与源特征的垂直参考面相同，第 13 步也可以进行类似的操作。这里如果都选择"相同"选项，单击"确定"选项后，得到的结果如图 7-18 所示。

图 7-17　新参考方式复制特征

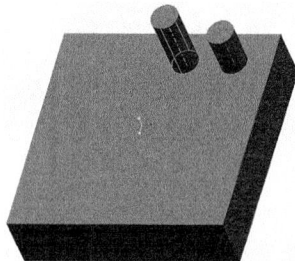

图 7-18　采用"相同"参考复制特征

操作选项及说明如下。

在进行新参考复制的过程中，当完成了"组可变尺寸"菜单管理器的设置后，会弹出"参考"菜单管理器，它所包含的选项说明如下。

（1）替代：若选择此选项，可以使用新参考替换原来的参考，但选取的新参考必须与模型中加亮显示的源特征参考相对应。

（2）相同：选择该选项，表示特征副本的参考与源特征的参考相同。

（3）跳过：选择该选项，可以跳过当前的参考，而在以后重定义参考。

（4）参考信息：选择该选项，能够提供解释放置参考的信息。

7.3　镜像复制特征

镜像复制特征用于创建与源特征相互对称的特征模型，该特征模型的形状与大小与源特征相同，即为源特征副本，其功能相当于一般的镜像操作。

调用命令的方式如下。

功能区：单击"模型"选项卡"操作"面板中的"特征操作"|"复制"|"镜像"命令。

利用特征操作的"镜像"命令复制特征。

操作步骤如下。

第 1 步~第 3 步，同本书第 7.1.1 小节中第 1 步~第 3 步。

第 4 步，在"复制特征"菜单管理器中选择"镜像"|"选择"|"独立"|"完成"选项，弹出"选择特征"菜单管理器。

第 5 步，在模型中选择用来镜像复制的源特征，如图 7-19 所示。

第 6 步，单击"选择特征"菜单管理器中的"完成"选项，弹出"设置平面"菜单管理器，如图 7-20 所示。

图 7-19　选取源特征

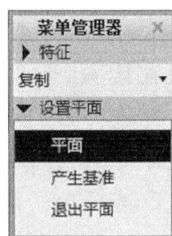

图 7-20　"设置平面"菜单管理器

第 7 步，根据系统提示，选择一个镜像平面，如选择 RIGHT 平面，将其作为镜像平面。

第 8 步，单击"特征"菜单管理器中的"完成"选项，完成镜像特征的复制，如图 7-21 所示。

注意： 在进行镜像作时，也可以单击基准工具栏中的"平面" □ 图标按钮，创建一个基准平面作为特征的镜像平面。如创建一个以 RIGHT 平面为参考平面偏移 20.000 单位的基准平面，用它来作为镜像平面镜像的特征，如图 7-22 所示。

图 7-21　镜像复制特征

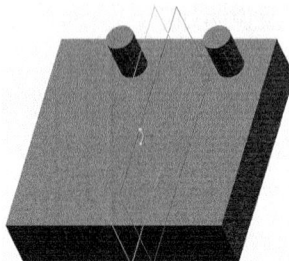

图 7-22　通过创建基准平面镜像复制特征

7.4　移动复制特征

移动复制特征可以将源特征复制到另一个位置，移动复制包括平移和旋转两种复制方式。

调用命令的方式如下。

功能区：单击"模型"选项卡"操作"面板中的"特征操作"|"复制"|"移动"命令。

7.4.1　平移复制特征的创建

特征的平移复制可以将源特征沿着一个平面垂直方向移动（或是沿边线、轴、坐标系）移动一定的距离来创建特征副本。

利用特征操作的"移动"命令来创建平移复制特征。

操作步骤如下。

第1步～第3步，同本书第7.1.1小节中第1步～第3步。

第4步，在"复制特征"菜单管理器中选择"移动"|"选择"|"独立"|"完成"选项，弹出"选择特征"菜单管理器。

第5步，在模型中选择进行移动复制的源特征，如图7-23所示。

第6步，单击"选择特征"菜单管理器中的"完成"选项，弹出"移动特征"菜单管理器，如图7-24所示。

图7-23　选取源特征

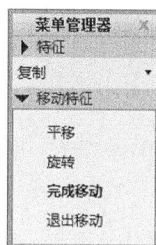

图7-24　"移动特征"菜单管理器

第7步，单击选择"移动特征"菜单管理器中的"平移"选项，弹出"一般选择方向"菜单管理器。

第8步，选择"平面"选项（此为默认设置），并在模型中选择RIGHT平面作为偏移参考，弹出"方向"菜单管理器。此时"移动特征"菜单管理器如图7-25所示。

第9步，采用默认的方向设置，如图7-26所示，在"方向"菜单管理器中单击"确定"选项。

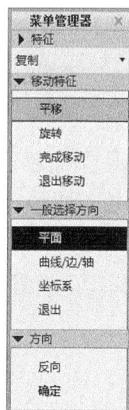

图7-25　"移动特征"菜单管理器

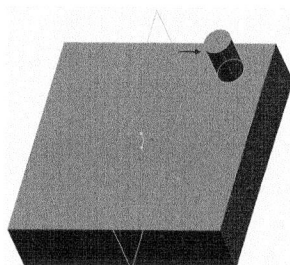

图7-26　设置平移方向

第 10 步，根据系统提示，在作图视窗的顶部输入平移距离，这里输入偏移值 10，并单击文本框后面的✓图标按钮，返回图 7-24 所示的"移动特征"菜单管理器。

第 11 步，单击"移动特征"菜单管理器中的"完成移动"选项，弹出"组元素"对话框和"组可变尺寸"菜单管理器，如图 7-6 所示。

第 12 步，选中"组可变尺寸"菜单中的 Dim4 复选框，如图 7-27 所示，单击"完成"按钮。

注意：这一步也可以不选中任何选项而直接单击"完成"按钮进入下面的第 13 步的操作，但是，最后的平移位置会不一样。

第 13 步，在作图视窗顶部弹出的文本框中输入修改值 20，并单击其后的✓图标按钮，完成数值的修改。

第 14 步，单击"组元素"对话框中的"确定"按钮，回到"特征"菜单管理器。

第 15 步，单击"特征"菜单管理器中的"完成"按钮，完成平移复制特征的创建，如图 7-28 所示。

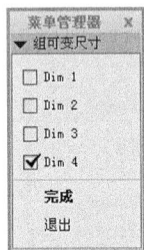

图 7-27　选中欲变更的尺寸

图 7-28　创建平移复制特征

7.4.2　旋转复制特征的创建

特征的旋转复制可以将源特征沿曲面、轴或边线旋转一定的角度来创建源特征副本，操作步骤如下。

第 1 步～第 6 步，同本书第 7.4.1 小节中第 1 步～第 6 步。

第 7 步，在"移动特征"菜单管理器中选择"旋转"选项，弹出"一般选择方向"菜单管理器。

第 8 步，在"一般选择方向"菜单管理器中选择"曲线/边/轴"选项，然后在模型中选择一条边线，如图 7-29 所示。

第 9 步，在弹出的"方向"菜单管理器中选择默认设置，单击"确定"按钮，如图 7-30 所示。根据提示在作图视窗顶部弹出的文本框中提示输入旋转角度，如输入角度数值为 90，然后单击其后的✓图标按钮，返回"移动特征"菜单管理器。

第 10 步，单击"移动特征"菜单管理器中的"完成移动"选项，弹出"组元素"对话框和"组可变尺寸"菜单管理器（如图 7-6 所示）。

第 11 步，在"组可变尺寸"菜单管理器中选中 Dim4 复选框，如图 7-31 所示，并单击"完成"选项。

第 12 步，根据系统提示输入偏移修改值。在文本框中输入修改值 20，并单击其后的✓

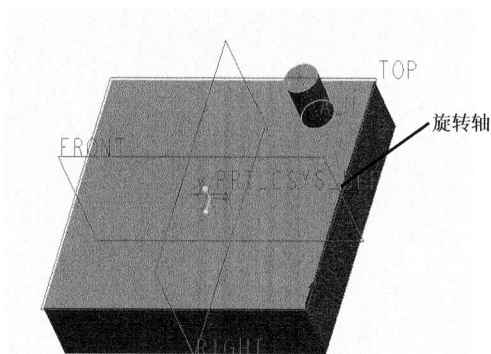

图 7-29 选取旋转轴

图 7-30 选择方向

图标按钮，回到"组元素"对话框。

第 13 步，单击"组元素"对话框中的"确定"按钮，回到"特征"菜单管理器。

第 14 步，单击"特征"菜单管理器中的"完成"选项，完成旋转复制特征的创建，如图 7-32 所示。

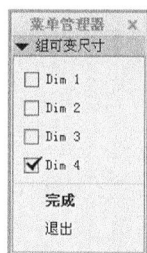

图 7-31 选中欲变更的尺寸

图 7-32 创建旋转复制特征

操作选项及说明如下。

在进行移动复制的过程中，会弹出"选取方向"菜单管理器，其包含选项说明如下：

（1）平面：在"平移"方式中表示沿平面的法向平移某一距离，而在"旋转"方式中则表示选择平面的法向（需要选取一个平面及一点来确定）作为旋转中心。

（2）曲线/边/轴：表示以选择的曲线/边/轴作为指定的平移参考或旋转中心。

（3）坐标系：表示选择坐标系的某一轴向作为平移的参考或旋转中心，选择该选项后，需要先选择一个坐标系，然后再选择轴向。

7.5 阵 列 特 征

阵列特征是指按照一定的规律创建多个特征副本，具有重复性、规律性和高效率的特点，阵列特征是复制生成特征的快捷方式。主要包括尺寸阵列、轴阵列、曲线阵列和填充阵列等多种类型。

调用命令的方式如下。

功能区：单击"模型"选项卡"编辑"面板中的 ⊞ 图标按钮。

7.5.1 创建尺寸阵列

尺寸阵列是通过定义选择特征的定位尺寸和方向来进行阵列复制的阵列方式。在尺寸阵列过程中，可以是单向阵列，也可以是双向阵列，还可以是按角度来进行尺寸阵列的。

利用"尺寸阵列"方式阵列特征。

操作步骤如下。

第1步，打开文件 Ch7-33.prt，如图 7-33 所示。

第2步，在模型中选择进行阵列操作的特征，如图 7-34 所示。

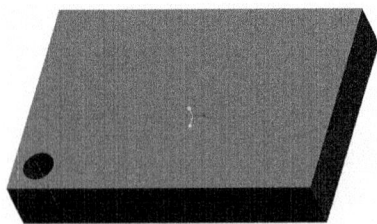

图 7-33　源文件图形

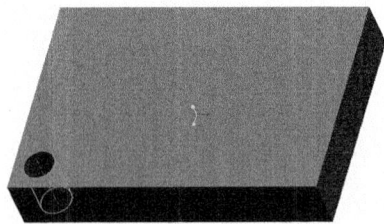

图 7-34　选取源特征

第3步，单击"编辑"面板中的"阵列" ⊞ 图标按钮，打开"尺寸阵列"操控板，如图 7-35 所示。

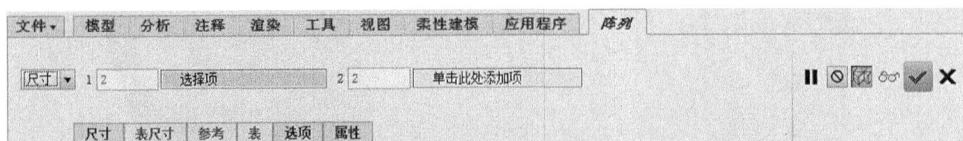

图 7-35　"尺寸阵列"操控板

第4步，单击阵列操控板上"1"后面的收集器，并在模型中选择某一方向的尺寸，如选择水平方向的125，使其变为可编辑状态，将其值修改为–50，回车确认，如图 7-36 所示。

第5步，同理，单击"2"后面的收集器，并选择尺寸值75，将其修改为–50，回车确认。

注意：在进行第4步、第5步操作时，也可以通过单击操控板上的"尺寸"选项卡，弹出"尺寸"下滑面板，分别对两个方向进行数值选择编辑，结果与上面是一样的，如图 7-37 所示。

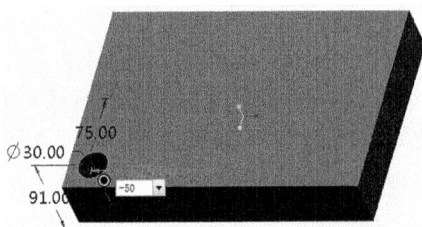

图 7-36　选择驱动尺寸

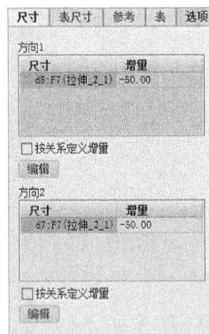

图 7-37　"尺寸"下滑面板

第 6 步，在操控板中"1"后面的文本框中输入数值 5，系统将创建 5 列这样的特征。

第 7 步，在操控板中"2"后面的文本框中输入数值 4，将创建 4 行这样的特征，如图 7-38 所示。

第 8 步，单击操控板中的 ✔ 图标按钮，完成尺寸阵列的创建，如图 7-39 所示。

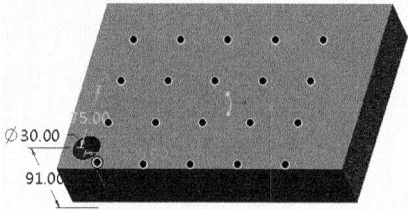

图 7-38　尺寸阵列预显示

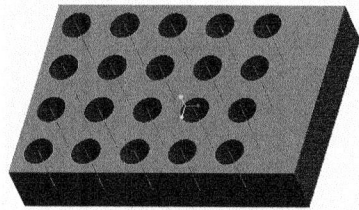

图 7-39　矩形尺寸阵列的创建

7.5.2　创建轴阵列

轴阵列亦称旋转阵列，是指特征围绕指定的旋转轴在圆周上创建的阵列特征。运用该方式创建阵列特征时，系统允许用户在两个方向上进行阵列操作，第一方向上的尺寸用来定义圆周方向上的角度增量，第二方向上的尺寸用来定义阵列的径向增量。

利用"轴阵列"方式阵列特征。

操作步骤如下。

第 1 步，打开文件 Ch7-40.prt，如图 7-40 所示。

第 2 步，在模型中选择进行阵列操作的特征，本例中选择模型中的小圆柱孔特征，如图 7-41 所示。

图 7-40　轴阵列源文件

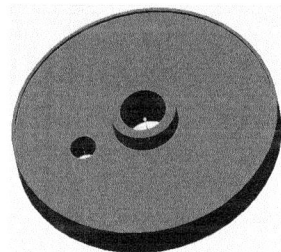

图 7-41　选取源特征

第 3 步，单击"编辑"面板中的"阵列" ▦ 图标按钮，打开"尺寸阵列"操控板。

第 4 步，在阵列类型下拉列表中选择阵列类型为"轴"类型，打开"轴阵列"操控板，如图 7-42 所示。

图 7-42　"轴阵列"操控板

第 5 步，在轴阵列操控板上单击"1"后面的收集器，然后在模型中选择中心轴 A_1，并在该收集器后面的文本框中输入数值 3，在其后的文本框中输入阵列角度 120。

第 6 步，单击轴阵列操控板中"2"后面的文本框，输入数值 2，在其后的文本框中输入阵列尺寸 50，此时模型如图 7-43 所示。

第 7 步，单击 ✓ 图标按钮，完成轴阵列的创建，如图 7-44 所示。

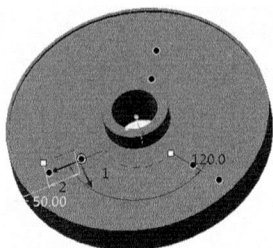

图 7-43　轴阵列预显示

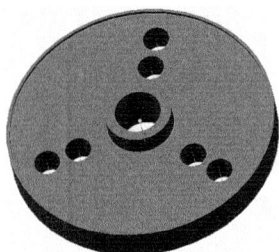

图 7-44　完成轴阵列的创建

7.5.3　创建沿曲线阵列

使用"曲线阵列"可以沿着草绘的曲线或基准曲线创建特征实例。

操作步骤如下。

第 1 步～第 3 步，同本书第 7.5.1 小节中第 1 步～第 3 步。

第 4 步，在阵列类型下拉列表中选择阵列类型为"曲线"类型，打开"曲线阵列"操控板，如图 7-45 所示。

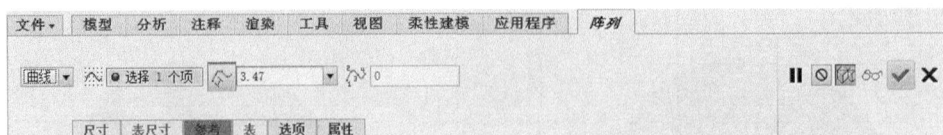

图 7-45　"曲线阵列"操控板

第 5 步，单击"参考"选项卡，弹出"参考"下滑面板，单击其中的"定义"按钮，弹出"草绘"对话框。

第 6 步，选择 TOP 基准平面为草绘平面，采用默认参考和方向设置，单击"草绘"按钮，进入草绘模式。

第 7 步，在作图区绘制绘制阵列轨迹曲线，如图 7-46 所示。

第 8 步，单击 ✓ 图标按钮，结束曲线的绘制。

第 9 步，单击操控板中的"指定成员间距" 图标按钮，并在其后的文本框中输入数值 40，此时模型如图 7-47 所示。

注意："指定成员间距" 与"指定成员数目" 是两个相关联的选项，也就是说，一定的间距值与一定的数目相对应。当其中一个被激活时，另一个处于灰色不可选状态。如上面间距值为 40 时，成员数为 7，若激活"指定成员数目" 选项并设置值为 5 时，原先的间距值会自动发生变化，如图 7-48 所示。

第 10 步，单击 ✓ 图标按钮，完成曲线阵列的创建，如图 7-49 所示。

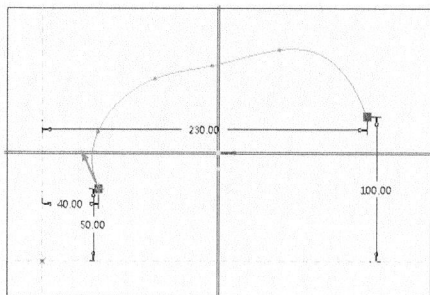

图 7-46　曲线尺寸

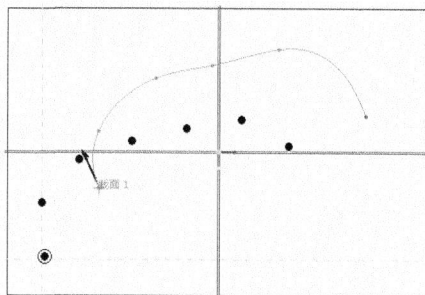

图 7-47　阵列分布

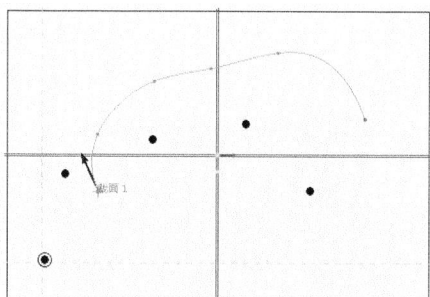

图 7-48　修改阵列成员数

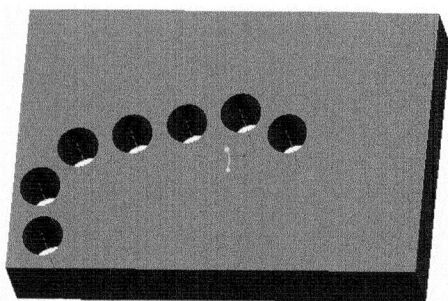

图 7-49　完成曲线阵列的创建

7.5.4　创建填充阵列

填充阵列可以在选定区域的表面生成均匀的阵列特征，它主要是通过栅格定位的方式创建阵列特征来填充选定区域的。

操作步骤如下。

第 1 步～第 3 步，同本书第 7.5.1 小节中第 1 步～第 3 步。

第 4 步，在阵列类型下拉列表中选择阵列类型为"填充"类型，打开"填充阵列"操控板，如图 7-50 所示。

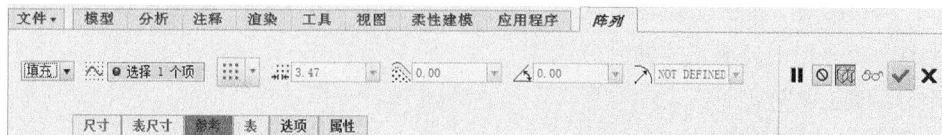

图 7-50　"填充阵列"操控板

第 5 步，单击"参考"选项卡，弹出"参考"下滑面板，单击"定义"按钮，弹出"草绘"对话框。

第 6 步，选择 TOP 基准平面为草绘平面，采用默认的参考和方向设置，单击"草绘"按钮，进入草绘模式。

第 7 步，在作图区绘制如图 7-51 所示的矩形，然后单击 ✔ 图标按钮，此时模型如图 7-52 所示。

第 8 步，单击操控板中 ▦ 图标按钮后的 ▾，在打开的下拉列表中选择"菱形"选项（系

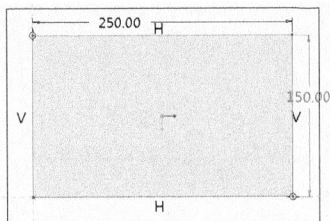

图 7-51 草绘放置区域

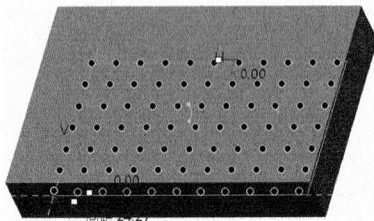

图 7-52 矩形分布阵列预显示

统默认为正方形）。

第 9 步，在操控板的 图标后的文本框中输入成员间的间隔值 40，其他选项采用默认设置，模型如图 7-53 所示。

第 10 步，单击 图标按钮，完成填充阵列的操作，如图 7-54 所示。

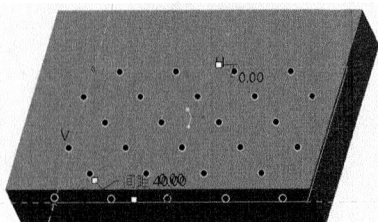

图 7-53 填充阵列预览

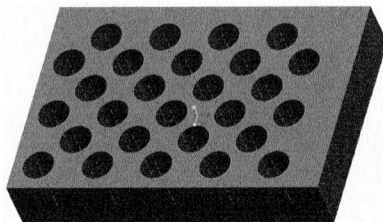

图 7-54 填充阵列效果

注意：

（1）在填充阵列操控板中， 为"栅格类型"图标按钮，可以在其后的下拉列表中选择栅格类型，包括方形、菱形、六边形、同心圆、螺旋线和草绘曲线 6 种。 为"阵列间隔"图标按钮，可以在其后的文本框中设置阵列成员间的间隔值，也可以在图形窗口中拖动控制柄。"最小距离" 图标按钮后的文本框中可设置阵列外围成员的中心距离草绘边界的值，设置负值可使中心位于草绘的外面。在"旋转角度" 图标按钮后的文本框中可以指定栅格绕原点的旋转角度，操作方法是输入一个数值或拖动控制柄。 为"径向间隔"图标按钮，在其后的文本框中可以设置圆形栅格的径向间隔。

（2）在"选项"下滑面板中可选中"跟随曲面形状"复选框，然后在模型中选择一曲面来创建随曲面变化的填充阵列。

操作选项及说明如下。

1）创建尺寸阵列的特殊方式

通过特殊方式创建尺寸阵列。

操作步骤如下。

第 1 步～第 3 步，同本书第 7.5.1 小节中第 1 步～第 3 步。

第 4 步，单击操控板上"1"后面的收集器，并在模型中选择距离尺寸 125，使其变为可编辑状态，输入修改值–60，回车。

第 5 步，按住 Ctrl 键，继续选择模型中的距离尺寸 75，并修改新值为–50，回车。

第 6 步，在"1"后的文本框中输入阵列数值为 4，回车，此时模型如图 7-55 所示。

第 7 步，单击 图标按钮，完成阵列操作，如图 7-56 所示。

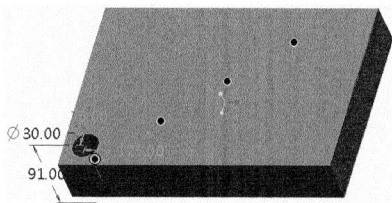

图 7-55　尺寸阵列预显示

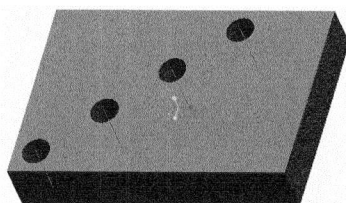

图 7-56　特殊尺寸阵列方式

2）设置单个取消阵列特征的方法

在阵列过程中，如果在预显示图中单击模型上显示的黑点，使其变成白色，则可以单个取消阵列特征。如在上一例子中进行完第 6 步之后，模型变成图 7-55 所示。单击右上角的黑点，使其变成白色显示，如图 7-57 所示，则最终得到的结果如图 7-58 所示。

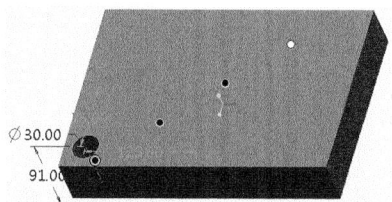

图 7-57　单个取消阵列预显示

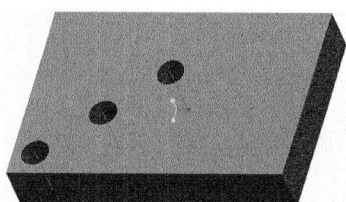

图 7-58　修改后的尺寸阵列

3）"选项"下滑面板说明

在阵列操控板的"选项"下滑面板中，"重新生成选项"有以下 3 种。

（1）相同：选择该选项时，阵列的特征与源特征的大小和尺寸相同，且创建的成员不能相交或打断零件的边。

（2）可变：选择该选项时，阵列的特征与源特征的大小尺寸可以有所变化，但阵列的成员之间不能存在相交的现象，可以打断零件的边。

（3）常规：该选项为默认设置。选择该选项时，阵列的特征和源特征可以不同，成员之间也可以相交或打断零件的边。

7.6　利用图标按钮命令编辑特征

利用"模型"选项卡"操作"面板中的"特征操作"命令可以完成特征的编辑（如前所述）。但在 Creo 2.0 中还可以利用"操作"面板中的"复制"、"粘贴"、"选择性粘贴"图标按钮和"编辑"面板中的"镜像"图标按钮，来完成特征的复制、旋转、移动、镜像等操作，可以参见本书第 11 章。下面仅对特征的复制与粘贴、镜像作介绍。

7.6.1　特征的复制与粘贴

操作步骤如下。

第 1 步，打开文件 Ch7-4.prt。

第 2 步，在模型中选择欲编辑的源特征，如图 7-59 所示。

第3步，单击"操作"面板中的 ![复制] 图标按钮，再单击 ![粘贴] 图标按钮，系统打开"拉伸特征"操控板，如图7-60所示。

图7-59 选取源特征

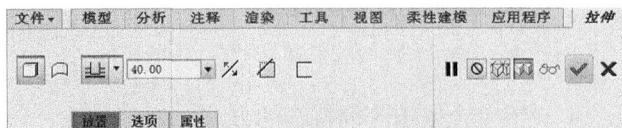

图7-60 "拉伸特征"操控板

第4步，单击"放置"选项卡，在弹出的下滑面板中单击"编辑"按钮，弹出"草绘"对话框，如图7-61所示，单击模型上表面为草绘平面，RIGHT基准平面为参考平面，方向向右（此为默认设置），单击"草绘"按钮，进入草绘模式。

第5步，移动控制截面到指定位置，模型如图7-62所示，如果需要的话，可以修改新截面约束。

图7-61 "草绘"对话框

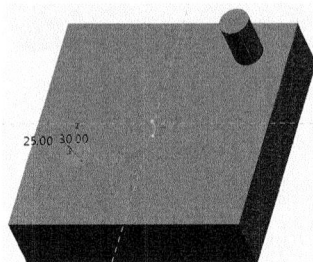

图7-62 编辑草绘截面约束

第6步，单击 ✓ 图标按钮，完成草绘截面绘制，回到零件模式，如图7-63所示。

第7步，如果需要，可以在"拉伸特征"操控板中作相应的修改，完成特征编辑，单击 ✓ 图标按钮，模型如图7-64所示。

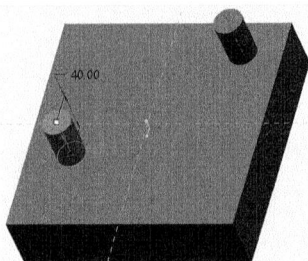

图7-63 编辑复制特征

图7-64 完成特征复制

7.6.2 特征的镜像复制

操作步骤如下。

第1步，打开文件Ch7-4.prt。

第 2 步，在模型中选择欲编辑的源特征，如图 7-65 所示。

第 3 步，单击"编辑"面板中的 ![镜像] 图标按钮，打开"镜像特征"操控板，如图 7-66 所示。

图 7-65　选取源特征

图 7-66　"镜像特征"操控板

第 4 步，单击"参考"选项卡，选择 RIGHT 平面作为镜像平面，如图 7-67 所示。

第 5 步，单击"选项"选项卡，在弹出的"选项"下滑面板中，选择"完全从属于要改变的选项"单选按钮，如图 7-68 所示。

第 6 步，单击 ![✓] 图标按钮，完成镜像特征创建，如图 7-69 所示。

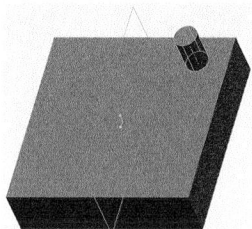

图 7-67　选取源特征

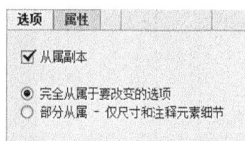

图 7-68　"选项"下滑面板

图 7-69　完成特征的镜像复制

7.6.3　特征的复制与选择性粘贴

在选择欲编辑的特征后，单击"操作"面板中的 ![复制] 图标按钮，再单击面板中 ![粘贴] 下拉式图标按钮中 ![选择性粘贴] 图标按钮，弹出"选择性粘贴"对话框，如图 7-70 所示，单击"确定"按钮，可对特征进行选择性粘贴。如果选中"对副本应用移动/旋转变换"复选框，再单击"确定"按钮，系统将打开"选择性粘贴"操控板，如图 7-71 所示，可以对特征进行移动复制和旋转复制。[①]

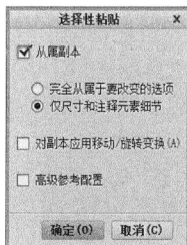

图 7-70　"选择性粘贴"对话框

图 7-71　"选择性粘贴"操控板

① 参见本第 11.2 节。

7.7　上机操作实验指导六　纸篓建模

1. 根据特征编辑操作的相关知识，创建如图 7-72 所示的纸篓模型。主要涉及的命令包括"旋转"命令、"拉伸"命令和"阵列"命令等。

操作步骤如下。

步骤 1　创建新文件

参见本书第 1 章，操作过程略。

步骤 2　创建旋转特征

创建旋转特征。在定义旋转截面时，选择 FRONT 平面为草绘平面，采用默认的参考和方向设置，绘制如图 7-73 所示的截面草图。绘制完成后单击✔图标按钮，回到"旋转特征"操控板。设置旋转角度为 360 度，单击✔图标按钮完成操作，如图 7-74 所示。

图 7-72　纸篓模型

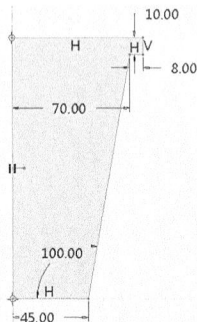

图 7-73　旋转草绘截面图

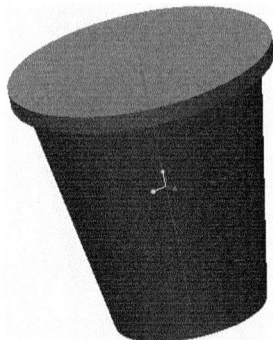

图 7-74　创建的旋转体

步骤 3　创建倒圆角特征

设置倒圆角的半径值为 3，选择模型底部的边线进行倒圆角操作，如图 7-75 所示。单击✔图标按钮，完成操作。

设置倒圆角半径值为 2，选择如图 7-76 所示的边线倒圆角，然后单击✔图标按钮完成操作。

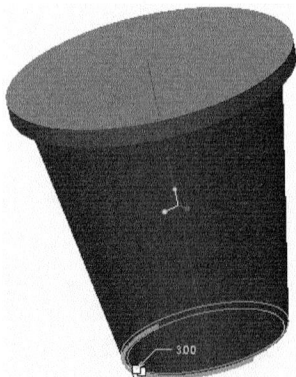

图 7-75　底部倒圆角

图 7-76　上部边线倒圆角

步骤 4　创建壳特征

创建壳特征。其中壳的厚度值设置为 2，创建模型如图 7-77 所示。

步骤 5　创建去除材料拉伸特征

以 RIGHT 平面为草绘平面，采用默认的参考及方向设置，绘制如图 7-78 所示的截面草图。绘制完成后单击✔图标按钮，返回拉伸特征操控板。设置拉伸为 6，注意选中操控板中的"移除材料"⬜图标按钮。结果如图 7-79 所示。

图 7-77　创建壳特征

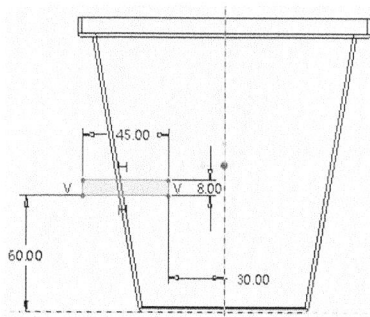

图 7-78　绘制拉伸截面

步骤 6　创建轴阵列特征

第 1 步，选中步骤 5 中创建的拉伸特征。

第 2 步，单击"编辑"面板中的"阵列"⊞图标按钮，打开"阵列"操控板。

第 3 步，在阵列类型下拉列表中选择阵列类型为"轴"类型，打开"轴阵列"操控板。

第 4 步，在轴阵列操控板上单击"1"后面的收集器，然后在模型中选择中心轴 A_1，并在该收集器后面的文本框中输入数值 24，在其后的文本框中输入阵列角度 15。

第 5 步，单击✔图标按钮完成操作，如图 7-80 所示。

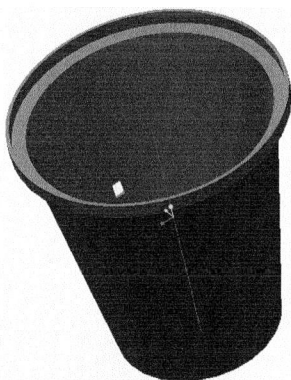

图 7-79　移除材料后的壳体

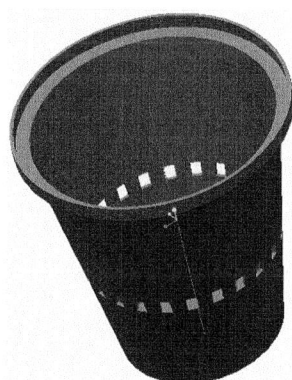

图 7-80　轴阵列

步骤 7　创建尺寸阵列特征

第 1 步，在模型树中选中步骤 6 中创建的轴阵列特征。

第 2 步，单击"编辑"面板中的"阵列"⊞图标按钮，打开"尺寸阵列"操控板。

第 3 步，单击阵列操控板上"1"后面的收集器，并在模型中选择竖直方向的尺寸 60，使其变为可编辑状态，将其值修改为 15，回车。将这一方向的阵列成员数设置为 5。此时模型如图 7-81 所示。

第 4 步，单击 ✓ 图标按钮，完成尺寸阵列操作。最终结果如图 7-82 所示。

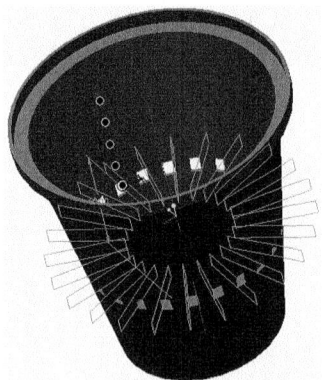

图 7-81　第一方向设置后预显示

图 7-82　完成特征阵列后的模型

步骤 8　保存图形

参见本书第 1 章，操作过程略。

7.8　上　机　题

1. 根据特征编辑操作的相关知识，创建如图 7-84 所示的零件模型。

建模提示：

（1）创建底座拉伸特征，相关尺寸如图 7-83 所示。

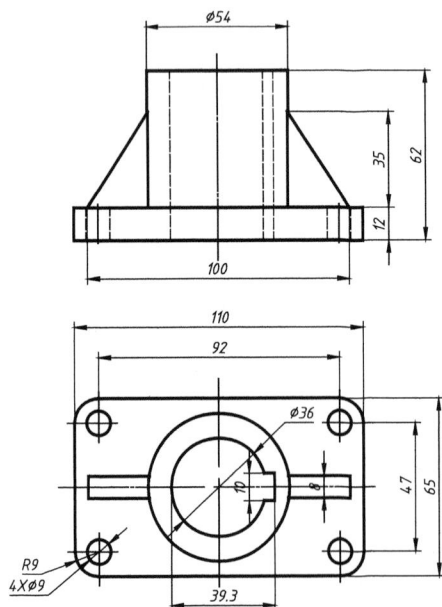

图 7-83　零件视图

图 7-84　零件三维模型

（2）以底座的上表面为草绘平面创建拉伸圆柱体特征。

（3）创建圆柱体内部的拉伸移除材料特征，设置拉伸类型为"穿透"，如图 7-85 所示。

（4）创建筋特征，尺寸如图 7-83 所示，完成三维模型如图 7-86 所示。

图 7-85 创建拉伸特征   图 7-86 创建筋特征

（5）进行镜像复制特征的操作，将筋特征复制到另一侧。

（6）在底座上创建一个移除材料的拉伸圆柱体特征，尺寸如图 7-83 所示。

（7）选择上一步所创建的拉伸特征，进行尺寸阵列的操作。

2. 根据附录图 6-3 所示千斤顶顶盖视图，创建该零件三维模型，如图 7-87 所示。

建模提示：

（1）根据视图尺寸，创建旋转特征。

（2）在顶面创建一个移除材料拉伸特征。

（3）将步骤 2 中创建的特征进行轴阵列，并设置阵列个数为 20，成员间角度值为 18。

3. 根据特征编辑操作的相关知识，创建如图 7-88 所示的蓝牙耳机三维模型。

图 7-87 千斤顶顶盖   图 7-88 蓝牙耳机的三维模型

建模提示：

（1）创建混合特征。单击"形状"面板中的 混合 图标按钮。在弹出的"混合特征"操控板中，单击"截面"选项卡，弹出下滑面板，选择"草绘截面"单选按钮，单击"定义"按钮，弹出"草绘"对话框，选择 TOP 平面为截面的草绘平面，其他选项默认，进入草绘模式。首先绘制一边长为 80 的正方形作为第 1 个截面，再绘制一直径为 70 的圆形作为第 2 个截面，接下来再绘制一点为第 3 个截面，如图 7-89 所示。

绘制截面完成后，输入截面 2 的深度为 10，截面 3 的深度为 5。完成混合特征的创建如图 7-90 所示。

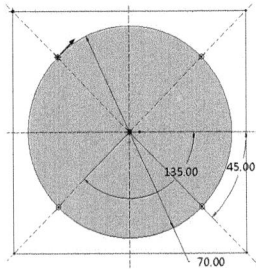

图 7-89　截面尺寸图

图 7-90　创建的混合特征

（2）创建实体拉伸特征。选择 TOP 平面为草绘平面，采用默认的参考和方向设置，绘制如图 7-91 所示的拉伸截面。设置拉伸的深度值为 10。完成实体拉伸特征的创建如图 7-92 所示。

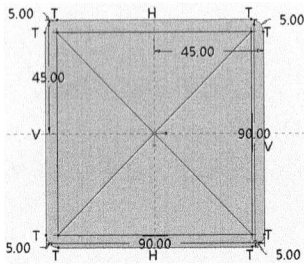

图 7-91　绘制拉伸截面

图 7-92　创建拉伸特征

（3）创建倒圆角特征。分别对拉伸实体的上下边进行倒圆角，设置上边的圆角半径值为 5，下边的圆角半径值为 2，如图 7-93 所示。完成三维模型如图 7-94 所示。

图 7-93　选取倒圆角边

图 7-94　创建倒圆角特征

（4）创建旋转移除材料特征。在设置旋转草绘对话框时，选择 FRONT 平面为草绘平面，以 RIGHT 平面为草绘参考平面，方向为顶。绘制的旋转二维特征截面尺寸如图 7-95 所示。完成三维模型如图 7-96 所示。

（5）创建倒圆角特征。选择图 7-97 所示的边进行倒圆角，设置圆角半径值为 3，完成三维模型如图 7-98 所示。

（6）创建拉伸移除材料特征。以 TOP 平面为草绘平面，采用默认的参考和方向设置，绘制如图 7-99 所示的圆孔，半径为 3。设置拉伸的深度为 8.5，完成三维模型如图 7-100 所示。

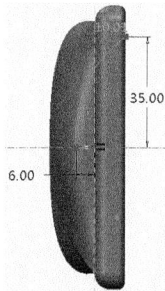

图 7-95　草绘旋转截面

图 7-96　创建旋转移除材料特征

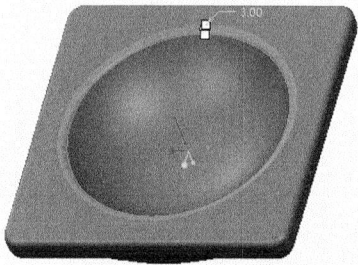

图 7-97　选择倒圆角边

图 7-98　创建倒圆角特征

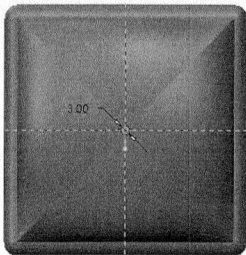

图 7-99　绘制拉伸截面

图 7-100　创建拉伸移除材料特征

（7）创建填充阵列。选择上一步中创建的拉伸特征进行填充阵列操作。在绘制填充区域时，以 TOP 平面为草绘平面，采用默认的参考和方向设置，绘制如图 7-101 所示的圆形。

在"填充阵列"操控板中，设置栅格类型为圆，阵列间隔为 6，阵列成员中心距草绘边界的距离为 2，栅格关于原点的旋转角度为 0，阵列成员径向间隔为 8。在"选项"下滑面板中选中"跟随曲面形状"复选框，并在模型上选择（4）中切出的曲面。完成三维模型如图 7-102 所示。

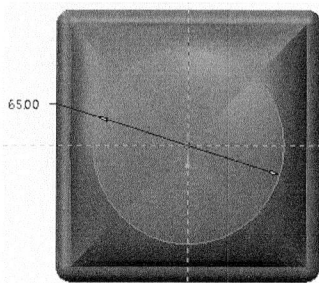

图 7-101　绘制填充区域

图 7-102　创建填充阵列

（8）创建倒圆角特征并阵列。对（6）中创建的拉伸特征的上边缘进行倒圆角操作，设置圆角半径值为 0.1，如图 7-103 所示。完成后选择该倒圆角特征，对其进行阵列操作，完成三维模型如图 7-104 所示。

图 7-103　倒圆角操作

图 7-104　"参考阵列"操作

（9）创建拉伸特征。选择模型的上顶面为草绘平面，选择 RIGHT 平面为参考平面，方向为顶，绘制如图 7-105 所示的拉伸截面。设置拉伸的深度为 5，创建的拉伸特征如图 7-106 所示。

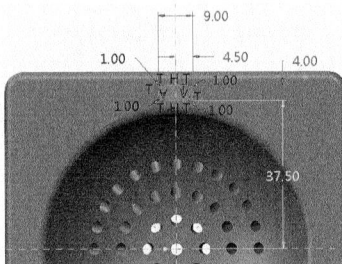

图 7-105　绘制拉伸截面

图 7-106　创建拉伸特征

（10）创建扫描特征。"形状"面板中的 图标按钮，进行扫描特征的创建。选取（9）中创建的拉伸特征的上表面为草绘平面，采用默认的参考和方向设置，绘制如图 7-107 所示的轨迹线。横截面的尺寸如图 7-108 所示。完成三维模型如图 7-109 所示。

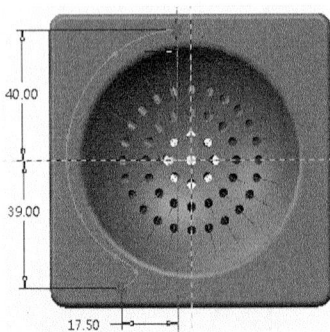

图 7-107　绘制扫描轨迹线

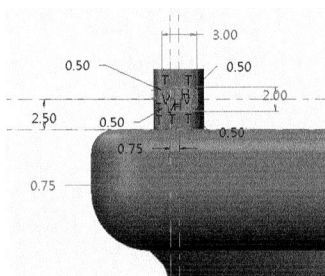

图 7-108　绘制扫描截面

（11）创建倒圆角特征。对（9）中创建的拉伸特征的上边缘、拉伸特征与（10）中创建的扫描特征的连接处以及扫描特征的后端进行倒圆角，前两处的圆角半径为 0.1，后者的圆角半径为 0.75，如图 7-110 所示。完成三维模型如图 7-88 所示。

图 7-109　创建扫描特征

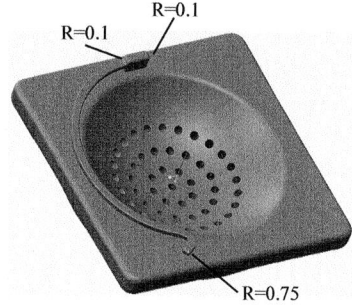

图 7-110　创建倒圆角特征

第 8 章　高级特征的创建

Creo 2.0 提供了一些高级实体特征建模工具，可建立较为复杂的模型。所谓高级实体特征，是指某些较复杂形状的实体用一般的建模工具无法实现，或者实现起来非常烦琐困难，而使用高级实体特征命令，可以较轻松地实现。

本章将介绍的内容如下：

（1）创建可变截面扫描特征的方法和步骤；

（2）创建扫描混合特征的方法和步骤；

（3）创建螺旋扫描特征的方法和步骤。

8.1　可变截面扫描特征的创建

Pro/E 升级到 Creo 后，扫描命令合并了可变截面扫描，使得界面简洁操作方便。默认扫描命令截面垂直于轨迹线，且截面的形状恒定不变。但许多零件的截面与轨迹线并不垂直，且截面的形状将随着轨迹线和轮廓线的变化而变化，此时用可变截面扫描的方式来创建该类实体特征。

可变截面扫描是用一个截面及若干条轨迹线来创建的特征。

调用命令的方式如下。

功能区：单击"模型"选项卡"形状"面板中的 [扫描] 图标按钮。

8.1.1　可变截面扫描特征创建的方法

利用"扫描"命令可以创建变截面的扫描体。

操作步骤如下。

第 1 步，打开文件 Ch8-1.prt，如图 8-1 所示。

第 2 步，在零件模式中，单击 [扫描] 图标按钮，打开"扫描特征"操控板，如图 8-2 所示。

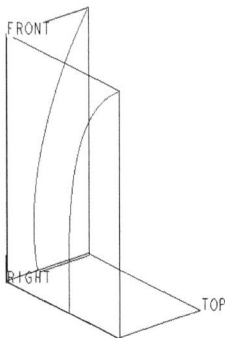

图 8-1　三条基准曲线作为轨迹线

图 8-2　"扫描特征"操控板

第 3 步，在该操控板中，单击 ▢ 图标按钮（此为默认设置）扫描创建实体。

注意：这里如果单击 ▢ 图标按钮，则扫描为曲面。

第 4 步，在该操控板中，单击 ☑ 图标按钮创建可变截面扫描。

注意：默认设置为 ▬ 图标按钮创建恒定截面扫描。

第 5 步，单击选取第一条轨迹线，曲线上显示"原点"，称为原点轨迹线。按住 Ctrl 键选取其他轨迹线，曲线上显示"链 1"、"链 2"，称为辅助轨迹线。如图 8-3 所示。

第 6 步，在原点轨迹线上出现一个箭头，指向扫描将要跟随的路径。单击原点轨迹线箭头亮显，再单击该箭头，将轨迹的起点更改到原点轨迹线的另一个端点，如图 8-3 所示原点轨迹线的下方端点。

第 7 步，单击"参考"选项卡，弹出下滑面板，选择截面默认定位方式"垂直于轨迹"。

第 8 步，在操控板中，单击"创建或编辑扫描截面" ☑ 图标按钮，进入草绘模式，草绘扫描截面，如图 8-4 所示，单击 ✔ 图标按钮，完成草绘。

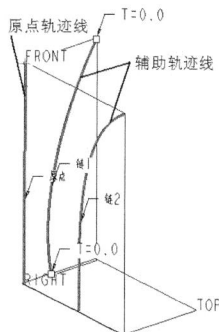

图 8-3 选取三条基准曲线作为轨迹线

注意：绘制的截面矩形的三个顶点分别落在原点轨迹线以及辅助轨迹线与草绘平面的交点上。扫描时矩形三个的顶点将受到该三条轨迹线的拖动。

第 9 步，单击 ∞ 图标按钮预览生成的特征，单击 ✔ 图标按钮，完成可变截面扫描特征创建，如图 8-5 所示。

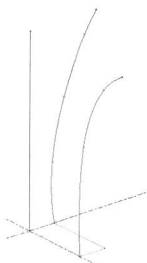

图 8-4 绘制截面

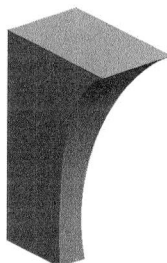

图 8-5 完成的可变截面扫描实体

8.1.2 利用关系式创建可变截面扫描特征

以可变截面扫描的方式进行实体或曲面的创建时，截面的造型变化除了受到各种轨迹线控制外，也可使用带 trajpar 参数关系式来控制截面参数的变化。

操作步骤如下。

第 1 步，打开文件 Ch8-2.prt，如图 8-6 所示。

第 2 步，在零件模式中，单击 📄扫描 图标按钮，打开"扫描特征"操控板。

第 3 步，在该操控板中，单击"扫描为实体" ▢ 图标按钮（此为默认设置）。

第 4 步，在该操控板中，单击 ☑ 图标按钮创建可变截面扫描。

第 5 步，单击选取第一条轨迹线，曲线上显示"原点"，称为原点轨迹线。按住 Ctrl 键选取另一条轨迹线，曲线上显示"链 1"，如图 8-7 所示。

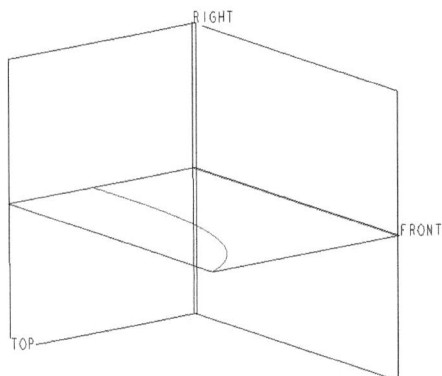

图 8-6　两条基准曲线作为轨迹线

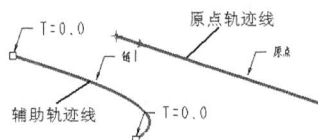

图 8-7　选取两条基准曲线作为轨迹线

第 6 步，单击"参考"选项卡，弹出下滑面板，选择截面默认定位方式"垂直于轨迹"。

第 7 步，在操控板中，单击"创建或编辑扫描截面"图标按钮，进入草绘模式，绘制矩形截面，如图 8-8（a）所示。

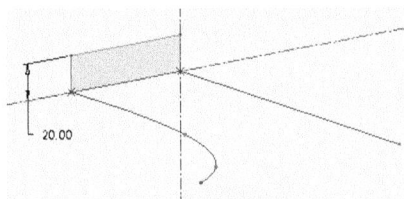

（a）绘制矩形截面

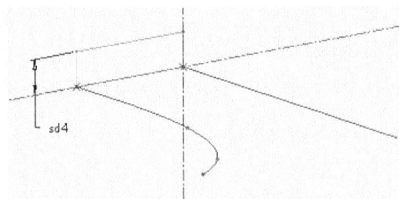

（b）符号状态的矩形截面

图 8-8　可变截面扫描

第 8 步，单击"工具"选项卡"模型意图"面板中的"关系"图标按钮，打开"关系"对话框，同时截面草图切换到如图 8-8（b）所示的符号状态。

第 9 步，输入带 trajpar 参数的截面关系 sd4=20+10*sin (trajpar*360*2)，使草绘截面可变，如图 8-9 所示，单击"确定"按钮。

注意：trajpar 函数是一个从 0～1 变化的值，10*sin (trajpar*360*2)是 0～10 的变化,并有两个周期，20+10*sin (trajpar*360*2) 是 20～30 的变化,并有两个周期。

第 10 步，单击"草绘"选项卡，单击图标按钮，退出草绘器。

第 11 步，单击图标按钮预览生成的特征，单击图标按钮，完成可变截面扫描特征创建，如图 8-10 所示。

操作及选项说明如下。

1）截面定位的方式

在"扫描特征"操控板中，单击"参考"下滑面板，在该下滑面板"截面控制"下拉列表中选取截面定位的方式，如图 8-11 所示。

（1）垂直于轨迹：绘制的截面在扫描过程中与指定的轨迹线垂直。

（2）垂直于投影：截面在扫描过程中垂直于某轨迹线在指定平面上的投影线。

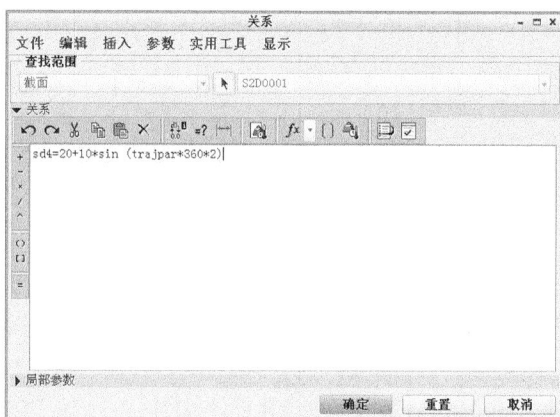

图 8-9 "关系"对话框

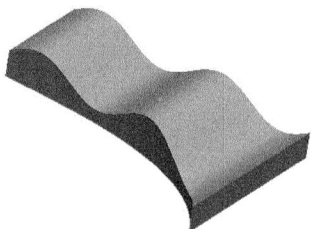

图 8-10 完成的可变截面扫描实体

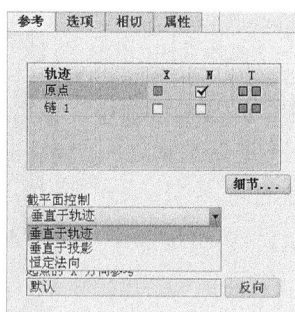

图 8-11 "参考"下滑面板

（3）恒定法向：截面的法向在扫描过程中平行于指定方向。

2）其他选项说明

（1） ⬜：沿扫描移除材料，以便为实体特征创建切口或为曲面特征创建面组修剪。

（2） ⬜：为草绘添加厚度以创建薄实体、薄实体切口或薄曲面修剪。

（3） ⬜：预览要生成的可变截面扫描特征以进行校验。

（4） ⬜：暂停模式。

（5） ⬜：取消特征创建或重定义。

8.2 扫描混合特征的创建

扫描混合特征既有扫描的特征又有混合的特征。

调用命令的方式如下。

功能区：单击"模型"选项卡"形状"面板中的 ⬜扫描混合 图标按钮。

"扫描混合特征"命令创建扫描混合特征时，需要指定一条轨迹线和至少两个扫描混合截面。

操作步骤如下。

第 1 步，打开文件 Ch8-12.prt，如图 8-12 所示。

第 2 步，在零件模式中，调用"扫描混合"命令，打开"扫描混合特征"操控板，如图 8-13 所示。

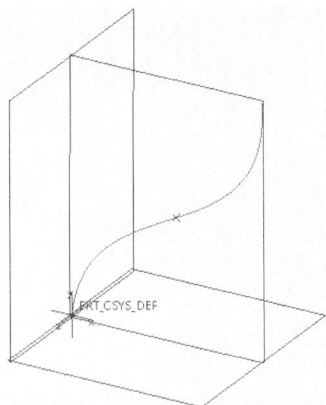

图 8-12 一条基准曲线作为轨迹线

图 8-13 "扫描混合特征"操控板

第 3 步，在该操控板中，单击"扫描为实体" ▢ 图标按钮（此为默认设置）。

注意：这里如果单击"扫描为曲面" ◠ 图标按钮，则可以创建曲面。

第 4 步，单击选取用于扫描混合的轨迹线，如图 8-14 所示。

第 5 步，单击"参考"选项卡，弹出下滑面板，改变截面定位方式（默认截面定位方式"垂直于轨迹"）。

第 6 步，单击"选项"选项卡，弹出截面下滑面板，可设置扫描混合面积和周长控制选项（默认设置为"无混合控制"）。

第 7 步，单击"截面"选项卡，弹出截面下滑面板，如图 8-15 所示。选取横截面的类型：草绘截面和选定截面（默认类型为"草绘截面"）。

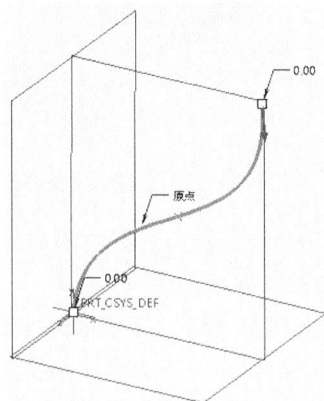

图 8-14 选取一条基准曲线作为轨迹线

第 8 步，单击选取轨迹线上端点，然后单击"草绘"按钮，进入草绘模式，绘制 60×60 正方形截面，如图 8-16 所示，单击 ✓ 图标按钮，完成截面 1 的绘制。

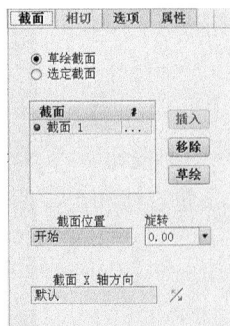

图 8-15 "截面"下滑面板

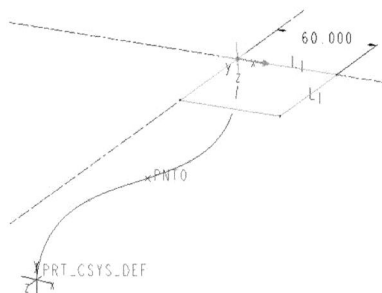

图 8-16 绘制截面

第 9 步，单击"插入"按钮，单击选取基准点 PNT0，接着在"旋转"文本框中输入截面旋转角度 30，然后单击"草绘"按钮，进入草绘模式，绘制 40×40 正方形截面，单击✓图标按钮，完成截面 2 的绘制。

第 10 步，单击"插入"按钮，单击轨迹线下端点，接着在"旋转"文本框中输入截面旋转角度 15，然后单击"草绘"按钮，进入草绘模式，绘制 20×20 正方形截面，单击✓图标按钮，完成截面 3 的绘制。这时，"截面"下滑面板如图 8-17 所示。

第 11 步，单击"相切"选项卡，弹出下滑面板，定义扫描混合特征的端点和相邻模型几何间的相切关系，这里选择"自由端"（此为默认设置）。

第 12 步，单击🕶图标按钮预览生成的特征，单击✓图标按钮，完成扫描混合特征创建，如图 8-18 所示。

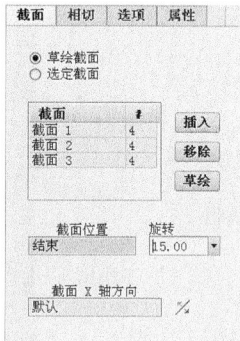

图 8-17　"截面"下滑面板

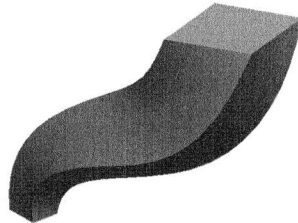

图 8-18　完成的扫描混合体

注意：执行"扫描混合"命令前，要在轨迹线上预先创建基准点，以确定扫描混合截面的位置。

操作及选项说明如下。

1）截面定位的方式

在"扫描混合特征"操控板中，单击"参考"选项卡，弹出"参考"下滑面板，在该下滑面板"截面控制"下拉列表中选取截面定位的方式。如图 8-19 所示。

（1）垂直于轨迹：绘制的截面在扫描过程中与指定的轨迹线垂直。

（2）垂直于投影：截面在扫描过程中垂直于某轨迹线在指定平面上的投影线。

（3）恒定法向：截面的法向在扫描过程中平行于指定方向。

2）截面创建的方式

在"扫描混合特征"操控板中，单击"截面"选项卡，弹出下滑面板，在该下滑面板选取截面创建的方式：草绘截面或所选截面。

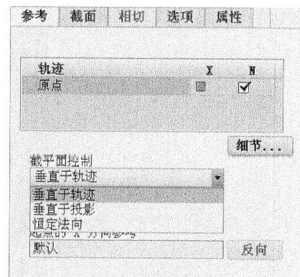

图 8-19　"参考"下滑面板

（1）草绘截面。选择"草绘截面"的方式，如图 8-15 所示。在轨迹上选取一位置点，并单击"草绘"按钮，绘制扫描混合特征的截面。继续单击"插入"按钮，在轨迹上选取另一位置点，并单击"草绘"按钮，绘制另一截面。

"截面"列表：扫描混合特征定义的截面表。每次只有一个截面是活动的。当将截面添加到列表时，会按时间顺序对其进行编号和排序。标记为#的列中显示草绘横截面中的图元数。

"插入"按钮：单击可激活新收集器。新截面为活动截面。

"移除"按钮：单击可删除表格中的选定截面。

"草绘"按钮：打开"草绘器"，进入草绘模式创建截面。

"截面位置"选项：激活可收集链端点、顶点或基准点以定位截面。

"旋转"选项：指定截面的旋转角度 (在−120 和+120 度之间)。

（2）所选截面。选择"所选截面"的方式，如图 8-20 所示。选取先前定义的截面为扫描混合截面。继续单击"插入"按钮，选取先前定义的另一截面为扫描混合新截面。

"截面"列表：扫描混合定义的截面表。

"插入"按钮：单击可激活新收集器。新截面为活动截面。

"移除"按钮：单击可删除表格中的选定截面。

"细节"按钮：单击打开"链"对话框以修改选定链的属性。

注意： 所有截面的图元数必须相同。

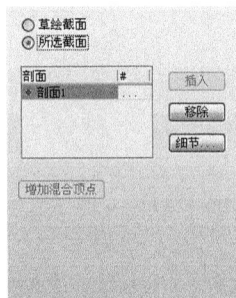

3）其他选项说明

（1）⬜：沿扫描混合移除材料，以便为实体特征创建切口或为曲面特征创建面组修剪。

图 8-20　"截面"下滑面板

（2）⬜：为草绘添加厚度以创建薄实体、薄实体切口或薄曲面修剪。此选项不适用于从选定截面创建的扫描混合。

（3）∞：预览要生成的拉伸特征以进行校验。

（4）Ⅱ：暂停模式。

（5）✖：取消特征创建或重定义。

（6）相切：单击该选项卡，打开下滑面板，允许设置由开始或终止截面图元和元件曲面生成的几何间定义相切关系。

①"自由"选项：开始或终止截面是自由端。

②"相切"选项：选取相切曲面。"图元"收集器会自动前进到下一个图元。

③"垂直"选项：扫描混合特征的起点或终点垂直于截面。"图元"收集器不可用并且无须参考。

（7）选项：单击该选项卡，打开"选项"下滑面板，此下滑面板可启用特定设置选项，用于控制扫描混合特征的截面之间部分的形状。

①"封闭端"选项：封闭扫描混合曲面的端点。

②"无混合控制"选项：不设置混合控制。

③"设置周长控制"选项：将混合的周长设置为在截面之间线性地变化。

④"设置横截面面积控制"选项：在扫描混合特征的指定位置指定横截面面积。

8.3 螺旋扫描特征的创建

螺旋扫描特征是将二维特征截面沿着螺旋轨迹线扫描创建螺旋扫描体。

调用命令的方式如下。

功能区：单击"模型"选项卡"形状"面板中的 ᎐ 螺旋扫描 图标按钮。

利用"螺旋扫描"命令可以创建恒定螺距值的螺旋扫描体。

操作步骤如下。

第1步，在零件模式中，调用"螺旋扫描"命令，打开"螺旋扫描特征"操控板，如图 8-21 所示。

第2步，选择或草绘螺旋扫描轮廓和旋转轴。

单击"参考"选项卡，弹出下滑面板，如图 8-22 所示。单击"定义"按钮，在"草绘器"中，选取 FRONT 基准面为草绘平面，默认 RIGHT 基准面为定位参考面，单击"草绘"按钮，进入草绘环境。绘制螺旋扫描轮廓线和旋转轴，如图 8-23（a）所示。

图 8-21 "螺旋扫描特征"操控板

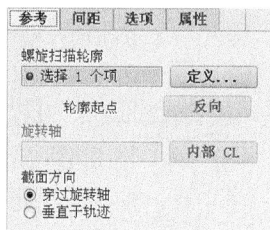

图 8-22 "参考"选项卡

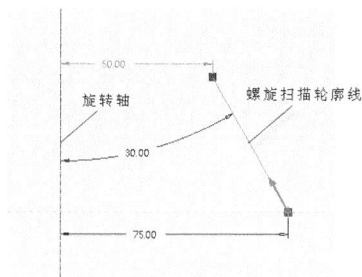

（a）绘制旋转曲面轮廓和旋转轴

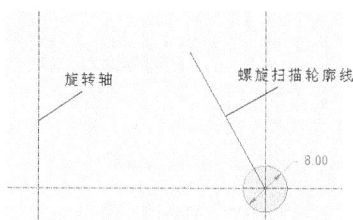

（b）绘制螺旋扫描横截面

图 8-23 草绘

注意：

（1）草绘轮廓时，必须绘制中心线以定义旋转轴。螺旋扫描轮廓线必须形成一个开放环。

（2）轮廓的起点定义了扫描轨迹的起点。单击"反向"按钮，可以在螺旋扫描轮廓的两个端点间切换螺旋扫描的起点。

第3步，单击 ✔ 图标按钮，退出草绘环境。

第4步，单击"参考"选项卡，弹出下滑面板，设置相对于螺旋扫描轮廓线的截面方向（默认截面方向"穿过旋转轴"）。

第5步，单击 ☑ 图标按钮，进入草绘环境，在扫描起点（十字叉丝）处绘制螺旋扫描横截面，直径 ⊄8 的圆。如图 8-23（b）所示。单击 ✔ 图标按钮，退出草绘环境。

第6步，输入螺距值16（螺旋线之间的距离，一般大于扫描截面的高度尺寸）。

第7步，单击 ☝ 图标按钮，使用右手定则定义右旋螺旋线。

第8步，单击 ✔ 图标按钮，完成螺旋扫描特征创建，如图 8-24 所示。

操作及选项说明如下。

1）截面方向的选择

在"螺旋扫描特征"操控板中，单击"参考"选项卡，在该下滑面板"截面方向"选项组中选取截面方向，如图 8-22 所示。

图 8-24　螺旋扫描特征

（1）"穿过旋转轴"：选择该单选按钮，将截面设置为位于穿过旋转轴的平面内。

（2）"垂直于轨迹"：选择该单选按钮，使截面方向设置为垂直于扫描轨迹。

2）其他选项说明

（1）☑：打开草绘器以创建或编辑扫描横截面。

（2）◿：沿扫描移除材料，以便为实体特征创建切口或为曲面特征创建面组修剪。

（3）⊏：为草绘添加厚度以创建薄实体、薄实体切口或薄曲面修剪。

（4）⚡ 文本框：设置螺距值。

（5）☝：使用左手定则设置扫描方向。

（6）☝：使用右手定则设置扫描方向。

（7）∞：预览要生成的螺旋扫描特征以进行校验。

（8）⏸：暂停模式。

（9）✖：取消特征创建或重定义。

8.4　上机操作实验指导七　弯臂和吊钩建模

1. 根据如图 8-25 所示弯臂的二视图，创建该零件的三维实体模型。主要涉及的命令包括"扫描"命令和"拉伸"命令。

操作步骤如下。

步骤1　创建新文件

参见本书第1章，操作过程略。

步骤2　创建 φ80 圆柱体拉伸特征

第1步，在零件模式中，单击"模型"选项卡"形状"面板中的 ◻ 图标按钮，打开"拉伸"操控板。

第2步，在该操控板中，单击"拉伸为实体" ◻ 图标按钮。

第3步，单击"放置"选项卡，弹出"放置"下滑面板，单击"定义"按钮，弹出"草绘"对话框。

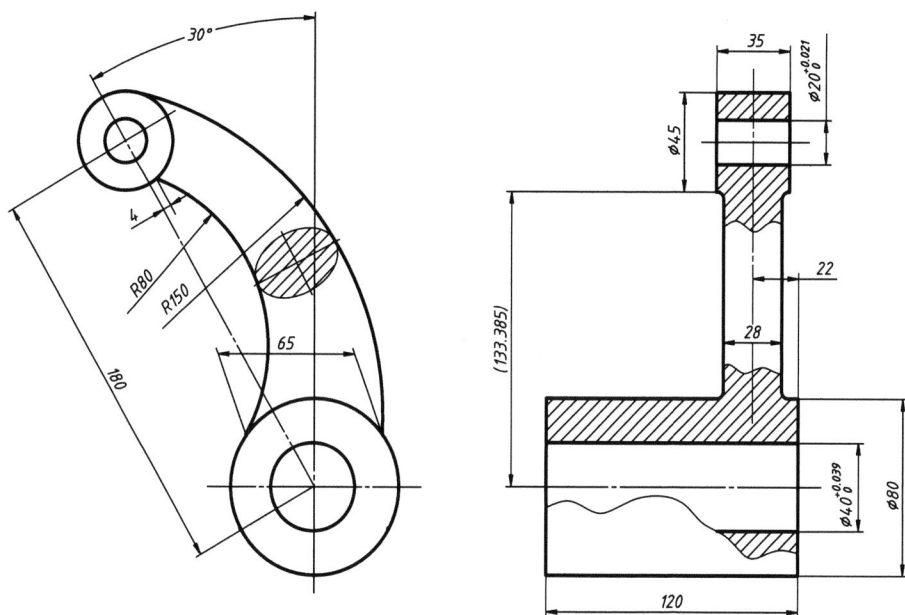

图 8-25　弯臂二视图

第 4 步，选择 FRONT 基准平面为草绘平面，RIGHT 基准平面为参考平面，参考平面方向为向右，单击"草绘"按钮，进入草绘模式。

第 5 步，绘制如图 8-26 所示二维特征截面，单击 ✓ 图标按钮，回到零件模式。

第 6 步，在"拉伸"操控板中，输入"拉伸长度值"为 120，单击 ✓ 图标按钮，完成三维模型。

步骤 3　创建新基准面 DTM1

单击"模型"选项卡"基准"面板中的 ⬜ 图标按钮，弹出"基准平面"对话框。选择 FRONT 基准平面为参考平面，输入"偏距"平移值为 22。单击"确定"按钮，完成 DTM1 基准平面的创建。

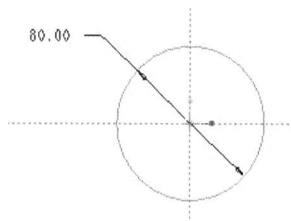

图 8-26　ϕ80 圆柱二维特征截面

步骤 4　创建 ϕ45 圆柱体拉伸特征

第 1 步，单击"模型"选项卡"形状"面板中的 ⬜ 图标按钮，打开"拉伸"操控板。

第 2 步，在该操控板中，单击"拉伸为实体" ⬜ 图标按钮（此为默认设置）。

第 3 步，单击"放置"选项卡，弹出"放置"下滑面板，单击"定义"按钮，弹出"草绘"对话框。

第 4 步，选择 DTM1 为草绘平面，RIGHT 基准平面为参考平面，参考平面方向为向右（此为默认设置），单击"草绘"按钮，进入草绘模式。

第 5 步，草绘两条相互垂直的中心线及二维特征截面如图 8-27 所示，单击 ✓ 图标按钮，回到零件模式。

第 6 步，在"拉伸"操控板中，单击 ⬓ 图标按钮右侧的 ▾，指定拉伸特征的深度方式为"对称" ⬓ ，输入"深度值"为 35。单击 ✓ 图标按钮，完成三维模型。

步骤5 创建新基准面DTM2

单击"模型"选项卡"基准"面板中的 ⬜ 图标按钮,弹出"基准平面"对话框。选择小圆柱体的轴为参考轴,参考约束类型为"穿过",选择 RIGHT 为参考面,选择约束类型为"平行"平移。单击"确定"按钮,完成 DTM2 基准平面的创建。如图 8-28 所示。

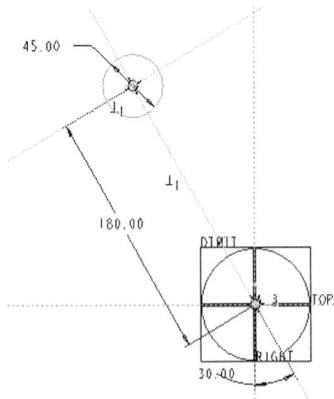

图 8-27 φ45 圆柱二维特征截面

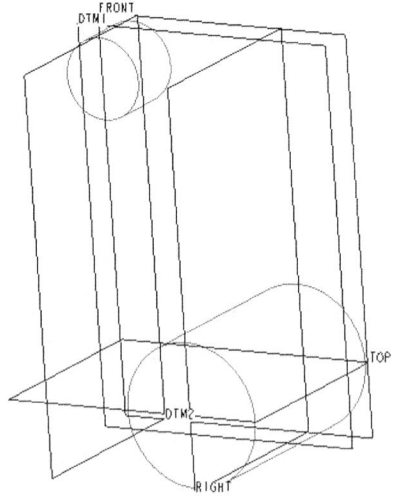

图 8-28 创建的 DMT1 和 DMT2 基准面

步骤6 创建两条轨迹线

第 1 步,单击"模型"选项卡"基准"面板中的 ⌒ 图标按钮,弹出"草绘"对话框,选择 DTM1 为草绘平面,RIGHT 基准平面为参考平面,参考平面方向为向右(此为默认设置),单击"草绘"按钮,进入草绘模式。

第 2 步,草绘两条轨迹线,如图 8-29 所示。单击 ✔ 图标按钮,完成"草绘"命令。

步骤7 创建可变截面扫描体。

第 1 步,在零件模式中,单击 🖼扫描 图标按钮,打开"扫描特征"操控板。

第 2 步,在该操控板中,单击"扫描为实体" ⬜ 图标按钮。

第 3 步,在该操控板中,单击 ⌇ 图标按钮,创建可变截面扫描。

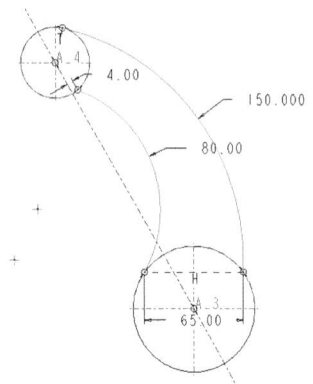

图 8-29 草绘两条轨迹线

第 4 步,单击选取 R150 弧为原点轨迹线,按住 Ctrl 键选取 R80 弧为辅助轨迹线,如图 8-30 所示。

第 5 步,在该操控板中,单击"创建或编辑扫描截面" ☑ 图标按钮,进入草绘模式,沿选定轨迹线草绘扫描截面,绘制的椭圆截面的左极限点在起始轨迹线上,而右极限点在辅助轨迹线上(扫描时该两个极限点将受到两条轨迹线的拖动),如图 8-31 所示。

第 6 步,单击 ✔ 图标按钮,退出草绘模式。

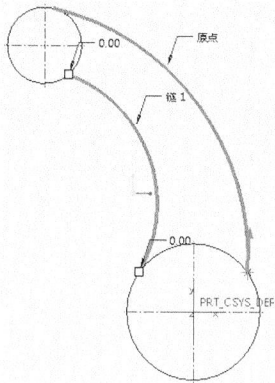

图 8-30　选择轨迹线　　　　　　　　　　　图 8-31　选择轨迹线

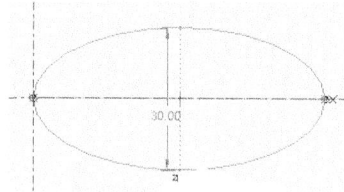

第 7 步，在"扫描特征"操控板中，单击"参考"选项卡，弹出"参考"下滑面板，单击"细节"按钮，弹出"链"对话框，如图 8-32（a）所示。

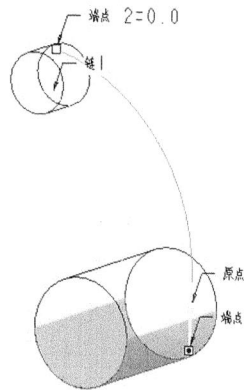

（a）"链"对话框　　　　　　　　　　　（b）原点轨迹线长度调整

图 8-32　"链"对话框之原点轨迹线长度设置

第 8 步，单击"选项"选项卡，选择"第 1 侧"下拉列表中的"延伸至参考"，在绘图区选择大圆柱下半圆柱面，如图 8-32（b）所示。

第 9 步，单击对话框中的"链 1"选项，在"选项"选项卡中选择"第 1 侧"下拉列表中的"延伸至参考"，如图 8-33（a）所示，在绘图区选择小圆柱下半圆柱面，如图 8-33（b）所示，单击"确定"按钮，关闭"链"对话框。

第 10 步，单击✔图标按钮，结束"扫描"命令，完成特征如图 8-34 所示。

步骤 8　创建孔移除材料拉伸特征

第 1 步，单击"模型"选项卡"形状"面板中的 图标按钮，打开"拉伸特征"操控板。

第 2 步，在该操控板中，单击"拉伸为实体" 图标按钮。

第 3 步，选择大圆柱体端面为草绘平面，RIGHT 基准平面为参考平面，参考平面方向为向右（此为默认设置），单击"草绘"按钮，进行草绘模式。

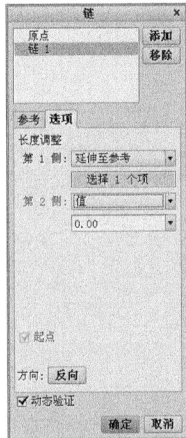

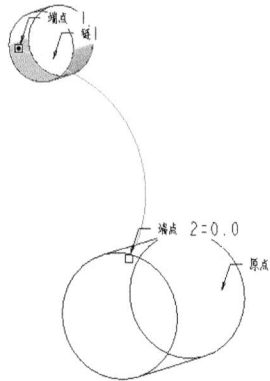

（a）"链"对话框　　　　　　　　　　　　　　（b）辅助轨迹线长度调整

图 8-33　"链"对话框之辅助轨迹线长度设置

第 4 步，草绘一 $\phi 40$ 圆，单击✔图标按钮，回到零件模式。

第 5 步，在"拉伸"操控板中，单击"移除材料"◻图标按钮。

第 6 步，在该操控板中，指定拉伸特征深度的方法为"拉伸至与所有曲面相交"，单击✔图标按钮，回到零件模式。

第 7 步，同理，在小圆柱内挖 $\phi 20$ 孔。完成的零件三维实体如图 8-35 所示。

图 8-34　完成可变截面扫描特征

图 8-35　完成的三维实体模型

步骤 9　保存图形

参见本书第 1 章，操作过程略。

2. 创建如图 8-36 所示吊钩三维模型。主要涉及的命令包括"扫描混合"命令、"螺旋扫描"命令、"拉伸"命令、"旋转"命令和"倒角"命令。

操作步骤如下：

步骤 1　创建新文件

参见本书第 1 章，操作过程略。

步骤 2　创建轨迹线

第 1 步，单击"模型"选项卡"基准"面板中的◻图标按钮，弹出"草绘"对话框，选择 FRONT 基准平面为草绘平面，RIGHT 基准平面为参考平面，参考平面方向为向右（此为默认设置），单击"草绘"按钮，进入草绘模式。

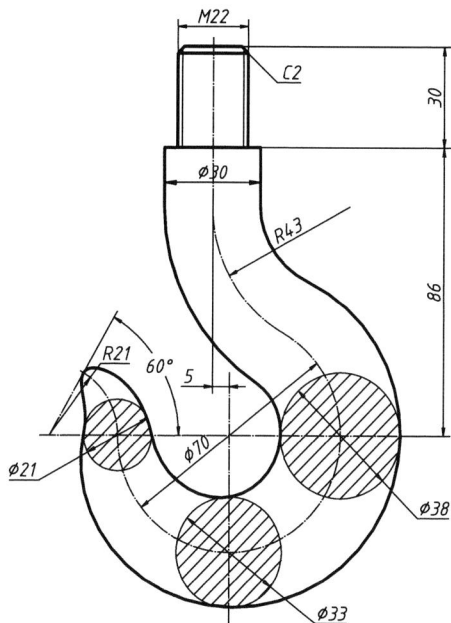

图 8-36 吊钩

第 2 步，如图 8-37 所示，在草绘环境中绘制轨迹线。

第 3 步，单击"草绘"选项卡"编辑"面板中的 ⌐ 图标按钮，将直径为 70 的圆弧按如图 8-37 所示位置打断。

第 4 步，单击 ✓ 图标按钮，回到零件模式。

步骤 3　创建基准点

第 1 步，单击"模型"选项卡"基准"面板中的 ×˟点 图标按钮，打开"基准点"对话框，如图 8-38 所示。

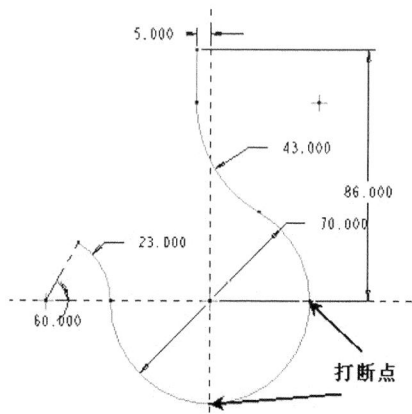

图 8-37　吊钩轨迹线

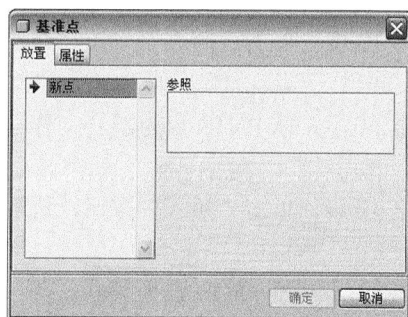

图 8-38　"基准点"对话框

第 2 步，在绘图区连续选取如图 8-39 所示的 6 个基准点。

步骤 4　创建"扫描混合"特征

第 1 步，在零件模式中，单击"模型"选项卡"形状"面板中的 ⌐扫描混合 图标按钮，打开"扫描混合"操控板。

第2步，在该操控板中，单击"扫描为实体" 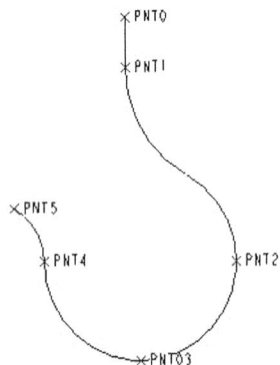图标按钮。

第3步，单击选取轨迹线，起始点为PNT0点。

注意： 直接单击起始点箭头，可修改起始点位置。

第4步，单击"截面"选项卡，弹出"截面"下滑面板，绘图区选取基准点PNT0，再在"截面"下滑面板中单击"草绘"按钮，进入草绘环境。

第5步，以PNT0点为圆心，作一直径为30的圆，如图8-40所示。单击 ✓ 图标按钮，完成截面1的绘制。

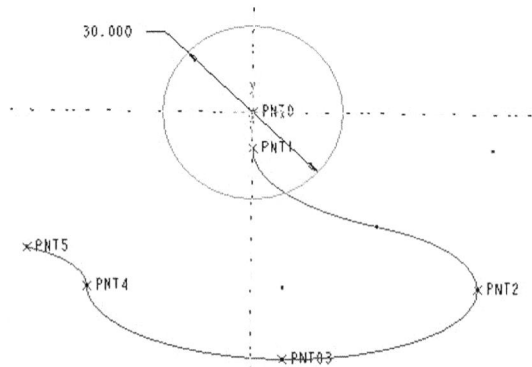

图8-39 选取的基准点　　　　　　　图8-40 草绘截面

第6步，单击"插入"按钮，选取基准点PNT1点，再单击"草绘"按钮，进入草绘环境。

第7步，以PNT1点为圆心，作一直径为30的圆。单击 ✓ 图标按钮，完成截面2的绘制。

第8步，单击"插入"按钮，选取基准点PNT2点，再单击"草绘"按钮，进入草绘环境。

第9步，以PNT2点为圆心，作一直径为38的圆。单击 ✓ 图标按钮，完成截面3的绘制。

第10步，单击"插入"按钮，选取基准点PNT3点，再单击"草绘"按钮，进入草绘环境。

第11步，以PNT3点为圆心，作一直径为33的圆。单击 ✓ 图标按钮，完成截面4的绘制。

第12步，单击"插入"按钮，选取基准点PNT4点，再单击"草绘"按钮，进入草绘环境。

第13步，以PNT4点为圆心，作一直径为21的圆。单击 ✓ 图标按钮，完成截面5的绘制。

第14步，单击"插入"按钮，选取基准点PNT5点，再单击"草绘"按钮，进入草绘环境。

第15步，单击 × 点 按钮，在基准点PNT5点处创建一点。单击 ✓ 图标按钮，完成截面5的绘制。

第 16 步，单击"相切"选项卡，弹出"相切"下滑面板，修改"终止截面"的边界条件为"平滑"，如图 8-41 所示。

第 17 步，单击 ✓ 图标按钮，完成扫描混合特征创建，如图 8-42 所示。

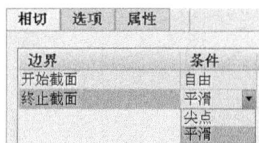

图 8-41 "相切"下滑面板

图 8-42 完成扫描混合特征创建

步骤 5 创建"拉伸"特征

第 1 步，单击"模型"选项卡"形状"面板中的 图标按钮，打开"拉伸"操控板。

第 2 步，在该操控板中，单击"拉伸为实体" 图标按钮。

第 3 步，单击"放置"选项卡，弹出"放置"下滑面板，单击"定义"按钮，弹出"草绘"对话框。

第 4 步，选择如图 8-42 所示的上端面圆为草绘平面，RIGHT 基准平面为参考平面，参考平面方向为向右，单击"草绘"按钮，进入草绘模式。

第 5 步，草绘 ϕ22 圆，如图 8-43 所示，单击 ✓ 图标按钮，退出草绘模式。

第 6 步，在"拉伸"操控板中，输入"深度值"为 30，单击 ✓ 图标按钮，完成拉伸特征创建，如图 8-44 所示。

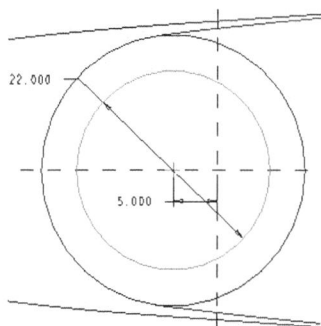

图 8-43 拉伸二维特征

图 8-44 完成拉伸特征创建

步骤 6 创建"倒角"特征

第 1 步，单击"模型"选项卡"工程"面板中的 倒角 图标按钮，打开"倒角"操控板。

第 2 步，在该操控板中，单击选择定义倒角的方式为"D×D"，输入倒角尺寸 D 为 2。

第 3 步， 在绘图区选取如图 8-44 所示的顶面圆弧， 单击 ✓ 图标按钮，完成倒角特征创建。

步骤 7 创建"旋转"特征

第 1 步，单击"模型"选项卡"形状"面板中的 旋转 图标按钮，打开"旋转"操控板。

第 2 步，在该操控板中，单击"作为实体旋转" ⬜ 图标按钮和"移除材料" ⬜ 图标按钮。

第 3 步，单击"放置"选项卡，弹出"放置"下滑面板，单击"定义"按钮，弹出"草绘"对话框。

第 4 步，选择 FRONT 为草绘平面，RIGHT 基准平面为参考平面，参考平面方向为向右，单击"草绘"按钮，进入草绘模式。

第 5 步，草绘如图 8-45 所示的旋转中心和 2×2 的正方形截面，单击 ✔ 图标按钮，回到零件模式。

第 6 步，在操控板的文本框中指定旋转角度为 360°，单击 ✔ 图标按钮，完成旋转移除材料特征的创建，如图 8-46 所示。

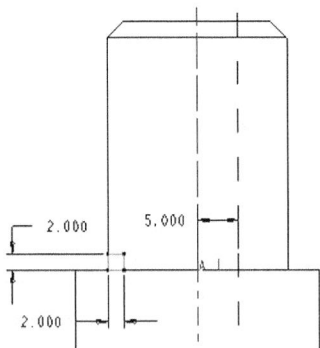

步骤 8　创建"螺纹"特征

第 1 步，在零件模式中，单击"模型"选项卡"形状"面板中的 螺旋扫描 图标按钮，弹出"螺旋扫描特征"操控板。

第 2 步，在操控板中，单击"作为实体旋转" ⬜ 图标按钮和"移除材料" ⬜ 图标按钮及"使用右手定则" ⬜ 图标按钮。

图 8-45　旋转二维特征

第 3 步，单击"参考"选项卡，弹出"参考"下滑面板，单击"定义"按钮，弹出"草绘"对话框。单击选取 FRONT 基准面为草绘平面，RIGHT 基准平面为参考平面，参考平面方向为向右，单击"草绘"按钮，进入草绘环境。

第 4 步，草绘旋转扫描轮廓和旋转轴，如图 8-47 所示。

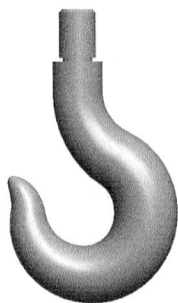

图 8-46　完成旋转特征创建

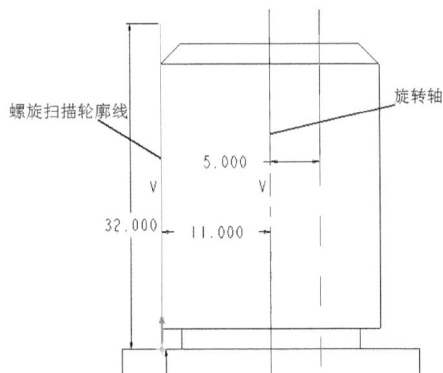

图 8-47　旋转扫描轮廓和旋转轴

第 5 步，单击 ✔ 图标按钮，退出草绘环境。

第 6 步，输入螺距值 2.5。单击 ✎ 图标按钮，进入草绘环境。

第 7 步，按国家标准提供的螺纹横截面尺寸绘制螺旋扫描截面，如图 8-48 所示。单击 ✔ 图标按钮，退出草绘环境。

第 8 步，单击 ✎ 图标按钮，完成螺旋扫描特征创建，如图 8-49 所示。

步骤 9　保存图形

参见本书第 1 章，操作过程略。

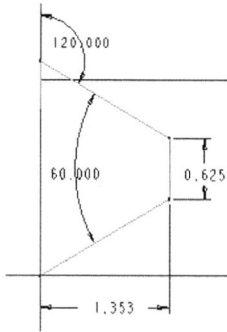

图 8-48　螺旋扫描截面

图 8-49　吊钩

8.5　上　机　题

1. 创建如图 8-50 所示 M10×35 螺栓。主要涉及的命令包括"扫描混合"命令、"螺旋扫描"命令、"拉伸"命令、"旋转"命令和"倒角"命令。

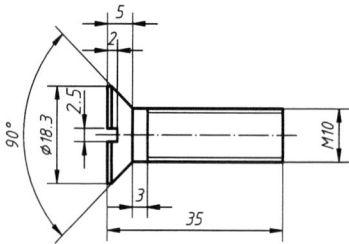

（a）二维视图　　　　　　　　　　　　（b）三维模型

图 8-50　螺钉

建模提示：

（1）使用"螺旋扫描"命令创建螺纹时，根据国家标准绘制旋转曲面轮廓和旋转轴，如图 8-51 所示。

（2）螺纹截面尺寸根据国家标准绘制，如图 8-52 所示。

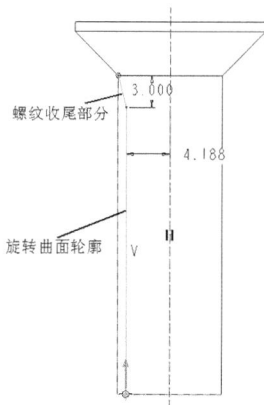

图 8-51　旋转曲面轮廓

图 8-52　螺钉 GB/T 68 M10×35 的横截面

2. 创建如图 8-53 所示的水龙头三维模型。主要涉及的命令包括"扫描混合"命令和"扫描"命令。

建模提示：

（1）创建扫描混合实体特征。在草绘扫描轨迹时，以 FRONT 平面为草绘平面，采用默认的参考和方向设置。绘制如图 8-54 所示的二维轨迹线。然后在轨迹线上创建基准点，单击"模型"选项卡"基准"面板中的 ⌖ 点 图标按钮，在弹出的"基准点"对话框中选择"在其上"模式，并在"偏移"选项中选择"比率"模式。创建第一个基准点 PNT0 的偏移比率为 0.35，第二个基准点 PNT1 的偏移比率为 0.47，第三个基准点 PNT2 的偏移比率为 0.66，创建的基准点如图 8-55 所示。

图 8-53 水龙头模型

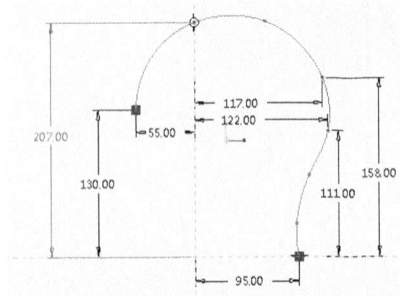

图 8-54 绘制扫描轨迹线

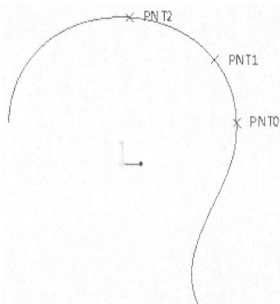

图 8-55 创建的基准点

在"扫描混合"操控板的"参考"下滑面板中选择"垂直于轨迹"方式。绘制剖面时，分别选择轨迹线的下端点 PNT0、PNT1、PNT2 和轨迹线的上端点作为插入点。绘制的剖面如图 8-56 所示。完成扫描混合特征如图 8-57 所示。

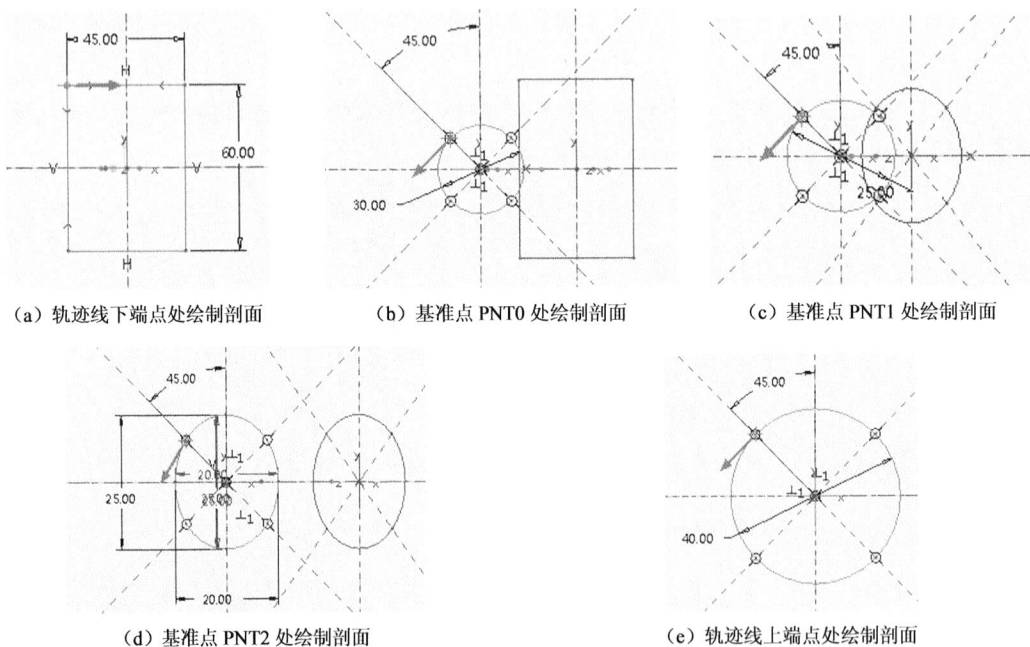

（a）轨迹线下端点处绘制剖面　　（b）基准点 PNT0 处绘制剖面　　（c）基准点 PNT1 处绘制剖面

（d）基准点 PNT2 处绘制剖面　　　　（e）轨迹线上端点处绘制剖面

图 8-56 绘制的剖面

（2）创建旋转特征。首先创建一个基准平面 DTM1 通过扫描混合特征上端底面，如图 8-58 所示，同理创建一个基准轴 A_1 通过扫描混合特征上端底面圆心并和底面法向，如图 8-59 所示。

图 8-57　创建扫描混合特征　　　图 8-58　选择创建基准平面　　　图 8-59　选择创建基准轴

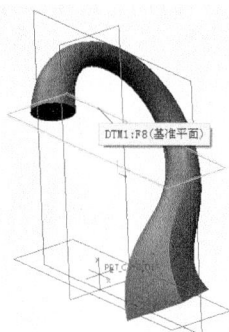

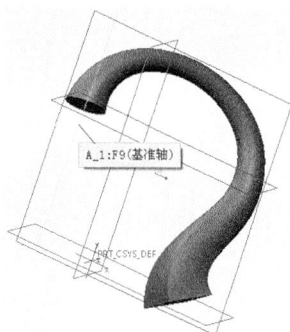

接下来创建旋转特征，FRONT 平面为草绘平面，采用 DTM1 和 A_1 轴作为参考面和参考轴，绘制如图 8-60 所示的二维旋转截面。创建的旋转特征如图 8-61 所示。

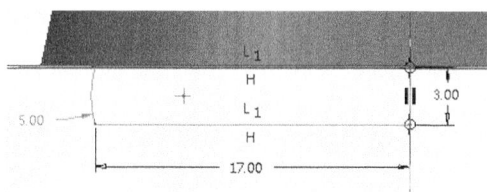

图 8-60　绘制旋转截面　　　　　　　　图 8-61　创建旋转特征

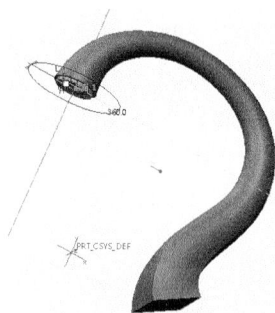

（3）创建拉伸特征。选择扫描混合特征末端底面作为草绘平面，采用默认的参考和方向设置，绘制如图 8-62 所示的拉伸截面。指定拉伸特征深度的方法为"对称"方式，设置拉伸的深度为 16，创建的拉伸特征如图 8-63 所示。

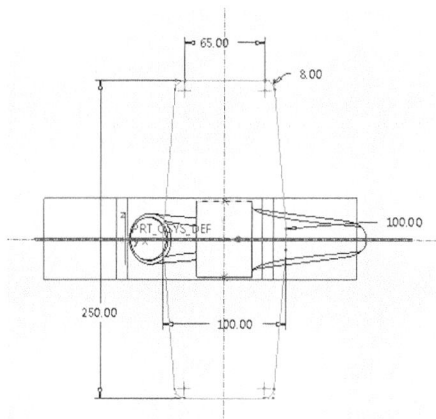

图 8-62　绘制拉伸截面　　　　　　　　图 8-63　创建拉伸特征

（4）创建可变截面扫描特征。在此之前，首先需要绘制一条直线，然后再通过直线创建一个基准平面。创建直线时，以 FRONT 平面为草绘平面，绘制直线如图 8-64 所示。接下来创建基准平面，选择直线和 FRONT 平面作为参考，分别设置它们的约束类型为"穿过"模式和"偏移"模式，并在"偏距"选项文本框中输入旋转的角度值 90，创建一个通过直线且垂直于 FRONT 平面的基准平面 DTM2，如图 8-65 所示。

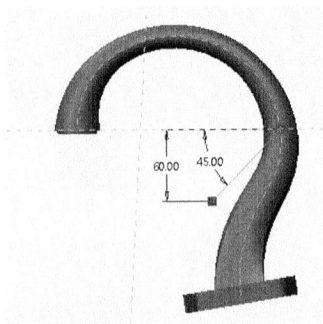

图 8-64 创建直线

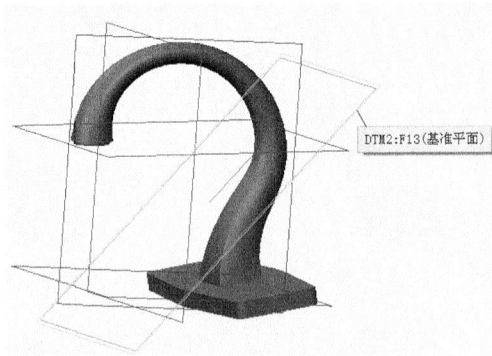

图 8-65 创建基准平面 DTM2

以 DTM2 平面为草绘平面，以 FRONT 平面为参考平面，方向为底部，绘制第一条轨迹曲线，如图 8-66 所示。

创建基准平面 DTM3。选择平面 DTM2 为参考，设置约束类型为"偏移"模式，并在"偏距"选项文本框中输入平移值为 2，创建的基准平面如图 8-67 所示。接下来以平面 DTM3 为草绘平面，以 FRONT 平面为参考平面，方向为底面，绘制第二条轨迹曲线，如图 8-68 所示。

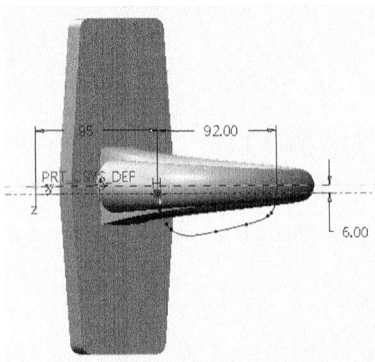

图 8-66 第一条轨迹曲线

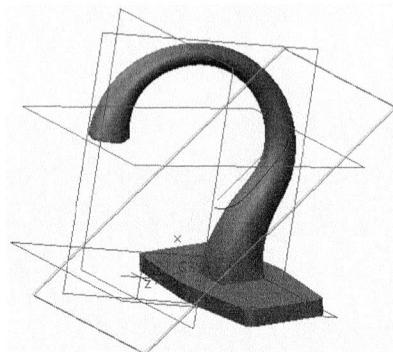

图 8-67 创建基准平面 DTM3

选择绘制的第一条轨迹曲线进行镜像操作，以平面 DTM3 为镜像平面，镜像出第三条轨迹曲线，如图 8-69 所示。

接下来进行可变截面扫描操作。单击 扫描 图标按钮，并在模型中选择创建的第二条轨迹曲线作为原点轨迹线，其他两条作为链轨迹，如图 8-70 所示。绘制的扫描截面如图 8-71 所示，圆角半径皆为 0.5。最后得到的可变截面扫描特征如图 8-72 所示。

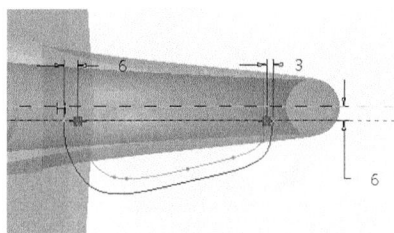

图 8-68　第二条轨迹曲线

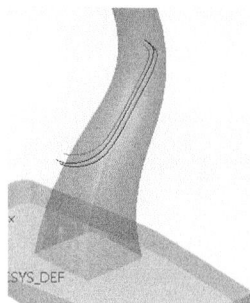

图 8-69　镜像第三条轨迹曲线

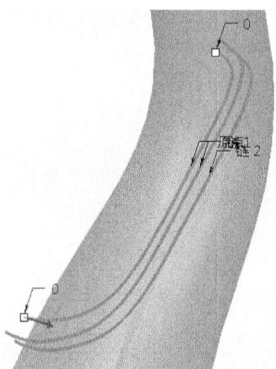

图 8-70　轨迹曲线的选择

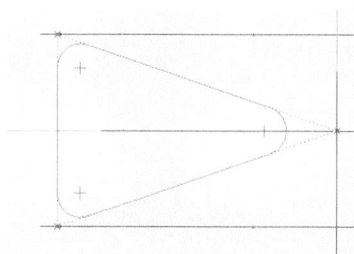

图 8-71　绘制扫描截面

镜像可变截面扫描特征。以 FRONT 平面为镜像平面，对前面创建的可变截面扫描特征进行镜像操作，完成三维模型如图 8-73 所示。

图 8-72　创建可变截面扫描特征

图 8-73　镜像可变截面扫描特征

（5）创建拉伸实体特征。选择 FRONT 平面为草绘平面，采用默认的参考和方向设置，绘制如图 8-74 所示的二维拉伸截面。指定拉伸特征深度的方法为"对称" 🔲 方式，并设置拉伸的深度值为 32，完成三维模型如图 8-75 所示。

（6）创建旋转移除材料特征。首先创建一个基准平面，通过底板中心并和底板底面及 FRONT 面垂直。创建的基准平面 DTM4 如图 8-76 所示。然后在绘制旋转截面时，以创建的基准平面 DTM4 为草绘平面，采用 FRONT 面为参考，方向为右，绘制的旋转截面如图 8-77 所示。在"旋转"操控板上选中"移除材料" 🔲 图标按钮。创建的旋转移除材料特征如图 8-78 所示。

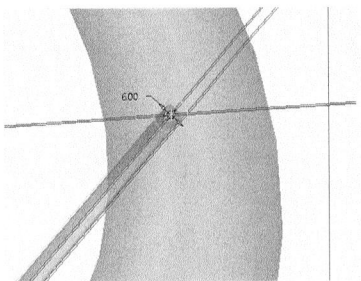

图 8-74　绘制拉伸截面

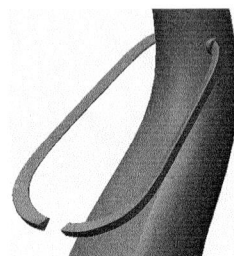

图 8-75　创建拉伸实体特征

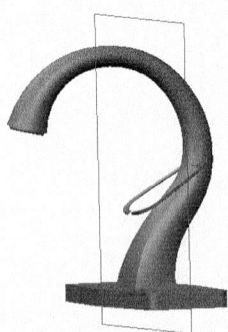

图 8-76　创建基准平面 DTM4

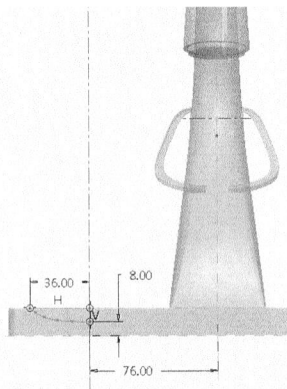

图 8-77　绘制旋转截面

镜像旋转特征。选择创建的旋转移除材料特征，以 FRONT 平面为镜像平面进行镜像，完成三维模型如图 8-79 所示。

图 8-78　创建旋转移除材料特征

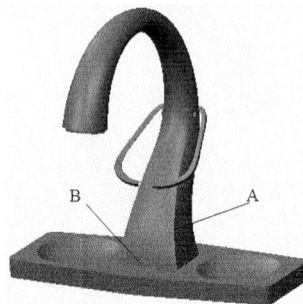

图 8-79　镜像旋转特征

（7）创建圆角特征。如图 8-79 所示，与 A 对应的 4 条边圆角半径为 10，与 B 对应的 4 条边圆角半径为 2。

第 9 章　特征的操作

特征的操作是对已经建立的特征或者特征与特征之间的关系进行重新构建。在 Creo 2.0 中，熟练掌握相关的特征的操作方法是合理而快速建模的有效手段。在建模过程中，可以重新编辑特征的尺寸以及特征的二维草绘截面，也可以重新定义特征之间的先后顺序等。另外，在 Creo 2.0 中"层"工具可以对不同的对象和特征进行有效的管理，有利于模型的显示和编辑，提高工作效率。

本章将介绍的内容如下：

（1）重定义特征的方法和步骤；

（2）特征排序的方法和步骤；

（3）隐含和恢复特征的方法和步骤；

（4）插入特征的方法和步骤；

（5）特征编辑的方法和步骤；

（6）删除特征的方法和步骤；

（7）特征成组的方法和步骤；

（8）特征隐藏的方法和步骤；

（9）层的概念及操作。

9.1　重定义特征

利用"编辑定义"命令可以对已有特征进行重新构建，即重定义特征。

调用命令的方式如下。

功能区：单击"模型"选项卡"操作"面板中的"编辑定义"命令。

操作步骤如下。

第 1 步，打开文件 Ch9-1.prt，模型如图 9-1 所示。

第 2 步，在模型树中，右击"拉伸 3"特征，在弹出的快捷菜单中选择"编辑定义"命令，如图 9-2 所示，此时，模型显示如图 9-3 所示。

注意：执行"编辑定义"命令之后，系统会再次打开"拉伸特征"操控板。

第 3 步，在"拉伸特征"操控板中，单击"加厚草绘" ▢ 图标按钮，输入"厚度值"为 5，此时的模型显示如图 9-4 所示。

第 4 步，单击 ✓ 图标按钮，完成特征的重定义操作，如图 9-5 所示。

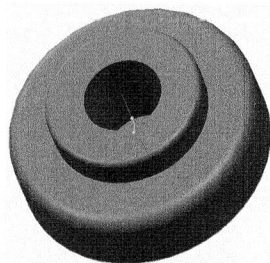

图 9-1　原始模型

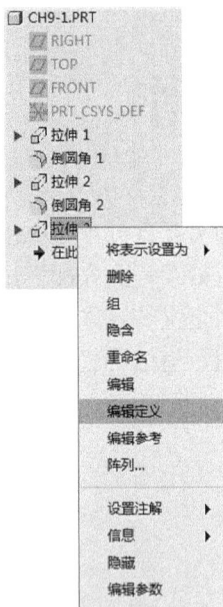

图 9-2 选择"编辑定义"命令

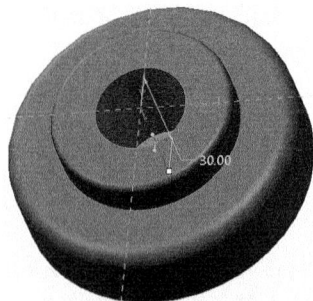

图 9-3 执行"编辑定义"命令的模型

图 9-4 重定义后的模型

图 9-5 完成特征的重定义操作

9.2 特 征 排 序

特征排序是对模型树中特征的序列进行重新排列,从而改变特征在整个实体模型中生成的先后顺序的一种特征操作方法。利用"重新排序"命令可以重新排列模型树中特征的序列。

调用命令的方式如下。

功能区:单击"模型"选项卡"操作"面板中的"特征操作"|"重新排序"命令。

操作步骤如下。

第 1 步,打开文件 Ch9-1.prt,模型如图 9-1 所示。

第 2 步,单击模型树上方的"设置" 图标按钮,在下拉菜单中选择"树列"选项,弹出"模型树列"对话框,选取"特征号"选项,然后单击 >> 图标按钮,将"特征号"添加到"显示"列表中,如图 9-6 所示,单击"确定"按钮,应用指定的改变并退出,此时的模型树显示如图 9-7 所示。

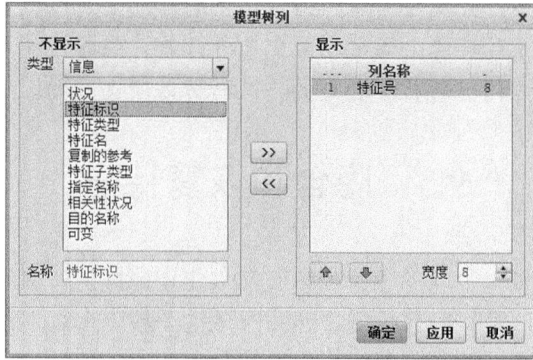

图 9-6 添加"特征号"至显示列表

第 3 步，单击"模型"选项卡"操作"面板中的"特征操作"|"重新排序"命令，弹出"选择特征"菜单管理器，如图 9-8 所示。

第 4 步，在模型树中，选取"拉伸 3"特征，然后单击"选择"对话框中的"确定"按钮，再选择"完成"选项，系统弹出如图 9-9 所示"重新排序"菜单管理器。同时在信息栏出现提示 可以在特征[4-8]前插入特征9。选择特征。 。

图 9-7 显示"特征号"的模型树

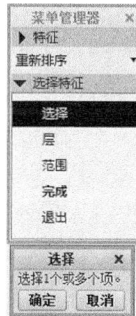

图 9-8 "选择特征"菜单管理器和"选择"对话框

图 9-9 "重新排序"菜单管理器

第 5 步，根据系统提示，在模型树中选取"拉伸 2"特征，表示将在"拉伸 2"之前插入"拉伸 3"，然后选择"完成"选项，完成特征的重新排序操作，此时的模型树如图 9-10 所示，模型显示如图 9-11 所示。

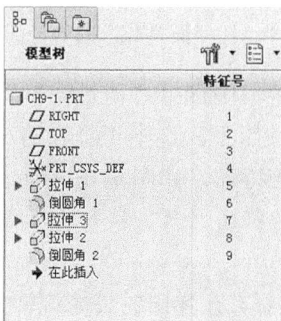

图 9-10 重新排序后的模型树

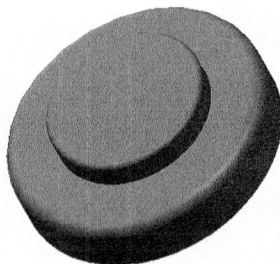

图 9-11 重新排序后的模型

注意： 在特征排序过程中，应保证特征的序列发生改变后不会影响特征之间的父子关系，否则特征的重新排序将会发生错误；另外，重新排序会影响到特征在实体模型中生成的先后顺序，因此模型外观可能会随之发生变化；此外，在模型树中可直接通过鼠标拖动相应的特征至新位置以达到重新排序的目的，此种方法更为简洁，但容易发生错误。

9.3　隐含和恢复特征

隐含和恢复特征是将一个或多个特征暂时从再生中删除，并且可以随时恢复已隐含特征的一种特征操作方法，是提高建模效率极为有效的手段之一。利用"隐含"和"恢复"命令可以暂时删除特征并且随时恢复已隐含的特征。

调用命令的方式如下。

功能区：单击"模型"选项卡"操作"面板中的"隐含"或"恢复"命令。

操作步骤如下。

第 1 步，打开文件 Ch9-1.prt，模型如图 9-1 所示。

第 2 步，在模型树中，右击"拉伸 3"特征，在弹出的快捷菜单中选择"隐含"命令，如图 9-12 所示，弹出"隐含"对话框，如图 9-13 所示。

注意： 在模型树或绘图区中，按住 Ctrl 键可以依次选取多个特征作为隐含的对象，然后右击，在弹出的快键捷菜单中可以选择"隐含"命令。

第 3 步，单击"确定"按钮，完成特征的隐含操作，此时的模型显示如图 9-14 所示。

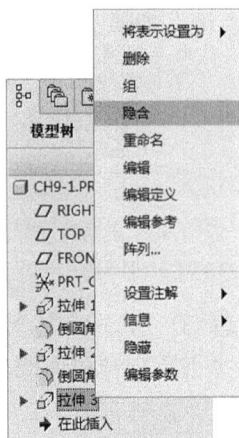

图 9-12　选择"隐含"选项　　　　图 9-13　"隐含"对话框　　　　图 9-14　隐含特征后的模型

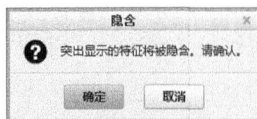

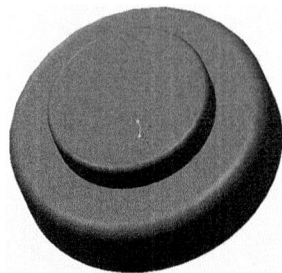

第 4 步，单击模型树上方的"设置"按钮，在下拉菜单中选择"树过滤器"选项，弹出"模型树项"对话框，如图 9-15 所示，在"显示"选项组下，选中"隐含的对象"复选框，然后单击"确定"按钮，模型树中将会显示被隐含的特征，如图 9-16 所示。

注意： 一般情况下，模型树上是不会显示被隐含的特征的，只有执行第 4 步的操作之后，被隐含的对象才会显示在模型树中。

第 5 步，在模型树中，再次右击被隐含的"拉伸 3"特征，在弹出的快捷菜单中选择"恢复"命令，如图 9-17 所示，完成被隐含特征的恢复操作，此时的模型显示如图 9-18 所示。

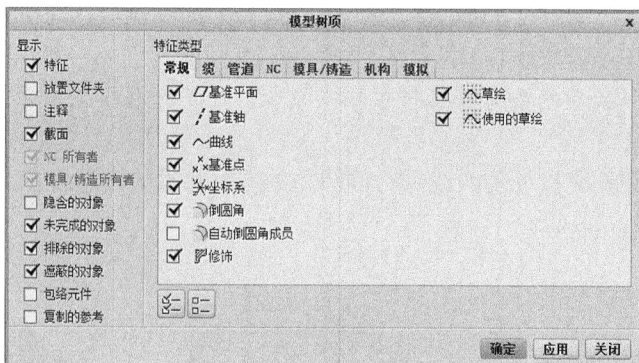

图 9-15 "模型树项"对话框

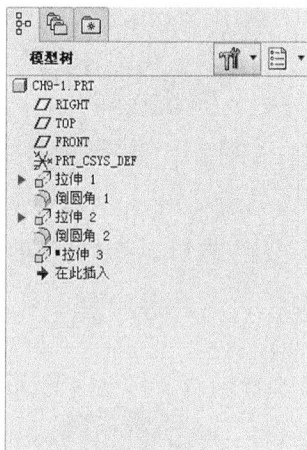

图 9-16 显示被隐含的特征

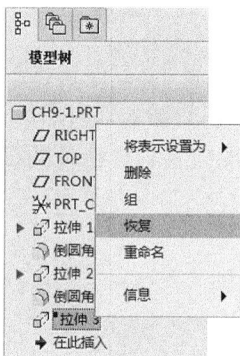

图 9-17 选择"恢复"命令

图 9-18 恢复特征后的模型

9.4 插 入 特 征

插入特征是在已有特征之前建立新的特征的一种特征操作方法,利用"插入模式"命令可以在已有特征之前建立新的特征。

调用命令的方式如下。

功能区:单击"模型"选项卡"操作"面板中的"特征操作"|"插入模式"命令。

操作步骤如下。

第 1 步,打开文件 Ch9-1.prt,模型如图 9-1 所示。

第 2 步,单击"操作"面板中的"特征操作"命令,在弹出的"特征"菜单管理器中选择"插入模式"选项,弹出"插入模式"菜单管理器,如图 9-19 所示。

第 3 步,在"插入模式"菜单管理器中,选择"激活"选项,同时在消息区出现提示选择在其后插入的特征。,根据系统提示,在模型树中选取"拉伸 2"特征,表示将在"拉伸 2"特征之后插入新的特征,

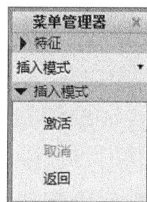

图 9-19 "插入模式"
菜单管理器

然后在"特征"菜单中选择"完成"选项，完成特征的插入操作，此时的模型树如图9-20所示，模型显示如图9-21所示。

注意：在新特征之后的已有特征将暂时被隐含，并不会在模型中显示，但是会在模型树中显示出来。

第4步，对两圆柱交接处的边线进行倒圆角处理，此时的模型显示如图9-22所示，模型树如图9-23所示。

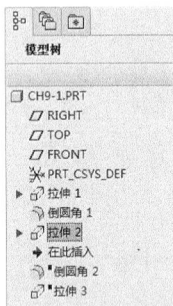

图 9-20　插入操作后的模型树　　　图 9-21　插入特征后的模型　　　图 9-22　倒圆角处理

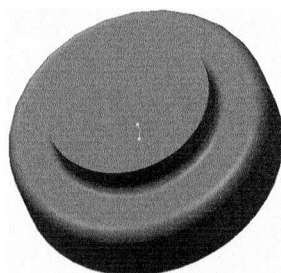

第5步，在模型树中，右击"在此插入"，在弹出的快捷菜单中选择"取消"选项，如图9-24所示，此时，在消息区出现恢复隐含特征的提示，单击"是"按钮，完成特征的插入操作，模型显示如图9-25所示。

图 9-23　插入圆角特征后的模型树　　图 9-24　选择"取消"选项　　图 9-25　完成特征插入后的模型

注意：在实际操作过程中，也可以直接通过鼠标单击拖动"在此插入"至新位置以达到插入特征的目的。

9.5　特征编辑

特征编辑是对特征的尺寸值以及相关的尺寸属性进行修改和设置的一种特征操作方法。利用"编辑"命令可以修改特征的尺寸和公差。

操作步骤如下。

第1步，打开文件 Ch9-1.prt，模型如图9-1所示。

第2步，在模型树中，右击"倒圆角1"特征，在弹出的快捷菜单中选择"编辑"选项，如图 9-26 所示，此时的模型显示如图 9-27 所示。

注意：与"编辑定义"命令不同，执行"编辑"命令之后，系统不会打开"拉伸特征"操控板，在此，"编辑"命令仅能修改尺寸值以及相关的属性，并不能对特征进行重新构建。

第 3 步，在绘图区中，双击尺寸"R5.00"，并将其数值修改为 10，然后单击"操作"面板中的"重新生成" 图标按钮，完成特征尺寸值的修改，此时的模型显示如图 9-28 所示。

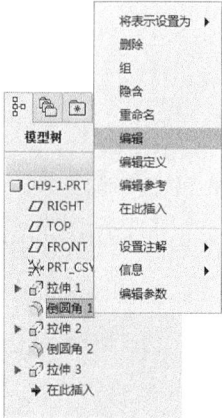

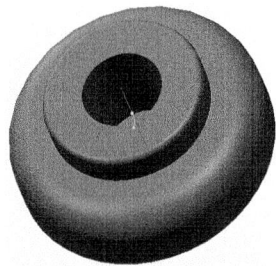

图 9-26　选择"编辑"选项　　　　图 9-27　"编辑"命令下的模型　　　　图 9-28　完成特征尺寸值的修改

注意：在绘图区中，选取并双击需要编辑的特征也会显示该特征的尺寸值，然后双击尺寸值可进行修改。

第 4 步，单击下拉菜单"文件"|"选项"命令，弹出如图 9-29 所示"Creo Parametric 选项"对话框，在"图元显示"选项中，选中"显示尺寸公差"复选框，单击"确定"按钮，特征尺寸将带公差显示。

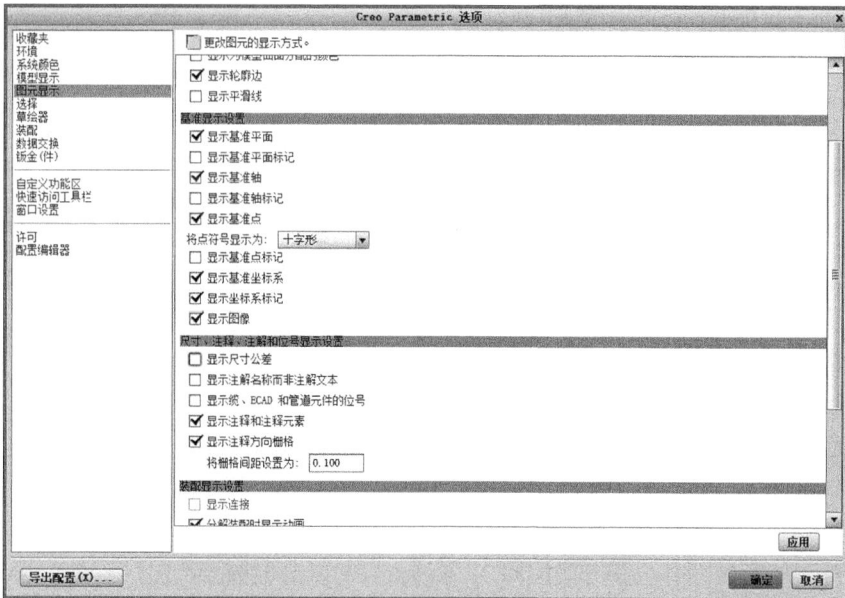

图 9-29　"Creo Parametric 选项"对话框

第 5 步，重复第 2 步的操作进入编辑状态，此时的模型显示如图 9-30 所示，选取绘图区中的尺寸并右击，在弹出的快捷菜单中选择"属性"选项，如图 9-31 所示，弹出"尺寸属性"对话框，如图 9-32 所示。

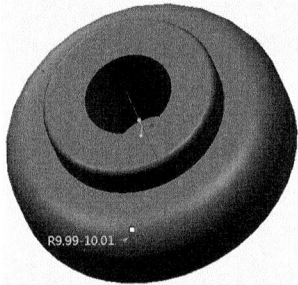

图 9-30 特征尺寸带公差显示

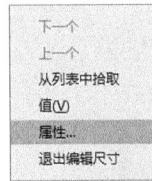

图 9-31 选择"属性"选项

第 6 步，在"尺寸属性"对话框中，将"上公差"和"下公差"文本框中的值分别修改为 10.02 和 9.98，单击"确定"按钮，完成特征公差值的修改，此时模型显示如图 9-33 所示。

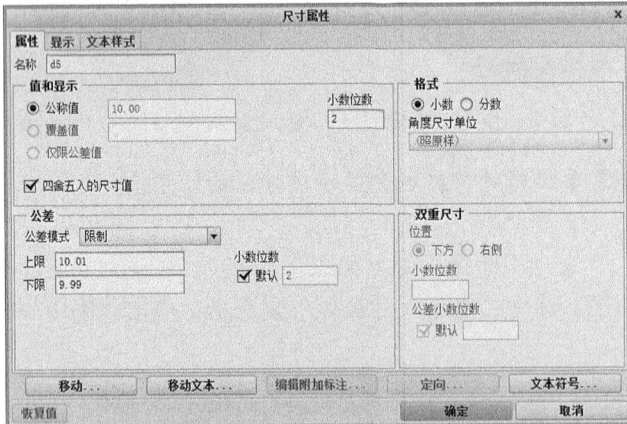

图 9-32 "尺寸属性"对话框

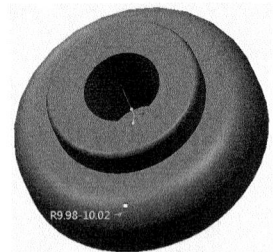

图 9-33 完成特征公差值的修改

注意：在"尺寸属性"对话框中，也可以修改尺寸的其他相关属性，如尺寸的小数位数、尺寸的名称或字符的大小、颜色等。

9.6 删 除 特 征

删除特征是将一个或多个特征从模型树和绘图区中永久删除的一种特征操作方法。

调用命令的方式如下。

功能区：单击"模型"选项卡"操作"面板中的 ×删除 图标按钮。

操作步骤如下。

第 1 步，打开文件 Ch9-1.prt，模型如图 9-1 所示。

第 2 步，在模型树中，右击"拉伸 3"特征，在弹出的快捷菜单中选择"删除"选项，如图 9-34 所示，弹出"删除"对话框 1，如图 9-35 所示。

注意：若要删除的特征存在子特征，将会弹出如图 9-36 所示的"删除"对话框 2，同时该特征及其子特征将会在模型树和绘图区中加亮显示，单击"选项"按钮，在弹出的"子项处理"对话框中可以对子特征进行处理。

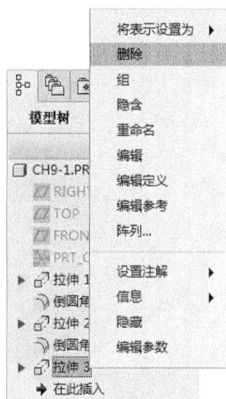

图 9-34 选择"删除"特征

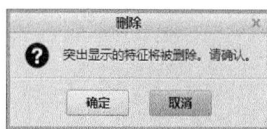

图 9-35 "删除"对话框 1

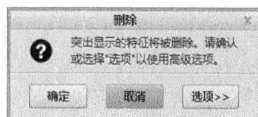

图 9-36 "删除"对话框 2

第 3 步，在"删除"对话框中单击"确定"按钮，完成特征的删除操作，此时的模型树如图 9-37 所示，模型显示如图 9-38 所示。

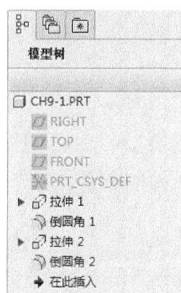

图 9-37 删除特征后的模型树

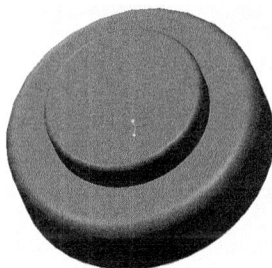

图 9-38 完成特征的删除操作

9.7 特 征 成 组

特征成组是将多个已有特征建立成一个特征组，方便管理和编辑。成组不会对源特征造成影响，特征之间的层级关系也不会被改变。

调用命令的方式如下。

功能区：单击"模型"选项卡"操作"面板中的"组"命令。

操作步骤如下。

第 1 步，打开文件 Ch7-88.prt，模型如图 9-39 所示。

第 2 步，按住 Ctrl 键，在模型树中选择欲成组的特征，右击，在弹出的快捷菜单中选择"组"命令，如图 9-40 所示。成组后的模型树如图 9-41 所示，模型如图 9-42 所示。

图 9-39 原始模型

图 9-40　选择特征成组　　　　　图 9-41　成组后的模型树　　　　　图 9-42　成组后的模型

注意：若要取消已经生成的组，在模型树中右击组名称，单击"取消分组"即可。

9.8　隐　藏　特　征

隐藏特征是将一个或多个特征暂时不可见的一种特征操作方法。

调用命令的方式如下。

功能区：单击"视图"选项卡"可见性"面板中的 [隐藏] 图标按钮。

操作步骤如下。

第 1 步，打开文件 Ch9-43.prt，模型如图 9-43 所示。

第 2 步，在模型树中，右击"扫描混合 1"特征，在弹出的快捷菜单中选择"隐藏"命令，如图 9-44 所示，完成隐藏后的模型树如图 9-45 所示，模型显示如图 9-46 所示。

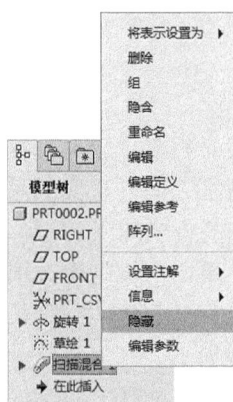

图 9-43　原始模型　　　　　　　　　　图 9-44　选择"隐藏"特征

注意：如果要取消隐藏的特征，可以在模型树中右击隐藏的特征名，在弹出的快捷菜单中，选择"取消隐藏"命令。

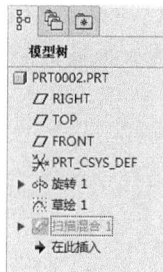

图 9-45 隐藏特征后的模型树

图 9-46 完成特征的隐藏操作

9.9 层的概念及操作

在 Creo 2.0 中，为了有效组织和管理模型的特征、基准面、基准线及装配中的零件等要素，引入了层的概念。通过控制图层中要素、项目的显示状况，可提高可视化程度，大大提高建模效率。

9.9.1 创建新层

调用命令的方式如下。

功能区：单击"视图"选项卡"可见性"面板中的 ▤ 图标按钮。

操作步骤如下。

第 1 步，打开文件 Ch9-43.prt，在模型树导航窗口中单击 🗏 图标按钮，选择"层树"命令，便可在导航窗口中显示层树，如图 9-47 所示。

第 2 步，单击 ⊜ 图标按钮，弹出"层"下拉菜单，如图 9-48 所示。

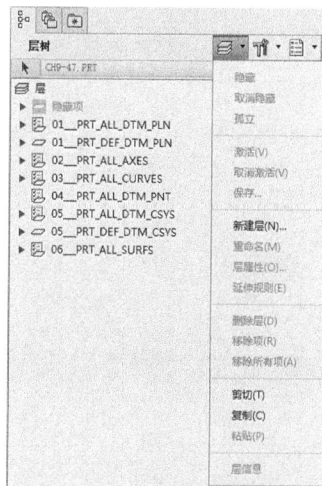

图 9-48 "层"下拉菜单

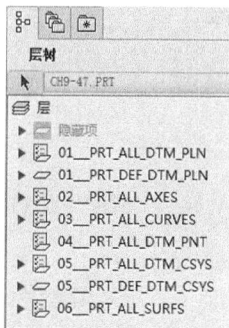

图 9-47 选择"层树"

第3步，在"层"下拉菜单中选择"新建层"命令，弹出"层属性"对话框，如图9-49所示。

第4步，在"层属性"对话框中输入新层的名称，也可接受默认的新层名称，"层ID"文本框中可以输入"层标识"号，单击"确定"按钮后，层树中显示如图9-50所示。

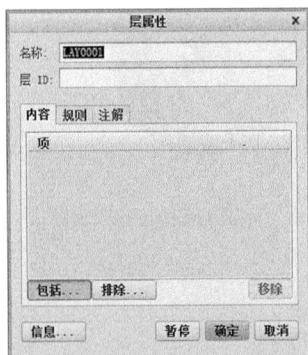

图9-49 "层属性"对话框

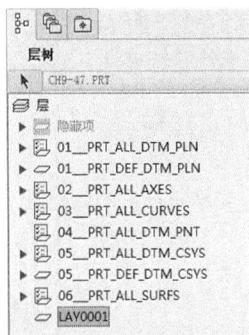

图9-50 新建层后的"层树"

9.9.2 将项目添加到层

层中可以包含基准线、基准平面、曲面、曲线等项目要素，这些统称为层的项目，可以向层中添加项目。

操作步骤如下。

第1步～第3步，同本书第9.9.1小节第1步～第3步。

第4步，在层树中选中"LAY0001"层，右击，弹出快捷菜单，如图9-51所示，选择"层属性"命令，弹出"层属性"对话框，如图9-52所示。

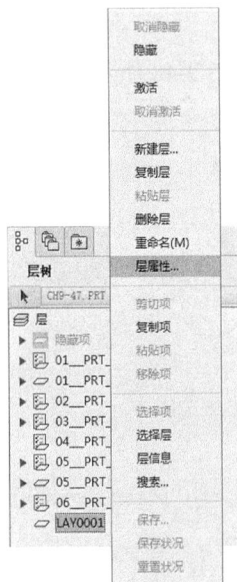

图9-51 选择添加项目的层

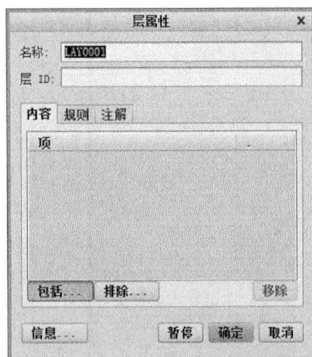

图9-52 "层属性"对话框

第 5 步，单击模型相应的项目，即可将模型中项目添加到层中，此时"层属性"对话框如图 9-53 所示。

第 6 步，单击"确定"按钮，完成项目添加，此时层树如图 9-54 所示。

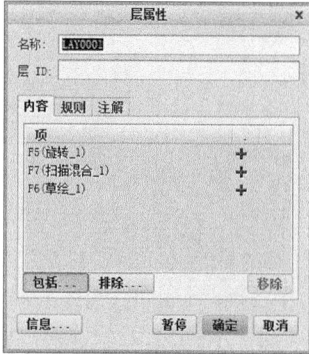

图 9-53　添加项目后的"层属性"对话框

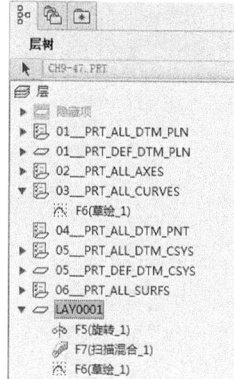

图 9-54　添加项目后的"层树"

注意：向层中添加项目时，"层属性"对话框中的"包括"按钮需要处于被按下状态。若要将项目从层中排除，可单击对话框中的"排除"按钮，再选取项目列表中的相应项目，如图 9-55 所示。如果要将项目从层中完全删除，则要先选取项目列表中的相应项目，再单击"移除"按钮，移除后"层属性"对话框如图 9-56 所示。

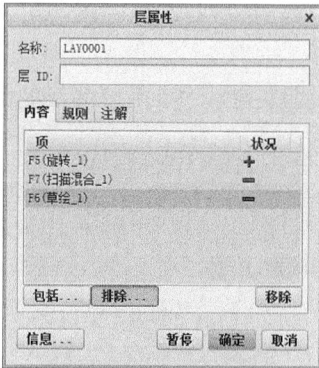

图 9-55　将项目从层中排除

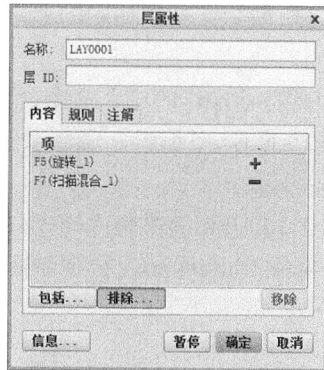

图 9-56　将项目从层中移除

9.9.3　层的隐藏

在 Creo 2.0 中，可以将某个层设置为"隐藏"状态，这样层中的项目将在模型中不可见。操作步骤如下。

第 1 步～第 6 步，同本书第 9.9.2 小节第 1 步～第 6 步。

第 7 步，在层树中选中"LAY0001"层，右击，在弹出的快捷菜单中选择"隐藏"命令，如图 9-57 所示。

注意：若取消层的隐藏，可以右击被隐藏的层，从弹出的快捷菜单中选择"取消隐藏"命令，如图 9-58 所示。

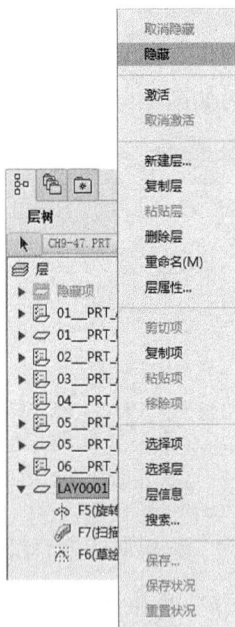

图 9-57　隐藏层

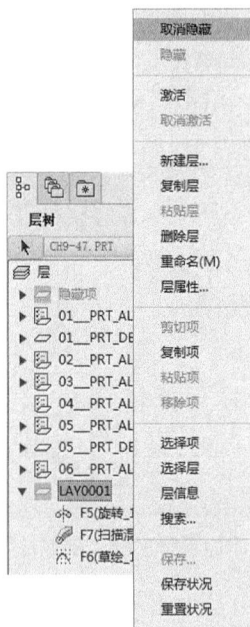

图 9-58　取消层隐藏

9.10　上机操作实验指导八　编辑烟灰缸模型

1. 根据特征操作的相关命令，创建如图 9-59 所示的烟灰缸模型。主要涉及的命令包括"编辑定义"命令、"编辑"命令以及"删除"命令等。

操作步骤如下。

步骤 1　打开已有文件

打开文件 Ch6-94.prt，模型如图 9-60 所示，参见本书第 1 章。

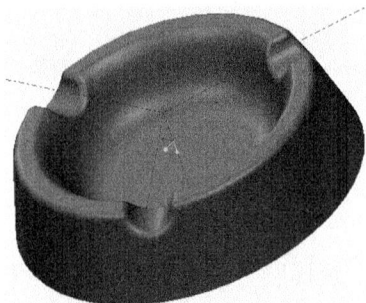

图 9-59　编辑后的烟灰缸模型

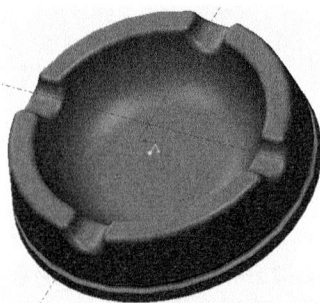

图 9-60　原始烟灰缸模型

步骤 2　编辑拔模特征

第 1 步，在模型树中，右击"拔模斜度 1"特征，在弹出的快捷菜单中选择"编辑"命令。

第 2 步，在绘图区中，双击尺寸 10，并将其尺寸修改为 15，如图 9-61 所示。

第3步，单击"操作"面板中的"重新生成" 📇 图标按钮，完成拔模特征的编辑，此时的模型显示如图 9-62 所示。

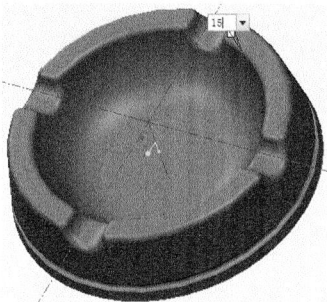

图 9-61　修改尺寸值

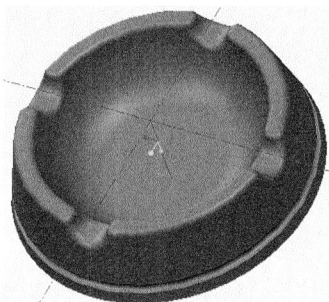

图 9-62　完成拔模特征的编辑

步骤 3　编辑定义孔特征

第 1 步，在模型树中，右击"孔 1"特征，在弹出的快捷菜单中选择"编辑定义"命令，系统打开"孔特征"操控板。

第 2 步，在"孔特征"操控板中，单击 图标按钮，系统进入草绘模式。

第 3 步，修改草绘尺寸值并调整样条曲线的控制点，此时的二维特征截面如图 9-63 所示，单击 ✔ 图标按钮，回到零件模式。

第 4 步，单击 ✔ 图标按钮，完成孔特征的重定义操作，如图 9-64 所示。

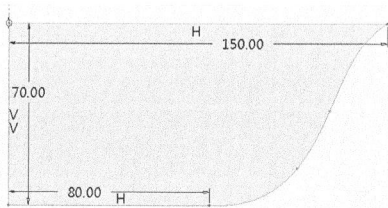

图 9-63　修改后的二维特征截面

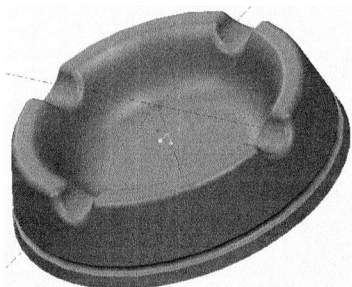

图 9-64　完成孔特征的重定义操作

步骤 4　删除阵列特征并重新阵列组特征

第 1 步，在模型树中，右击"阵列 1"特征，在弹出的快捷菜单中选择"删除阵列"命令，此时模型显示如图 9-65 所示。

第 2 步，在模型树中，右击"组"特征，在弹出的快捷菜单中选择"阵列"命令，系统弹出"阵列特征"操控板[①]。

第 3 步，在该操控板中，设置阵列的"类型"为轴，输入阵列成员间的"角度值"为 120，阵列成员数为 3，单击 ✔ 图标按钮，完成组特征的重新阵列操作，此时模型显示如图 9-66 所示。

步骤 5　删除底部凹槽旋转特征

第 1 步，在模型树中，右击"旋转 1"特征，在弹出的快捷菜单中选择"删除"命令。

---

① 参见本书第 7 章。

图 9-65 "删除阵列"操作后的模型　　　　图 9-66 重新阵列操作后的模型

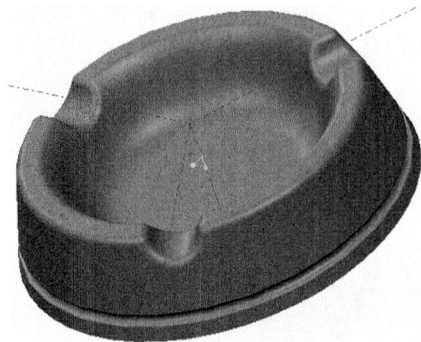

第 2 步，在弹出的"删除"对话框中，单击"确定"按钮，系统将删除"旋转 1"特征及其子特征"倒圆角 7"特征，完成底部凹槽旋转特征的删除操作，最终的模型显示如图 9-59 所示。

步骤 6　保存图形

参见本书第 1 章，操作过程略。

9.11　上　机　题

1. 根据特征操作的有关知识，创建如图 9-67 所示的节能灯模型。

建模提示。

（1）打开文件 Ch9-68.prt，模型如图 9-68 所示。

图 9-67　节能灯模型　　　　图 9-68　原始模型　　　　图 9-69　重新定义草绘特征

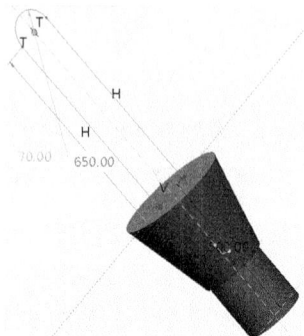

（2）在模型树中，右击"草绘 2"特征，在弹出的快捷菜单中选择"编辑定义"命令，在绘图区中，重新定义草绘特征，如图 9-69 所示。

（3）单击"操作"面板中的 图标按钮，完成草绘特征尺寸的编辑，如图 9-70 所示。

（4）在模型树中，右击"扫描 1"特征，在弹出的快捷菜单中选择"编辑"命令，如图 9-71 所示。修改扫描截面的直径值为 100，如图 9-72 所示。

（5）单击"操作"面板中的 图标按钮，完成扫描特征截面尺寸的编辑，如图 9-73 所示。

图 9-70　完成草绘特征编辑　　　图 9-71　选择"编辑"命令　　　图 9-72　修改尺寸值

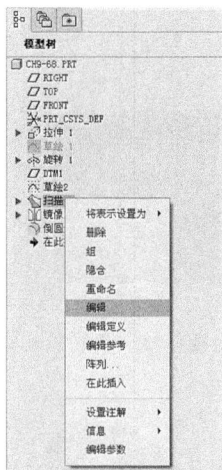

（6）在模型树中，右击"草绘 1"特征，在弹出的快捷菜单中选择"编辑定义"选项，重定义"旋转 1"特征的二维特征截面，如图 9-74 所示。

（7）单击✔图标按钮，完成"旋转 1"特征的二维特征截面，即"草绘 1"特征的重定义操作，重新生成后的模型显示如图 9-75 所示。

图 9-73　完成扫描特征编辑　　　图 9-74　重定义二维特征截面　　图 9-75　完成旋转特征的重定义操作

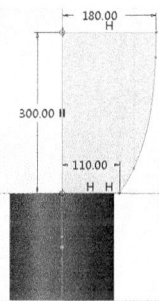

（8）在模型树中，单击拖动"在此插入"至"拉伸 1"特征之后，如图 9-76 所示，此时的模型显示如图 9-77 所示。

（9）创建"螺旋扫描"特征①，绘制旋转轮廓线如图 9-78所示，绘制螺旋扫描截面如图 9-79 所示，并指定"螺距值"为 35，完成二维模型如图 9-80 所示。

（10）选取模型中的边线作为倒圆角参考，输入半径值为 5，完成圆角特征的创建，此时的模型显示如图 9-81 所示。

（11）在模型树中，右击"在此插入"，在弹出的快捷菜单中选择"取消"命令，此时，在下方的消息区出现恢复隐含特征的提示，单击"是"按钮，完成特征的插入操作，完

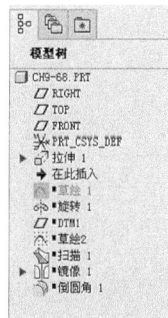

图 9-76　插入操作后的模型树

———————————

① 参见本书第 8.3 节。

成三维模型，如图 9-82 所示。

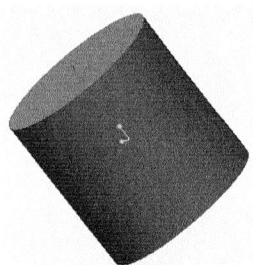

图 9-77　插入特征操作下的模型

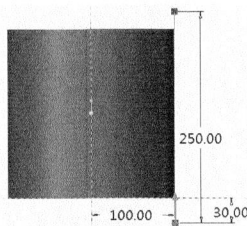

图 9-78　旋转轮廓线

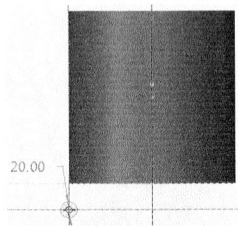

图 9-79　螺旋扫描截面

图 9-80　完成螺旋扫描特征的创建

图 9-81　完成圆角特征的创建

图 9-82　完成特征操作后的模型

第 10 章　曲面的创建

在 Creo 2.0 中，曲面特征是一种没有厚度和质量的几何特征，它是创建复杂外观模型有效的工具。曲面可以分为基本曲面和复杂曲面，基本曲面主要包括平面、拉伸曲面、旋转曲面、扫描曲面和混合曲面，而复杂曲面则需要创建特征曲线，通过变截面扫描、扫描混合、边界混合等方法创建。

本章将介绍的内容如下：

（1）创建平面的方法和步骤；

（2）创建边界混合曲面的方法和步骤；

（3）创建基本曲面的方法和步骤；

（4）将切面混合到曲面的方法和步骤；

（5）在曲面间混合曲面的方法和步骤。

10.1　平面的创建

利用"填充"命令可以创建平面特征。

调用命令的方式如下。

功能区：单击"模型"选项卡"曲面"面板中的 □填充 图标按钮。

操作步骤如下。

第 1 步，在零件模式中，单击 □填充 图标按钮，打开"填充"操控板，如图 10-1 所示。

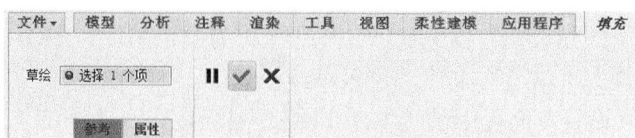

图 10-1　"填充"操控板

第 2 步，单击"参考"下滑面板中的"定义"按钮，如图 10-2 所示，弹出"草绘"对话框。

第 3 步，选择 TOP 基准平面为草绘平面，RIGHT 基准平面为参考平面，方向向右（此为默认设置），单击"草绘"按钮，进入草绘模式。绘制一封闭圆曲线，如图 10-3 所示，单击 ✔ 图标按钮，完成二维特征截面的创建，回到零件模式。

图 10-2　"参考"下滑面板

第 4 步，单击 ✔ 图标按钮，完成圆平面的创建，如图 10-4 所示。

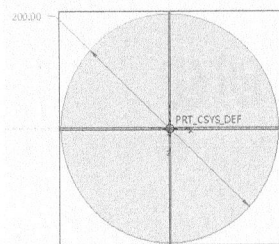

图 10-3　封闭圆曲线

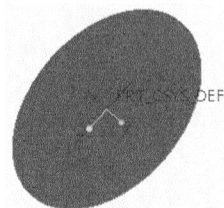

图 10-4　完成平面特征的创建

10.2　边界混合曲面的创建

边界混合特征是由单个方向上或者两个方向上的参考来定义而形成的曲面特征，其中曲面的边界、实体的边界、曲线、基准点、基准线、线面上的端点等都可以作为定义曲面特征的参考。

调用命令的方式如下。

功能区：单击"模型"选项卡"曲面"面板中的"边界混合" 图标按钮。

10.2.1　单个方向上的边界混合

利用"边界混合"命令通过单个方向上的边界混合创建特征曲面。

操作步骤如下。

第 1 步，在零件模式中，单击"草绘" 图标按钮，选择 TOP 基准平面为草绘平面，RIGHT 基准平面为参考平面，方向向右（此为默认设置），单击"草绘"按钮，绘制一条半圆曲线，半径值为 100，如图 10-5 所示。

第 2 步，单击 图标按钮，以 FRONT 基准平面为草绘平面，RIGHT 基准平面为参考平面，方向向右，单击"草绘"按钮，进入草绘模式。

第 3 步，单击"设置"面板中的"参考" 图标按钮，选择第 1 步绘制的半圆曲线作为参考曲线，在当前的草绘模式中绘制另外一条半圆曲线，如图 10-6 所示。

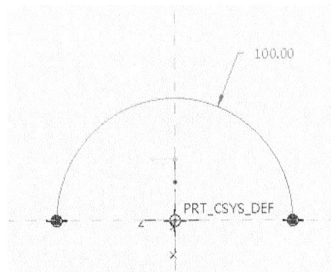

图 10-5　半圆曲线

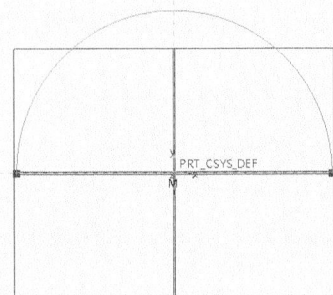

图 10-6　另外一条半圆曲线

注意：设置参考曲线可使当前曲线的端点捕捉到已有曲线，因此在绘制完当前曲线之后，无尺寸显示。

第 4 步，创建边界混合曲面，单击图标按钮，打开"边界混合特征"操控板，如图 10-7 所示。

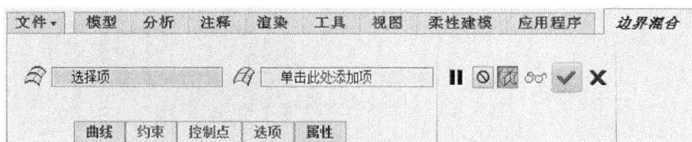

图 10-7 "边界混合特征"操控板

第 5 步，激活操控板下的"第一方向链收集器"，如图 10-8 所示，按住 Ctrl 键依次选取前面绘制的两条特征曲线作为边界混合的两条链，如图 10-9 所示。

图 10-8 激活第一方向链收集器

注意：在该操控板中，单击"曲线"下滑面板中"第一方向"选项组的"细节"按钮，弹出"链"对话框，利用"添加"按钮也可以依次选取用作边界混合的两条链。

第 6 步，在"边界混合特征"操控板中，控制混合曲面与基准平面垂直的方法是"约束"，单击"约束"选项卡，弹出如图 10-10 所示"约束"下滑面板。

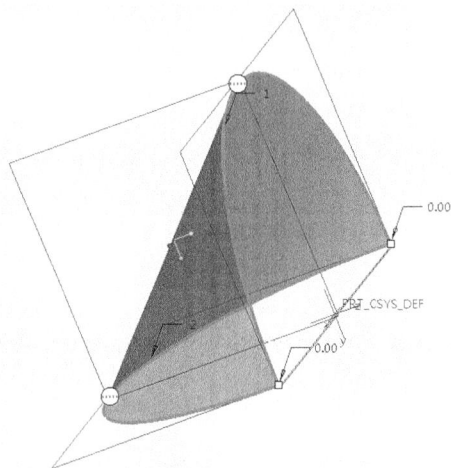

图 10-9 依次选取边界混合的链

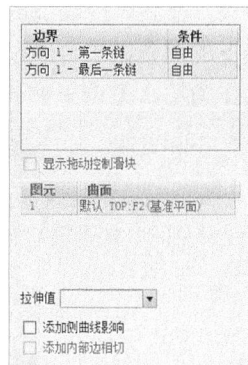

图 10-10 "约束"下滑面板

第 7 步，在"约束"下滑面板中，设置边界的"条件"为垂直，如图 10-11 所示，此时的特征曲面显示如图 10-12 所示，单击图标按钮，完成特征曲面的创建。

注意：设置特征曲面的边界条件之后，需指定图元的参考曲面。在这里，参考曲面为系统默认的基准平面，单击"约束"下滑面板中默认的基准平面可以替换参考。

10.2.2　两个方向上的边界混合

利用"边界混合"命令通过两个方向上的边界混合创建特征曲面。

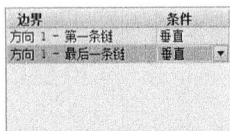

边界	条件
方向 1 - 第一条链	垂直
方向 1 - 最后一条链	垂直 ▼

图 10-11　设置边界的条件

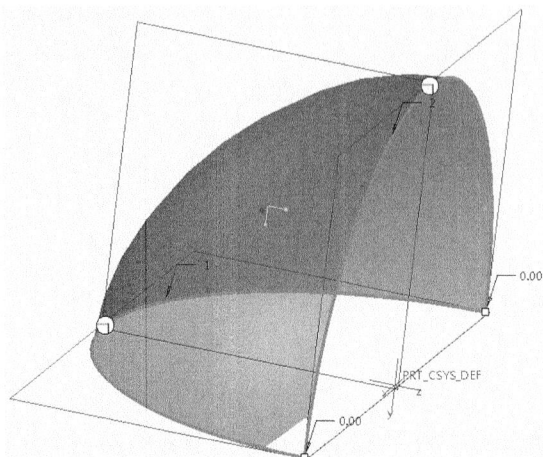

图 10-12　设置约束后的特征曲面

操作步骤如下。

第 1 步～第 3 步，同本章第 10.2.1 小节第 1 步～第 3 步。

第 4 步，单击 图标按钮，选择 RIGHT 基准平面为草绘平面，TOP 基准平面为参考平面，方向顶，单击"草绘"按钮，进入草绘模式。

第 5 步，设置前面绘制的两条半圆曲线为参考曲线并创建另外一条样条曲线，如图 10-13 所示，单击 图标按钮，回到零件模式。

第 6 步，创建边界混合曲面，单击 图标按钮，打开"边界混合"操控板。

第 7 步，激活操控板下的"第一方向链收集器"，依次选取两条半圆曲线作为边界混合第一方向下的两条链，再激活"第二方向链收集器"，如图 10-14 所示，选取第 5 步绘制的特征曲线作为第二方向下的一条链，如图 10-15 所示，单击 图标按钮，完成边界混合曲面的创建。

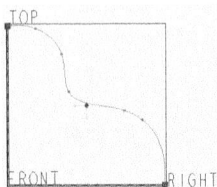

图 10-13　创建样条曲线

图 10-14　激活第二方向链收集器

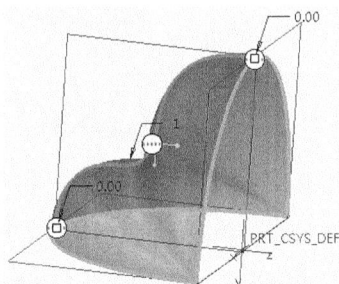

图 10-15　选取第二方向下的链

注意：在该操控板中，单击"曲线"按钮，选取"第一方向"下两条链之后，单击"第二方向"下的"细节"按钮，同样可以选取第 5 步草绘的特征曲线作为第二方向下的链。

操作及选项说明如下。

1）参考图元的使用规则

（1）在每个方向上可选取多条链定义特征曲面，链的数量越多，创建的特征曲面就越精确。

（2）选取每个方向上参考图元，必须按照连续的顺序依次选取用以边界混合的链。

（3）在两个方向上定义特征曲面，必须保证外部边界是封闭的环，否则无法生成特征曲面。

2）控制边界混合特征曲面的方法

在"边界混合特征"操控板中，单击"约束"按钮，可以在所选取链的"条件"中控制最终生成的特征曲面。

（1）自由：特征曲面沿边界不设置任何约束，系统生成默认特征曲面，如图 10-16 所示。

（2）相切：特征曲面沿边界与参考曲面或基准平面相切，如图 10-17 所示。

（3）曲率：特征曲面沿边界保持曲率的连续性，如图 10-18 所示。

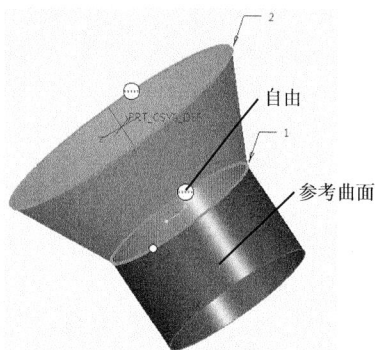

图 10-16　约束条件为自由

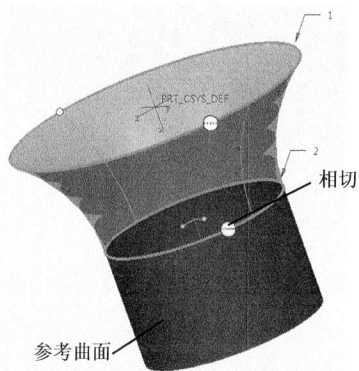

图 10-17　约束条件为相切

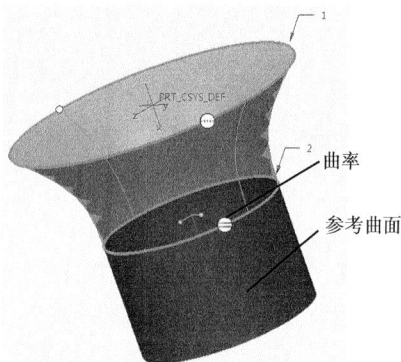

图 10-18　约束条件为曲率

（4）垂直：特征曲面沿边界与参考曲面或基准平面垂直，如图 10-19 所示。

3）其他选项说明

选项：单击"选项"选项卡，弹出如图 10-20 所示"选项"下滑面板，在该下滑面板中可以通过设置另外一条影响曲线、改变曲面自身的平滑度等来进一步完善所构建的曲面。总体来说，曲面的改变不会太大，而仅仅作为曲面后期处理的工具。

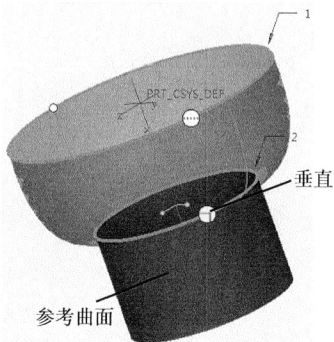

图 10-19　约束条件为垂直

图 10-20　"选项"下滑面板

10.3 基本曲面的创建

基本曲面的创建包括拉伸曲面、旋转曲面、扫描曲面和混合曲面，其创建方法与实体特征的创建类似。下面仅以拉伸曲面和旋转曲面为例介绍。

10.3.1 创建拉伸曲面

利用"拉伸"命令可以创建拉伸曲面特征。

调用命令的方式如下。

图标：单击功能区"模型"选项卡"形状"面板中的"拉伸" ⬚ 图标按钮。

操作步骤如下。

第1步，在零件模式中，单击 ⬚ 图标按钮，打开"拉伸特征"操控板，如图10-21所示。

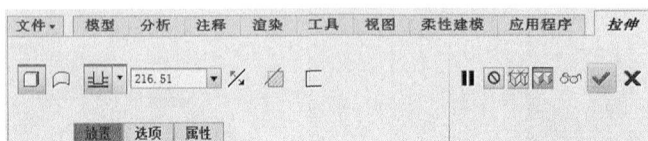

图10-21 "拉伸特征"操控板

第2步，在"拉伸特征"操控板中，单击"拉伸为曲面" ⬚ 图标按钮。

第3步，单击"放置"下滑面板中的"定义"按钮，弹出"草绘"对话框。选择TOP基准平面为草绘平面，RIGHT基准平面为参考平面，方向向右，单击"草绘"按钮，进入草绘模式。

第4步，单击"设置"面板中的"草绘视图" ⬚ 图标按钮，使TOP基准平面与屏幕平行。

第5步，绘制样条曲线，如图10-22所示，单击 ✔ 图标按钮，完成二维特征截面的创建，回到零件模式。

第6步，在"拉伸特征"操控板中，选择"盲孔"以指定深度值进行拉伸，输入"深度值"为100，旋转查看拉伸效果，如图10-23所示，单击 ✔ 图标按钮，完成特征曲面的创建。

注意：拉伸深度值也可以通过拖动句柄来调整，如图10-23所示。

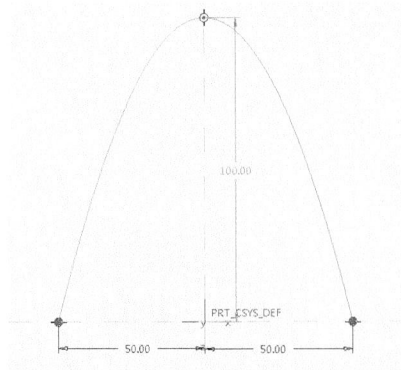

图10-22 绘制样条曲线

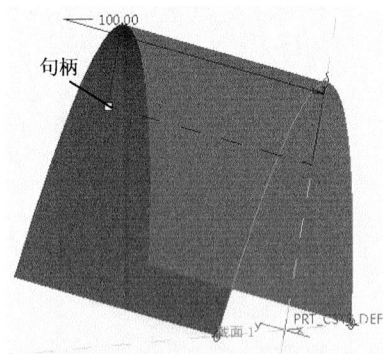

图10-23 创建拉伸曲面

10.3.2　创建旋转曲面

利用"旋转"命令可以创建旋转曲面特征。

调用命令的方式如下。

功能区：单击"模型"选项卡"形状"面板中的 旋转 图标按钮。

操作步骤如下。

第1步，在零件模式中，单击 旋转 图标按钮，打开"旋转特征"操控板，如图 10-24 所示。

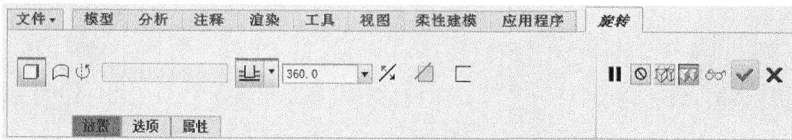

图 10-24　"旋转特征"操控板

第2步，在"旋转特征"操控板中，单击"作为曲面旋转" 图标按钮。

第3步，单击"放置"下滑面板中的"定义"按钮，弹出"草绘"对话框。选择 FRONT 基准平面为草绘平面，RIGHT 基准平面为参考平面，方向向右，进入草绘模式。

第4步，单击"设置"面板中的"草绘视图" 图标按钮，使定 FRONT 基准平面与屏幕平行。

第5步，绘制样条曲线，单击"基准"面板中的 中心线 图标按钮，绘制中心线，如图 10-25 所示，单击 图标按钮，完成二维特征截面的创建，回到零件模式。

第6步，在"旋转特征"操控板中，接受系统默认的旋转角度 360°，如图 10-26 所示，单击 图标按钮，完成旋转特征曲面的创建。

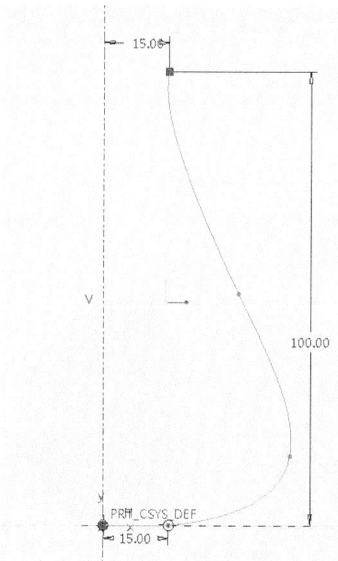

图 10-25　绘制样条曲线

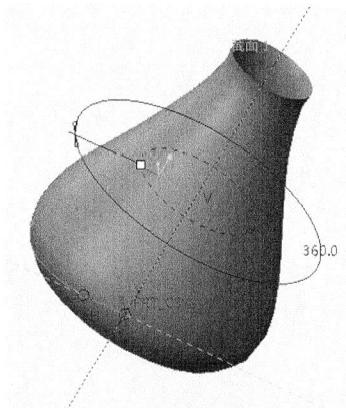

图 10-26　创建旋转曲面

操作及选项说明如下。

创建拉伸曲面特征，二维特征截面可以是开放的也可以是封闭的，同时也允许该截面含有多个嵌套的封闭图元（不能自交），若草绘截面为封闭图元，如图 10-27 所示，"选项"下滑面板中的"封闭端"复选框将被激活，如图 10-28 所示，如果选中"封闭端"复选框，则将封闭拉伸特征两侧，如图 10-29 所示。

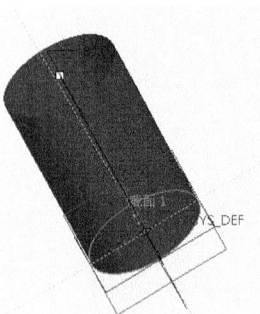

图 10-27 草绘截面为封闭图元　　　图 10-28 "选项"下滑面板　　　图 10-29 封闭拉伸特征

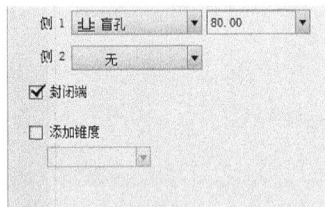

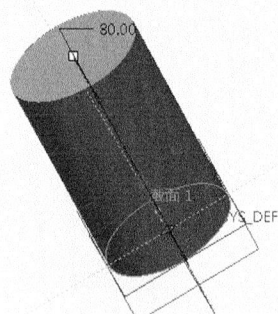

10.4 将截面混合到曲面

将截面混合到曲面是一种类似于边界混合的创建曲面的方法，它主要通过在参考曲面和草绘二维封闭截面之间形成边界混合曲面，该截面可以来源于特征曲面或实体的剖截面，也可自行绘制，最后创建的曲面相切于已知的参考曲面。

利用"将截面混合到曲面"命令可以创建相切于已知参考曲面的混合曲面。

调用命令的方式如下。

图标：单击窗口右上角的"命令搜索" 🔍 图标按钮，搜索"将截面混合到曲面"命令。

操作步骤如下。

第 1 步，在零件模式中，以 FRONT 基准平面为草绘平面，采用默认参考和方向设置，创建一半球曲面，直径为 250，如图 10-30 所示。

第 2 步，以 FRONT 基准平面为参考，用"偏距"为 200 创建基准面 DTM1，并以此为草绘平面，采用默认参考和方向设置，创建另一半球曲面，直径为 120，如图 10-31 所示。

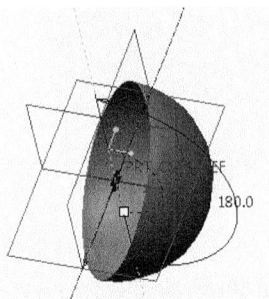

图 10-30 半球曲面　　　　图 10-31 另一半球曲面

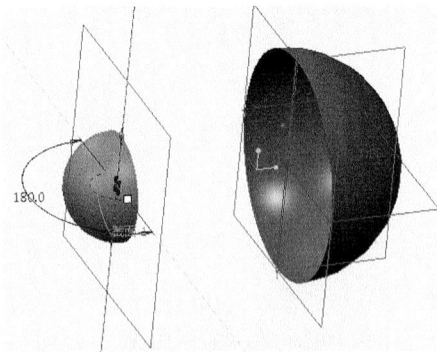

第 3 步，单击窗口右上角的"命令搜索" 图标按钮，在文本框中输入"将截面混合到曲面"，系统会搜索到"将截面混合到曲面"命令，选择"将截面混合到曲面->曲面(s)"，弹出如图 10-32 所示"曲面：截面到曲面混合"对话框。

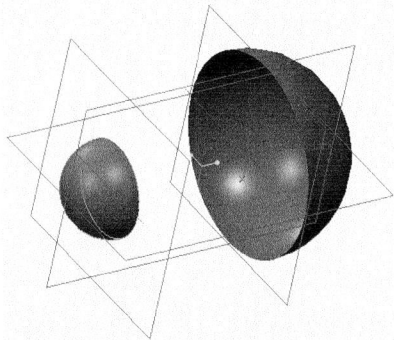

第 4 步，选取第 2 步绘制的半球曲面作为参考曲面，如图 10-33 所示，单击"确定"按钮，定义用于混合的二维特征截面，选择 FRONT 基准平面为草绘平面，设置方向，如图 10-34 所示，单击"确定"命令，选择"草绘视图"菜单中的"默认"命令，进入草绘模式。

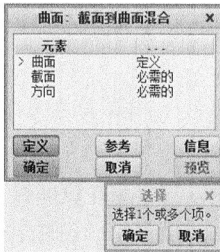

图 10-32 "截面到曲面混合"对话框

图 10-33 选取参考曲面

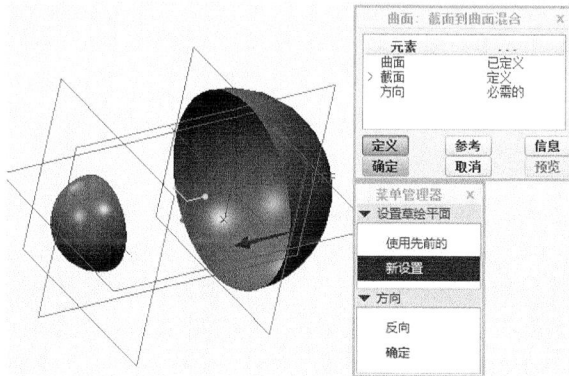

图 10-34 选择草绘平面

第 5 步，单击图标按钮，选择第 1 步绘制的半球曲面端面的圆曲线作为二维特征截面，如图 10-35 所示，单击图标按钮，完成草绘，在"曲面：截面到曲面混合"对话框中单击"确定"按钮，完成特征曲面的创建，如图 10-36 所示。

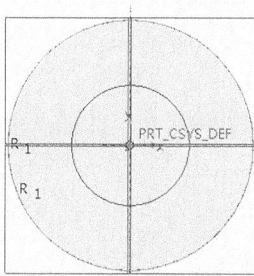

图 10-35 创建二维特征截面

图 10-36 完成特征曲面的创建

注意：利用"使用边"工具创建用于混合的二维特征截面时，通过"环"选项一次性创建封闭的截面。

10.5　在曲面间混合

在曲面间混合是一种创建曲面的特殊方法，它通过在曲面与曲面之间寻找公切面，并以此形成两者之间相对平滑的过渡。

利用"在曲面间混合"命令可以创建与两参考曲面相切的边界混合曲面。

调用命令的方式如下。

图标：单击窗口右上角的"命令搜索" 🔍 图标按钮，在文本框中输入"在曲面间混合"。

操作步骤如下。

第1步，在零件模式中，以 RIGHT 基准平面为草绘平面，采用默认参考和方向设置，创建一球面，直径为150，如图 10-37 所示。

第2步，以 FRONT 基准面为参考，以"偏距"为 200 创建基准面 DTM1,并以此为草绘平面创建椭球曲面作为曲面间混合的另一曲面，如图 10-38 所示，半长轴和半短轴分别 50 为和 30。

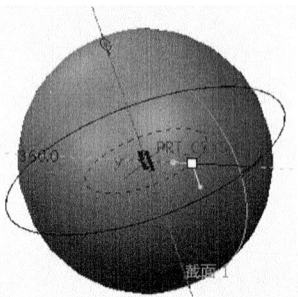

图 10-37　绘制球面

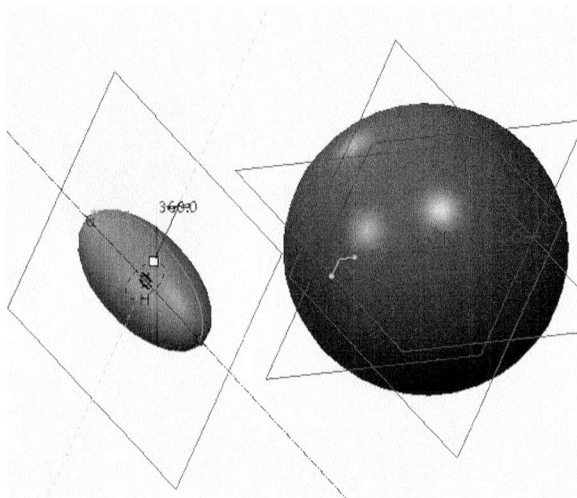

图 10-38　绘制椭球曲面

注意：这里创建的椭球曲面上必须存在与第 1 步创建的球面相对应的切点，否则将无法在两曲面间创建公切面。

第3步，单击窗口右上角的"命令搜索" 🔍 图标按钮，在文本框中输入"在曲面间混合"，系统会搜索到"在曲面间混合"命令，选择"在曲面间混合->曲面（s）"，弹出如图 10-39 所示"曲面：截面到曲面混合"对话框。

第4步，分别选取椭球曲面和球面上的半球面作为"曲面到曲面混合"的两曲面参考，单击"确定"按钮，完成特征曲面的创建，如图 10-40 所示。

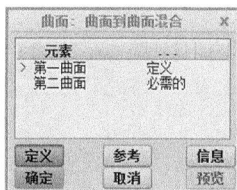

图 10-39 "曲面：曲面到曲面混合"对话框

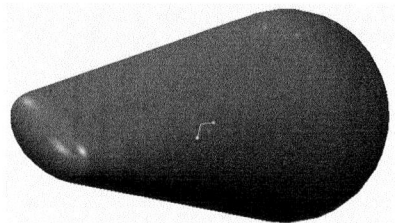

图 10-40 完成特征曲面的创建

10.6 上机操作实验指导九 吹风机建模

创建如图 10-41 所示的吹风机模型。主要涉及的命令包括"边界混合"命令、"阵列"命令、"拉伸"命令、"修剪"命令、"填充"命令以及"圆角"命令等。

操作步骤如下。

步骤 1 创建新文件

参见本书第 1 章，操作过程略。

步骤 2 创建主体边界混合曲面

第 1 步，以 FRONT 基准面为参考，以"偏距"为 100 分别向左向右创建基准面 DTM1 和 DTM2，并以此两个基准面和 FRONT 基准面为草绘平面，并采用默认参考和方向设置，分别绘制椭圆和圆，如图 10-42～图 10-44 所示。

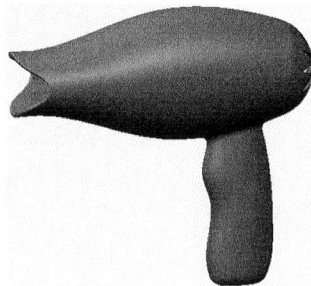

图 10-41 吹风机模型

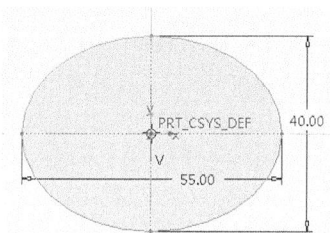

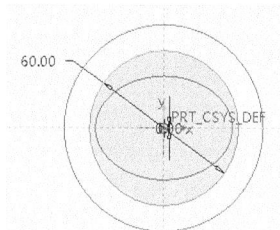

图 10-42 DTM1 基准面上的椭圆 　图 10-43 FRONT 基准面上的圆 　图 10-44 DTM2 基准面上的圆

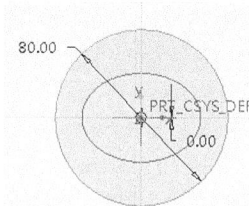

第 2 步，单击"草绘" 图标按钮，以 RIGHT 基准面为草绘平面，TOP 基准面为参考方向为顶，进入草绘模式。单击"设置"面板中的"参考" 图标按钮，选取第 1 步中绘制的 3 条曲线作为参考，绘制如图 10-45 所示的基准曲线。

第 3 步，选取第 2 步中绘制的基准曲线，单击"模型"选项卡"编辑"面板中的"镜像" 图标按钮，打开"镜像特征"操控板，选取 TOP 平面作为镜像平面，单击 图标按钮，完成镜像操作，如图 10-46 所示。

第 4 步，单击"模型"选项卡"曲面"面板中的"边界混合" 图标按钮，打开"边界混合"操控板，第一方向链收集器中选择第 1 步中绘制的椭圆和圆，第二方向链收集器选择侧面的两条样条曲线，结果如图 10-47 所示，单击 图标按钮，完成吹风机主体边界

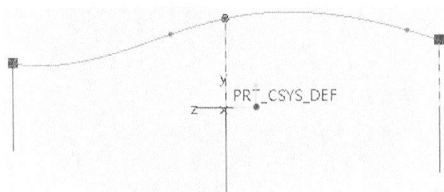

图 10-45 在 RIGHT 平面上绘制边界
混合的侧面基准曲线

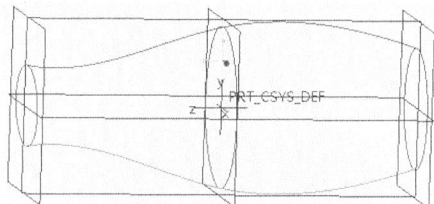

图 10-46 镜像基准曲线

混合操作，如图 10-48 所示。

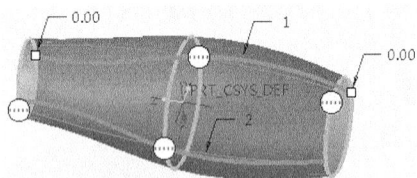

图 10-47 选取边界混合曲线

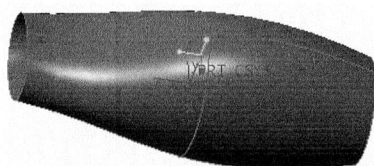

图 10-48 完成主体边界混合

步骤 3 创建头部移除材料拉伸曲面特征

第 1 步，单击"模型"选项卡"形状"面板中的"拉伸" ⬦图标按钮，打开"拉伸特征"操控板。

第 2 步，单击"放置"选项卡，弹出下滑面板，选择 RIGHT 基准面为草绘平面，进入草绘模式，绘制如图 10-49 所示的样条曲线，单击 ✔图标按钮，完成样条曲线的绘制。

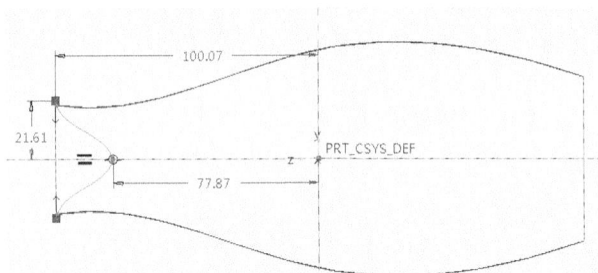

图 10-49 绘制样条曲线

第 3 步，在"拉伸"操控板中，单击"拉伸为曲面" ⬦图标按钮，向两侧拉伸 ，拉伸深度为 145，单击"移除材料" ⬦图标按钮，并选取主体模型作为修剪面组，单击 ⬦图标按钮，调整修剪方向，如图 10-50 所示，单击 ✔图标按钮，完成移除材料拉伸曲面特征，如图 10-51 所示。

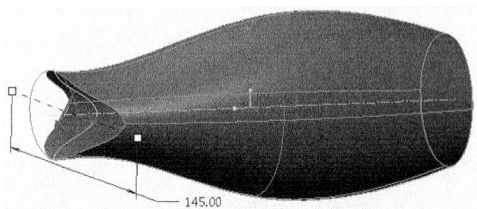

图 10-50 创建移除材料拉伸曲面

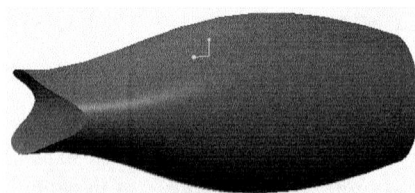

图 10-51 完成移除材料拉伸曲面

步骤4　创建尾部旋转曲面特征

第1步，单击"模型"选项卡"形状"面板中的"旋转" <small>旋转</small> 图标按钮，打开"旋转特征"操控板。

第2步，单击"放置"选项卡，弹出下滑面板，选择 RIGHT 基准面为草绘平面，进入草绘模式，绘制如图 10-52 所示的样条曲线，以 Z 轴绘制中心线，单击 ✔ 图标按钮，完成样条曲线的绘制。

第3步，在"旋转特征"操控板中，选择默认选项，单击 ✔ 图标按钮，完成样条曲线的旋转，如图 10-53 所示。

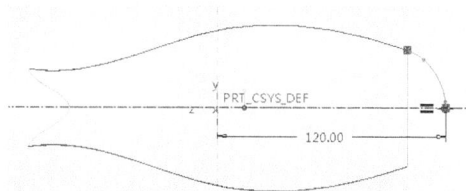

图 10-52　绘制尾部样条曲线

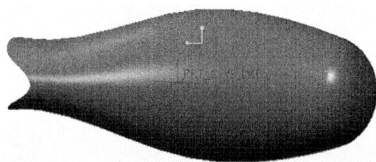

图 10-53　完成尾部旋转曲面特征

步骤5　创建尾部进风口

第1步，以 DTM2 基准平面为参考平面，偏移 30，创建 DTM3 基准平面，如图 10-54 所示。

第2步，单击"模型"选项卡"形状"面板中的"拉伸" 图标按钮，打开"拉伸特征"操控板。

第3步，单击"放置"选项卡，弹出下滑面板，选择 DTM3 基准平面为草绘平面，绘制直径为 5 的圆，如图 10-55 所示，单击 ✔ 图标按钮，完成圆的绘制。

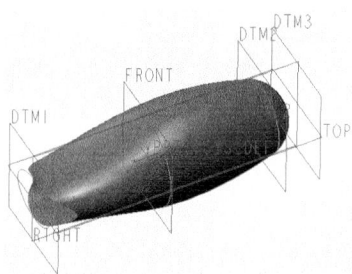

图 10-54　创建 DTM3 基准曲面平面

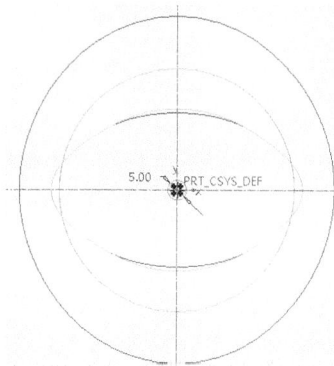

图 10-55　绘制尾部中心孔拉伸的圆

第4步，在"拉伸"操控板中，单击"拉伸为曲面" 图标按钮，指定深度值拉伸，拉伸深度为 27，选择"移除材料" 图标按钮，并选取主体模型作为修剪面组，单击 图标按钮，调整修剪方向，如图 10-56 所示，单击 ✔ 图标按钮，完成移除材料拉伸曲面特征，如图 10-57 所示。

第5步，同以上第2步和第3步，在 DTM3 基准平面中绘制如图 10-58 所示的椭圆，并拉伸如图 10-59 所示。

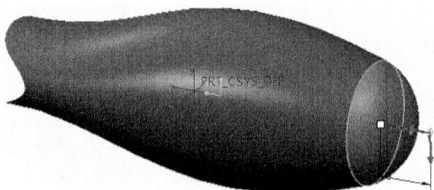

图 10-56　创建移除拉伸材料

图 10-57　完成中心孔的创建

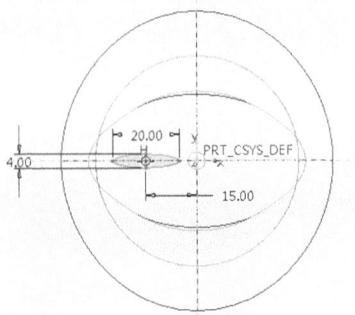

图 10-58　绘制椭圆

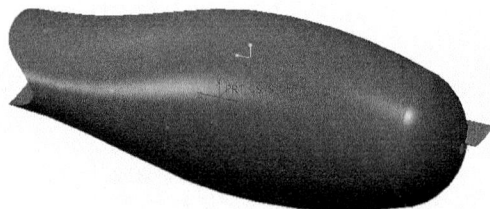

图 10-59　拉伸椭圆

第 6 步，选取上一步中拉伸的椭圆曲面，单击"模型"选项卡中"编辑"面板中的"阵列" ⊞图标按钮，打开"阵列特征"操控板，设置阵列类型为轴阵列，选取 Z 轴作为轴阵列的中心轴，输入阵列成员数为 12，角度为 30，如图 10-60 所示。单击 ✓图标按钮，完成阵列操作，如图 10-61 所示。

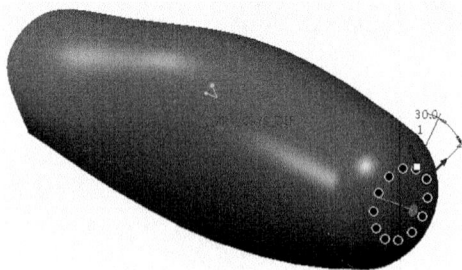

图 10-60　轴阵列预显示

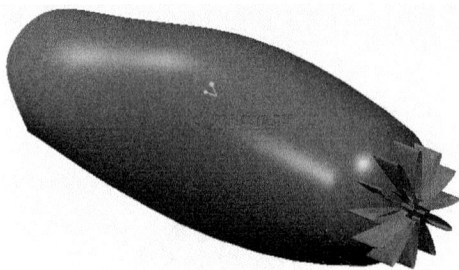

图 10-61　完成轴阵列

第 7 步，选取步骤 4 中旋转创建的尾部曲面，单击"模型"选项卡"编辑"面板中的"修剪" ⬚修剪图标按钮，打开"修剪"操控板。选择第 5 步中创建的椭圆拉伸曲面作为修剪曲面。单击该操控板中的"选项"选项卡，弹出下滑面板，取消选中"保留修剪曲面"复选框，如图 10-62 所示。单击 ⚡图标按钮，调整方向，如图 10-63 所示。单击 ✓图标按钮，完成修剪，如图 10-64 所示。

注意：这一步中选取修剪曲面一定要选择最原始的用拉伸命令创建的那个曲面，不能选择用阵列命令创建的曲面，否则会影响后面步骤的进行。

第 8 步，在模型树中对上一步完成的修剪单击右键，在弹出的快捷菜单中选择"阵列"命令，打开"阵列特征"操控板，保持默认选项，单击 ✓图标按钮，完成阵列，完成尾部进风口的建模，如图 10-65 所示。

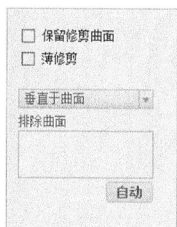

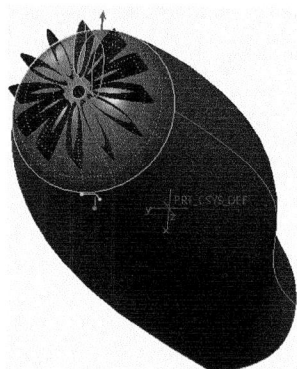

图 10-62　取消选中"保留修剪曲面"复选框　　　　图 10-63　曲面修剪

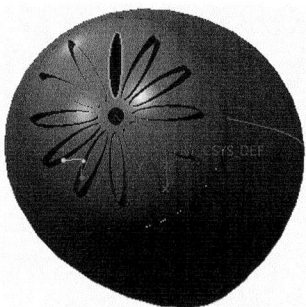

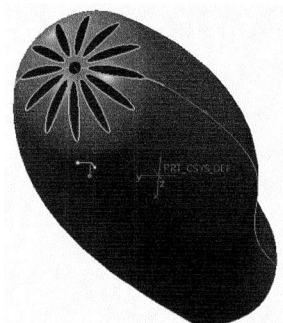

图 10-64　完成修剪　　　　　　　　图 10-65　完成吹风机主体建模

步骤 6　创建把手的边界混合特征

第 1 步，以 TOP 基准平面为参考平面，分别向下偏移 30、90.4、150，创建基准平面 DTM4、DTM5、DTM6。

第 2 步，以 DTM4 为草绘平面，绘制如图 10-66 所示的椭圆；以 DTM5 为草绘平面，绘制如图 10-67 所示的椭圆；以 DTM6 为草绘平面，绘制如图 10-68 所示的椭圆。

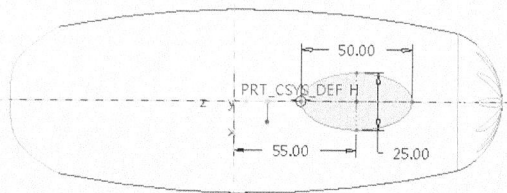

图 10-66　以 DTM4 为草绘平面绘制的椭圆

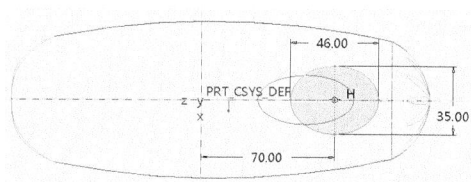

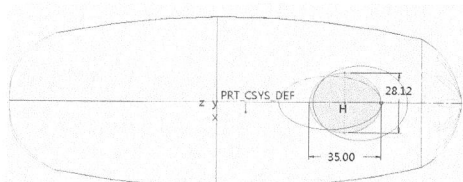

图 10-67　以 DTM5 为草绘平面绘制的椭圆　　　图 10-68　以 DTM6 为草绘平面绘制的椭圆

第 3 步，以 RIGHT 基准面为草绘平面，采用默认参考和方向设置，选择第 2 步绘制的椭圆作为参考曲线。绘制如图 10-69 所示的样条曲线。

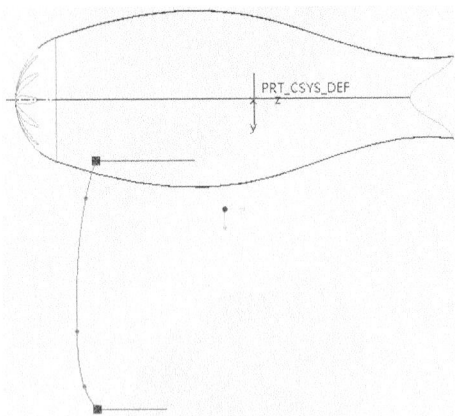

第 4 步，同第 3 步，以 RIGHT 基准面为草绘平面，采用默认参考和方向设置，绘制如图 10-70 所示的另一条样条曲线。

图 10-69　绘制样条曲线

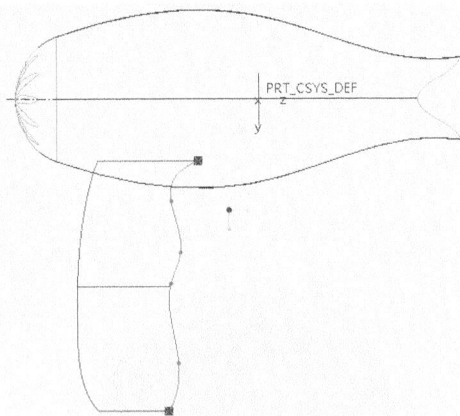

图 10-70　绘制另一条样条曲线

第 5 步，单击"模型"选项卡中"曲面"面板中的"边界混合" 图标按钮，打开"边界混合"操控板，第一方向链收集器中选择第 2 步中绘制的三个椭圆，第二方向链收集器选择侧面的两条样条曲线，结果如图 10-71 所示，单击 图标按钮，完成吹风机主体边界混合操作，如图 10-72 所示。

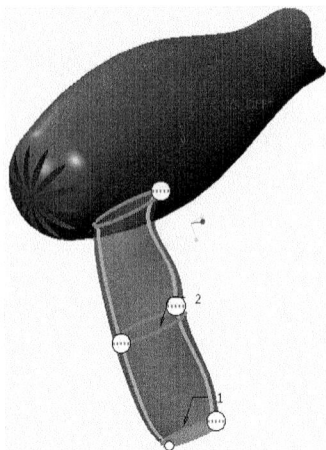

图 10-71　选取边界混合曲线

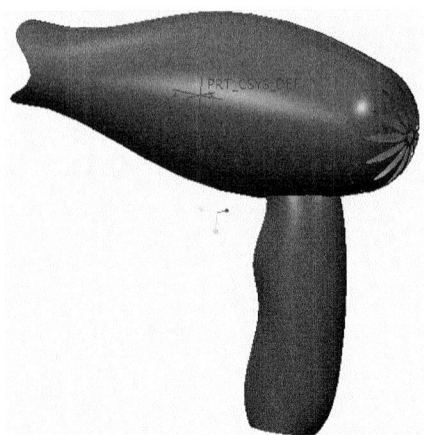

图 10-72　完成把手边界混合

步骤 7　合并曲面

第 1 步，选取步骤 3 中创建的吹风机主体曲面，以及步骤 6 中创建的把手曲面，单击"模型"选项卡"编辑"面板中的"合并" 图标按钮，打开"合并特征"操控板，调整要保留的曲面，如图 10-73 所示。单击 图标按钮，完成曲面合并操作。

第 2 步，选取上一步中合并的曲面和吹风机尾部曲面合并，如图 10-74 所示。

图 10-73 合并把手曲面和主体的曲面

图 10-74 与尾部曲面合并

步骤 8 填充把手底部

第 1 步，单击"模型"选项卡"曲面"面板中的"填充" □填充 图标按钮，打开"填充"操控板。

第 2 步，单击"参考"选项卡，在弹出的下滑面板中，选择 DTM6 作为草绘平面，进入草绘模式。单击"草绘"面板中的"投影" □投影 图标按钮，选择把手尾部曲线，如图 10-75所示，单击 ✔ 图标按钮，完成草绘，单击 ✔ 图标按钮， 完成填充，结果如图 10-76 所示。

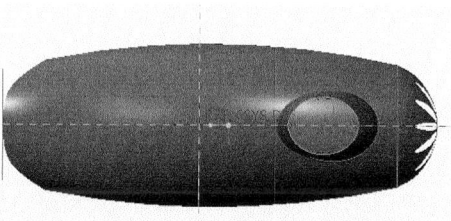

图 10-75 选择投影曲线

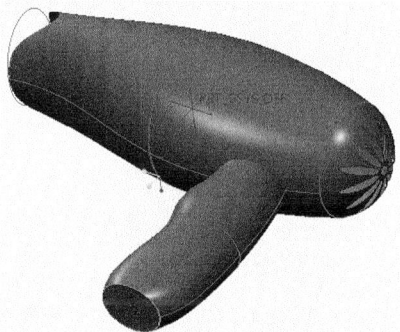

图 10-76 完成填充

步骤 9 曲面合并、加厚并创建圆角特征

对吹风机主体及上一步骤中填充的曲面进行合并。合并完成后，对吹风机加厚 3。对吹风机前嘴倒圆角，半径为 1.5，主体与把手连接处倒圆角，半径为 4.5，把手底端倒圆角，半径为 4.5，对吹风机尾部进风口边缘倒圆角，半径为 1。完成吹风机模型的创建如图 10-41所示。

步骤 10 保存图形

参见本书第 1 章，操作过程略。

10.7 上 机 题

1. 利用曲面创建的相关命令，创建如图 10-77 所示的音箱模型。

建模提示。

（1）以 RIGHT 基准面为草绘平面，采用默认参考和方向设置，绘制如图 10-78 所示的

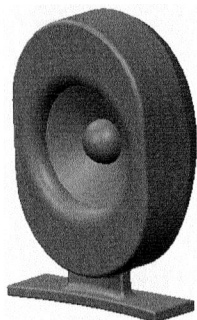

图 10-77　音箱模型

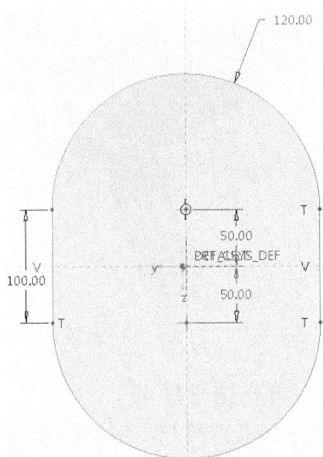

图 10-78　二维特征截面

二维特征截面，调用"拉伸"命令创建"深度值"为 80 的曲面特征，如图 10-79 所示。

（2）以拉伸曲面的一侧作为草绘平面，绘制如图 10-80 所示的圆弧线。

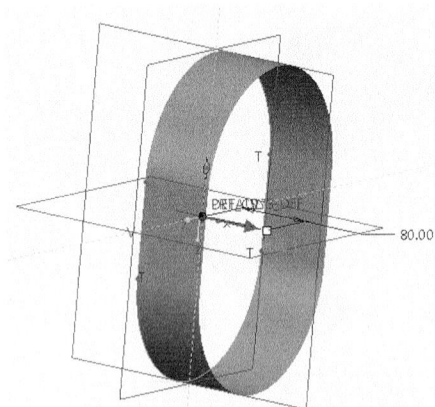

图 10-79　拉伸曲面特征

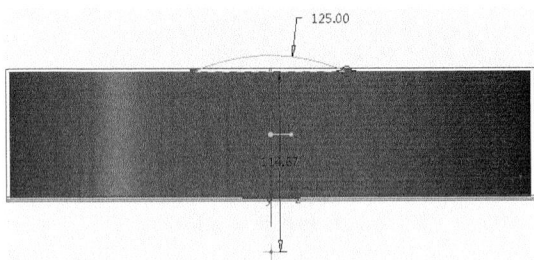

图 10-80　圆弧线 1

（3）以 TOP 基准平面为参考，镜像前面绘制的圆弧线至拉伸曲面另一侧。

（4）以 TOP 基准面为草绘平面，采用默认参考和方向设置，绘制如图 10-81 所示的圆弧线。

（5）以 FRONT 基准面为草绘平面，采用默认参考和方向设置，绘制如图 10-82 所示的样条曲线。

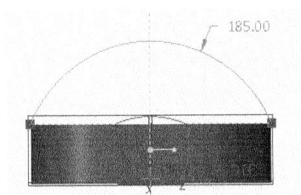

图 10-81　圆弧线 2

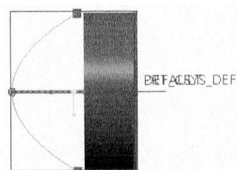

图 10-82　样条曲线

（6）选取前面绘制的圆弧线和样条曲线作为两个方向上的链，创建边界混合特征，如图 10-83 所示。

（7）创建侧面的填充特征，如图 10-84 所示，并镜像至另一侧。

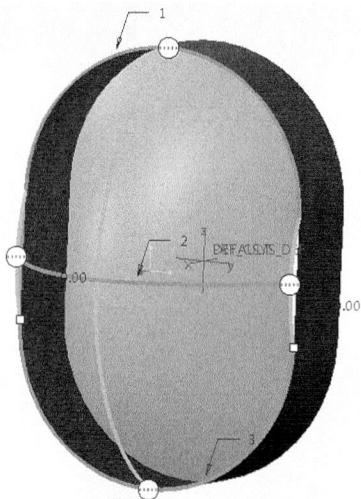

图 10-83　边界混合特征

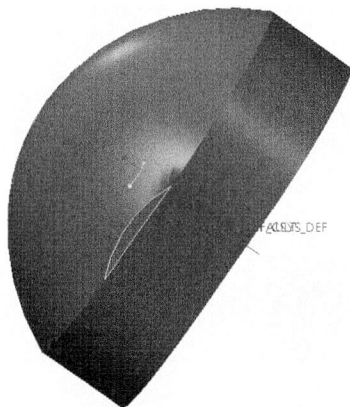

图 10-84　侧面填充特征

（8）以 RIGHT 基准面为草绘平面，采用默认参考和方向设置，绘制如图 10-85 所示的圆形封闭曲线。

（9）创建前部的填充特征，如图 10-86 所示。

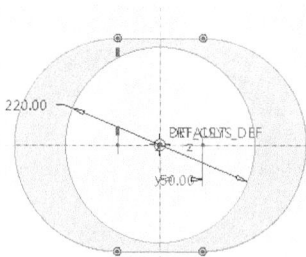

图 10-85　圆形封闭曲线 1

图 10-86　前部填充特征

（10）以 TOP 基准面为草绘平面，采用默认参考和方向设置，绘制如图 10-87 所示的二维特征截面，以 X 轴作为旋转轴，创建旋转曲面特征，如图 10-88 所示。

（11）将已创建的所有曲面合并，并将曲面实体化，参见本书第 11 章和第 12 章。

（12）以 FRONT 基准面为参考，创建基准面 DTM2 "偏距"为 195，并以此基准面为草绘平面，采用默认参考和方向设置，绘制二维特征截面如图 10-89 所示，指定拉伸的方法为"拉伸至选定的曲面"，创建拉伸实体特征，如图 10-90 所示。

（13）同理绘制如图 10-91 所示的二维特征截面，创建如图 10-92 所示的拉伸实体特征。

（14）创建圆角特征，完成音箱模型的创建如图 10-77 所示。

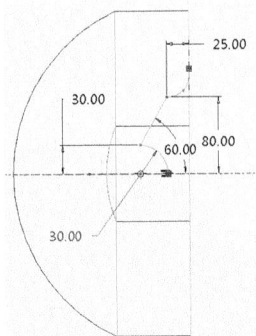

图 10-87　二维特征截面

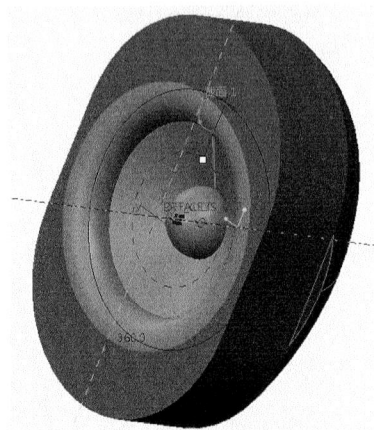

图 10-88　旋转曲面特征

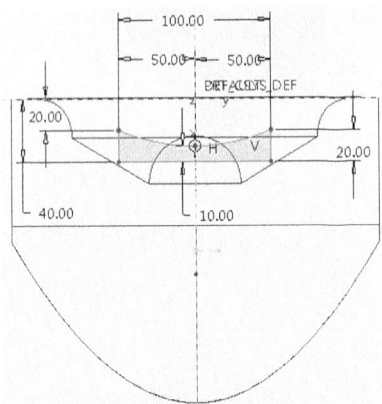

图 10-89　二维特征截面 1

图 10-90　创建拉伸实体特征 1

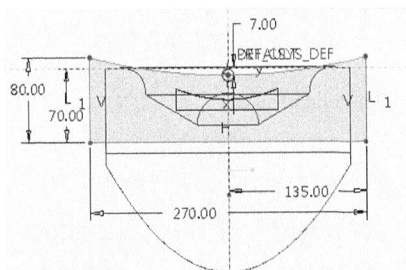

图 10-91　二维特征截面 2

图 10-92　创建拉伸实体特征 2

第11章 曲面的编辑

运用第10章所讲述的曲面创建方法可以创建一些基本的曲面，但是在工程实际中，仅仅依靠这些简单的创建方法还是不够的，还需要对已创建的曲面进行灵活的编辑。Creo 2.0 提供了强大的曲面编辑功能。

本章将介绍的内容如下：

（1）复制曲面的方法和步骤；

（2）移动和旋转曲面的方法和步骤；

（3）镜像曲面的方法和步骤；

（4）标准方式偏移曲面的方法和步骤；

（5）延伸曲面的方法和步骤；

（6）合并曲面的方法和步骤；

（7）裁切曲面的方法和步骤。

11.1 复 制 曲 面

复制曲面是在原有曲面的基础上，通过复制的方式快捷地创建出与源曲面大小和形状相同的曲面。

调用命令的方式如下。

功能区：单击"模型"选项卡"操作"面板中的 复制 和 粘贴 图标按钮。

操作步骤如下。

第1步，打开文件 Ch11-1.prt，如图 11-1 所示。

第2步，在模型上选择用来进行复制操作的面，如图 11-2 所示。

图 11-1　原始模型

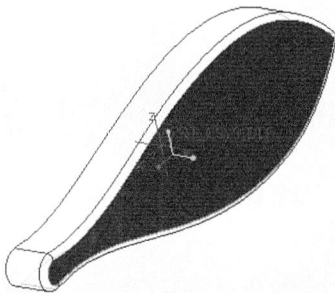

图 11-2　选择进行复制的面

注意：如果需要对多个面进行复制操作，可以按下 Ctrl 键不放，然后对这些面进行选择。

第 3 步，单击"模型"选项卡"操作"面板中的 ![复制] 图标按钮。

第 4 步，单击"模型"选项卡"操作"面板中的 ![粘贴] 图标按钮，打开"曲面复制"操控板，如图 11-3 所示。

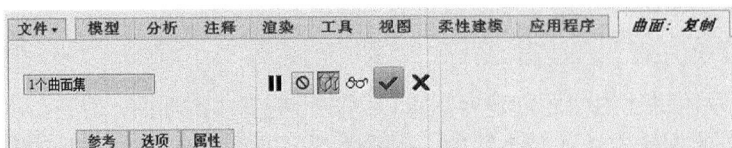

| 文件▾ | 模型 | 分析 | 注释 | 渲染 | 工具 | 视图 | 柔性建模 | 应用程序 | *曲面：复制* |

1个曲面集   ‖ ⊘ ◹ ∞ ✓ ✗

参考 选项 属性

图 11-3 "曲面复制"操控板

第 5 步，单击"选项"选项卡，弹出"选项"下滑面板。

第 6 步，在"选项"下滑面板中选择"按原样复制所有曲面" 单选按钮（此为默认设置）。

第 7 步，单击 ![✓] 图标按钮，完成对曲面的复制。读者可以在模型树中观察到复制的曲面。

操作及选项说明如下。

在"选项"下滑面板中，包含有三个重要的单选按钮，可以对复制的面进行编辑和界定。它们的含义如下。

（1）按原样复制所有曲面：可以准确地复制曲面的副本，此为默认设置。

（2）排除曲面并填充孔：复制某些曲面，可以排除部分曲面或选择填充曲面内的孔。选择该单选按钮时，"选项"下滑面板上将会弹出"排除轮廓"收集器和"填充孔 / 曲面"收集器。

（3）复制内部边界：仅复制边界内部的曲面。选择该单选按钮时，"边界曲线"收集器被激活。

11.2　移动和旋转曲面

对曲面进行移动和旋转的操作，是通过"选择性粘贴"命令来实现的。

注意：只有独立的面才能被"选择性粘贴"，而模型上的表面不能被"选择性粘贴"。

调用命令的方式如下。

功能区：单击"模型"选项卡"操作"面板中的 ![复制] 图标按钮和 ![粘贴] 下拉式图标按钮中的 ![选择性粘贴] 图标按钮。

11.2.1　移动曲面

操作步骤如下。

第 1 步，打开文件 Ch11-4.prt，如图 11-4 所示。

第 2 步，选择模型中的曲面。

第 3 步，单击"模型"选项卡"操作"面板中的 ![复制] 图标按钮。

第 4 步，单击"模型"选项卡"操作"面板中 ![粘贴] 下拉式图标按钮中的 ![选择性粘贴] 图标按钮。弹出"选择性粘贴"对话框，如图 11-5 所示。

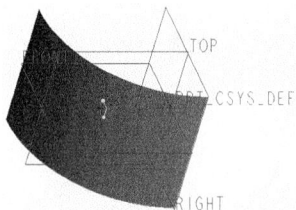

图 11-4　原始模型

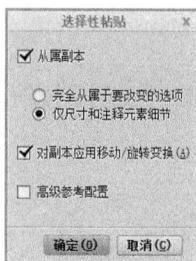

图 11-5　"选择性粘贴"对话框

第 5 步，选中对话框中的"对副本应用移动/旋转变换"复选框，并单击"确定"按钮，打开"移动/复制"操控板，如图 11-6 所示。

图 11-6　"移动/复制"操控板

第 6 步，在操控板中单击"移动" ↔ 图标按钮（此为默认设置）。

第 7 步，单击操控板上的方向参考的收集器，然后在模型中选择 RIGHT 平面作为平移参考。

第 8 步，在参考收集器后的文本框中输入平移值 130，回车。此时模型如图 11-7 所示。

第 9 步，单击 ✓ 图标按钮，完成选择性粘贴的移动操作，如图 11-8 所示。

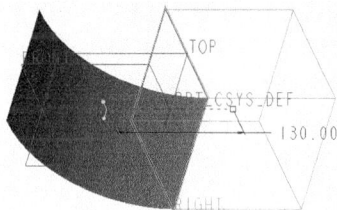

图 11-7　设置平移的距离

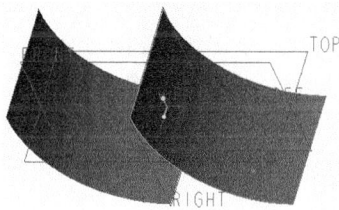

图 11-8　移动曲面

注意：平移曲面的所选的参考也可以是曲面的一条直线边，这样复制的曲面，将沿着直线边的方向进行移动。

11.2.2　旋转曲面

操作步骤如下。

第 1 步～第 5 步，同本书第 11.2.1 小节中第 1 步～第 5 步。

第 6 步，在操控板中单击"旋转" ↻ 图标按钮。

第 7 步，单击操控板中方向参考的收集器，然后在模型中选择系统坐标系的 Z 轴作为旋转参考。

注意：这里也可以选择曲面上的直线边线或者创建一基准轴作为旋转参考。

第 8 步，在参考收集器后的文本框中输入旋转角度值 180，回车。此时模型如图 11-9 所示。

第 9 步，单击 ✔ 图标按钮，完成选择性粘贴的旋转操作，如图 11-10 所示。

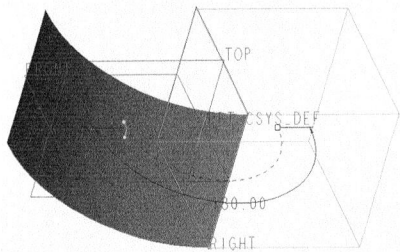

图 11-9　设置旋转角度　　　　　　　　　图 11-10　旋转曲面

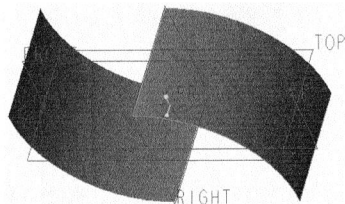

操作及选项说明如下。

1)"选择性粘贴"对话框

(1) 从属副本：此为默认选项，表示创建源特征的从属副本。

(2) 对副本应用移动 / 旋转变换：表示通过平移、旋转来复制副本。可以创建特征的完全从属副本。跨模型粘贴特征时此选项不可用。

(3) 高级参考配置：表示使用原始参考或新参考在同一模型中或跨模型粘贴复制的特征。列出原始特征的参考，并允许用户保留这些参考或在粘贴的特征中将其替换为新参考。允许用户在粘贴复制的特征时重定义和替换参考，而不是在完成复制粘贴后再单独重定义参考。

2) 其他选项说明

(1) 变换：单击该按钮，弹出如图 11-11 所示"变换"下滑面板，用户可以在该面板中定义复制曲面面组的形式为平移或旋转，设置平移距离或旋转角度，以及方向参考。

(2) 属性：单击该按钮，弹出如图 11-12 所示"属性"下滑面板，可以设定当前特征的名称和显示当前特征的属性。

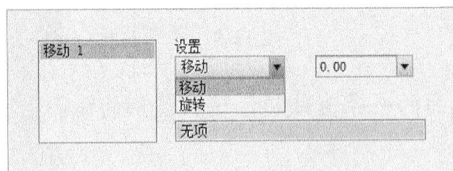

图 11-11　"变换"下滑面板　　　　　　　图 11-12　"属性"下滑面板

11.3　镜　像　曲　面

镜像功能是相对于一个平面对称复制出源特征的副本。除零件几何外，"镜像"工具也可以用来镜像曲面。

调用命令的方式如下。

功能区：单击"模型"选项卡"编辑"面板中的"镜像" 镜像图标按钮。

利用"镜像"命令镜像曲面。

操作步骤如下。

第 1 步和第 2 步，同本书第 11.2.1 小节中第 1 步和第 2 步。

第 3 步，单击"编辑"面板中的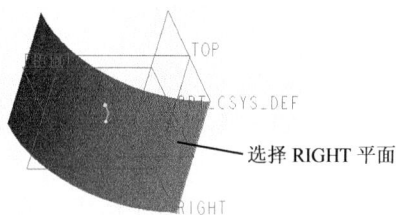镜像图标按钮，打开"镜像特征"操控板，如图 11-13 所示。

图 11-13　"镜像特征"操控板

第 4 步，选择 RIGHT 平面为镜像平面，如图 11-14 所示。

第 5 步，单击✔图标按钮，完成镜像操作，结果如图 11-15 所示。

图 11-14　选择镜像平面

图 11-15　镜像曲面

操作及选项说明如下。

（1）参考：单击该选项卡，弹出"参考"下滑面板，其选项与"镜像特征"操控板上的选项相同。

（2）选项：单击该选项卡，弹出"选项"下滑面板，选中"隐藏原始几何"复选框，则可以隐藏源对象。

11.4　标准偏移曲面

使用标准偏移曲面，可以对单个曲面或实体特征上的曲面偏移指定的距离来创建一个新的曲面。

调用命令的方式如下。

功能区：单击"模型"选项卡"编辑"面板中的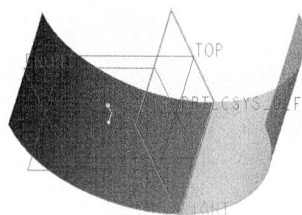偏移图标按钮。

利用"偏移"命令编辑曲面。

操作步骤如下。

第 1 步，打开文件 Ch11-1.prt，如图 11-16 所示。

第 2 步，在模型上选择一个曲面，如图 11-17 所示。

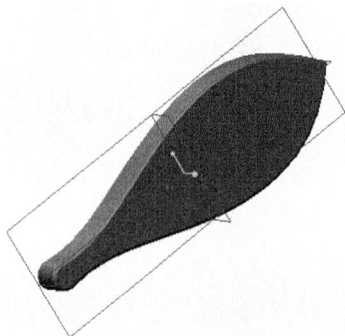

图 11-16　原始模型

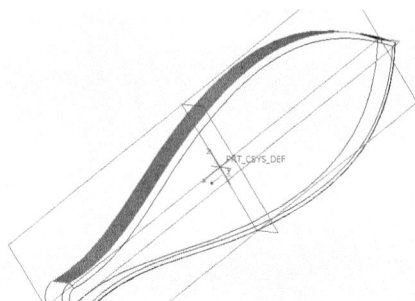

图 11-17　选择进行偏移的曲面

第 3 步，单击"模型"选项卡"编辑"面板中的 ⬚偏移 图标按钮，打开"偏移特征"操控板，如图 11-18 所示。

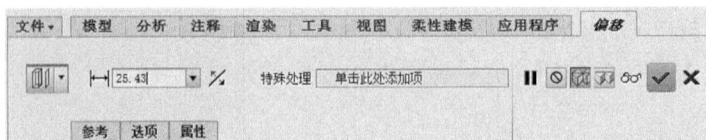

图 11-18　"偏移特征"操控板

第 4 步，在"偏移特征"操控板中单击"标准偏移特征" ⬚ 图标按钮（此为默认设置）。并在其后的文本框中设置偏移距离为 50，此时模型如图 11-19 所示。

第 5 步，单击"选项"选项卡，弹出"选项"下滑面板，在列表框中选择"垂直于曲面"选项（此为默认设置）。

第 6 步，单击 ✓ 图标按钮，完成曲面的偏移操作。如图 11-20 所示。

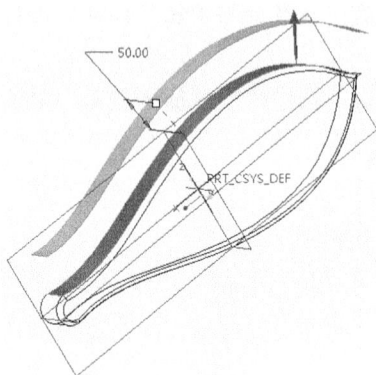

图 11-19　设置曲面偏移距离

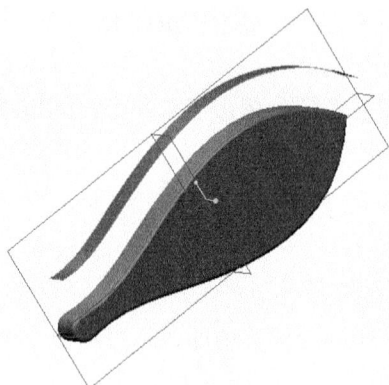

图 11-20　创建标准偏移曲面

操作及选项说明如下。

单击"偏移特征"操控板的"选项"选项卡，弹出"选项"下滑面板，如图 11-21 所示。可以设置偏移曲面的类型。

（1）垂直于曲面：垂直于原始曲面偏移曲面。

（2）自动拟合：系统根据自动确定的坐标系对曲面进行缩放和调整。

（3）控制拟合：在指定的坐标系下，对曲面进行缩放和调整，并且可以沿指定轴移动。

另外，还可以选中"选项"下滑面板中的"创建侧曲面"复选框，在原始曲面和偏移曲面之间添加侧面。本例中若选中"创建侧曲面"复选框，结果如图 11-22 所示。

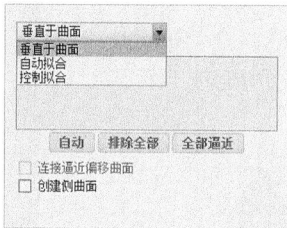

图 11-21　"选项"下滑面板

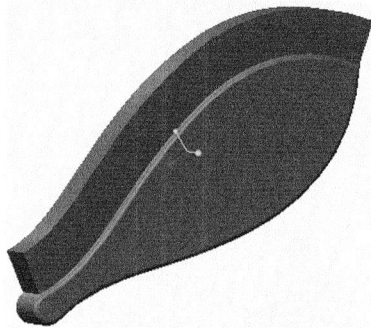

图 11-22　创建添加侧曲面的偏移曲面

11.5　延　伸　曲　面

曲面的延伸是将曲面延长指定的距离或是将曲面延伸到所选的参考。延伸出的曲面部分与原始曲面的类型可以是相同的，也可以是不同的。

调用命令的方式如下。

功能区：单击"模型"选项卡"编辑"面板中的 ⊡延伸 图标按钮。

11.5.1　延伸曲面至参考平面

利用"延伸"命令，延伸曲面到指定的参考平面。

操作步骤如下：

第 1 步，打开文件 Ch11-23.prt，如图 11-23 所示。

第 2 步，选择待延伸曲面的一条边线，如图 11-24 所示。

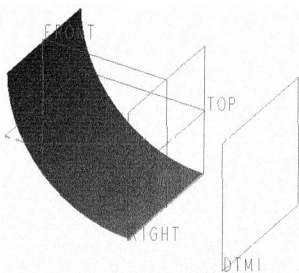

图 11-23　原始模型

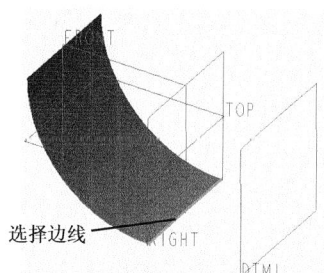

图 11-24　选择曲面的一条边线

第 3 步，单击"模型"选项卡下"编辑"面板中的"延伸" ⊡延伸 图标按钮，打开"延伸特征"操控板。如图 11-25 所示。

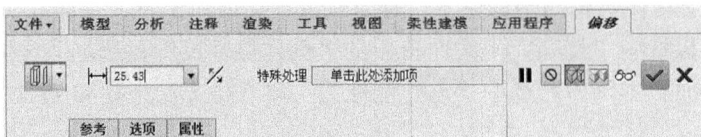

图 11-25　"延伸特征"操控板

第 4 步，在操控板中，单击"将曲面延伸到参考平面" 图标按钮。

第 5 步，选择平面 DTM1 作为参考平面，此时模型如图 11-26 所示。

第 6 步，单击 图标按钮，完成曲面的延伸。如图 11-27 所示。

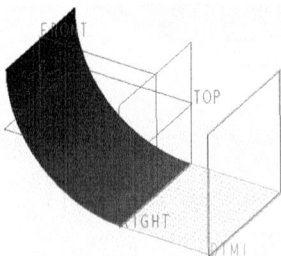

图 11-26　将曲面延伸到参考平面预显示

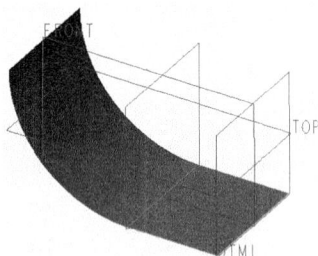

图 11-27　将曲面延伸到参考平面

11.5.2　沿原始曲面延伸曲面

利用"延伸"命令，沿原始曲面延伸曲面。

操作步骤如下。

第 1 步～第 3 步，同本书第 11.5.1 小节中第 1 步～第 3 步。

第 4 步，在操控板中，单击"沿原始曲面延伸曲面" 图标按钮（此为默认选项）。

第 5 步，在操控板中"延伸的距离"文本框中输入 66。

第 6 步，单击"测量"选项卡，弹出"测量"下滑面板，在"距离类型"中选择"垂直于边"选项（此为默认设置），并在其左下角的测量距离选项中选择"测量参考曲面中的延伸距离" 图标按钮，如图 11-28 所示。

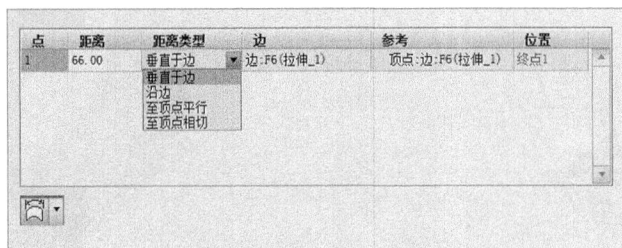

图 11-28　"度量"下滑面板

注意：除了"测量参考曲面中的延伸距离" 图标按钮选项之外，还可以选择"测量选定平面中的延伸距离" 图标按钮，它表示在选定基准平面中测量延伸距离。

第 7 步，单击"选项"选项卡，弹出"选项"下滑面板，在"方式"下拉列表中选择"相同"选项（此为默认设置）。模型显示如图 11-29 所示。

第8步，单击✔图标按钮，完成沿原始曲面延伸的操作。如图11-30所示。

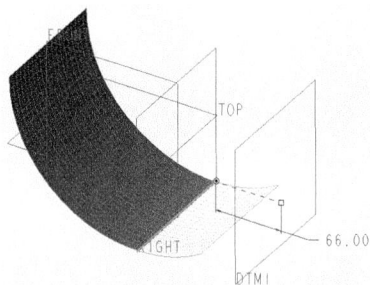

图 11-29　沿原始曲面延伸曲面预显示

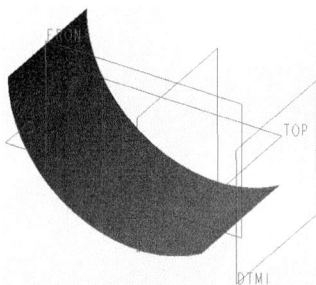

图 11-30　沿原始曲面延伸曲面

操作及选项说明如下。

1）定义延伸曲面的连接方式

根据延伸出的曲面部分与原始曲面之间连接类型的不同，可以将延伸曲面的连接类型分为"相同"、"相切"和"逼近"三种方式。用户可以在"选项"下滑面板的"方式"下拉列表中进行选择。如图11-31所示。

（1）相同：以连续的曲率变化延伸原始曲面，延伸出的曲面部分与原始曲面类型相同。

（2）相切：延伸出的曲面部分与原始曲面相切，并且延伸出的是直面，如图 11-32 所示。

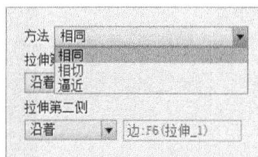

图 11-31　"选项"下滑面板

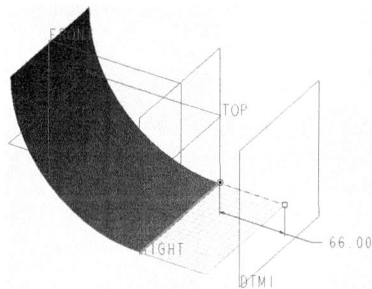

图 11-32　选择"相切"方式延伸曲面

（3）逼近：是指在原始曲面和延伸出的曲面部分之间，以边界混合的方式创建延伸特征。当将原始曲面延伸至不在一条直线边上的顶点时，该方式很有用。

2）定义延伸距离的方式和延伸方向

在"测量"下滑面板的"距离类型"选项中，可以定义延伸距离的方式。主要有以下几种方式：

（1）垂直于边：表示延伸距离将以选定边的垂直方向作为延伸方向来定义延伸曲面的长度。

（2）沿边：表示将以选定边的相邻侧边的方向作为延伸方向来定义延伸曲面的长度。

（3）至顶点平行：表示在顶点处开始延伸边并平行于边界边。

（4）至顶点相切：表示在顶点处开始延伸边并与下一单侧边相切。

此外，在"选项"下滑面板中也涉及延伸方向，包括"沿着"和"垂直于"两个选项。图11-33和图11-34分别是使用这两种方式的效果。

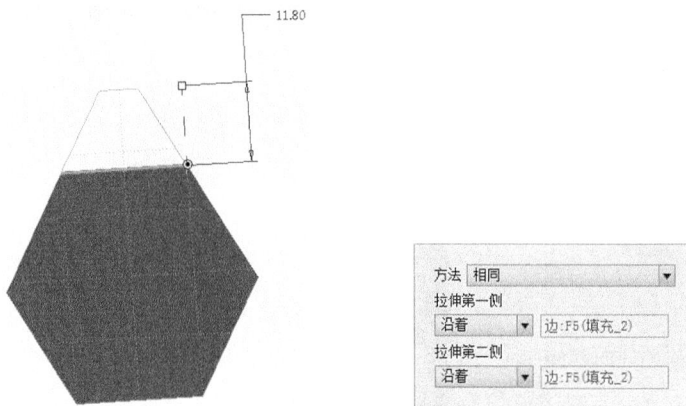

图 11-33　以"沿着"方式定义延伸距离

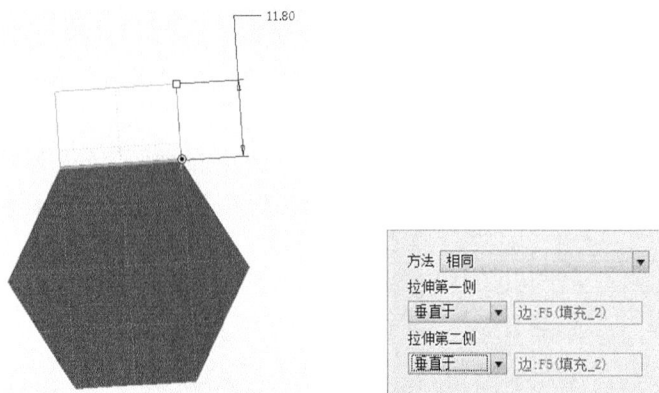

图 11-34　以"垂直于"方式定义延伸距离

11.6　合并曲面

合并曲面是通过求交或连接的方式合并面组，合并后新生成的面组是一个单独的面组。

调用命令的方式如下。

功能区：单击"模型"选项卡"编辑"面板中的 合并 图标按钮。

11.6.1　曲面的求交

利用合并命令的求交方式合并曲面。

操作步骤如下。

第 1 步，打开文件 Ch11-35.prt，如图 11-35 所示。

第 2 步，按住 Ctrl 键不放，选择模型中的两个曲面，如图 11-36 所示。

第 3 步，单击"模型"选项卡"编辑"面板中的 合并 图标按钮，打开"合并特征"操控板，如图 11-37 所示。

图 11-35　原始模型

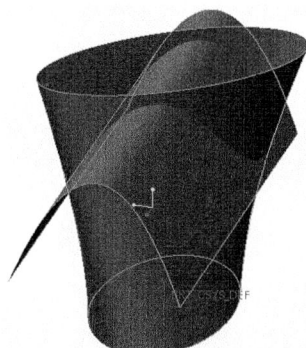

图 11-36　选择要合并的曲面

图 11-37　"合并特征"操控板

第 4 步，在操控板中单击"选项"选项卡，弹出"选项"下滑面板，选择"相交"单选按钮（此为默认设置）。

第 5 步，在操控板中单击"更改要保留的第一面组的侧" ⬚ 图标按钮，选择要保留的第一面组的部分。单击"更改要保留的第二面组的侧" ⬚ 图标按钮选择要保留的第二面组的部分。使模型中的箭头方向如图 11-38 所示。

第 6 步，单击 ✔ 图标按钮，完成曲面的合并。如图 11-39 所示。

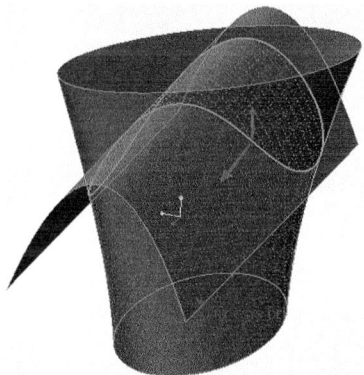

图 11-38　调整面组保留方向

图 11-39　通过求交方式合并曲面

注意：在求交方式合并曲面的过程当中，可以通过单击"更改要保留的第一面组的侧" ⬚ 图标按钮和"更改要保留的第二面组的侧" ⬚ 图标按钮来改变模型中对应箭头的方向。箭头的指向即为要保留的方向。

11.6.2　曲面的连接

利用"合并"命令的连接方式合并曲面。

操作步骤如下。

第 1 步，打开文件 Ch11-40.prt，如图 11-40 所示。

第 2 步，按住 Ctrl 键不放，选择模型中的曲面，如图 11-41 所示。

图 11-40　原始模型

图 11-41　选择要合并的曲面

第 3 步，单击"模型"选项卡"编辑"面板中的 合并 图标按钮，打开"合并特征"操控板。

第 4 步，在操控板中单击"选项"选项卡，弹出"选项"下滑面板，选择"连接"单选按钮，如图 11-42 所示。

第 5 步，单击 ✓ 图标按钮，完成曲面的合并。如图 11-43 所示。

● 相交
○ 连接

图 11-42　"选项"下滑面板

图 11-43　通过连接方式合并曲面

注意：通过连接方式合并曲面，要求合并的面组有公共边。另外，在 Creo 2.0 中，支持执行一次合并多个面组，方法是按住 Ctrl 键不放，选择要合并的面组，然后执行"合并"命令，在"合并特征"操控板中进行相关设置来完成合并操作。

11.7　裁　剪　曲　面

裁剪曲面是指通过拉伸移除材料的方式、旋转移除材料方式或修剪命令来实现对曲面进行切割的目的。

11.7.1 移除材料拉伸裁剪曲面

可以通过创建拉伸曲面特征，并选择"拉伸特征"操控板的"移除材料" 图标按钮，对已有的曲面进行裁剪。

调用命令的方式如下。

功能区：单击"模型"选项卡"形状"面板中的"拉伸" 图标按钮。

操作步骤如下：

第1步，打开文件 Ch11-44.prt，如图 11-44 所示。

第2步，单击"模型"选项卡下"形状"面板中的"拉伸" 图标按钮，打开"拉伸特征"操控板。

第3步，在操控板中单击"拉伸为曲面" 图标按钮，并单击"移除材料" 图标按钮。

第4步，单击操控板中的"面组"收集器，将其激活，并选择原始曲面作为修剪面组。

第5步，单击"放置"下滑面板中的"定义"按钮，弹出"草绘"对话框。选择 FRONT 平面为草绘平面，采用默认的参考和方向设置，在作图区绘制如图 11-45 所示的二维特征截面。单击 图标按钮，回到零件模式。

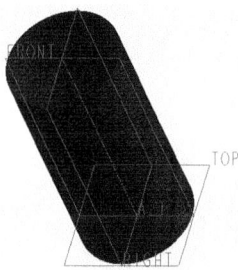

图 11-44　原始模型

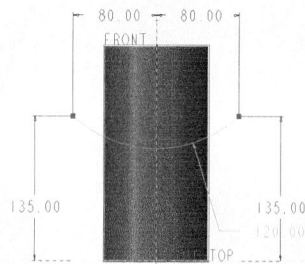

图 11-45　绘制拉伸截面

第6步，在"拉伸特征"操控板中，指定拉伸特征深度的方法为"对称"，输入"深度值"为 200，此时模型如图 11-46 所示。

第7步，在操控板中单击"反向材料侧" 图标按钮，调整移除材料的方向，模型显示如图 11-46 所示。

第8步，单击 图标按钮，完成拉伸移除材料方式裁剪曲面的操作。如图 11-47 所示。

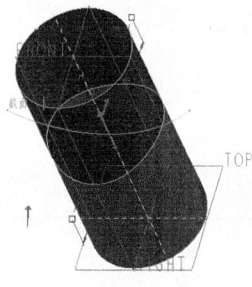

图 11-46　拉伸特征预显示

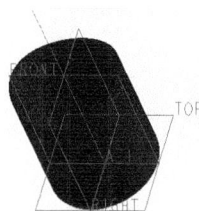

图 11-47　通过拉伸移除材料方式裁剪曲面

11.7.2 移除材料旋转裁剪曲面

通过创建旋转曲面特征，并选择"旋转特征"操控板中的"移除材料" ⌀ 图标按钮，对已有的曲面进行裁剪。

调用命令的方式如下。

功能区：单击"模型"选项卡"形状"面板中的 ⊹ 旋转 图标按钮。

操作步骤如下。

第1步，打开文件 Ch11-48.prt，如图 11-48 所示。

第2步，单击"模型"选项卡下"形状"面板中的 ⊹ 旋转 图标按钮，打开"旋转特征"操控板。

第3步，在操控板中单击"作为曲面旋转" 🖿 图标按钮，并单击"移除材料" ⌀ 图标按钮。

第4步，单击操控板中的"面组"收集器，将其激活，并选择原始曲面作为修剪面组。

第5步，单击"放置"下滑面板中的"定义"按钮，弹出"草绘"对话框。选择 TOP 平面为草绘平面，采用默认的参考和方向设置，在作图区绘制如图 11-49 所示的二维特征截面。并单击 ✔ 图标按钮，回到零件模式。

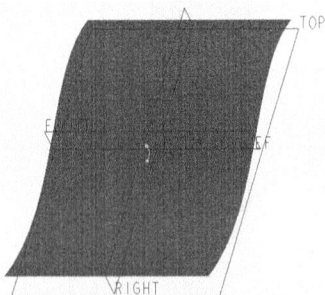

图 11-48　原始模型

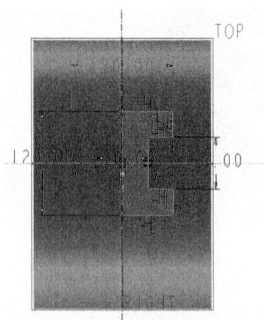

图 11-49　绘制旋转截面

第6步，在操控板的文本框中输入旋转的角度值为 360（此为默认设置）。

第7步，在操控板中单击"反向材料侧" ✗ 图标按钮，调整移除材料的方向，模型显示如图 11-50 所示。

第8步，单击 ✔ 图标按钮，完成旋转移除材料方式裁剪曲面的操作。如图 11-51 所示。

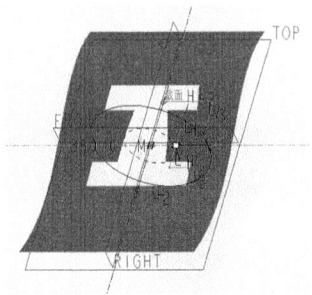

图 11-50　调整箭头方向裁剪曲面

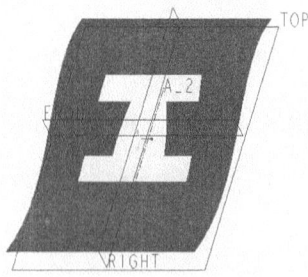

图 11-51　裁剪结果

11.7.3　用修剪命令裁剪曲面

曲面的修剪是指将所选择曲面的某一部分剪除或分割，可以指定单个的面组、基准平面、曲线对所选曲面进行裁剪，从而创建出新的曲面特征。

调用命令的方式如下。

功能区：单击"模型"选项卡"编辑"面板中的 ◻修剪 图标按钮。

操作步骤如下。

第 1 步，打开文件 Ch11-52.prt，如图 11-52 所示。

第 2 步，在模型中选择中间的椭圆形曲面，如图 11-53 所示。

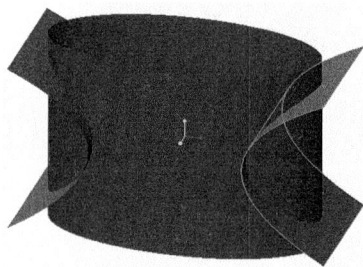

图 11-52　原始模型

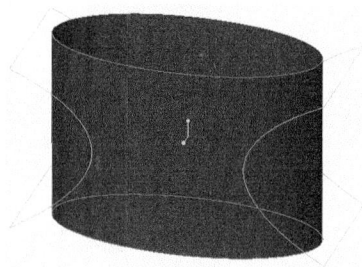

图 11-53　选择待修剪曲面

第 3 步，单击"模型"选项卡"编辑"面板中的 ◻修剪 图标按钮，打开"曲面修剪"操控板。如图 11-54 所示。

图 11-54　"曲面修剪"操控板

第 4 步，在模型中选择修剪对象，这里选择左边的弧形曲面。

第 5 步，在操控板中单击"选项"选项卡，弹出"选项"下滑面板。如图 11-55 所示。在该下滑面板中取消选中"保留修剪曲面"复选框。

第 6 步，在操控板中单击"反向材料侧" % 图标按钮，调整修剪的方向，模型显示如图 11-56 所示。

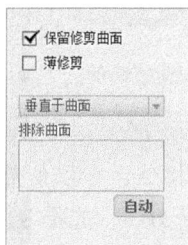

图 11-55　"选项"下滑面板

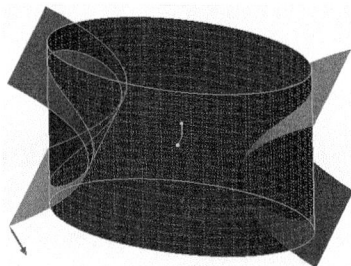

图 11-56　调整修剪方向

注意：单击"反向材料侧" 图标按钮，可以改变修剪的方向。单击一次，修剪方向反向，再次单击该按钮，箭头则变为双向，表示向两侧同时修剪。该功能只有在选中了"选项"下滑面板中的"薄修剪"复选框后才有实际的意义。

第7步，单击 ✓ 图标按钮，完成此次修剪的操作，如图11-57所示。

注意：如果在第5步操作中，如果保留选中"保留修剪曲面"复选框，则修剪结果如图11-58所示。

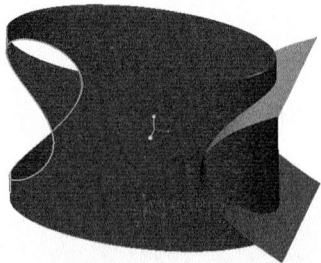

图11-57　创建修剪特征　　　　　　　图11-58　创建"保留修剪曲面"修剪特征

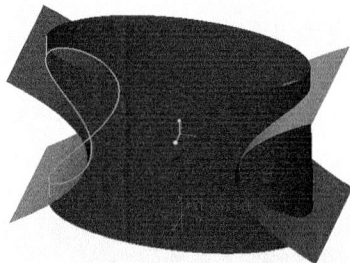

第8步，继续进行修剪操作，仍选择椭圆形曲面作为被修剪曲面，如图11-59所示。

第9步，单击"模型"选项卡下"编辑"面板中的 修剪 图标按钮，打开"曲面修剪"操控板。

第10步，在模型中选择右边的弧形曲面作为修剪对象。

第11步，在操控板中单击"选项"选项卡，弹出"选项"下滑面板。在该下滑面板中取消选中"保留修剪曲面"复选框，选中"薄修剪"复选框，并在其后的文本框中输入厚度值为10，如图11-60所示。

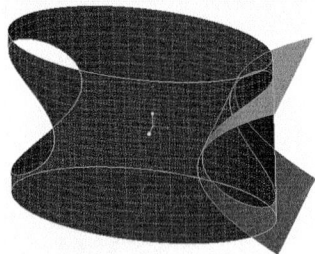

第12步，在操控板中单击"反向材料侧" 图标按钮，调整修剪的方向，模型显示如图11-61所示。

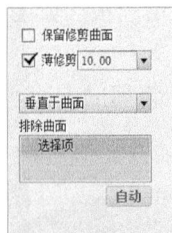

图11-59　选择待修剪曲面

图11-60　"选项"下滑面板设置　　　　　图11-61　调整修剪的方向

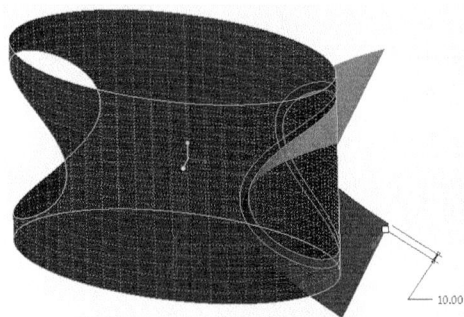

第13步，单击 ✓ 图标按钮，完成修剪操作，结果如图11-62所示。

注意：在操控板上单击"使用轮廓方法修剪面组" 图标按钮，可以使用侧面投影的方法修剪面组。如图11-63所示的模型，选择曲面作为被修剪的面组，选择RIGHT平面为修剪对象。并在"修剪特征"操控板上单击"使用轮廓方法修剪面组" 图标按钮，模型预显示如图11-64所示，可以看到修剪的分界线在RIGHT平面的右侧。实际上，从RIGHT

平面的视角看，分界线刚好位于模型的顶部。采用默认的修剪方向，完成的三维模型如图 11-65 所示。

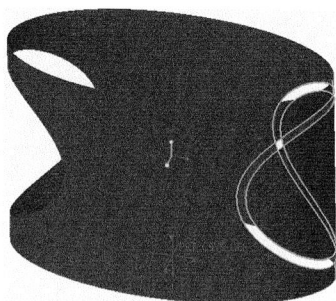

图 11-62　创建修剪特征

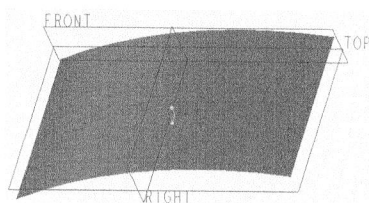

图 11-63　原始模型

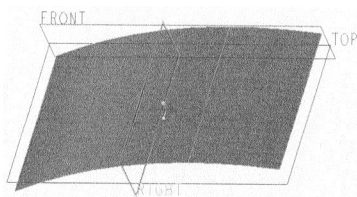

图 11-64　修剪预显示

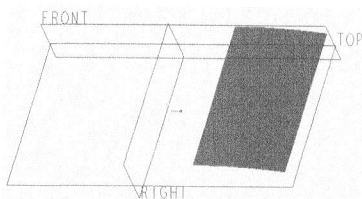

图 11-65　"使用轮廓方法修剪面组"方式修剪曲面

11.8　上机操作实验指导十　小闹钟建模

1. 创建如图 11-66 所示的小闹钟模型。主要涉及的本章命令有"复制"命令、"镜像"命令、"合并"命令和"修剪"命令。

操作步骤如下。

步骤 1　创建新文件

参见本书第 1 章，操作过程略。

步骤 2　创建边界混合曲线

第 1 步，以 TOP 平面为草绘平面，采用默认的参考和方向设置，绘制如图 11-67 所示的一条基准曲线。

第 2 步，仍然以 TOP 平面为草绘平面，采用默认的参考和方向设置，参考上一步曲线的起点和终点，绘制如图 11-68 所示的另一条基准曲线。

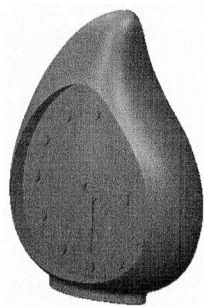

图 11-66　小闹钟模型

第 3 步，以 RIGHT 平面为草绘平面，采用默认的参考和方向设置，参考上一步曲线的起点和终点，绘制如图 11-69 所示的一条基准曲线。

第 4 步，选取上一步绘制的曲线，单击"模型"选项卡"编辑"面板中的 ⅢⅢ镜像 图标按钮，打开"镜像特征"操控版。

第 5 步，选择 TOP 平面为镜像平面，完成镜像后如图 11-70 所示。

步骤 3　创建边界混合曲面

第 1 步，单击"模型"选项卡"曲面"面板中的"边界混合" 🗗 图标按钮，打开"边

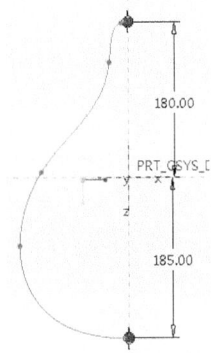

图 11-67　绘制一条基准曲线

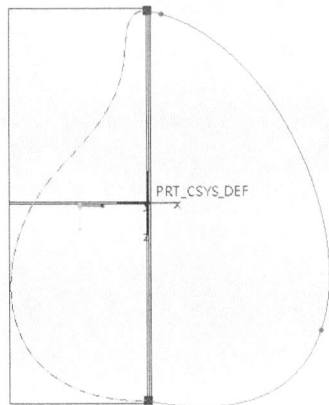

图 11-68　绘制另一条基准曲线

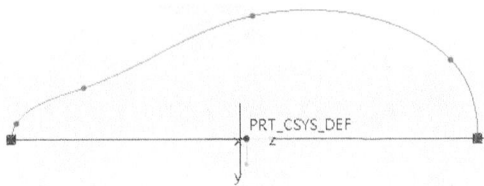

图 11-69　绘制基准曲线

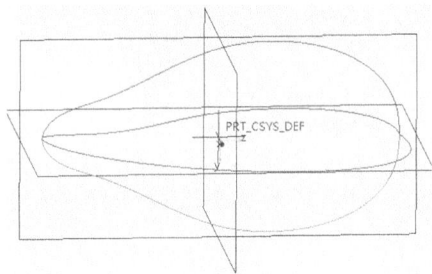

图 11-70　镜像基准曲线

界混合特征"操控板，按住 **Ctrl** 键，依次选择 4 条基准曲线，如图 11-71 所示。

第 2 步，单击"边界混合特征"操控板中的"曲线"选项卡，在弹出的下滑面板中选中"闭合混合"复选框，如图 11-72 所示。

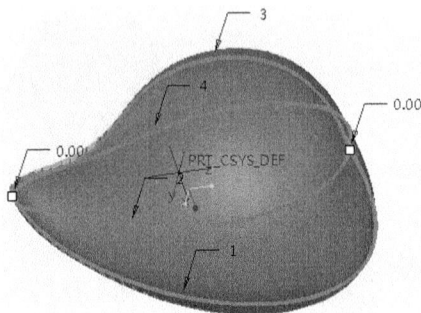

图 11-71　选择边界混合的曲线

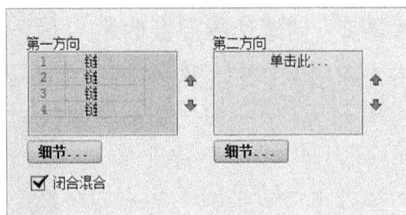

图 11-72　"曲线"下滑面板

第 3 步，单击 ✔图标按钮，完成边界混合操作，如图 11-73 所示。

步骤 4　复制曲面

第 1 步，选择模型曲面。

第 2 步，单击"模型"选项卡"操作"面板中的 图标按钮。

第 3 步，单击"模型"选项卡"操作"面板中的 图标按钮，打开"粘贴特征"操控板。

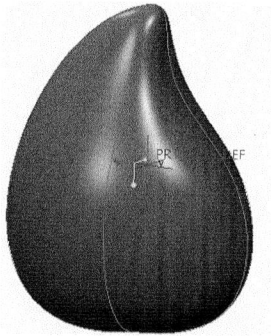

图 11-73　创建边界混合曲面

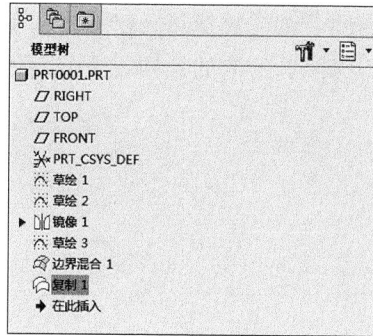

图 11-74　模型树

第 4 步，单击该操控板上的"选项"选项卡，弹出"选项"下滑面板。

第 5 步，在"选项"下滑面板中选择"按原样复制所有曲面"单选按钮（此为默认设置）。

第 6 步，单击✔图标按钮，完成对曲面的复制。可以在模型树中观察到复制的曲面特征，如图 11-74 所示。

第 7 步，在模型树中选择刚刚创建的"复制 1"特征，右击，在弹出的快捷菜单中选择"隐藏"命令，将复制的曲面暂时隐藏。

步骤 5　曲面实体化操作

第 1 步，选择曲面。

第 2 步，单击"模型"选项卡"编辑"面板中的 实体化图标按钮，打开"实体化特征"操控板。

第 3 步，在"实体化特征"操控板中，单击"用实体材料填充由面组界定的体积块" 图标按钮（此为默认设置）。

第 4 步，单击✔图标按钮，完成曲面实体化操作，如图 11-75 所示。

步骤 6　创建顶部移除材料特征 1

单击"模型"选项卡下"形状"面板中的"拉伸" 图标按钮，打开"拉伸特征"操控板。选择 RIGHT 平面为草绘平面，TOP 平面为参考平面，方向底部，绘制如图 11-76 所示的二维拉伸截面。在"拉伸特征"操控板上选择"移除材料" 图标按钮，指定拉伸特征的方法为"对称" 方式，并设置拉伸深度为 400，完成三维模型如图 11-77 所示。

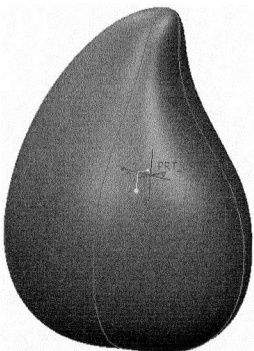

图 11-75　曲面实体化

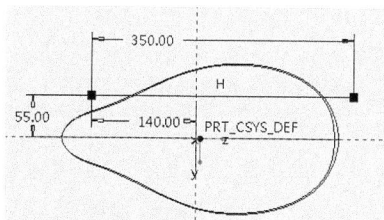

图 11-76　绘制拉伸截面 1

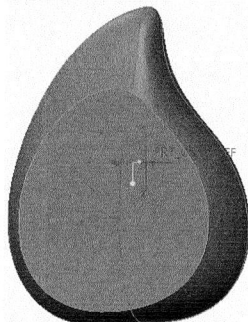

图 11-77　创建顶部移除材料特征 1

步骤 7　创建底部移除材料特征 2

同步骤 6。绘制的拉伸二维截面如图 11-78 所示，完成三维模型如图 11-79 所示。

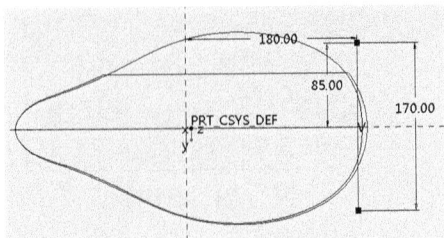

图 11-78　绘制拉伸截面 2

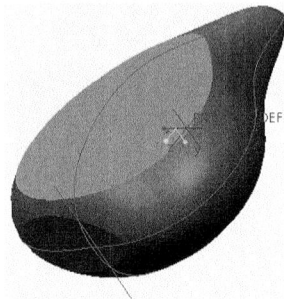

图 11-79　创建底部移除材料特征 2

步骤 8　创建背部移除材料特征 3

同步骤 6。绘制的拉伸二维截面如图 11-80 所示，完成三维模型如图 11-81 所示。

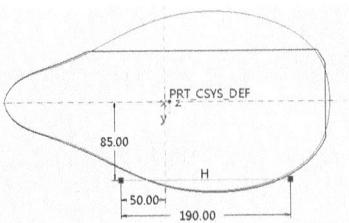

图 11-80　绘制拉伸截面 3

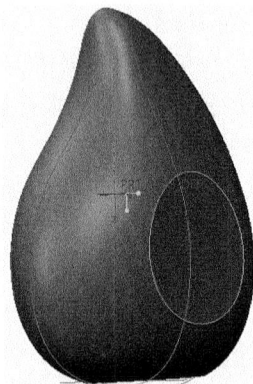

图 11-81　创建背部移除材料特征 3

步骤 9　创建拉伸移除材料特征 4

单击"模型"选项卡下"形状"面板中的"拉伸" 图标按钮，选择模型顶部平面为草绘平面，采用默认的参考和方向设置，进入草绘模式。单击"草绘"面板中的"投影" 图标按钮，拾取步骤 6 中拉伸的边缘作为拉伸截面，如图 11-82 所示。在"拉伸特征"操控板上单击"移除材料" 图标按钮，指定拉伸特征的方法为"从草绘平面以指定的深度值拉伸" 方式，并设置拉伸深度为 25，完成三维模型如图 11-83 所示。

步骤 10　创建拉伸实体特征 5

单击"模型"选项卡下"形状"面板中的"拉伸" 图标按钮。选择上一步中创建的拉伸移除材料特征的底部平面作草绘平面，采用默认的参考和方向设置，绘制如图 11-84 所示的二维拉伸截面。设置拉伸的深度为 5，方向向上。完成三维模型如图 11-85 所示。

步骤 11　创建拉伸实体特征 6

同步骤 11，选择上一步中创建的拉伸特征的顶面作为草绘平面，采用默认的参考和方向设置，绘制如图 11-86 所示的草绘截面，设置拉伸的深度为 5，完成三维模型如图 11-87 所示。

图 11-82　拾取图元作为草绘截面

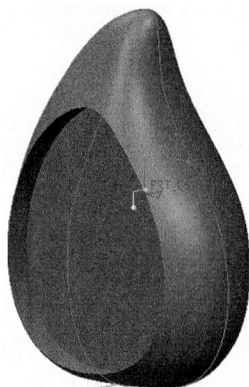

图 11-83　创建拉伸移除材料特征 4

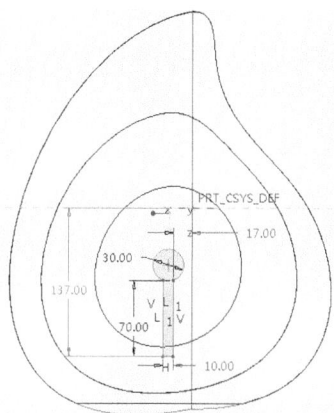

图 11-84　绘制拉伸截面 4

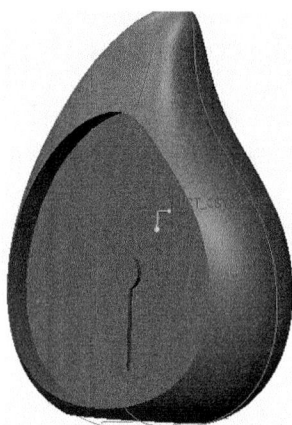

图 11-85　创建拉伸特征 5

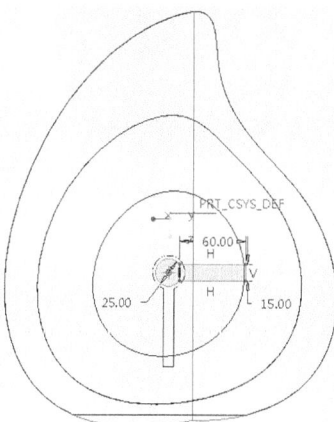

图 11-86　绘制拉伸截面 5

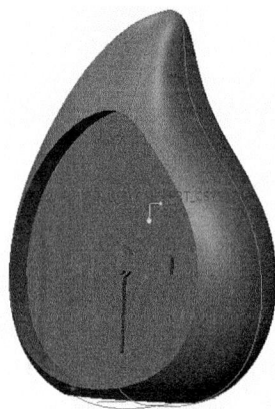

图 11-87　创建拉伸特征 6

步骤 12　创建移除材料特征 7

　　单击"模型"选项卡下"形状"面板中的"拉伸" 图标按钮。选择上一步中创建的拉伸实体特征的顶面作为草绘平面，采用默认的参考和方向设置，绘制如图 11-88 所示的圆形拉伸截面。在"拉伸特征"操控板上选择"移除材料" 图标按钮，指定拉伸特征的方法为"从草绘平面以指定的深度值拉伸" ⬛方式，并设置拉伸深度为 9，完成三维模型如图 11-89 所示。

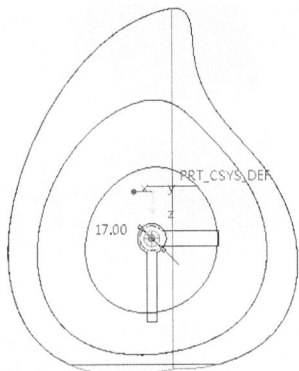

图 11-88　绘制拉伸截面 6

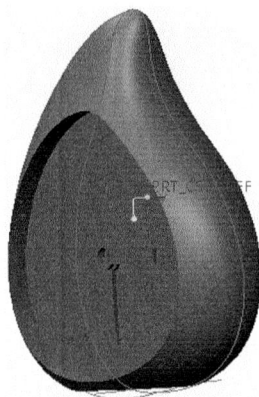

图 11-89　创建移除材料特征 7

步骤 13　创建拉伸实体特征 8

单击图标按钮。选择步骤 6 中创建的移除材料特征的底部平面作为草绘平面，采用默认的参考和方向设置，绘制如图 11-90 所示的二维拉伸截面。设置拉伸的深度为 5。完成三维模型如图 11-91 所示。

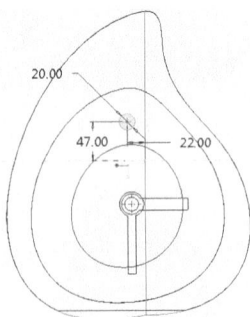

图 11-90　绘制拉伸截面 7

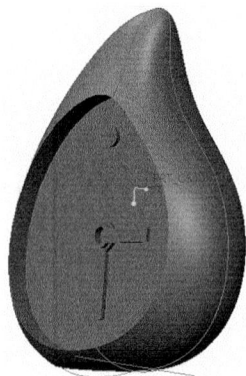

图 11-91　创建拉伸实体特征 8

步骤 14　创建阵列特征

单击"模型"选项卡，"编辑"面板中的图标按钮。选择上一步中创建的拉伸特征进行"轴阵列"操作，选择指针旋转轴为阵列轴，设置阵列成员间的角度值为 30，设置阵列成员数为 12，此时模型如图 11-92 所示。完成三维模型如图 11-93 所示。

步骤 15　创建拉伸平面

单击图标按钮。选择 FRONT 平面为草绘平面，采用默认的参考和方向设置，绘制如图 11-94 所示的二维截面，单击"拉伸为曲面"图标按钮，指定拉伸特征的方法为"对称" ⬛方式，并设置拉伸深度为 400，完成三维模型如图 11-95 所示。

步骤 16　修剪曲面

第 1 步，在模型树中将步骤 4 中隐藏的曲面取消隐藏，如图 11-96 所示。

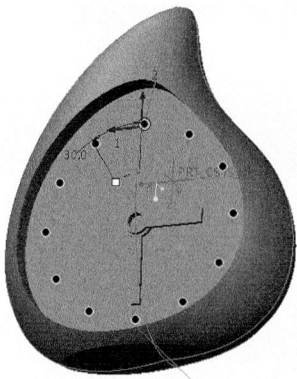

图 11-92　阵列特征预显示

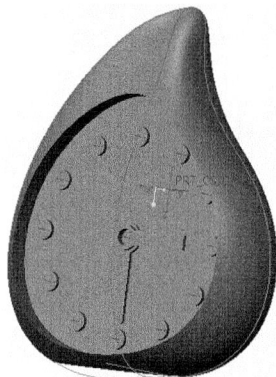

图 11-93　创建"轴阵列"特征

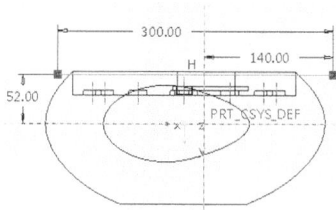

图 11-94　绘制拉伸截面

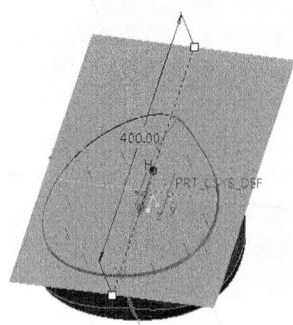

图 11-95　创建拉伸平面

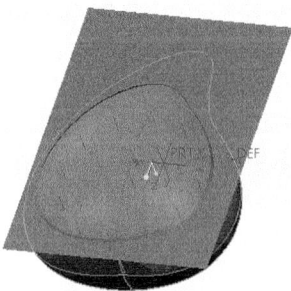

图 11-96　取消隐藏曲面

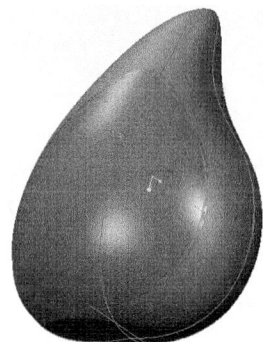

图 11-97　修剪曲面

第 2 步，选择取消隐藏的曲面作为要修剪的面组。

第 3 步，单击"模型"选项卡"编辑"面板中的"修剪" □修剪 图标按钮，打开"修剪特征"操控板。

第 4 步，根据提示，在模型中选择修剪对象，这里选择步骤 15 中创建的拉伸平面。

第 5 步，在操控板中单击"选项"选项卡，弹出"选项"下滑面板。在"选项"下滑面板中取消选中"保留修剪曲面"复选框。

第 6 步，在操控板中单击"反向材料侧" ╱ 图标按钮，调整修剪的方向，使箭头方向向上。

第7步，单击 ✓ 图标按钮，完成修剪的操作，如图11-97所示。

步骤17　对曲面赋材质

第1步，单击"渲染"选项卡下的"外观"面板中的 外观库 按钮，弹出"外观库"下滑面板，如图11-98所示。

第2步，在下滑面板中的"我的外观"选项组中选择 PTC-glass 材质球。

第3步，把鼠标移回工作区，鼠标指针变成笔刷的形状，选取步骤15中裁剪好的曲面，如图11-99所示。

第4步，按鼠标中键，完成曲面赋材质的操作如图11-100所示。

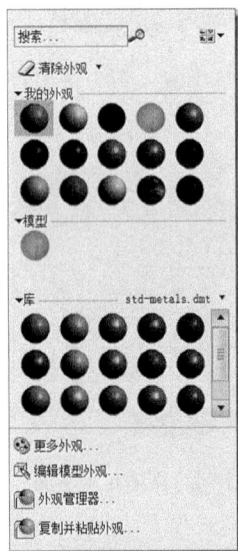

图 11-99　选取曲面赋予材质

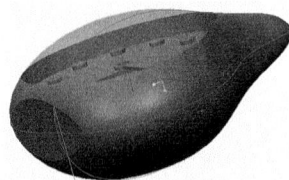

图 11-98　"外观库"下滑面板

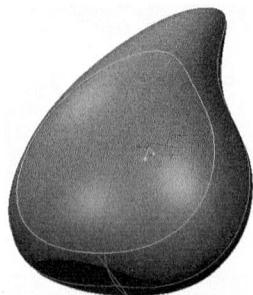

图 11-100　赋予玻璃材质的外壳

步骤18　创建底座

单击 图标按钮，选择模型底座平面为草绘平面，采用默认的参考和方向设置。利用工具栏中的"投影" 投影 图标按钮，拾取步骤6中拉伸的边缘作为拉伸截面，如图11-101所示。在"拉伸特征"操控板上指定拉伸特征的方法为"从草绘平面以指定的深度值拉伸" 方式，并设置拉伸深度为15，完成三维模型如图11-102所示。

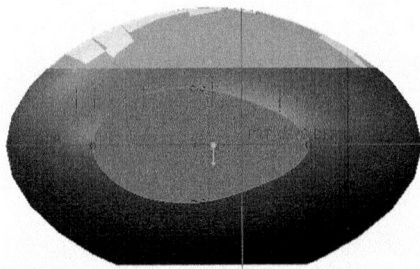

图 11-101　选取底座截面作为拉伸平面

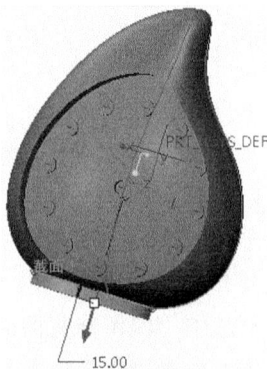

图 11-102　拉伸

步骤 19　模型底座倒圆角

单击"模型"选项卡"工程"面板中的 ⟨倒圆角 ⟩ 图标按钮，打开"圆角特征"操控板，选取底座内侧，倒圆角半径为 10，选取底座外侧，倒圆角半径为 2。完成模型的创建，最终结果如图 11-66 所示。

步骤 20　保存图形

参见本书第 1 章，操作过程略。

11.9　上　机　题

利用曲面编辑的相关命令，创建如图 11-103 所示的加湿器模型。

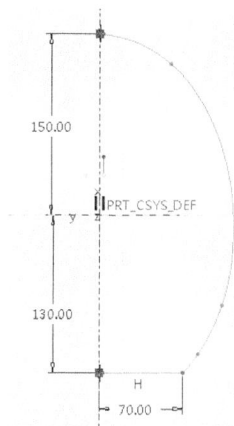

建模提示：

（1）新建文件。

（2）创建加湿器主体曲面。以 FRONT 平面为草绘平面，RIGHT 平面为参考平面，方向为右，绘制如图 11-104 所示的样条曲线，并且以 X 轴作为旋转轴，调用"旋转"命令创建加湿器主体曲面，结果如图 11-105 所示。复制加湿器主体曲面。

图 11-103　加湿器模型　　　图 11-104　绘制旋转的样条曲线　　　图 11-105　创建加湿器主体曲面

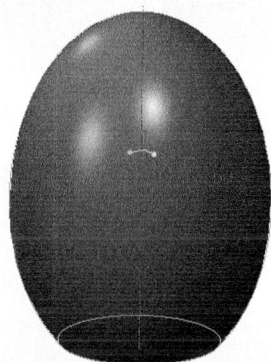

（3）拉伸与主体相交的曲面。单击"形状"面板中的"拉伸" 图标按钮，以 FRONT 基准平面为草绘平面，绘制如图 11-106 所示的样条曲线。将样条曲线向两侧拉伸，拉伸值为 260。完成拉伸，复制该曲面，如图 11-107 所示。

（4）利用"合并"命令创建底座。选择加湿器主体曲面和上一步创建的曲面，单击"编辑"面板中的"合并" 图标按钮，调整要保留的曲面方向，如图 11-108 所示，完成合并操作，如图 11-109 所示，完成加湿器底座创建。

（5）利用"合并"命令创建加湿器上部空腔。同上一步，选择已经复制的主体曲面和（3）中复制的曲面，单击"编辑"面板中的"合并" 图标按钮，调整要保留的曲面方向，如图 11-110 所示，完成合并操作，如图 11-111 所示，完成上部空腔创建。

（6）创建盖子和上部空腔间的分模线。单击"形状"面板中的"拉伸" 图标按钮，

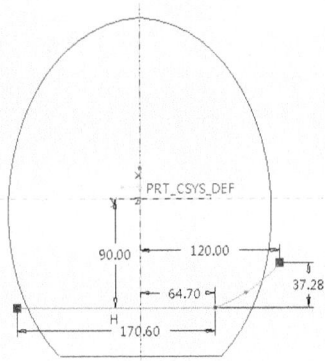

图 11-106　绘制拉伸曲面的样条曲线

图 11-107　拉伸并复制曲面

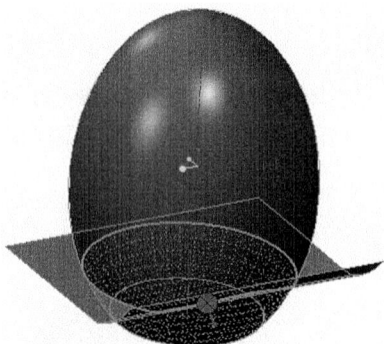

图 11-108　保留下部分作为底座

图 11-109　完成合并

图 11-110　保留上部作为空腔

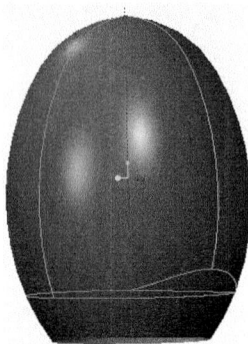

图 11-111　完成合并

以 FRONT 基准平面为草绘平面，绘制如图 11-112 所示的样条曲线。将样条曲线向两侧拉伸，拉伸值 228，单击"去除材料" ⊿ 图标按钮，单击"加厚草绘" ⊏ 图标按钮，并设置厚度值为 1，选择加湿器上部空腔为修剪曲面，调整曲面修剪方向，完成修剪，如图 11-113 所示。

（7）创建顶部出气孔。同上一步的操作方法，绘制如图 11-114 的样条曲线，拉伸去除材料，完成顶部出气孔的创建，如图 11-115 所示。

（8）创建中心喷雾管。单击"形状"面板中的"旋转" ✦ 图标按钮，选择 FRONT 基准平面作为草绘平面，绘制如图 11-116 所示的样条曲线，并以 X 轴作为轴旋转，完成中心喷雾管创建，如图 11-117 所示。

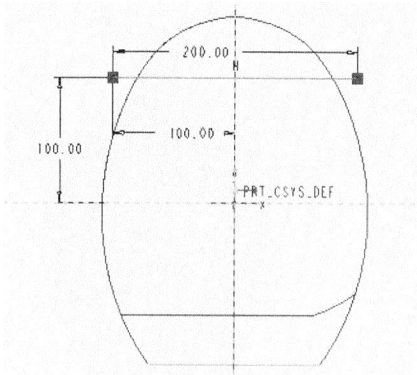

图 11-112　绘制样条曲线

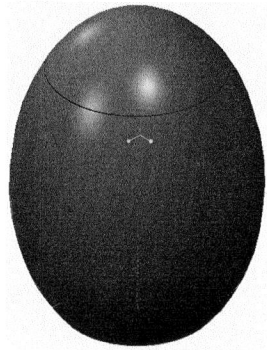

图 11-113　完成分模线

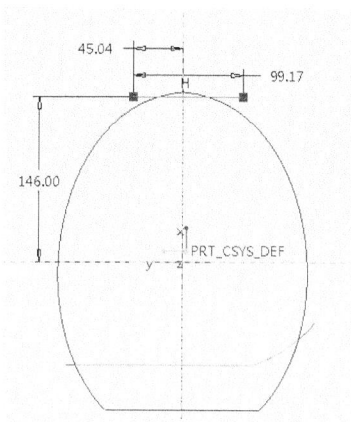

图 11-114　绘制样条曲线

图 11-115　创建完成顶部出气孔

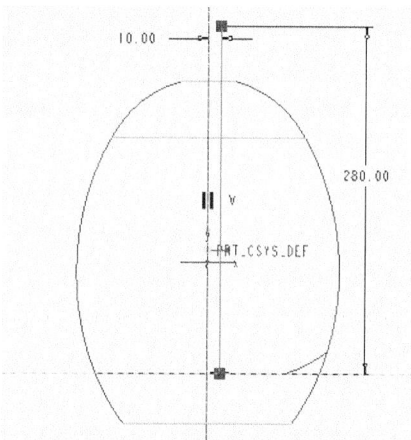

图 11-116　绘制样条曲线

图 11-117　完成中心喷雾管

（9）创建外侧喷雾管。同（8）绘制如图 11-118 所示的样条曲线，并以 X 轴为中心轴旋转，如图 11-119 所示，完成外侧喷雾管创建。

（10）创建平面。以 FRONT 基准平面为参考平面，偏移 100，创建 DTM1 平面。

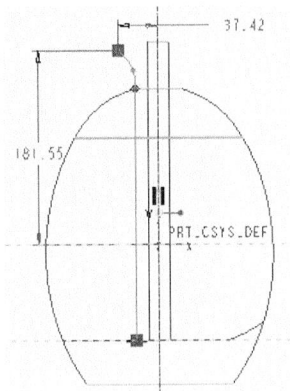

图 11-118 绘制样条曲线

图 11-119 创建完成外侧喷雾管

（11）绘制顶部扇叶的边界混合曲线。

第 1 步，以 DTM1 平面为草绘平面绘制如图 11-120 所示的椭圆，并以 FRONT 平面为镜像平面镜像复制。

第 2 步，以 FRONT 基准平面为参考平面，绘制如图 11-121 所示的椭圆。

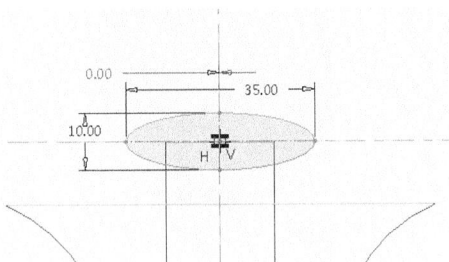

图 11-120 在 DTM1 平面上绘制椭圆

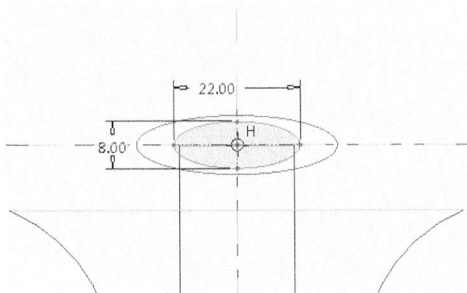

图 11-121 在 FRONT 平面上绘制椭圆

第 3 步，以 RIGHT 基准平面为参考平面，向上偏移 190，创建 DTM2 平面。以 DTM2 平面为草绘平面，绘制如图 11-122 所示的样条曲线。完成样条曲线绘制后，以 TOP 基准平面为镜像平面，镜像复制该样条曲线。如图 11-123 所示。

第 4 步，单击"曲面"面板中的"边界混合" 图标按钮，打开"边界混合"操控板，分别选择两个方向上的链，如图 11-124 所示。单击 图标按钮，完成边界混合操作。

第 5 步，同（6），以 DTM2 为草绘平面，绘制如图 11-125 所示的圆，将圆向两侧拉伸并移除材料，使用"合并"命令与扇叶曲面进行合并，完成合并后如图 11-126 所示。

第 6 步，旋转复制另外一个扇叶，如图 11-127 所示。

（12）创建底座开关按键。

第 1 步，同（6），以 TOP 基准平面为参考平面，偏移 95，创建 DTM3 基准平面，在此基准平面上绘制如图 11-128 所示的圆，将圆向侧拉伸 20 并移除材料，如图 11-129 所示。

第 2 步，在 DTM3 平面上绘制如图 11-130 所示的圆，向两侧拉伸实体，拉伸深度为 17，完成后开关按钮创建，如图 11-131 所示。

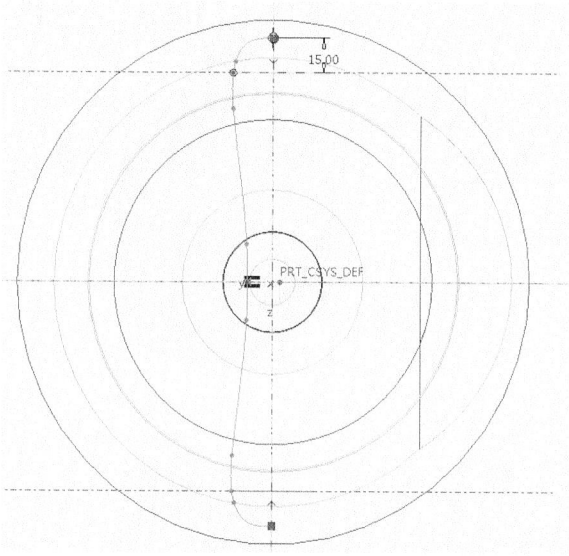

图 11-122　绘制扇叶边界曲线

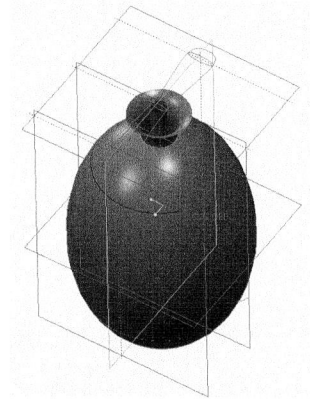

图 11-123　镜像曲线

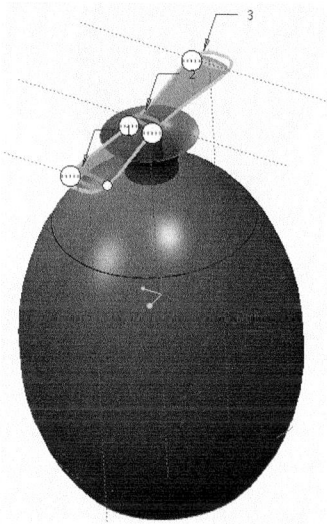

图 11-124　选择边界混合的曲线

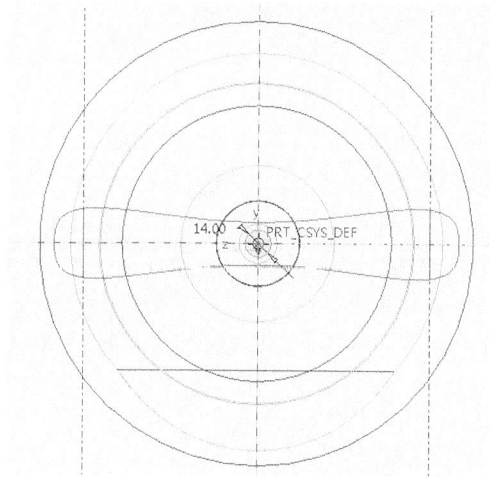

图 11-125　在 DTM2 平面上绘制圆

图 11-126　完成一个扇叶的合并

图 11-127　旋转复制另一个扇叶

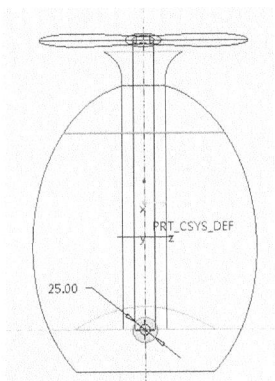

图 11-128 绘制圆

图 11-129 拉伸移除材料

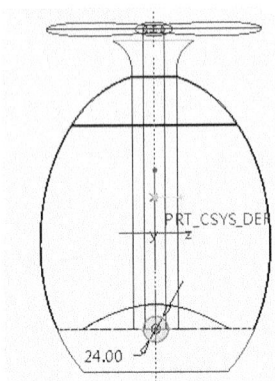

图 11-130 绘制圆

图 11-131 创建开关按钮

（13）加厚并创建圆角特征。

参见本书第 6 章、第 11 章和第 12 章，加厚曲面底座处为 3，其余为 1。按钮处两个倒圆角半径为 5，其余倒圆角半径为 1，操作过程略，完成加湿器模型的创建，如图 10-103 所示。

第 12 章　曲面转化实体

通常，在完成了曲面的创建和编辑之后，需要将其转化为实体特征。将曲面转化为实体或壳体是 Creo 2.0 创建复杂实体模型的一般方法，在产品设计中被广泛地应用。

本章将介绍的内容如下：

（1）曲面实体化的方法和步骤；

（2）曲面加厚的方法和步骤；

（3）局部曲面偏置的方法和步骤；

（4）用曲面替换实体表面的方法和步骤。

12.1　曲面实体化

"实体化"编辑命令可将封闭的曲面添加实体材料或用曲面移除和替换实体材料。

调用命令的方式如下。

功能区：单击"模型"选项卡"编辑"面板中的 实体化 图标按钮。

12.1.1　用实体材料填充封闭曲面

操作步骤如下。

第 1 步，打开文件 Ch12-1.prt。

第 2 步，选择要进行实体化的封闭曲面，如图 12-1 所示。

第 3 步，单击"模型"选项卡下"编辑"面板中的 实体化 图标按钮。打开"实体化特征"操控板，如图 12-2 所示。

图 12-1　封闭曲面　　　　　　　　图 12-2　"实体化特征"操控板

注意：如果实体化编辑的对象是一个封闭的曲面，可以直接对其进行选择。如果对象是由曲面与实体共同组成的封闭体，则应选择曲面。

第 4 步，在"实体化特征"操控板中，单击"用实体材料填充由面组界定的体积块"图标按钮（此为默认设置）。

第 5 步，单击 图标按钮，完成曲面实体化操作。

12.1.2 移除面组内侧或外侧的材料

"移除面组内侧或外侧的材料"选项可以用来对实体进行切削,这些面组可以是开放的,也可以是封闭的。

操作步骤如下。

第1步,打开文件 Ch12-3.prt,如图 12-3 所示。

第2步,选择用来进行切削的曲面。

第3步,单击"模型"选项卡下"编辑"面板中的 ⬚实体化 图标按钮,打开如图 12-2 所示"实体化特征"操控板。

第4步,单击"移除面组内侧或外侧的材料" ◰ 图标按钮。

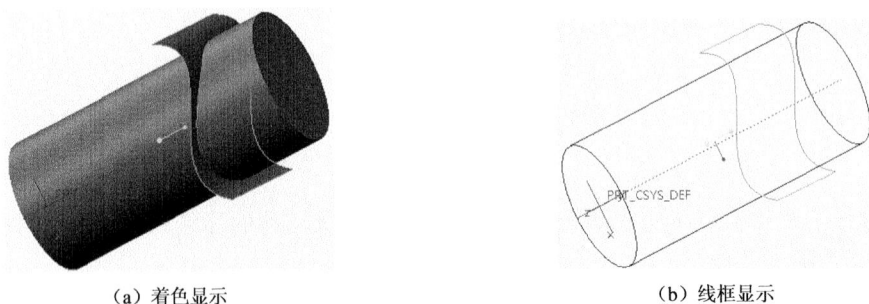

(a) 着色显示　　　　　　　　　　　　　　(b) 线框显示

图 12-3　与实体相交的曲面

第5步,利用"更改刀具操作方向" ▨ 图标按钮,选择移除材料的方向。如图 12-4 所示。

第6步,单击 ✔ 图标,完成移除实体材料的操作。如图 12-5 所示。

图 12-4　移除材料的方向　　　　　　　　图 12-5　默认移除方向的结果

注意:在第5步中,如果单击"更改刀具操作方向" ▨ 图标按钮,将箭头方向改为向上,则去除的是上部分的实体材料,如图 12-6 所示,最终结果如图 12-7 所示。

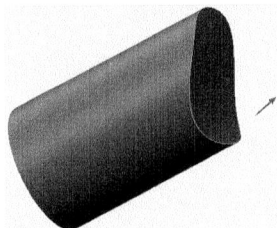

图 12-6　更改刀具操作方向　　　　　　　图 12-7　更改刀具方向后的结果

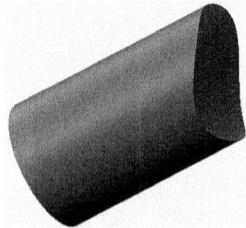

这里用来作切削操作的是一个开放的曲面，实际上，封闭的曲面也可以用来进行这一操作。

操作步骤如下。

第 1 步，打开文件 Ch12-8.prt，如图 12-8 所示。

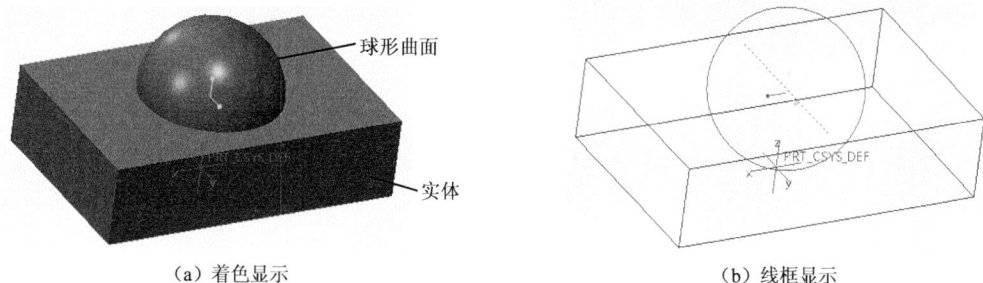

（a）着色显示 　　　　　　　　　　　　　　　　　　（b）线框显示

图 12-8　封闭曲面与实体

第 2 步，选择球形曲面。

第 3 步，单击"模型"选项卡下"编辑"面板中的 实体化 图标按钮，打开如图 12-2 所示"实体化特征"操控板。

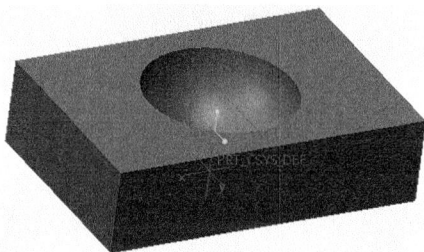

图 12-9　移除面组内侧材料 　　　　　　图 12-10　移除面组外侧材料

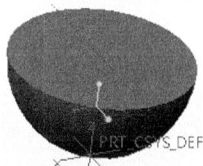

第 4 步，单击"移除面组内侧或外侧的材料" 图标按钮。球形曲面内出现方向指向球心的紫色箭头，指的是移除球形曲面所占实体空间的部分。

第 5 步，单击 图标按钮，完成操作。结果如图 12-9 所示。

注意：如果在在进行第 4 步时单击"更改刀具操作方向" 图标按钮，这时球形曲面内的紫色箭头的方向会改变成背离球心，这时指的是移除曲面外侧的材料，结果如图 12-10 所示。

12.1.3　用面组替换部分曲面

"用面组替换部分曲面"选项可以用面组替换实体部分表面。

操作步骤如下。

第 1 步，打开文件 Ch12-11.prt，如图 12-11 所示。

第 2 步，选择用来替换的曲面。

第 3 步，单击"模型"选项卡下"编辑"面板中的 实体化 图标按钮，打开如图 12-2 所示"实体化特征"操控板。

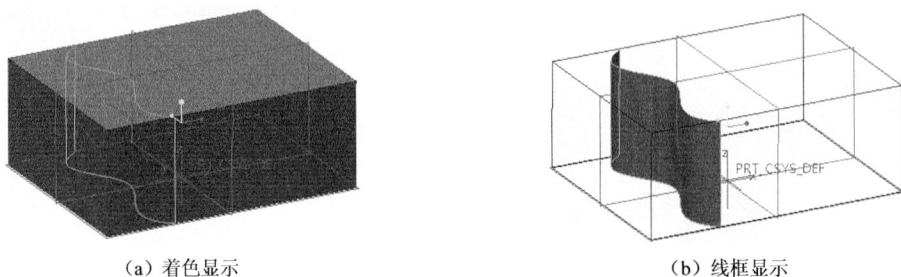

| (a) 着色显示 | (b) 线框显示 |

图 12-11　曲面替换实体表面

第 4 步，单击操控板中的"用面组替换部分曲面" 图标按钮，此时模型如图 12-12 所示。

第 5 步，单击 图标按钮，结果如图 12-13 所示。

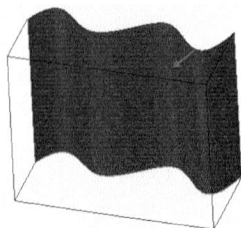

图 12-12　默认替换方向

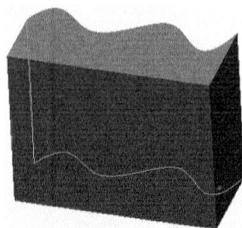

图 12-13　默认方向的替换结果

注意：

（1）如果在第 4 步时，单击操控板上的"更改刀具操作方向" 图标按钮，则图 12-12 中箭头的方向将反向，如图 12-14 所示，表示将保留箭头所指的那个部分，结果如图 12-15 所示。

（2）"用面组替换部分曲面"选项与"移除面组内侧或外侧的材料"中选项开放曲面切削实体的操作结果类似，但实际上两者还是有很大不同的，"用面组替换部分曲面"中的面组边线必须位于实体的表面上，而后者则没有这一要求。

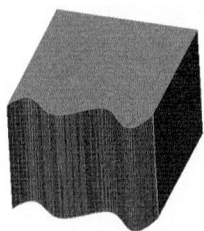

图 12-14　更改替换方向

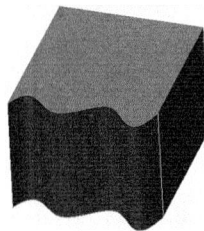

图 12-15　更改方向后的替换结果

12.1.4　曲面与实体组成的封闭体

如果是未封闭的曲面，但它与实体结合（曲面未穿透实体）组成了一个封闭体。对这样的曲面只能进行曲面转化实体的操作，而不能对实体进行移除材料的操作。如图 12-16 所示。

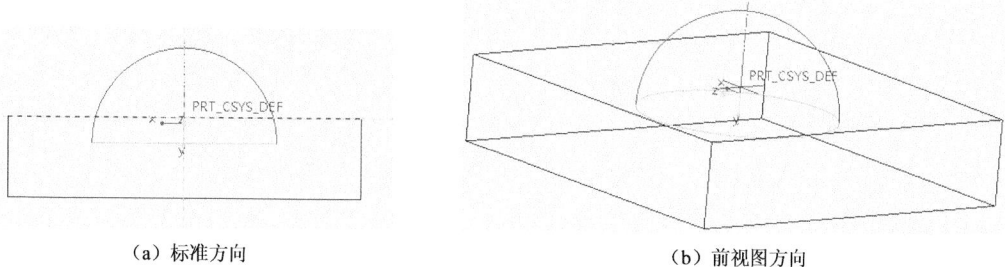

（a）标准方向　　　　　　　　　　　　　　（b）前视图方向

图 12-16　曲面与实体组成的封闭体

操作步骤如下。

第 1 步，打开文件 Ch12-16.prt。

第 2 步和第 3 步，同本章第 12.1.1 小节中第 2 步和第 3 步。

第 4 步，在"实体化"操控板中单击"用实体材料填充由面组界定的体积块" □ 图标按钮。半球形内部则出现一个指向球心的箭头。

第 5 步，单击 ✓ 图标按钮，结果如图 12-17 所示，半球形曲面变成实体。

注意：如果在第 4 步中选择单击"更改刀具操作方向" ╱ 图标按钮，使箭头方向背离球心，则结果如图 12-18 所示。它是被实体剪去相交部分后形成的。

图 12-17　箭头指向球心时实体化

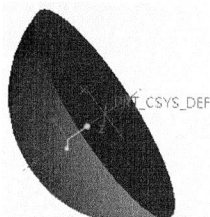

图 12-18　箭头背离球心时实体化

12.2　曲　面　加　厚

"加厚"命令是将曲面赋予一定的厚度，它是曲面转化为实体的一个重要的方法。进行加厚的曲面可以是开放的，也可以是封闭的。

调用命令的方式如下。

功能区：单击"模型"选项卡"编辑"面板中的 □加厚 图标按钮。

12.2.1　用实体材料填充加厚的曲面

利用"加厚"命令用实体材料填充加厚的曲面。

操作步骤如下。

第 1 步，打开文件 Ch12-19.prt，如图 12-19 所示。

第 2 步，选择曲面。

第 3 步，单击"模型"选项卡"编辑"面板中的 □加厚 图标按钮，打开如图 12-20 所示

"加厚特征"操控板。

第4步，选中"用实体材料填充加厚的面组" □ 图标按钮（此为默认设置）。

第5步，在"总加厚偏距值"文本框中输入厚度值10。并在其后的图标中选择加厚的方向。如图 12-20 所示。

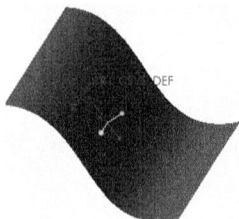

图 12-19　选择一个曲面

图 12-20　"加厚特征"操控板

第6步，单击"反转结果几何的方向" ⅍ 图标按钮，选择曲面加厚的方向。如图 12-21 所示。

第7步，单击 ✔ 图标按钮，完成曲面加厚的操作，结果如图 12-22 所示。

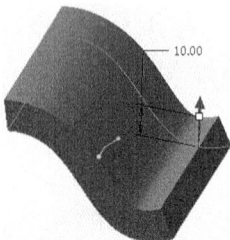

图 12-21　曲面加厚的方向

图 12-22　加厚的曲面

注意：在第 6 步操作过程中进行曲面加厚方向选择时，默认的方向是图 12-21 中箭头方向向上的情况，曲面沿此方向加厚。依次单击 ⅍ 图标按钮，则会出现如图 12-23 和图 12-24 所示的加厚方向。图 12-23 中箭头的方向向下，与图 12-21 中相反，即加厚的方向相反。图 12-24 中箭头方向沿曲面的两侧，它是以曲面为中间面，沿两侧同时加厚，总加厚的厚度为第 5 步中输入的厚度值。

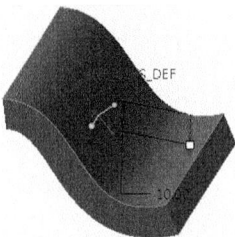

图 12-23　垂直于曲面向下加厚

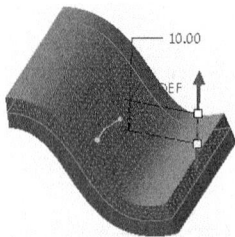

图 12-24　沿两个方向同时加厚

12.2.2　加厚过程中的移除材料

当曲面与实体相交时，如图 12-25 所示，可以利用"加厚"命令中的"从加厚的面组中移除材料"选项，从实体中减去与加厚曲面相交的部分。

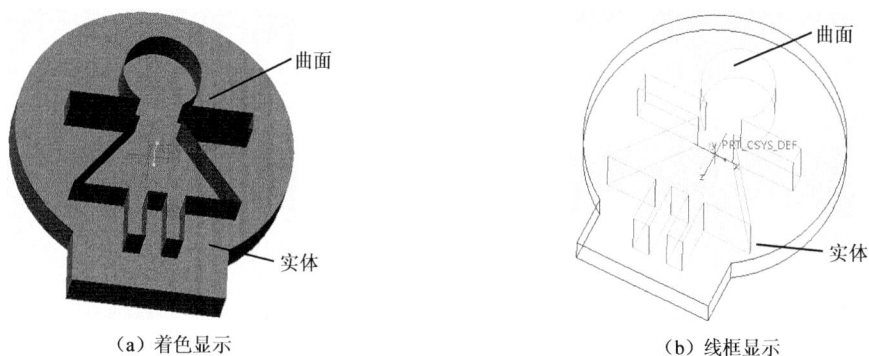

（a）着色显示   （b）线框显示

图 12-25   曲面与实体相交

操作步骤如下。

第 1 步，打开文件 Ch12-25.prt，如图 12-25 所示。

第 2 步，选择曲面。

第 3 步，单击"模型"选项卡"编辑"面板中的 □加厚 图标按钮，打开如图 12-20 所示"加厚特征"操控板。

第 4 步，单击选择"从加厚的面组中移除材料" ⊿ 图标按钮。

第 5 步，在"总加厚偏距值"文本框中输入加厚的厚度值。

第 6 步，选择单击"反转结果几何的方向" ⊠ 图标按钮，进行加厚方向的选择。

第 7 步，单击 ✓ 图标按钮，结果如图 12-26 所示。

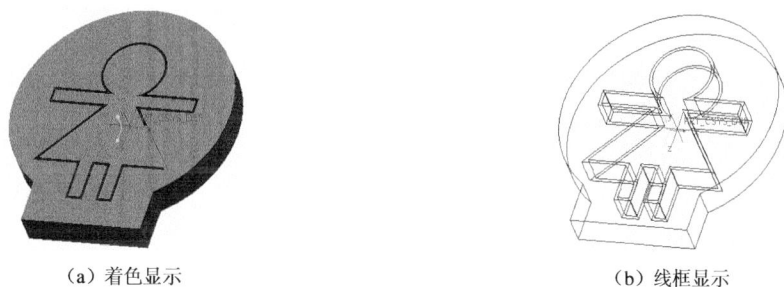

（a）着色显示   （b）线框显示

图 12-26   移除材料后的实体

注意：在第 5 步的操作中，箭头的方向也有三种情况，如图 12-27 所示。其结果都是从实体中移除了与加厚曲面相交的部分。

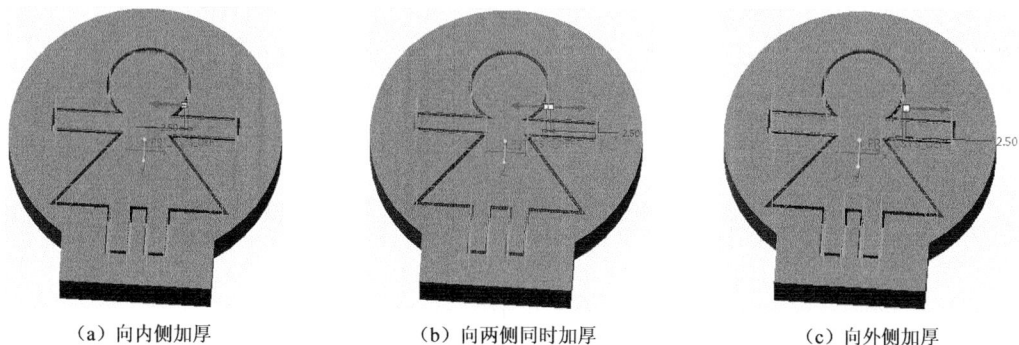

（a）向内侧加厚   （b）向两侧同时加厚   （c）向外侧加厚

图 12-27   曲面加厚的方向

操作选项及说明如下。

在曲面加厚的操控板中,单击"选项"选项卡,在弹出如图 12-28 所示下滑面板中可以设置加厚的类型。

（1）垂直于曲面:垂直于原始曲面增加厚度,此选项为默认选项。如果在一次操作中有多个曲面,还可以排除一些不进行加厚的曲面,排除的曲面会出现在"排除"列表中。

（2）自动拟合:系统根据自动确定的坐标系加厚曲面。

（3）控制拟合:通过选定的坐标系对曲面进行缩放,并沿指定轴给出厚度。

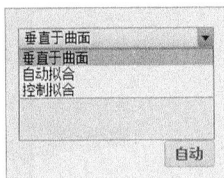

图 12-28 "选项"下滑面板

12.3　局部曲面偏置

在本书第 11.4 节中,介绍了用标准方式偏移曲面。局部曲面偏置也是属于偏移曲面操作命令中的选项,主要包括"具有拔模特征"和"展开特征"。

调用命令的方式如下。

功能区:单击"模型"选项卡"编辑"面板中的 偏移 图标按钮。

12.3.1　拔模特征

1. 创建拔模偏移

这种偏移方式是以指定的参考曲面作为拔模曲面,以草绘截面为拔模截面,在参考曲面的一侧偏移出连续的体积块并设置拔模角。

操作步骤如下。

第 1 步,打开文件 Ch12-29.prt,如图 12-29 所示。

第 2 步,选择要进行拔模的曲面,如图 12-29 所示。

（a）着色显示　　　　　　　　　　（b）线框显示

图 12-29　选择进行拔模的曲面

第 3 步,单击"模型"选项卡 "编辑"面板中的 偏移 图标按钮,打开"偏移特征"操控板。

第 4 步,单击"标准偏移特征" 图标按钮右侧的 ,在下拉列表中选择"具有拔模特征" 图标按钮,"具有拔模特征"操控板如图 12-30 所示。

第 5 步,单击"参考"选项卡,在弹出的下滑面板中,单击"定义"按钮,弹出"草绘"对话框,仍然选择第 2 步中选择的曲面作为草绘平面,其他采用默认设置,如图 12-31 所示。

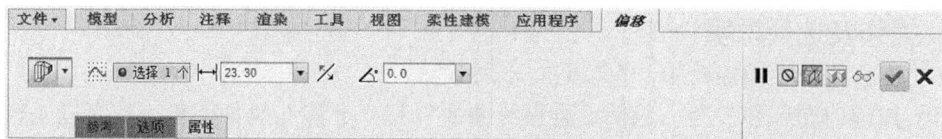

图 12-30 "具有拔模特征"操控板

第 6 步，进入草绘模式后，参考球上圆的截面，绘制一个圆，直径为 239，如图 12-32 所示。

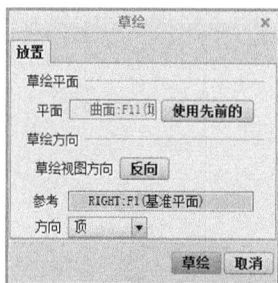

图 12-31 "草绘"对话框

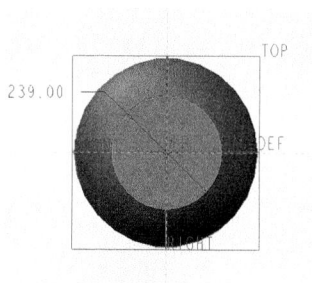

图 12-32 草绘截面

第 7 步，单击 ✔ 图标按钮，完成草绘截面的绘制。

第 8 步，在操控板的偏移距离文本框中输入偏移值为 300。

第 9 步，在拔模角度值文本框中输入角度值 10，如图 12-33 所示。

第 10 步，单击 ✔ 图标按钮，完成拔模偏移的操作，结果如图 12-34 所示。

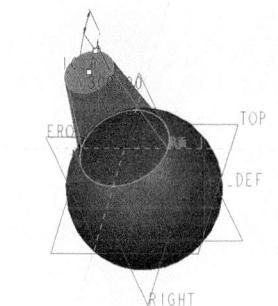

图 12-33 默认的偏移方向

图 12-34 拔模偏移结果

注意： 如果在第 9 步之后单击 "将偏移方向变为其他侧" ⧅ 图标按钮，则图 12-33 中的箭头将反向，如图 12-35 所示，最后结果如图 12-36 所示。

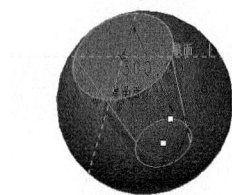

图 12-35 改变偏移方向

图 12-36 修改方向后的拔模偏移结果

2. 操作及选项说明

在"偏移特征"操控板中，可以进行多种设置。

（1）拔模曲面偏移参考：包括"垂直于曲面"和"平移"两种类型，前者以垂直于选定曲面的方向偏移；后者偏移曲面并保留参考曲面的形状和尺寸。

（2）侧曲面垂直参考：包括"曲面"和"草绘"两个选项。前者垂直于曲面偏移侧曲面，后者垂直于草绘平面偏移侧曲面。

（3）侧面轮廓类型：包括"直的"和"相切"两个选项，当选择前者时，拉伸出的是直侧面；当选择后者时，拉伸出的侧面与相邻曲面相切。

如果在上面的操作中，选中"相切"选项，并修改拔模角度值为 2，调整偏移方向，结果如图 12-37 所示。

（a）方向背离球心　　　　　　　　　　　（b）方向指向球心

图 12-37　侧面轮廓为"相切"类型

12.3.2　展开特征

展开特征与拔模偏移特征相类似，都是以指定的草绘截面为偏移截面，向选定曲面的一侧偏移创建出新的体积块。它们之间的不同在于展开偏移不存在拔模斜度，只需输入偏移距离，而且可以将曲面的偏移改为实体的偏移。

1. 创建草绘区域的展开偏移

操作步骤如下。

第 1 步，打开文件 Ch12-29.prt，如图 12-29 所示。

第 2 步，选择要进行展开偏移的面，如图 12-29 所示。

第 3 步，单击"模型"选项卡 "编辑"面板中的 图标按钮，打开"偏移特征"操控板。

第 4 步，单击"标准偏移特征" 图标按钮右侧的 ，在下拉列表中选择"展开特征" 图标按钮，"展开特征"操控板如图 12-38 所示。

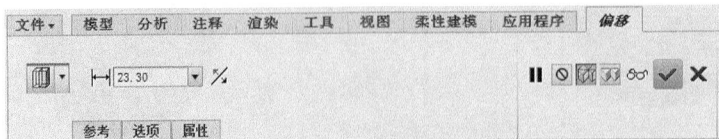

图 12-38　"展开特征"操控板

第 5 步，单击"选项"选项卡，在弹出的下滑面板中，选择"展开区域"选项组中的"草绘区域"单选按钮。

第 6 步，单击"定义"按钮，弹出"草绘"对话框。

第 7 步，同第 12.3.1 小节选择的曲面作为草绘平面，其他采用默认设置，如图 12-31 所示。

第 8 步，进入草绘模式后，绘制一个圆，直径为 239，如图 12-32 所示。

第 9 步，单击 ✔ 图标按钮，完成草绘截面的绘制。

第 10 步，在操控板的偏移距离文本框中输入偏移值 300，得到图 12-39 所示的效果。

第 11 步，单击 ✔ 图标按钮，完成展开偏移的操作，结果如图 12-40 所示。

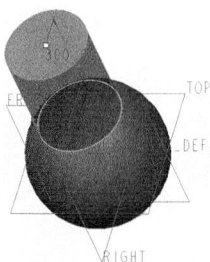

图 12-39　默认偏移方向　　　　　　　　图 12-40　展开偏移结果

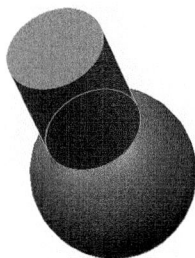

注意：如果在完成第 8 步之后单击"将偏移方向变更为其他侧" 图标按钮，则结果如图 12-41 所示。

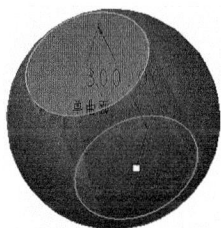

（a）改变偏移方向　　　　　　　　（b）改变偏移方向后的结果

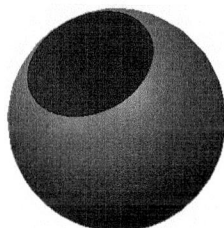

图 12-41　改变偏移方向

2. 创建整个曲面的展开偏移

如图 12-42 所示，它是由 3 个面经加厚而形成的，可以对中间的弯曲形状的实体部分进行展开偏移操作。

操作步骤如下。

第 1 步，打开文件 Ch12-42.prt，如图 12-42 所示。

第 2 步，在实体模型上选择要进行展开偏移的曲面。如图 12-43 所示。

第 3 步，单击"模型"选项卡 "编辑"面板中的 偏移 图标按钮，打开"偏移特征"操控板。

第 4 步，单击"标准偏移特征" 图标按钮右侧的 ，在下拉列表中选择"展开特征" 标按钮，"展开特征"操控板如图 12-38 所示。

图 12-42　实体模型

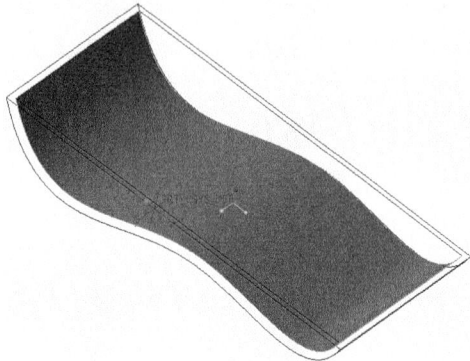

图 12-43　选择曲面

第 5 步，单击"选项"选项卡，在弹出的下滑面板中，选择"展开区域"选项组中的"整个曲面"单选按钮（此为默认选项）。

第 6 步，在操控面板的偏移距离文本框中输入偏移值 10，如图 12-44 所示。

第 7 步，单击 ☑ 图标按钮，完成展开偏移的操作，结果如图 12-45 所示。

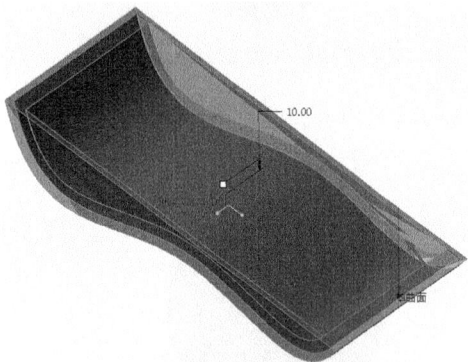

图 12-44　设置偏移值和方向

图 12-45　展开偏移后的结果

12.4　曲面替换实体表面

曲面替换实体表面也是偏移命令里面的一个选项，它利用曲面替换实体的表面，从而对实体形状进行修改。曲面替换实体表面功能可以对实体进行"加材料"和"减材料"的操作。

调用命令的方式如下。

功能区：单击"模型"选项卡"编辑"面板中的 🔲 偏移 图标按钮。

12.4.1　曲面替换实体表面并填充材料

操作步骤如下。

第 1 步，打开文件 Ch12-46.prt ，如图 12-46 所示。

第 2 步，选择需要被替换的实体表面，如图 12-47 所示。

第 3 步，单击"模型"选项卡"编辑"面板中的 [图标]偏移图标按钮，打开"偏移特征"操控板。

图 12-46 用来操作的曲面与实体

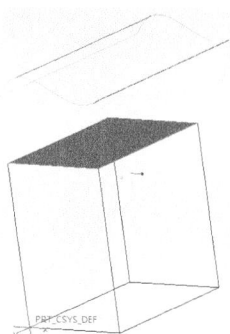
图 12-47 选择实体表面

第 4 步，单击"标准偏移特征" [图标]图标按钮右侧的 [·]，并在下拉列表中选择"替换曲面特征" [图标]图标按钮，"替换曲面特征"操控板如图 12-48 所示。

图 12-48 "替换曲面"操控板

第 5 步，单击选择用来替换的表面，如图 12-49 所示。

第 6 步，单击 [图标]图标按钮，完成替换实体表面的操作，结果如图 12-50 所示。

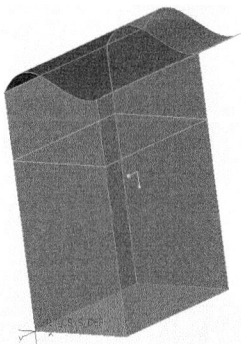
图 12-49 选择曲面

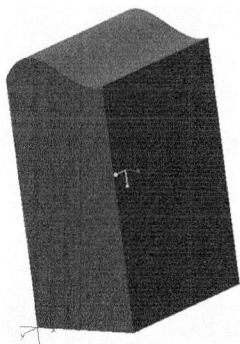
图 12-50 替换实体表面并拉伸

图 12-51 保留替换面组

注意：如果在第 5 步中选中操控面板"选项"选项卡中的"保留替换面组"复选框，则可以看到原有曲面被保留，结果如图 12-51 所示。

12.4.2 曲面替换实体表面并移除材料

操作步骤如下。

第 1 步，打开文件 Ch12-52.prt，如图 12-52 所示。

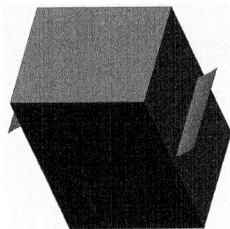
（a）着色显示

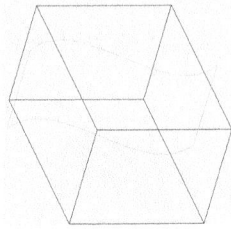
（b）线框显示

图 12-52　曲面穿过实体

第 2 步～第 5 步，同第 12.4.1 小节中第 2 步～第 5 步，移除材料的过程和最终结果如图 12-53 和图 12-54 所示。

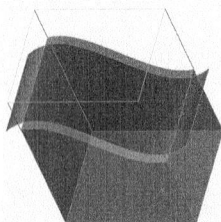
图 12-53　选择曲面并移除材料

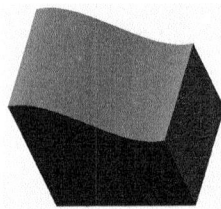
图 12-54　替换实体表面并移除材料

注意：在第 12.1.2 小节中进行的"移除面组内侧或外侧材料"的操作与本节的操作结果有相似之处，但它们的本质是不同的。"移除面组内侧或外侧材料"中的开放曲面必须与实体相交，而用来替换实体表面的曲面则可以不相交。

12.5　上机操作实验指导十一　四方钟建模

根据曲面转化实体的相关知识，创建如图 12-55 所示的四方钟的模型，主要涉及的命令包括"实体化"命令和"曲面偏移"命令。

操作步骤如下。

步骤 1　创建新文件

参见本书第 1 章，操作过程略。

步骤 2　创建拉伸曲面

参见本书第 10 章，创建拉伸曲面特征。选取 TOP 基准面为草绘平面，绘制图 12-56 所示的封闭曲线进行拉伸，指定拉伸特征深度的方法为"对称"，拉伸的长度值为 260，如图 12-57 所示。

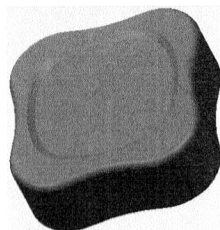
图 12-55　四方钟模型

步骤 3　创建边界混合曲面

操作步骤参见本书第 10 章。

第 1 步，在 FRONT 基准面上绘制一条基准曲线，如图 12-58 所示。

第 2 步，以 FRONT 基准面为参考平面，创建偏移基准平面 DTM1，偏移距离为 250。

第 3 步，以新创建的 DTM1 基准面为草绘平面，绘制图 12-59 所示的直线。

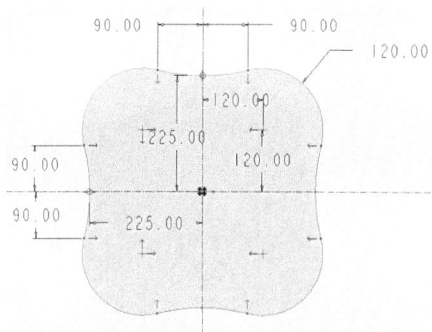

图 12-56　草绘截面

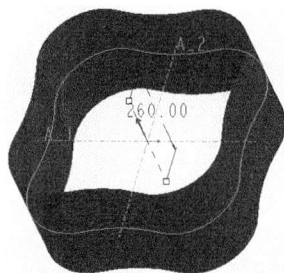

图 12-57　拉伸曲面

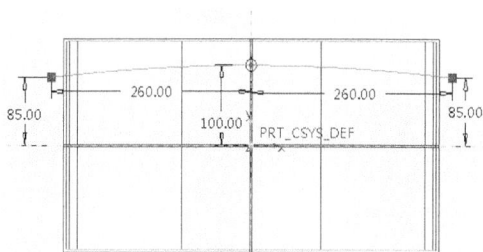

图 12-58　绘制基准曲线

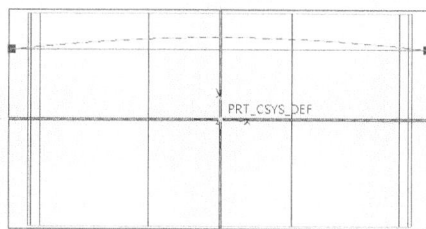

图 12-59　在 DTM1 基准平面上绘制直线

第 4 步，以 FRONT 基准面为镜像平面，将上一步所创建的基准线镜像复制到 FRONT 基准面的另一侧。

第 5 步，重复以上的步骤，将 RIGHT 基准面分别作为草绘平面、偏移参考平面和镜像平面创建曲线和直线。最后得到的直线与曲线如图 12-60 所示。

第 6 步，利用"边界混合"命令创建曲面，如图 12-61 所示。

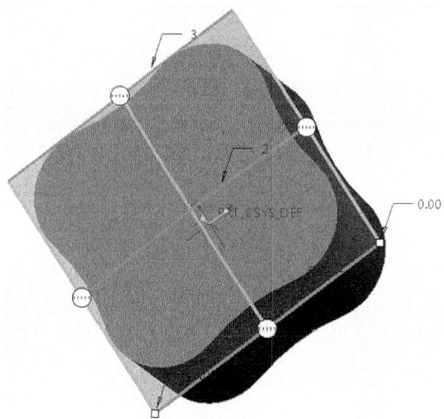

图 12-60　"边界混合"操作

图 12-61　"边界混合"创建曲面

步骤 4　镜像曲面

参见本书第 11 章，如图 12-62 所示。

步骤 5　合并曲面并倒圆角

参见本书第 11 章，其中倒圆角的半径值为 20，如图 12-63 所示。

图 12-62　镜像曲面

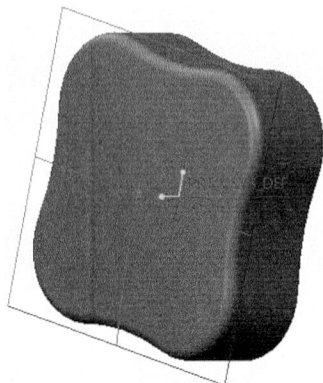

图 12-63　倒圆角

步骤 6　曲面实体化

第 1 步，单击用来进行实体化操作的曲面，如图 12-63 所示。

第 2 步，单击"模型"选项卡下"编辑"面板中的"实体化" ⬜实体化 图标按钮，打开"实体化"操控板。

第 3 步，在"实体化特征"操控板中，单击"用实体材料填充由面组界定的体积块" ⬜ 图标按钮（此为默认设置）。

第 4 步，单击 ✔ 图标按钮，完成曲面实体化操作。

步骤 7　创建拉伸平面

参见本书第 10 章，以 FRONT 平面为草绘平面绘制直线，如图 12-64 所示。指定拉伸特征深度的方法为"对称"，拉伸的长度为 520，如图 12-65 所示。最后结果如图 12-66 所示。

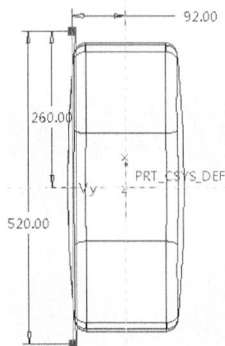

图 12-64　绘制拉伸直线

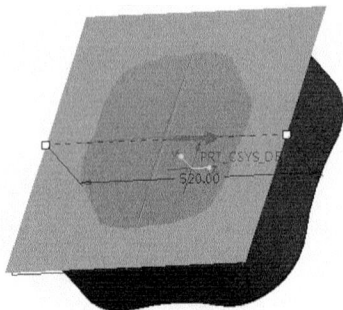

图 12-65　设置拉伸长度

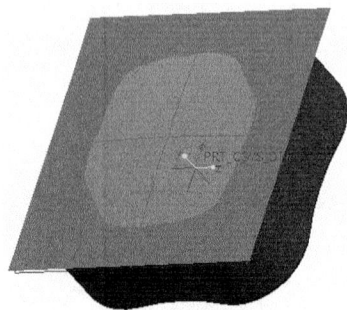

图 12-66　创建的拉伸平面

步骤 8　利用面切割实体

第 1 步，选择用来进行切割的曲面。这里选择上一步骤中所创建的拉伸平面。

第 2 步，单击"模型"选项卡下"编辑"面板中的"实体化" ⬜实体化 图标按钮，打开"实体化"操控板。

第 3 步，在该操控板中单击"移除面组内侧或外侧的材料" ⬜ 图标按钮。

第 4 步，利用单击"更改刀具操作方向" 图标按钮，选择移除材料的方向。如图 12-67

所示。

第 5 步，单击 ✅ 图标按钮，完成切割实体的操作。如图 12-68 所示。

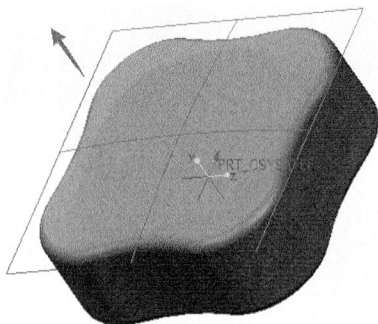

图 12-67　调整切割方向

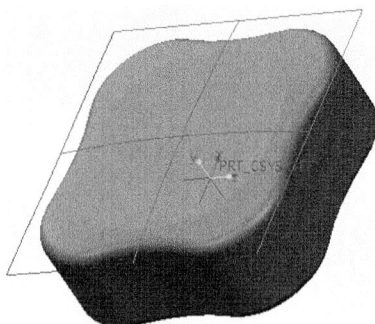

图 12-68　切割后的结果

步骤 9　局部曲面偏置

第 1 步，选择要进行偏置的曲面，如图 12-69 所示。

第 2 步，单击"模型"选项卡下"编辑"面板中的"偏移" 图标按钮，打开"偏移特征"操控板。

第 3 步，在打开的操控板中单击"标准偏移特征" 图标按钮右侧的 ▾，在下拉列表中选择"具有拔模特征" 图标按钮。

第 4 步，单击操控板中的"参考"选项卡，在弹出的下滑面板中，单击"定义"按钮，弹出"草绘"对话框，选择第 1 步中所选的曲面作为草绘平面，将草绘方向反向，其他采用默认设置。

第 5 步，进入草绘模式后，单击"投影" 图标按钮，拾取图 12-70 所示的封闭曲线，单击 ✅ 图标按钮，完成草绘截面的绘制。

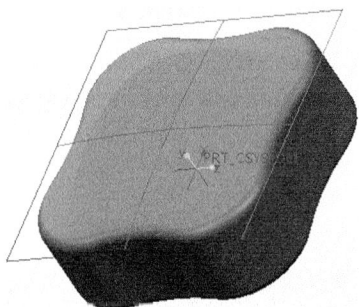

图 12-69　选择偏置曲面

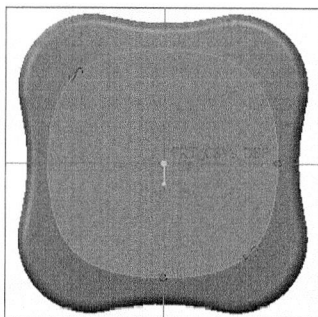

图 12-70　拾取曲线

第 6 步，在操控板的偏移距离文本框中输入偏移值为 10，并调整偏移方向，使其下凹。

第 7 步，在拔模角度值文本框中输入角度值 60，如图 12-71 所示。

第 8 步，单击 ✅ 图标按钮，完成拔模偏移的操作，结果如图 12-72 所示。

步骤 10　保存图形

参见本书第 1 章，操作过程略。

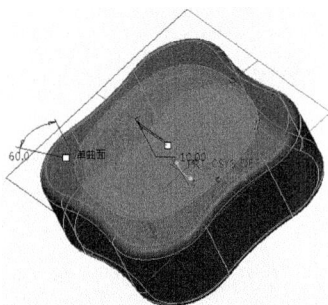

图 12-71　偏移距离与角度

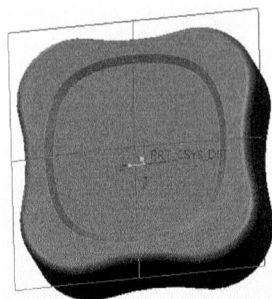

图 12-72　完成曲面偏置

12.6　上　机　题

根据曲面转化实体的相关知识，创建如图 12-73 所示的头盔模型。

建模提示：

（1）以 FRONT 基准平面为草绘平面，RIGHT 基准平面为参考平面，方向向右，创建一个旋转球形曲面，旋转截面尺寸如图 12-74 所示。

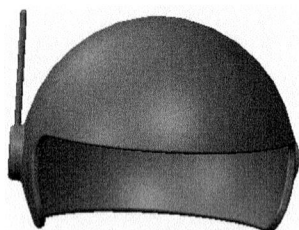

图 12-73　头盔模型

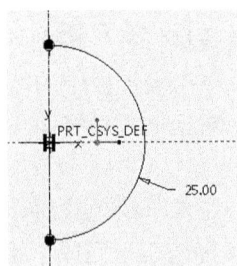

图 12-74　旋转截面

（2）对球形曲面进行加厚，加厚值为 1.5，方向向内。

（3）以 FRONT 基准平面为草绘平面，如图 12-75 所示的二维草图，创建移除材料拉伸特征，将空心球体切除一部分。

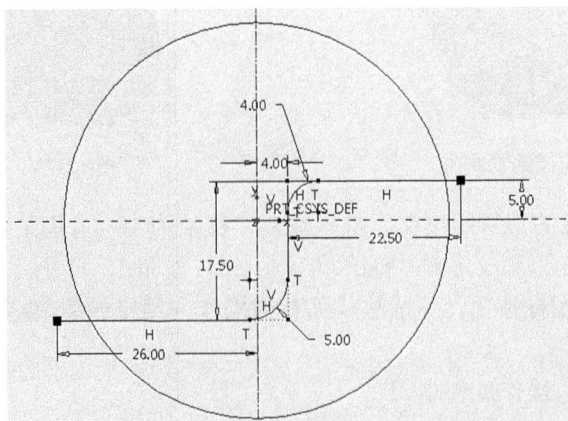

图 12-75　移除材料拉伸截面

（4）对边线进行倒圆角操作，倒角值为 0.5，如图 12-76 所示。

（5）以中心轴 A_1 和 RIGHT 平面为参考，创建一旋转角度为 15°的基准平面，如图 12-77 所示。

图 12-76　倒圆角操作

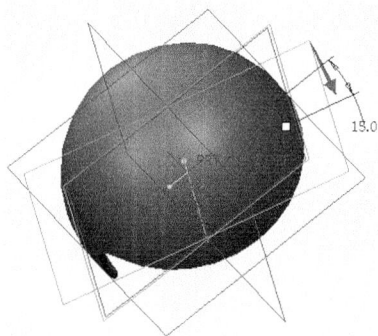

图 12-77　创建基准平面

（6）以新创建的基准平面为草绘平面，创建拉伸移除材料特征，如图 12-78 所示，操作完成后，结果如图 12-79 所示。

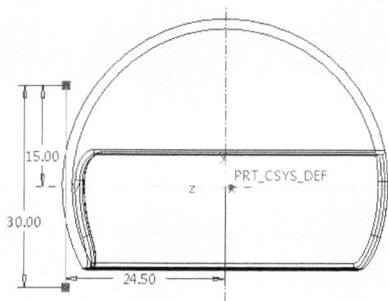

图 12-78　创建拉伸移除材料特征

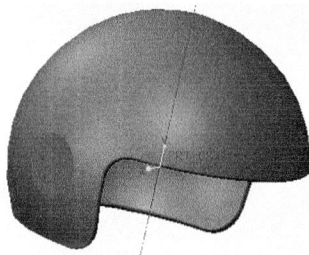

图 12-79　移除材料后的结果

（7）选择切出的平面进行局部曲面偏置操作，并选择"具有拔模特征"选项。拾取圆形边界为草绘图形，设置拉伸高度为 2.5，拔模角度值为 5。操作结果如图 12-80 所示。

（8）对刚创建的偏移特征进行倒圆角，外边缘的圆角半径值为 0.8，内侧的圆角半径值设置为 0.5，如图 12-81 所示。

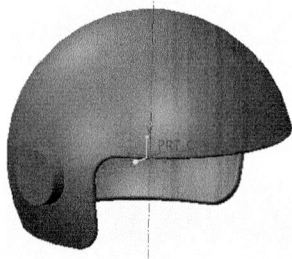

图 12-80　创建局部曲面偏置特征

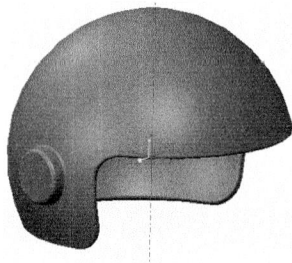

图 12-81　倒圆角

（9）在另一侧重复第 5 步～第 8 步中的操作，得到如图 12-82 所示的结果。

（10）创建拉伸圆柱体。以 TOP 平面为草绘面，创建如图 12-83 所示的圆柱体，拉伸的高度为 25，并对圆柱体进行倒圆角，外边缘倒角值 0.5，内侧倒角值 0.2，完成头盔的创建。最终结果如图 12-73 所示。

图 12-82　在另一侧创建偏移特征并倒圆角

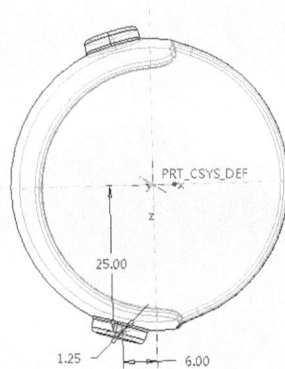

图 12-83　创建拉伸圆柱体

第 13 章　零件的装配

零件装配就是将生产出来的零件通过一定的装配关系组装在一起成为装配体（部件或机器），完成某一预定的功能。Creo 2.0 中零件的装配是通过定义零件模型之间的位置约束来实现的，并可以对完成的装配体进行零件间的间隙和干涉分析，从而提高产品设计的效率。

本章将介绍的内容如下：

（1）零件装配的方法和步骤；

（2）爆炸视图的创建与修改；

（3）装配体的间隙与干涉分析。

13.1　装配概述和装配约束类型

零件的装配过程实际上就是一个零件相对于装配体中另一个零件的约束定位过程。根据零件的外形以及在装配体中的位置不同，选取合适的装配约束类型，完成零件在装配体中的定位。

13.1.1　装配概述

1. 装配基本方法

本章介绍的装配体是通过约束向装配模型中增加零件（元件）来完成装配的，进入装配环境的步骤如下。

（1）执行菜单"文件" | "新建"命令或单击"快速访问"工具栏中的 图标按钮。

（2）在弹出的"新建"对话框中选择"装配"单选按钮，在"子类型"选项组下选择"设计"单选按钮，然后在"名称"文本框中输入装配文件名称，取消选中"使用默认模板"复选框，如图 13-1 所示。

（3）单击"确定"按钮，弹出"新文件选项"对话框，如图 13-2 所示，选择模板选项组中的 mmns-asm-design 列表项，单击"确定"按钮，进入装配环境。

（4）在装配环境中的主要操作是添加新元件。单击"模型"选项卡"元件"面板中的 图标按钮，在弹出的"打开"对话框中选择要装配的元件名。

（5）单击"打开"按钮，进入新元件装配环境，弹出"元件放置"操控板，如图 13-3 所示，选取适当的装配约束类型，单击 图标按钮，完成元件装配。

2. 操作及选项说明

（1）放置：该下滑面板可以指定装配体与新加元间的约束条件[①]，并显示目前装配状况。

---

① 参见本书第 13.1.2 小节。

图 13-1 "新建"对话框

图 13-2 "新文件选项"对话框

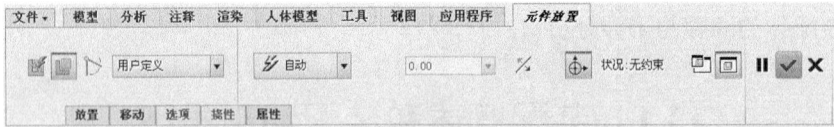

图 13-3 "元件放置"操控板

（2）移动：单击该选项卡，弹出如图 13-4（a）所示下滑面板，利用该下滑面板可以移动正在装配的元件，使元件的放置更加方便。"移动"下滑面板上的"运动类型"下拉列表，如图 13-4（b）所示，默认类型是"平移"，允许在平面范围内移动元件；"旋转"类型，允许绕选定的参考轴旋转元件；"调整"类型，允许调整元件位置；"定向模式"类型，允许以元件的中心为旋转中心旋转元件。

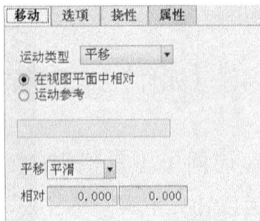

（a）"移动"下滑面板

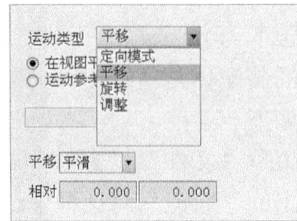

（b）"运动类型"下拉列表

图 13-4 "移动"下滑面板

（3）：单击该图标按钮，弹出"3D 拖动器"，如图 13-5 所示。3D 拖动器可以用来重新定向新加入的元件，使新加入的元件更靠近其装配位置，用户更容易选择元件的几何参考，协助元件装配。

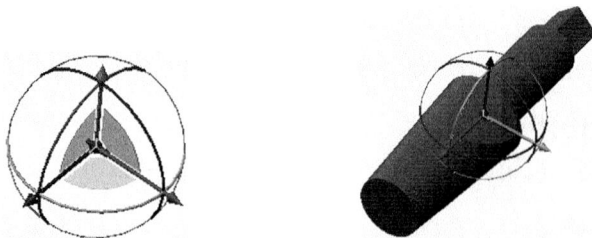

图 13-5 3D 拖动器

使用"3D 拖动器"按如下所示定向新加入的元件。

① 绕三个轴旋转元件——单击着色弧并绕其拖动，绕该特定轴旋转元件。

② 沿三个轴平移元件——单击着色箭头并沿其拖动，沿该特定轴平移元件。

③ 在 2D 平面中移动元件——单击半透明着色象限并在其中拖动，在该 2D 平面内移动元件。

④ 自由移动元件——单击轴原点的中央小球并拖动，自由移动元件。

注意：3D 拖动器的某些部分会因元件应用了约束，自由度降低而灰显。

（4） ：单击该图标按钮，新加入的元件会显示在独立的窗口中，便于约束参考的选取，如图 13-6 所示。

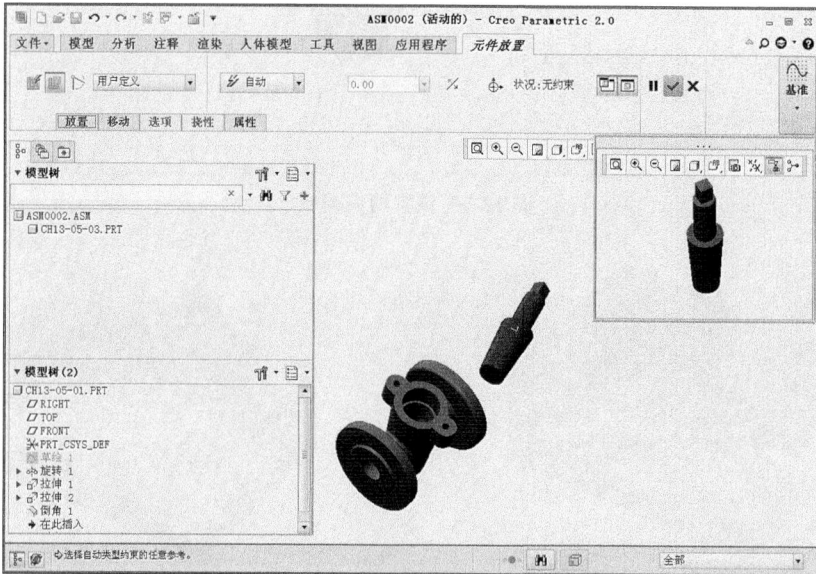

图 13-6　显示元件的两种窗口

（5） ：单击该图标按钮，新加入的元件和装配体显示在同一个窗口中，该按钮为默认选择状态，如图 13-6 所示。

13.1.2　装配约束类型

Creo 2.0 提供了 11 种约束类型，用于装配元件。在"元件放置"操控板中单击"放置"选项卡，弹出"放置"下滑面板，如图 13-7 所示。在"约束类型"下拉列表中选取相应的约束类型。

各类装配约束的定义如下。

（1）自动：默认的约束条件，系统会依照所选取的几何特征，自动选取适合的约束条件，适合较简单的装配。

（2）距离：约束新加元件几何和装配体几何以一定的距离偏移。如果选择的几何为面，"偏移"下拉列表中可输入偏移值确定两个面偏移的距离，如图 13-8（a）所示。单击"反向"按钮，可反向元件面的法线方向，如图 13-8（b）所示。偏移值为 0 时，两个面重合，如图 13-8（c）所示。

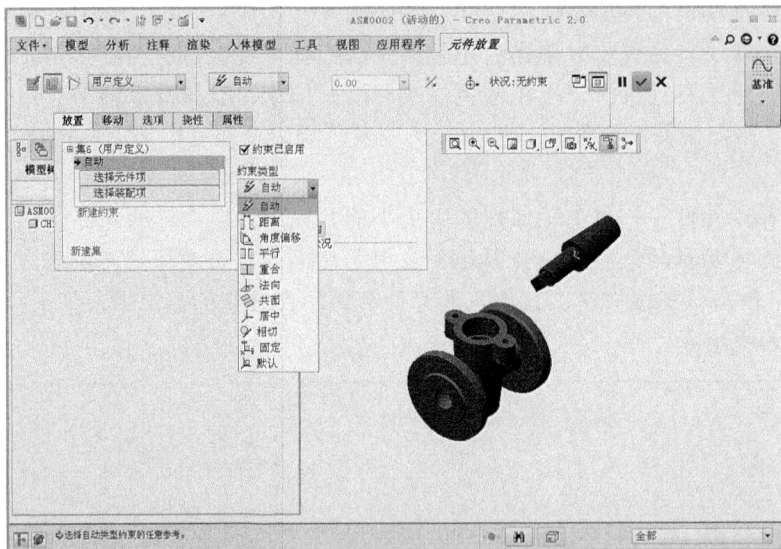

图 13-7　设置约束类型

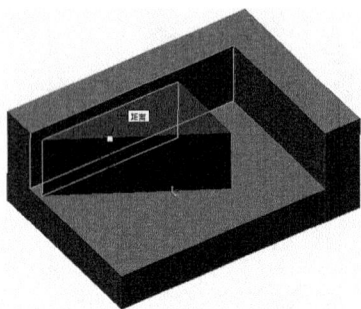

（a）"距离"约束

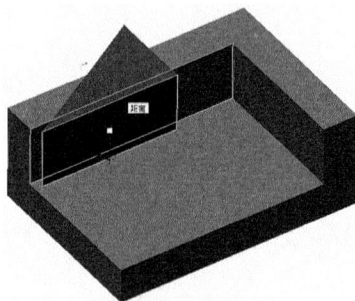

（b）"距离"约束+反向

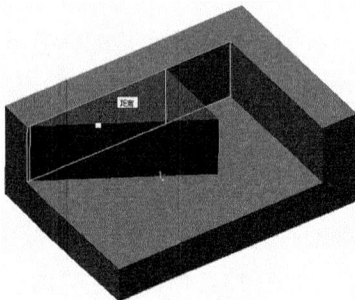

（c）"距离"约束+偏移值为 0

图 13-8　"距离"约束

（3）平行：约束新加元件几何和装配体几何平行。如果选择的元件几何为面，单击"反向"按钮，可反向元件面的法线方向。

（4）重合：约束新加元件几何和装配体几何重合。如果选择的元件几何为面，单击"反向"按钮，可反向元件面的法线方向。

（5）角度偏移：使新加元件几何与装配元件几何成一定角度。通常会在"重合"约束部分限制元件之后使用"角度偏移"约束，如图 13-9 所示。

（a）重合   （b）角度偏移

图 13-9 "角度偏移"约束

（6）法向：使新加元件几何与装配元件几何垂直。

（7）共面：使新加元件几何与装配元件几何共面。

（8）居中：可通过将新加元件几何与装配元件几何同心，如图 13-10 所示。

（a）约束前   （b）约束后

图 13-10 "居中"约束

（9）相切：使新加元件几何与装配元件几何指定的曲面相切。

（10）固定：使新加元件固定到当前位置。

（11）默认：使新加元件坐标系与装配元件坐标系对齐。

13.2　零件装配的步骤

各零件模型创建后，根据设计要求把它们装配成为一个部件或产品。

操作步骤如下。

第 1 步，单击"文件"工具栏中的 图标按钮。

第 2 步，在弹出的"新建"对话框中选中"装配"单选按钮，在"子类型"选项组下选中"设计"单选按钮，然后"名称"文本框中输入装配文件名称，取消"使用默认模板"复选框。

第 3 步，单击"确定"按钮，弹出"新建文件选项"对话框，选择模板选项组中的 mmns-asm-design 列表项，单击"确定"按钮，进入装配环境。

第 4 步，单击"工程特征"工具栏中的 图标按钮，在弹出的"文件打开"对话框中选择要装配的第一个元件（文件 Ch13-01-01.prt）。

注意：第一个元件又称主体零件，是整个装配体中最为关键的元件，确保在设计工作中不会删除这个元件。

第 5 步，单击"装配"操控板上的"放置"选项卡，在弹出的"放置"下滑面板中选取适当的装配约束类型，选取"默认"约束，使新加元件坐标系与装配组件坐标系对齐，单击✔图标按钮。完成第一个元件的装配。

第 6 步，重复以上两步操作，装配第二个元件（文件 Ch13-01-02.prt）。在选取装配约束时，如需要两个以上的约束条件，则单击如图 13-11 所示"放置"下滑面板中的"新建约束"选项，添加新的约束，使新加元件完全约束。如图 13-12 所示，添加"重合" 约束和"居中"约束，使第二个元件完全约束。

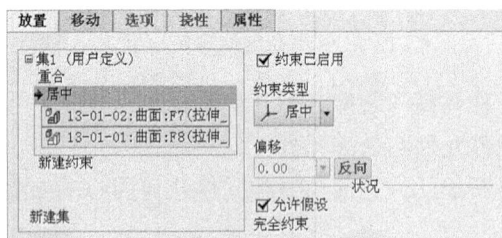

图 13-11　添加新约束

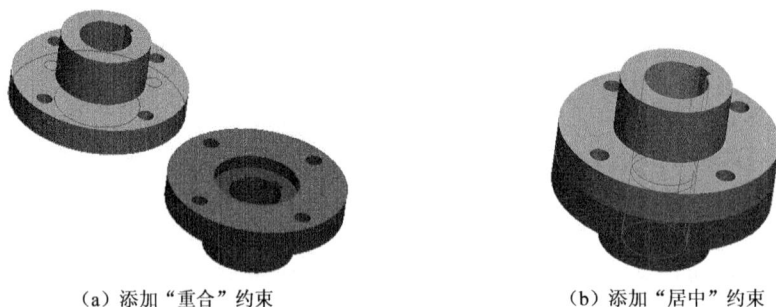

（a）添加"重合"约束　　　　　　　　　（b）添加"居中"约束

图 13-12　第二个元件完全约束

第 7 步，重复以上步骤，装配下一个元件，直至所有元件装配完成。

13.3　装配中零件的修改

在机器或部件的装配过程中，经常会根据装配关系修改零件的尺寸或结构形状。下面分别介绍在装配体中修改零件的尺寸和零件结构形状的方法。

13.3.1　装配中修改零件尺寸

操作步骤如下。

第 1 步，打开文件 Ch13-01-00.asm，如图 13-13 所示。

第 2 步，在模型树中选中要修改的元件（零件 Ch13-01-02.prt）右击，在弹出的快捷菜单中选取"激活"选项，将该元件激活。

第3步，在模型空间双击该元件的特征将显示特征尺寸，如图 13-14 所示。

第4步，双击要修改的尺寸 "35"，将 35 改为 55，回车。再单击"操作"面板中的 "重新生成"图标按钮，结果如图 13-15 所示。

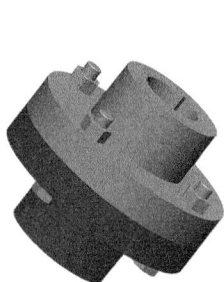
图 13-13　联轴器装配体

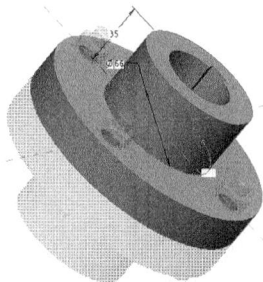
图 13-14　显示特征尺寸

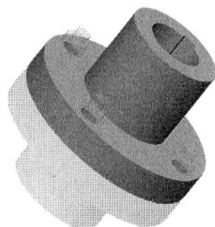
图 13-15　修改尺寸后的元件

第5步，在模型树中选中装配体（Ch13-01-00.asm）右击，在弹出的快捷菜单中选取"激活"选项，所有元件亮显。

13.3.2　装配中修改零件结构

操作步骤如下。

第1步，打开文件 Ch13-01-00.asm。

第2步，在模型树中选中要修改的元件（零件 Ch13-01-02.prt）右击，在弹出的快捷菜单中选取"打开"选项，系统进入该元件模型空间，如图 13-16 所示。

第3步，单击 倒角 图标按钮，分别选取两条边，并分别输入倒角尺寸为 2 和 3，单击 图标按钮，完成倒角特征创建，结果如图 13-17 所示。

图 13-16　元件模型空间

图 13-17　修改结构形状后的元件

第4步，单击 图标按钮，保存元件的修改，关闭零件模式窗口，回到组件窗口，结果如图 13-18（b）所示。

（a）修改前

（b）修改后

图 13-18　修改元件结构形状的装配体

13.4 爆炸图的创建

爆炸图又称分解视图，是将装配后的元件分解，以表达装配体中各元件的位置关系以及相互之间的装配关系。系统根据装配体的约束条件可以直接生成默认的爆炸图，用户也可以根据需要，调整各零件的位置，完成自定义的爆炸图。

调用命令的方式如下。

功能区：单击"模型"选项卡或"视图"选项卡"模型显示"面板中的"视图管理" 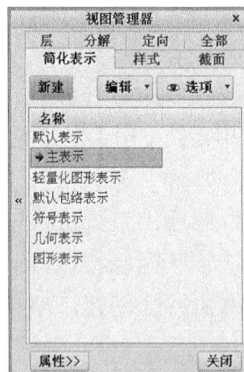 图标按钮。

爆炸图仅影响装配件外观，不会改变设计意图以及装配元件之间的实际距离。用户可以为每个装配件定义多个爆炸图，然后可随时使用任意一个已保存的爆炸图。

操作步骤如下。

第1步，打开文件 Ch13-02-00.asm，如图 13-19 所示。

第2步，单击"模型"选项卡"模型显示"面板中的 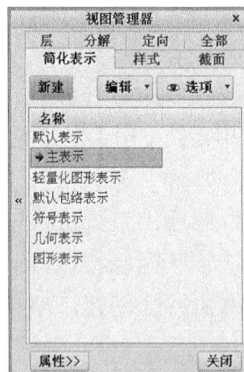 图标按钮。打开"视图管理器"对话框，如图 13-20 所示。

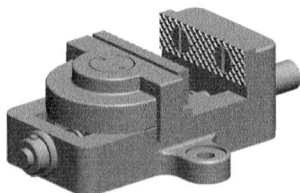

图 13-19 虎钳装配体　　　　　　图 13-20 "视图管理器"对话框

第3步，单击"分解"选项卡，如图 13-21（a）所示。

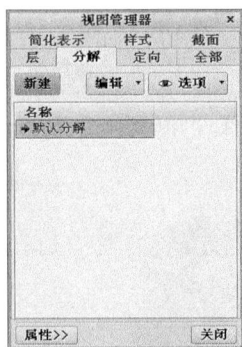

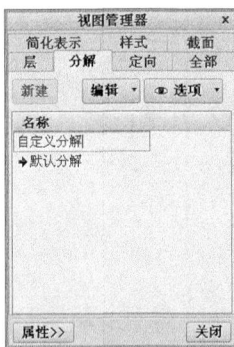

（a）"默认分解"　　　　　（b）"自定义分解"　　　　　（c）显示操作图标按钮

图 13-21 "分解"选项卡

注意：

（1）如果双击“名称”列表框中的“默认分解”，生成系统默认爆炸图，效果如图 13-22 所示。

（2）单击“模型”选项卡“模型显示”面板中的 分解图 图标按钮，生成或取消系统默认爆炸图。

第 4 步，单击“分解”选项卡上的“新建”按钮，出现爆炸图的默认名称。输入一个新名称（如“自定义分解”），回车，如图 13-21（b）所示，该爆炸图处于活动状态。

第 5 步，单击“属性”按钮，显示操作图标按钮，如图 13-21（c）所示。

第 6 步，单击 编辑位置 图标按钮，弹出“分解工具”操控板，如图 13-23 所示，设置装配体中各元件的分解位置。

图 13-22　默认爆炸图

图 13-23　“分解工具”操控板

（1）单击 “平移”图标按钮。在绘图区分别选取要移动的元件（螺钉和滑动钳身），利用 3D 拖动器将元件移动至适当位置，结果如图 13-24 所示。

（2）单击“选项”选项卡，弹出“选项”下滑面板。在“选项”下滑面板上单击“复制位置”按钮，弹出“复制位置”对话框，单击选取要移动的元件（护口板），然后单击“复制位置”对话框中的“单击此处添加项”收集器，再单击复制位置的元件（滑动钳身），单击“应用”按钮，单击“关闭”按钮，结果如图 13-25 所示。

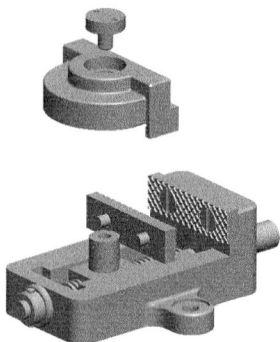

图 13-24　平移元件

图 13-25　复制元件

（3）重复以上两种动作，可将虎钳各元件按装配线路分解至相应位置，如图 13-26 所示。

（4）单击 图标按钮，关闭“分解工具”操控板，回到“视图管理器”对话框。

第 7 步，单击 <<... 图标按钮，返回“名称”列表。

第 8 步，单击“编辑”下拉菜单中的“保存”，弹出“保存显示元素”对话框。

图 13-26　自定义的虎钳爆炸图

第 9 步，单击"确定"按钮。

第 10 步，单击"关闭"按钮。

操作及选项说明如下。

"分解工具"操控板的操作及选项说明如下。

1）元件的运动类型和位置切换

元件分解时运动的类型包括。

（1）🔳：线性移动选定的元件。

（2）🔄：绕指定移动参考旋转选定的元件。

（3）🔲：沿装配的当前方向平行于屏幕移动选定的元件。

（4）🔳：在选定元件的原始位置和当前位置之间切换。

2）元件运动参考的选择

单击"参考"选项卡，弹出"参考"下滑面板，单击"移动参考"收集器，为元件选取平移或旋转的运动参考，系统为提供了直线边、轴、坐标轴、平面法线或两个点以确定元件平移运动的方向或者元件旋转的中心。

注意：如果要移除已选择的参考，单击"参考"下滑面板"移动参考"收集器中的参考，右击，在弹出的快捷菜单中单击"移除"选项。

3）元件的复制位置和分解运动方式

单击"选项"选项卡，弹出"选项"下滑面板，单击"复制位置"按钮，弹出"复制位置"对话框，可将元件放置在系统默认的相对位置上。

设定元件的运动方式，单击"选项"下滑面板的"运动增量"下拉列表，"光滑"选项表示连续移动元件。其他选项表示以"1"、"5"或"10"的步距移动元件，非连续运动。

13.5　间隙与干涉分析

13.5.1　间隙分析

对装配体进行间隙分析分为两类，配合间隙和全局间隙。配合间隙分析两个相互配合的零件之间的间隙，而全局间隙则是对整个装配体进行间隙分析，全局间隙需要设定一个参考间隙，系统将分析出所有不超出该设定值的间隙所在位置。

调用命令的方式如下。

功能区：单击"分析"选项卡"检查几何"面板中的 全局间隙 或 配合间隙 图标按钮。

1. "全局间隙"分析

操作步骤如下。

第1步，打开文件 Ch13-01-00.asm。

第2步，调用"全局间隙"命令，弹出"全局间隙"对话框，如图 13-27（a）所示。

第3步，在"全局间隙"对话框的"间隙"文本框中输入间隙值"1"。

第4步，单击 ∞ 图标按钮，计算分析结果显示在信息框中，如图 13-27（b）所示。

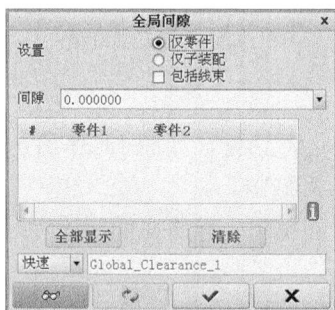
（a）间隙为 0

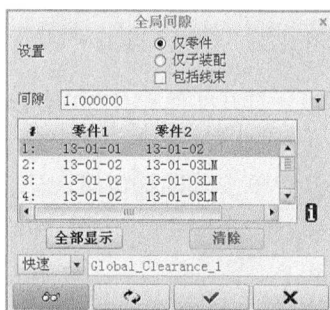
（b）间隙为 1

图 13-27 "全局间隙"对话框

第5步，单击 全部显示 按钮，在绘图区显示所有不超出该设定值的间隙所在位置，如图 13-28 所示，单击 清除 按钮，绘图区消除所有显示。

第6步，单击 ✔ 图标按钮，结束操作。

2. "配合间隙"分析

操作步骤如下。

第1步，打开文件 Ch13-03-00.asm。

第2步，调用"配合间隙"命令，弹出"配合间隙"对话框，如图 13-29 所示。

第3步，分别选取产生间隙的两个面或一条线和一个面，绘图区显示间隙值，如图 13-30 所示。

第4步，单击 ✔ 图标按钮，结束操作。

图 13-28 全部距离不大于"1"的间隙显示

13.5.2 干涉分析

干涉分析可以帮助设计者检验分析装配体中零件间的干涉状况。

调用命令的方式如下。

功能区：单击"分析"选项卡"检查几何"面板中 全局干涉 图标按钮。

操作步骤如下。

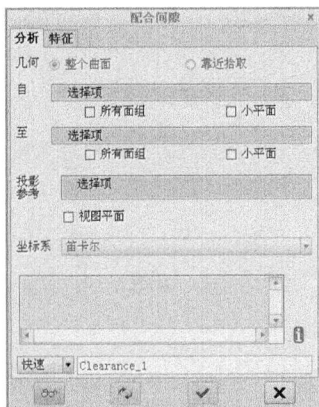

图 13-29 "配合间隙"对话框

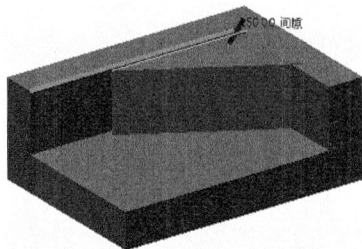

图 13-30 显示间隙值

第 1 步，打开文件 Ch13-03-00.asm。

第 2 步，调用"全局干涉"命令，弹出"全局干涉"对话框，如图 13-31 所示。

第 3 步，单击 图标按钮，计算分析结果显示在信息框中。

第 4 步，单击 全部显示 按钮，在绘图区显示所有零件间发生干涉所在的位置，如图 13-32 所示，单击 清除 按钮，消除所有显示。

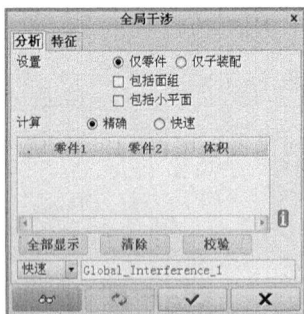

图 13-31 "全局干涉"对话框

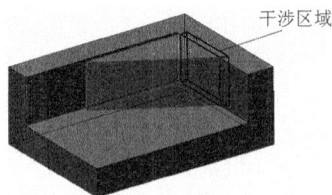

图 13-32 显示干涉零件及位置

第 5 步，单击 ✔ 图标按钮，结束操作。

13.6 上机操作实验指导十二 千斤顶装配

根据已创建的千斤顶零件模型以及千斤顶装配图，如图 13-33 所示，完成千斤顶组件的装配。主要涉及本章零件的装配和爆炸图创建。

操作步骤如下。

步骤 1 创建新文件

参见本章第 13.1.1 小节，新建文件名为"Ch13-04-00.asm"，操作过程略。

步骤 2 装配第 1 个零件"底座"（又称主体零件）

第 1 步，单击"模型"选项卡"元件"面板中的 图标按钮，在弹出的"文件打开"对话框中，选择要装配的第一个底座零件文件"Ch13-04-01.prt"。

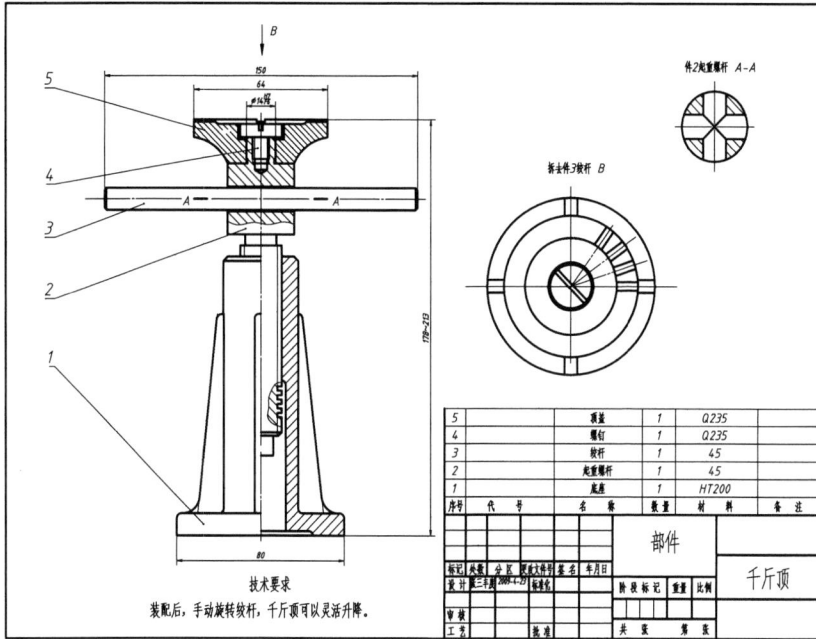

图 13-33　千斤顶装配图

第 2 步，单击"元件放置"操控板上的"放置"下滑面板，在"放置"下滑面板中选取适当的装配约束类型，选取"默认"约束，单击✔图标按钮。完成第一个元件的装配。

步骤 3　装配第 2 个零件"螺杆"

第 1 步，单击"模型"选项卡"元件"面板中的🖳图标按钮，在弹出的"文件打开"对话框中，选择要装配的第二个螺杆零件文件"Ch13-04-02.prt"。

第 2 步，单击"元件放置"操控板上的"放置"下滑面板，在"放置"下滑面板中选取适当的装配约束类型：

（1）选取"重合"约束，在绘图区如图 13-34（a）所示，拾取螺杆的轴线，再拾取底座的轴线，结果如图 13-34（b）、图 13-34（c）所示。

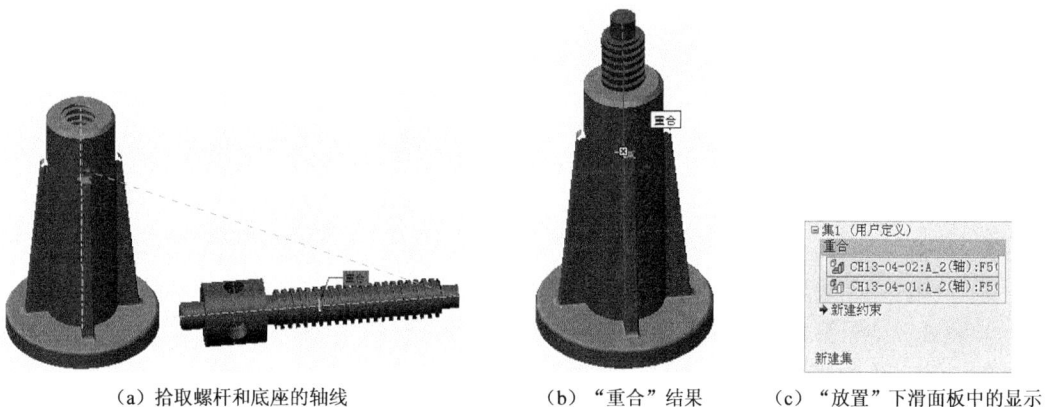

（a）拾取螺杆和底座的轴线　　　　　（b）"重合"结果　　　　（c）"放置"下滑面板中的显示

图 13-34　添加"重合"约束

（2）单击⊕图标按钮，弹出"3D 拖动器"，单击着色轴移出螺杆，如图 13-35（a）所示。在"放置"下滑面板中，单击"新建约束"选项，选取"相切"约束。在绘图区拾取螺杆的螺纹工作面，再拾取底座的螺纹工作面，如图 13-35（b）所示。单击 反向 按钮，结果如图 13-36 所示。

（a）拖移出螺杆　　　　　（b）拾取螺杆螺纹和底座螺纹的工作面　　　　　（c）"放置"下滑面板中的显示

图 13-35　添加"相切"约束

注意："相切"约束是保证螺杆外螺纹与底座内螺纹工作面旋合在一起，不产生干涉现象。

第 3 步，在"装配"操控板上，单击 ✓ 图标按钮，完成螺杆在千斤顶装配体中的定位。

步骤 4　装配第 3 个零件"顶盖"

第 1 步，单击 图标按钮，在弹出的"文件打开"对话框中，选择要装配的第三个顶盖零件文件"Ch13-04-05.prt"。

第 2 步，单击操控板上的 图标按钮，弹出显示顶盖的独立窗口。单击"装配"操控板上的"放置"下滑面板，在"放置"下滑面板中选取适当的装配约束类型。

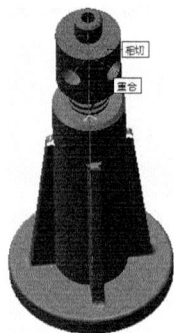

图 13-36　完全约束后的位置

（1）选取"居中"约束，在绘图区如图 13-37（a）所示，拾取独立的窗口中顶盖的圆柱孔，再在绘图区拾取螺杆的顶端外圆柱面，结果如图 13-37（b）所示。

（2）在"放置"下滑面板中，单击"新建约束"选项，选取"重合"约束。如图 13-38（a）所示，拾取独立的窗口中顶盖的底端，再在绘图区拾取螺杆的端面，结果如图 13-38（b）所示。

第 3 步，在"装配"操控板上，单击 ✓ 图标按钮，完成顶盖在千斤顶装配体中的定位。

步骤 5　装配第 4 个零件"螺钉"

第 1 步，为便于螺钉装入螺杆的螺纹孔中，在模型树中选中 Ch13-04-05.prt（顶盖）右击，在弹出的快捷菜单中选取"隐藏"选项，使该零件暂时隐藏。

第 2 步，单击 图标按钮，在弹出的"文件打开"对话框中，选择要装配的第 4 个螺钉零件文件"Ch13-04-04.prt"。

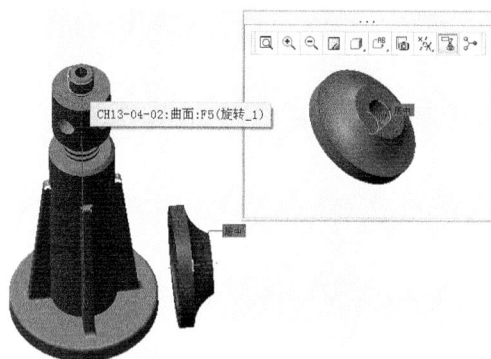

（a）拾取顶盖孔和螺杆顶端外圆柱面 　　　　　　　　（b）"居中"结果

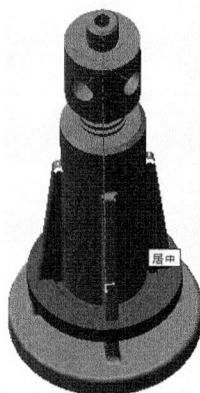

图 13-37　添加"居中"约束

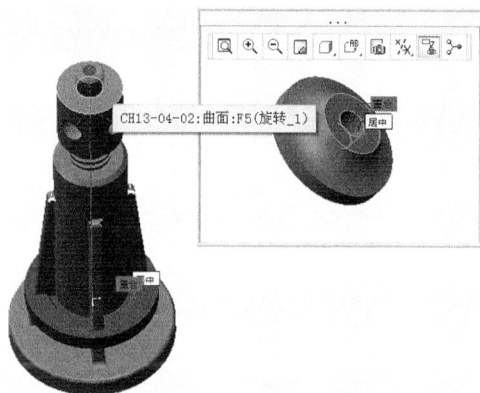

（a）拾取顶盖底端面和螺杆顶端面 　　　　　　　　（b）"重合"结果

图 13-38　添加"重合"约束

第 3 步，单击操控板上的 图标按钮，弹出显示螺钉的独立窗口。单击"装配"操控板上的"放置"下滑面板，在"放置"下滑面板中选取适当的装配约束类型。

（1）选取"居中"约束，拾取独立的窗口中螺钉的外圆柱面，再在绘图区拾取螺杆的顶端孔，如图 13-39 所示。

（2）在"放置"下滑面板中，单击"新建约束"选项，选取"重合"约束，拾取独立的窗口中螺钉的环面，再在绘图区拾取螺杆的顶面，如图 13-40 所示。

第 4 步，在"装配"操控板上，单击 图标按钮，完成顶盖在千斤顶装配体中的定位。

第 5 步，在模型树中选中 Ch13-04-05.prt（顶盖）右击，在弹出的快捷菜单中选取"取消隐藏"选项，使该零件恢复显示。

步骤 6　装配第 5 个零件"绞杆"

第 1 步，单击 图标按钮，在弹出的"文件打开"对话框中，选择要装配的第 5 个绞杆零件文件"Ch13-04-03.prt"。

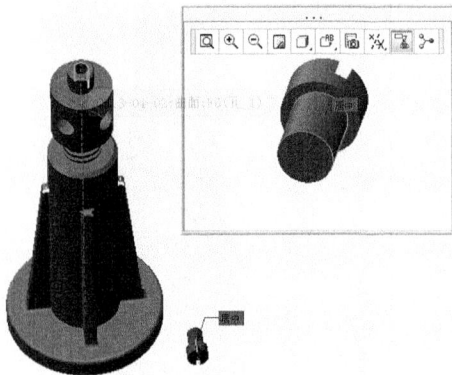

图 13-39 添加"居中"约束   图 13-40 添加"重合"约束

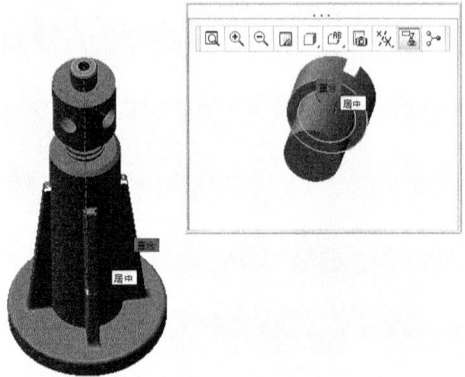

第 2 步，单击操控板上的 图标按钮，弹出显示绞杆的独立窗口，单击"装配"操控板上的"放置"下滑面板，在"放置"下滑面板中选取适当的装配约束类型。

（1）设置坐标系显示，单击"模型"选项卡"基准"面板中的 图标按钮，弹出"坐标系"对话框，选取螺杆上端孔的轴线，按住 Ctrl 键，选取螺杆上端另一垂直孔的轴线，两孔轴线相交点为新创建坐标系原点，如图 13-41 所示。

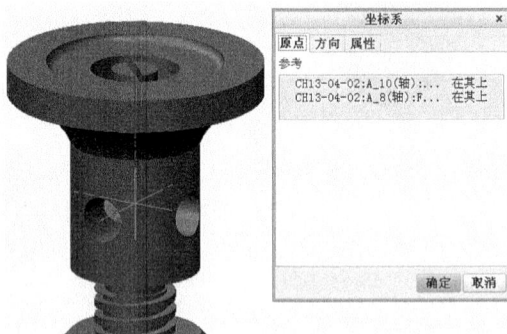

图 13-41 创建新坐标系

（2）在"放置"下滑面板中，单击"新建约束"选项，选取"重合"约束。如图 13-42 所示，在独立窗口拾取绞杆的坐标系，然后在绘图区拾取螺杆上新创建的坐标系，结果如图 13-43 所示。

第 3 步，在"装配"操控板上，单击 图标按钮，完成绞杆在千斤顶装配体中的定位，千斤顶装配完成。

步骤 7　干涉分析

第 1 步，调用"全局干涉"命令，弹出"全局干涉"对话框。

第 2 步，单击 图标按钮，计算分析结果显示在信息框中，如图 13-44 所示，有一处零件螺杆内螺纹与螺钉外螺纹发生干涉。由于此处螺纹为修饰螺纹，干涉为虚拟干涉，可以忽略。

第 3 步，单击 图标按钮，结束干涉分析操作。

步骤 8　生成千斤顶爆炸图

第 1 步，调用"视图管理器"命令，打开"视图管理器"对话框。

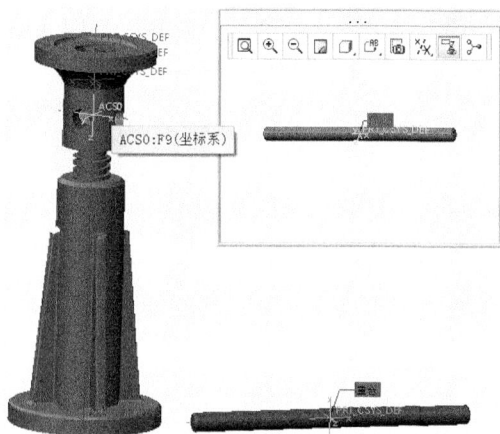

图 13-42　添加"重合"约束

图 13-43　完成"绞杆"的定位

第 2 步，单击"分解"选项卡，再单击"新建"按钮，输入一个新名称"自定义"，回车，如图 13-45 所示。

图 13-44　千斤顶干涉分析

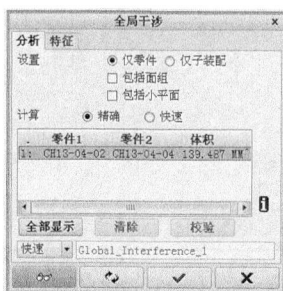

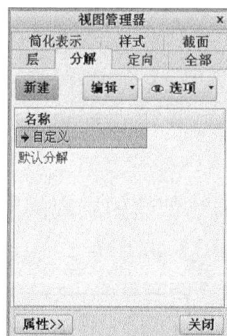

图 13-45　输入一个新名称"自定义"

第 3 步，单击 **属性>>** 按钮，显示操作图标按钮。

第 4 步，单击 "编辑位置"图标按钮，弹出"分解工具"操控板，根据装配关系重新调整装配体中各元件的分解位置。

（1）单击 图标按钮（默认选择）。在绘图区分别选取要移动的螺钉、顶盖和螺杆，单击拖动 3D 拖动器中的着色轴，移动至如图 13-46（a）所示位置。

（2）单击"运动类型"选项组内，选择"选项"按钮，弹出"选项"下滑面板，单击其上的 **复制位置** 按钮，弹出"复制位置"对话框，选取要移动的零件绞杆，然后单击"复制位置自"收集器，选取零件螺杆，单击"应用"按钮，单击"关闭"按钮，结果如图 13-46（b）所示。

（3）在绘图区选取要移动的绞杆，弹出 3D 拖动器，单击拖动相应的着色轴，移动绞杆至合适位置，结果如图 13-46（c）所示。

（4）单击 图标按钮，关闭"分解工具"对话框，回到"视图管理器"对话框。

第 5 步，单击 **<<...** 图标按钮，返回"名称"列表。

（a）选取螺钉、顶盖和螺杆   （b）选取螺杆和绞杆   （c）移动绞杆

图 13-46 "千斤顶"自定义爆炸图

第 6 步，单击"编辑"下拉菜单中的"保存"选项，弹出"保存显示元素"对话框，去除钩选"分解"选项，如图 13-47 所示，单击"确定"按钮。

第 7 步，单击"视图管理器"对话框的"关闭"按钮。

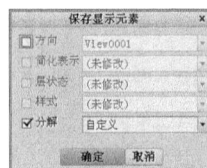

图 13-47 "保存显示元素"对话框

13.7 上 机 题

根据已创建的旋塞阀零件模型以及装配图，如图 13-48 所示，创建旋塞阀的三维装配体，如图 13-49 所示。

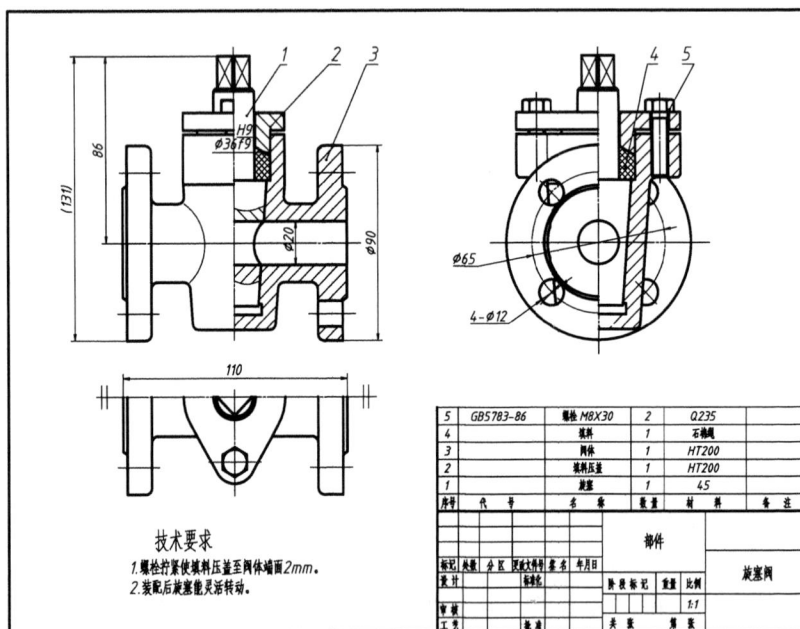

图 13-48 "旋塞阀"装配图

装配提示：

（1）阀体作为装配时的主体零件，第一个装配定位。选取"默认"约束，使新加元件坐标系与装配组件坐标系对齐，完成装配。

（2）装配旋塞时，使用"居中"约束进行定位，其中"居中"的两个面分别为旋塞和阀体的锥面。

（3）装配螺栓时，先装配一个螺栓，完成装配后，执行"阵列"命令。

图 13-49　"旋塞阀"装配体

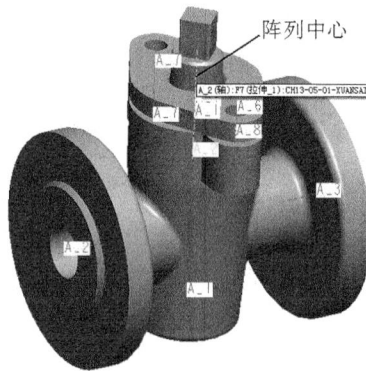

操作步骤如下：

① 选取该螺栓，单击 "阵列"图标按钮，弹出"阵列特征"操控板。

② 在"阵列特征"操控板第一个下拉列表中选择"轴"选项，在绘图区选取旋塞轴线作为阵列中心，如图 13-50 所示。

图 13-50　选取阵列中心

③ 在操控板中作如图 13-51 所示的设置。

图 13-51　"阵列特征"操控板

④ 单击 图标按钮，完成阵列命令。

第 14 章　视图的创建与编辑

制造加工是实现产品的一个重要环节，利用 Creo 2.0 进行三维设计后，一般需要创建二维工程图，以表达模型（包括零件和三维装配体）的形状、尺寸、技术要求、注释说明、表等设计信息，用于指导生产加工和进行技术交流。

Creo 2.0 系统的工程图模块提供了强大的创建工程图的功能，不仅可以创建用以表达零部件的各种视图，还可以用注解来注释绘图、处理尺寸，也可以使用层来管理不同项目的显示等。所创建的工程图，其中所有视图都是相关的，如果改变一个视图中的某一尺寸值，系统将自动地更新其他相关视图。另外，工程图与其三维模型相关，即模型的尺寸和特征更改会自动反映到工程图上，相反，在工程图上进行尺寸更改后，其三维模型也会自动更新为新的尺寸。这种相关性极大地体现了参数化设计理念的优点。另外，Creo 2.0 系统也可以从其他绘图系统导入绘图文件。

本章将着重介绍 3D 零件视图的创建和编辑方法，主要内容如下：

（1）模板文件的创建；

（2）一般视图的创建；

（3）投影视图的创建；

（4）轴测图的创建；

（5）剖视图的创建；

（6）编辑视图。

14.1　创建工程图

Creo 2.0 绘图环境提供了大量的视图处理与绘图工具，使用户能够较为方便地完成一张完整的工程图。

操作步骤如下。

第 1 步，单击"快速访问"工具栏中的"新建" 图标按钮，弹出"新建"对话框。

第 2 步，在"类型"选项组内选择"绘图"，在"名称"编辑框中输入工程图文件名称，如图 14-1 所示。

第 3 步，单击"确定"按钮，弹出如图 14-2 所示的"新建绘图"对话框。

第 4 步，在"默认模型"编辑框内，指定生成工程图的三维模型。

第 5 步，在"指定模板"选项组内指定创建工程图的模板类型，如 a_drawing。

第 6 步，单击"确定"按钮，进入绘图环境，如图 14-3 所示。

操作及选项说明如下。

在"新建绘图"对话框中进行如下操作。

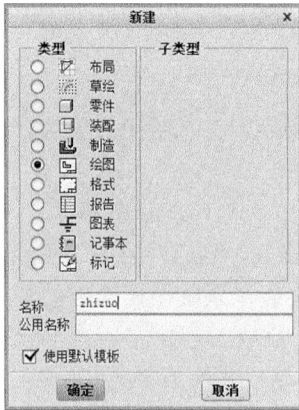

图 14-1 在"新建"对话框选择"绘图"单选按钮并命名

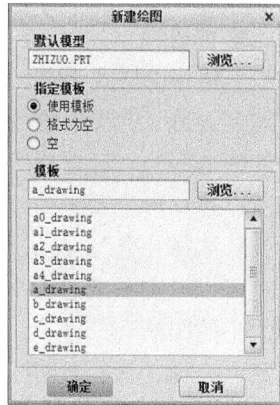

图 14-2 "新建绘图"对话框

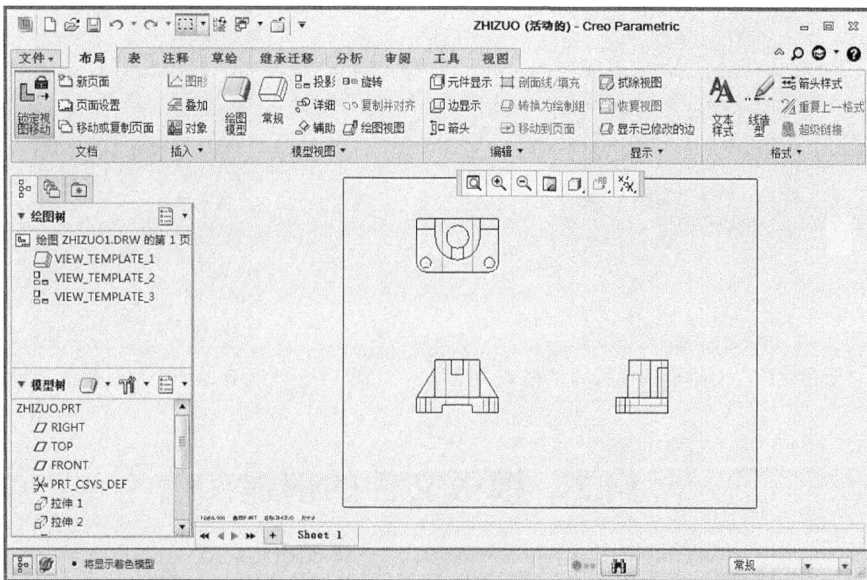

图 14-3 工程图界面

1）指定生成工程图的模型

（1）当用户打开若干个三维模型时，系统自动将当前活动模型列在"新建绘图"对话框的"默认模型"栏内，用户可以在该栏内输入已经打开的三维模型文件名，指定另一个已打开的模型。也可以单击右侧的"浏览"按钮，在"打开"对话框中选择生成工程图的模型。

（2）若用户没有打开任何三维模型文件时，系统在"新建绘图"对话框的"默认模型"栏内显示"无"，用户单击右侧的"浏览"按钮，在"打开"对话框中选择生成工程图的模型。

2）指定模板

系统提供了3种模板类型：使用模板、格式为空、空。

（1）若选择"使用模板"，可以在"模板"列表中选择需要的模板，或单击右侧的"浏览"按钮，选择已经建立的工程图文件，使用该文件的模板。

注意："模板"列表中的a0_drawing ~ a4_drawing对应于公制A0 ~ A 4图幅，a_drawing ~ f_drawing对应于英制A0 ~ A 4图幅。由模板进入绘图环境，直接按照模板的默认设置建立模型的视图，如图 14-3 所示，选择英制模板 a_drawing，则按照第 3 角投影建立顶视图、前视图、右视图。

（2）若选择"格式为空"，单击"浏览"按钮，在"打开"对话框中，选择用户已经创建的扩展名为.frm 的标准绘图格式文件，如图 14-4 所示，进入绘图环境后，直接带有绘图格式文件中的图框、标题栏等基本信息。

注意：建议用户预先创建绘图格式文件[①]，以该方式进入工程图环境。

（3）若选择"空"，表示不使用任何模板和图纸格式，"新建绘图"对话框如图 14-5 所示，用户可以设置图纸的大小和方向，进入绘图模块后，系统根据选定的图幅生成一个表示图纸大小的图框。

注意：选择"格式为空"或"空"时，"默认模型"可以为"无"。

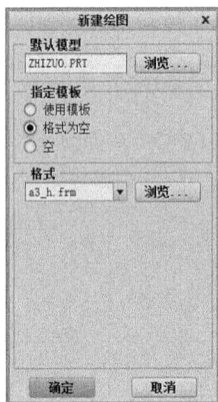

图 14-4 "新建绘图"对话框的模板为"格式为空"   图 14-5 "新建绘图"对话框的模板为"空"

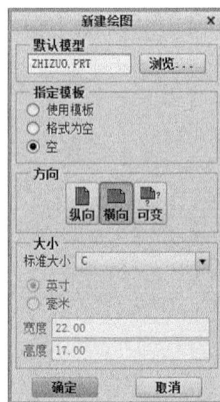

14.2 模板文件的创建

工程图一般是进行产品设计的最终技术文件，创建符合国家标准的工程图是设计人员必须具备的能力。在 Creo 2.0 的绘图模块中，绘图环境和绘图方式可以由绘图设置文件、绘图格式文件确定。在由三维模型创建二维工程图过程中，有许多重复操作，为了减少设计绘图工作量，快速生成准确、标准的二维工程图，提高设计效率，一般应首先根据国家标准的要求创建模板文件，以便在设计中直接调用。

在创建模板文件前，首先建立用户自己的工作目录，如 E:\ Creo2.0；下面创建的相关配置文件存放于该目录下。

14.2.1 绘图设置文件

Creo 2.0 默认的绘图设置文件为 prodetail.dtl，位于 Creo 2.0 安装目录下的 text 子目录中。该文件通过一系列参数选项控制投影方向、标注样式、文本样式、几何公差标准等，

---

① 参见本书第 14.2.2 小节。

不同国家、不同行业都有各自的工程图设计标准，创建符合本国、本部门设计标准的设置文件尤其重要。绘图设置文件在绘图模块下创建和修改，操作步骤如下。

步骤1　进入绘图环境

操作步骤略。

步骤2　工程图配置选项设置并命名保存

第1步，单击下拉菜单"文件"|"准备"|"绘图属性"，弹出如图14-6所示的"绘图属性"窗口。

图14-6　"绘图属性"窗口

第2步，单击"详细信息选项"右侧的"更改"，弹出如图14-7所示的"选项"对话框，其中列出100多个选项。

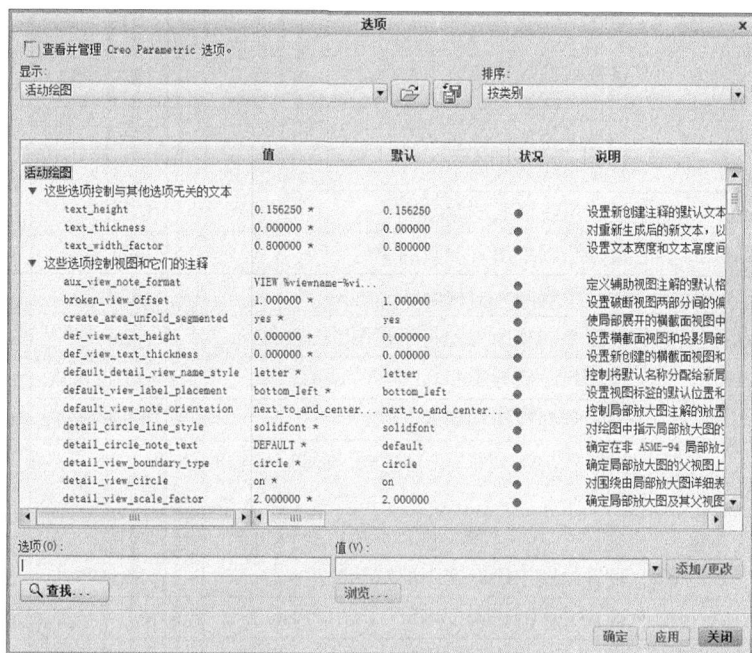

图14-7　绘图"选项"对话框

第3步，设置工程图环境的相应参数选项。机械工程图需要设置的主要选项如表14-1所示。具体方法：在左侧列表中选择或在下方"选项"栏内输入需要重新设置的选项名，在右侧"值"栏内重新输入新值，或从其下拉列表中选择新值，单击"添加/更改"按钮；按上述方法继续设置其他选项。

第4步，单击"应用"按钮。

表 14-1 工程图设置文件的主要参数选项

配置选项名	意 义	默认值	新值
allow_3d_dimensions	设置等轴测视图是否显示尺寸	no	yes
arrow_style	设置所有箭头样式	Closed	filled
axis_line_offset	设置轴线延伸而超出其关联特征的距离	0.1	3
broken_view_offset	设置破断视图（即折断画法）两部分间的偏距	1	2
circle_axis_offset	设置圆的中心线超出圆周的距离	0.1	3
crossec_arrow_length	设置剖切平面箭头的长度	0.1875	4
crossec_arrow_width	设置剖切平面箭头的宽度	0.0625	1.5
cutting_line	设置剖切线的显示	std_ansi	std_gb
cutting_line_segment	设置剖切线粗短划的长度	0	5
cutting_line_segment_thickness	设置剖切线的宽度		1
def_view_text_height	设置视图注释和剖视图名称的文本高度	0	5
def_view_text_thickness	设置视图和剖视图中的视图名称的文本粗细宽度	0	0.35
default_lindim_text_orientation	设置线性尺寸的文本方向	horizontal	Parallel_to_and_above_leader
dim_leader_length	设置箭头在尺寸界线外时尺寸线的长度	0.5	5
draw_arrow_length	设置引线箭头的长度	0.1875	3
draw_arrow_width	设置引线箭头的宽度	0.0625	1
drawing_units	设置绘图中所有参数的单位	Inch	mm
half_view_line	指定半视图（对称画法）的线	solid	none
half_section_line	设置半剖视图视图与剖视图的分界线	solid	centerline
lead_trail_zeros	控制尺寸前导零和后续零的显示	std_default	std_metric
projection_type	确定创建投影视图的方法	third_angle	first_angle
radial_pattern_axis_circle	设置径向阵列特征中垂直于屏幕旋转轴的显示模式	no	yes
sym_flip_rotated_text	设置符号旋转时，其文本是否旋转	no	yes
text_height	设置绘图中所有文本的默认高度	0.15625	3.5
text_thickness	设置文本的粗细宽度	0	0.35
text_width_factor	设置文本宽度和高度的比例	0.8	0.7
thread_standard	控制螺纹孔（具有垂直于屏幕的轴）以圆弧、圆或螺纹孔内部的隐藏线的方式进行显示	std_ansi	std_ansi_imp_assy
tol_display	控制尺寸公差的显示	no	yes
tol_text_height_factor	设置对称偏差中尺寸文本高度与公差文本高度之间的比例	standard	0.6
tol_text_width_factor	设置对称偏差中尺寸文本宽度与公差文本宽度之间的比例	standard	0.6

配置选项名	意　义	默认值	新值
view_note	设置与视图相关的注释文本要求	std_ansi	std_din
view_scale_format	设定视图比率的格式	decimal	ratio_colon
witness_line_delta	设置尺寸界线自尺寸线的延伸距离	0.125	2
witness_line_offset	设置尺寸线和标注对象间的偏距	0.0625	0

第5步，单击 图标按钮，在"另存为"对话框中选择路径为用户的工作目录，将默认的文件名"活动绘图"更改为 Metric_GB，如图 14-8 所示单击"确定"按钮，生成 Metric_GB.dtl 工程图配置文件，返回"选项"对话框。

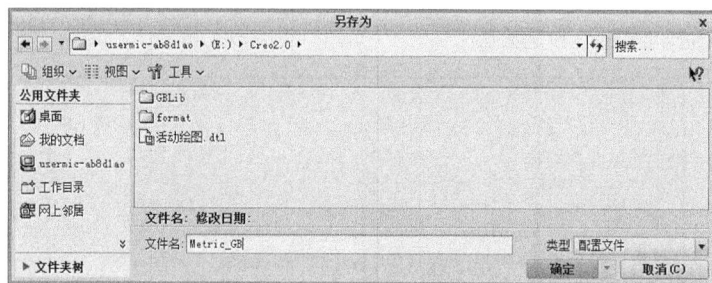

图 14-8　保存绘图设置文件

第6步，单击"关闭"按钮，单击"菜单管理器"中的"完成/返回"选项。

注意：

（1）"选项"对话框中的"排序"下拉列表中提供了3种排序方式：按类别、按字母顺序、按设置，用户可以改变排序方式，以便于查找配置选项。

（2）用户可以单击 图标按钮，调用已经创建的配置文件。

14.2.2　绘图格式文件

绘图格式包括：图框、标题栏等，由绘图格式文件.frm 确定。默认的绘图格式文件存放于 Creo 2.0 安装目录下的 formats 子目录中。绘图格式文件在 Creo 2.0 的"格式"模块中创建。下面以横向 A3 图纸格式为例说明创建绘图格式文件的步骤。

步骤 1　进入"格式"模块

第1步，单击"快速访问"工具栏中的"新建" 图标按钮，弹出"新建"对话框。

第2步，在"类型"选项组内选择"格式"。

第3步，在"名称"编辑框中输入文件名称 A3_h，如图 14-9 所示。

第4步，单击"确定"按钮，弹出如图 14-10 所示的"新格式"对话框。

第5步，选择指定模板为"空"，方向为"横向"，并在"标准大小"下拉列表中选择公制图纸 A3。

第6步，单击"确定"按钮，进入格式模块。如图 14-11 所示，边框线表示图纸大小的外框。

注意：如果在"方向"选项组内选择"可变"选项，用户则可以自定义图纸大小。

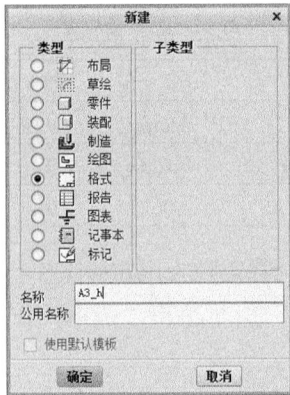

图 14-9 选择"格式"单选按钮

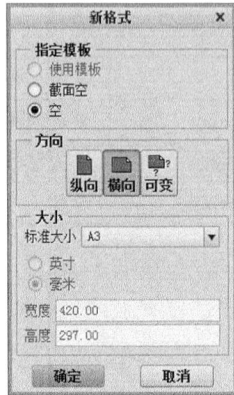

图 14-10 "新格式"对话框

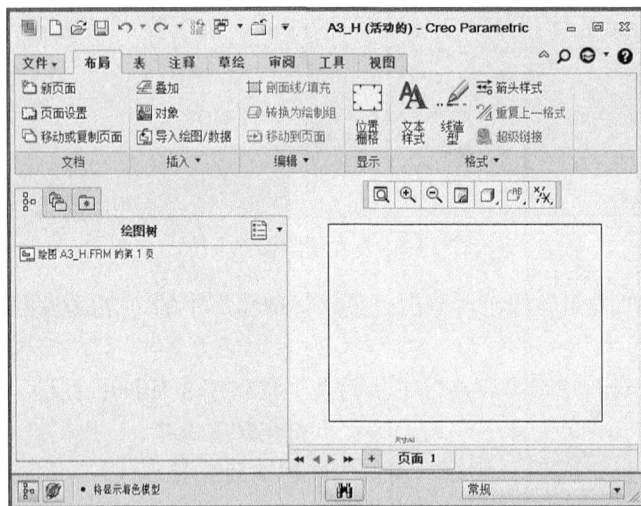

图 14-11 "格式"模块界面

步骤 2 制作内图框线

（1）利用"偏移"边命令，将如图 14-11 所示的外边框向内侧偏移复制。

操作步骤如下。

第 1 步，单击"草绘"选项卡"草绘"面板中的"偏移边" 图标按钮，弹出如图 14-12（a）所示的"偏移操作"菜单管理器，选择"单一图元"选项。

第 2 步，命令提示为"选择图元"时，单击如图 14-11 所示的外边框左侧边，在弹出的"于箭头方向输入偏移[退出]"文本框内输入偏移值 25，回车，将左侧边向图框内侧复制 25。

第 3 步，选择"偏移操作"菜单管理器中的"链图元"选项，弹出 14-12（b）所示的"选择"对话框，按住 Ctrl 键选择其余各边，单击"选择"对话框的"确定"按钮，在"于箭头方向输入偏移[退出]"文本框内输入偏移值–5，回车，将 3 条边向内侧偏移 5，如图 14-12（c）所示。

（2）利用"拐角"命令，修剪左侧多余线段。

操作步骤如下。

(a)"偏移操作"菜单管理器　　　　(b)"选择"对话框　　　　(c)偏移复制后的图框

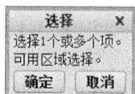

图 14-12　偏移复制边

第 1 步，单击"草绘"选项卡"修剪"面板中的"拐角"┼图标按钮，弹出如图 14-13 所示的"选择"对话框。

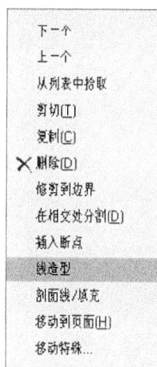

第 2 步，命令提示为"选择要修剪的两个图元"时，在左侧边与上侧边需要保留的一侧单击（单击第 2 条边时按住 Ctrl 键），将其另一侧修剪到交点；继续选择在左侧边与下侧边需要保留的一侧单击，修剪交点另一侧线段。单击"确定"按钮，结束命令。

（3）修改内边框线宽。

第 1 步，按住 Ctrl 键，依次选择刚绘制的 4 条内边框线，右击，弹出如图 14-14（a）所示的快捷菜单。

第 2 步，选择"线造型"选项，弹出 14-14（b）所示的"修改线造型"对话框。

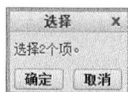

（a）图元快捷菜单　　　　（b）"修改线造型"对话框

图 14-13　"选择"对话框　　　　图 14-14　设置内边框线宽

第 3 步，将线宽设置为 0.8，单击"应用"按钮，单击"确定"按钮。

步骤 3　创建标题栏

1）绘制标题栏外边框

操作步骤如下。

第 1 步，单击"草绘"选项卡"草绘"面板中的"线"＼线图标按钮，弹出如图 4-15（a）所示的"捕捉参考"对话框。

第 2 步，单击"捕捉参考"对话框的 ▶ 按钮，选择需要作为参考的图元，所选参考列在"捕捉参考"列表中。

第 3 步，单击"草绘"选项卡"控制"面板中的"绝对坐标" 绝对坐标 图标按钮，在弹出的"绝对坐标"输入框内输入起始点绝对坐标，如图 4-15（b）所示，回车。

第 4 步，单击"控制"面板中的 相对坐标 图标按钮，在起始点位置出现点标记，在弹出的"相对坐标"输入框内输入终止点与起始点的相对坐标，如图4-15（c）所示，回车，绘制标题栏左边线，同时该线列在"捕捉参考"列表中，单击鼠标中键。

（a）"捕捉参考"对话框　　　　（b）输入绝对坐标　　　　（c）输入相对坐标

图 14-15　直线定点（一）

第5步，捕捉上述左边线上端点，利用相对坐标，输入180，0，绘制标题栏上边线。

第6步，绘制其他标题栏表格线，操作过程略。

操作说明如下。

（1）选择"草绘"选项卡"设置"面板中的"草绘器首选项" $\boxed{\text{+ 草绘器首选项}}$ 图标按钮，弹出如图14-16所示的"草绘首选项"对话框，选中"水平/垂直"和"栅格交点"按钮。绘制线时，即可以绘制水平或垂直的线，也可以捕捉到栅格交点。

（2）右击，弹出如图14-16（b）所示的快捷菜单，可以选择坐标定点方式，也可以选择"角度"选项，在弹出的如图14-16（c）所示的角度输入框中输入倾斜线的角度。

注意：表格线也可以利用"偏移边"和"拐角"命令创建。

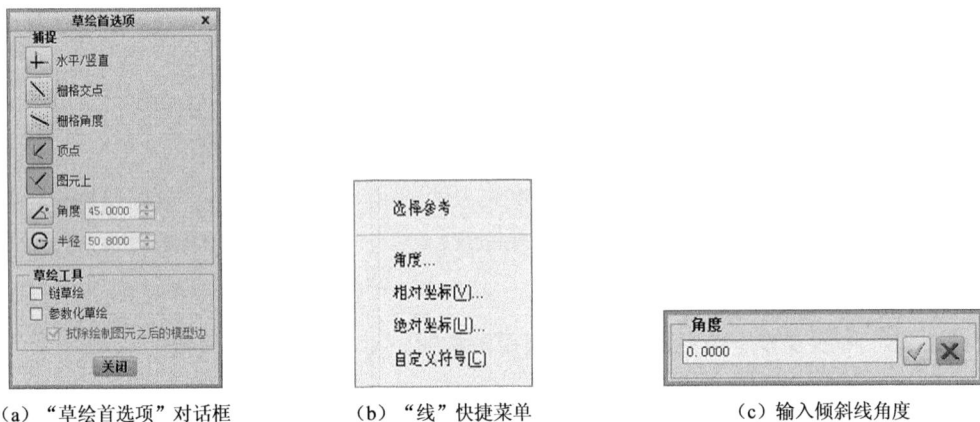

（a）"草绘首选项"对话框　　　　（b）"线"快捷菜单　　　　（c）输入倾斜线角度

图 14-16　直线定点（二）

2）创建表格文字

单击"注释"选项卡"注释"面板的 $\boxed{\text{A= 注解}}$ 图标按钮，调用"注解"①命令，填写标题栏内文字，并修改注释属性。结果如图14-17所示。

注意：标题栏及其文字还可以用创建表格的方法绘制。采用此方法，在工程图中可以利用表格单元属性，完成标题栏填写。

---

① 参见本书第15.4.1小节。

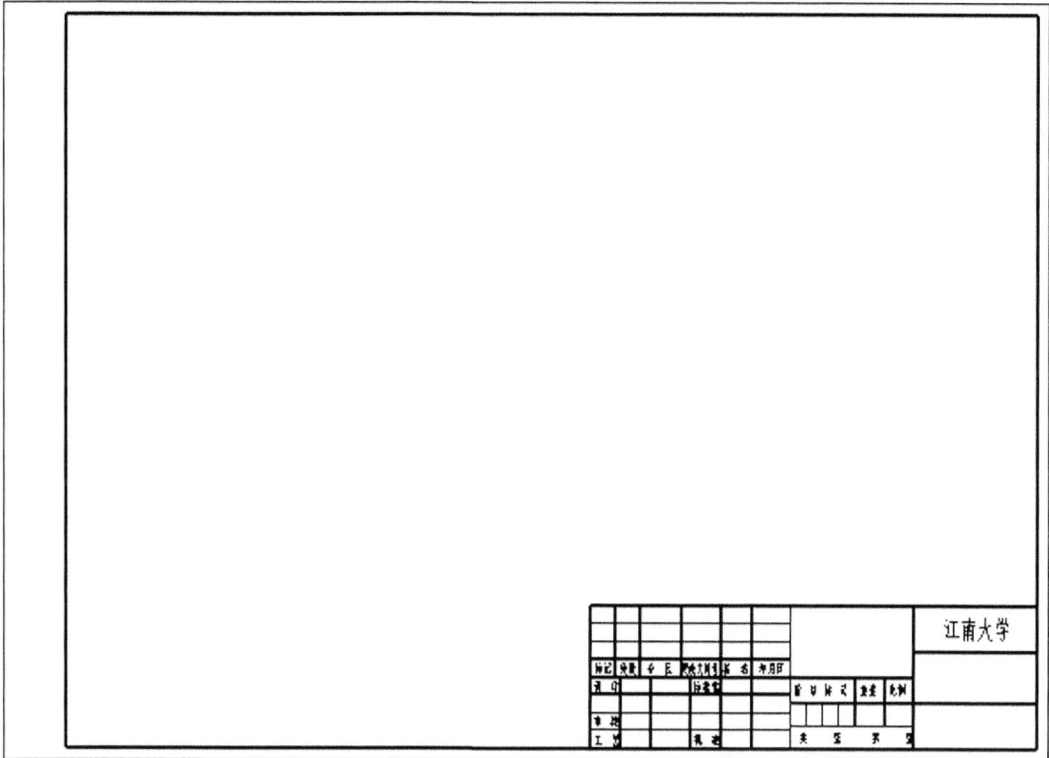

图 14-17　A3-H 绘图格式

步骤 4　保存绘图格式文件

将创建好的绘图格式保存于用户自己的工作目录 E:\Creo2.0\format 下。

用户用上述方法创建其他标准图纸格式的绘图格式文件。

注意：可以在 AutoCAD 中创建一个具有图框和标题栏的文件，然后在 Creo 2.0 中，利用"布局"选项卡"插入"面板的"导入绘图/数据"命令，将该 CAD 图形文件导入到格式文件中，直接创建图框和标题栏。

14.2.3　更改保存配置文件选项

Creo 2.0 的 config.pro 配置文件的选项影响整个工作环境，包含了使用环境、使用单位、文件交换等系统变量，其中包括工程图部分的设置选项，当绘图设置文件和绘图格式文件创建之后，应该修改 config.pro 配置文件的工程图选项，并存盘。修改配置文件的步骤如下。

第 1 步，单击下拉菜单"文件"|"选项"，弹出　"Creo Parametric 选项"对话框，选择"配置编辑器"选项，弹出如图 14-18 所示的"查看并管理 Creo Parametric 选项"窗口。

第 2 步，设置工程图相关选项，如表 14-2 所示。具体方法：在"名称"栏内选择某个选项，在其右侧相应的值栏内设置新值。

注意：可以单击选项值下拉列表，从中选择新值，如图 14-19 所示，单击 Browse 项可以弹出"选择目录"对话框，为所选定的选项设置新目录。

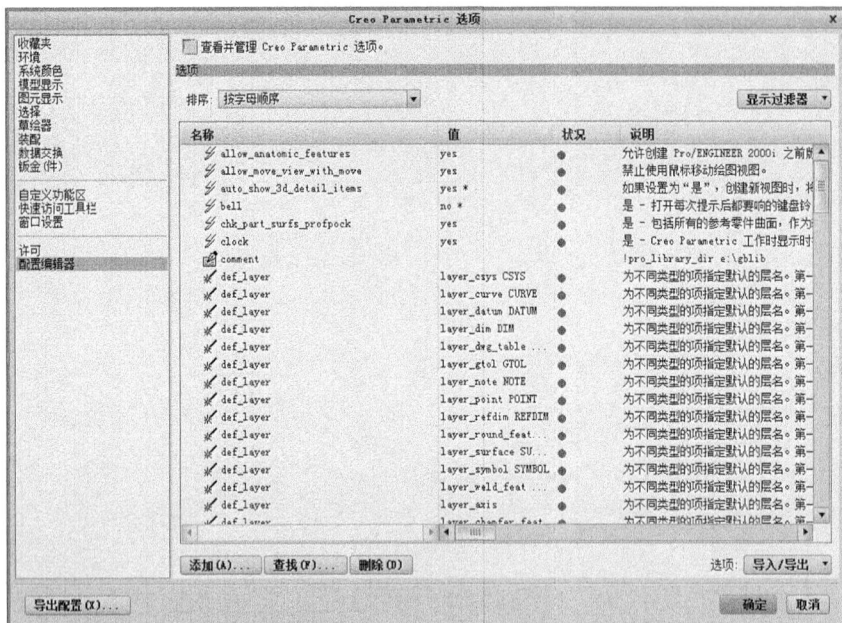

图 14-18 "Creo Parametric 选项"对话框的"配置编辑器"选项

第 3 步，单击 导出配置(X)... 按钮 （或单击 导入/导出 在弹出的菜单中选择"将所有选项导出到配置文件"），在弹出的"另存为"对话框中选择路径为用户的工作目录（如 E:\Creo2.0），命名保存为 config.pro，单击"确定"按钮，生成新的 config.pro 配置文件，返回"选项"对话框。

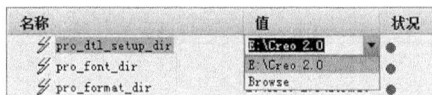

图 14-19 更改配置选项值

第 4 步，单击"确定"按钮，退出"Creo Parametric 选项"对话框，完成设置。

表 14-2 config.pro 配置文件中工程图相关选项

配置选项名	意　　义	默认值	新值
drawing_setup_file	为系统设置默认绘图设置文件	安装目录下 text\prodetail.dtl	E:\Creo2.0\Metric_GB.dtl
pro_dtl_setup_dir	设置绘图设置文件目录		E:\Creo2.0
pro_format_dir	设置绘图格式文件路径		E:\Creo2.0\format
tolerance_standard	设置尺寸公差标准	ansi	iso
tolerance_table_dir	为 ISO 标准模型设置用户定义公差表的默认目录		安装目录下 tol_tables\iso

14.2.4　更改系统起始位置

将系统起始位置更改为用户工作目录，使用户在调用 Creo 2.0 后，可以方便启动绘图格式文件，并直接进入用户设置的工程图环境。操作方法如下。

在桌面上的 Creo Parametric2.0 图标上右击，选择"属性"选项，将系统起始位置更改为用户工作目录：E:\Creo2.0，如图 14-20 所示。

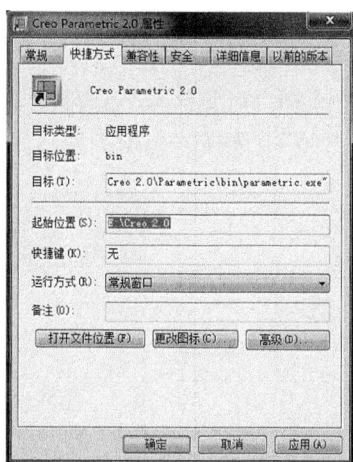

图 14-20　更改系统起始位置

14.3　普通视图的创建

将机件向投影面投射所得到的图形称为视图，国家标准机械制图规定了 6 个基本视图、向视图以及局部视图、斜视图等。如果在创建工程图时没有指定使用模板，则进入工程图环境后，没有任何基本视图，那么，在 Creo 2.0 绘图环境中由模型创建的第一个视图为普通视图，用户可以设置不同的观察方向作为视图方向，也可以根据需要对其设置比例进行缩放，故普通视图是最易于用户进行设置变动的视图。而且只有生成普通视图之后，用户才能以此为基础，继续创建投影图、剖视图、辅助视图等。

普通视图可以为全视图、半视图、局部视图、破断视图等类型。

调用命令的方式如下。

功能区：单击"布局"选项卡"模型视图"面板中的"常规" 图标按钮。

快捷菜单：在草绘窗口内右击，在快捷菜单中选取"插入普通视图"。

操作步骤如下。

第 1 步，单击 图标按钮，调用"常规"命令，弹出如图 14-21 所示的"选择组合状态"对话框，单击"确定"按钮。

第 2 步，系统提示"选择绘制视图的中心点。"时，在适当位置单击，确定视图位置。在指定位置即显示在图 14-4"新建绘图"对话框内指定的模型的普通视图，默认视图方向为如图 14-22 所示的默认方向，同时系统弹出如图 14-23 所示的"绘图视图"对话框。

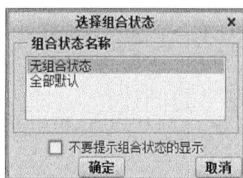

图 14-21　"选择组合状态"对话框

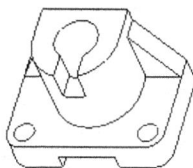

图 14-22　默认方向的视图

第 3 步，在"视图类型"选项卡中默认视图名称为 new_view_1，输入视图名称，如主视图；指定视图观察方向，如在"模型视图名"列表中选择 FRONT，单击"应用"按钮。

注意： 当创建普通视图时，视图类型只能是"常规"，无法选择其他类型。

第 4 步，在"类别"列表中选择"可见区域"选项，显示如图 14-24 所示的"可见区域"选项卡，从"视图可见性"列表中选择的视图类型。如默认为"全视图"。

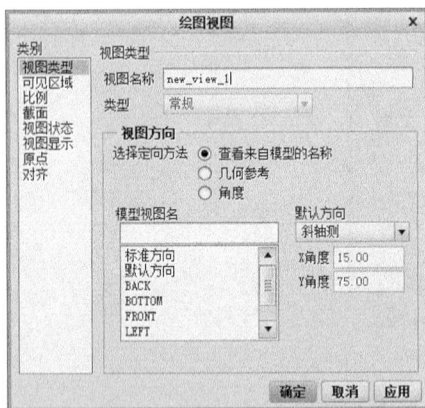

图 14-23 "绘图视图"对话框　　　图 14-24 "绘图视图"对话框的"可见区域"选项卡

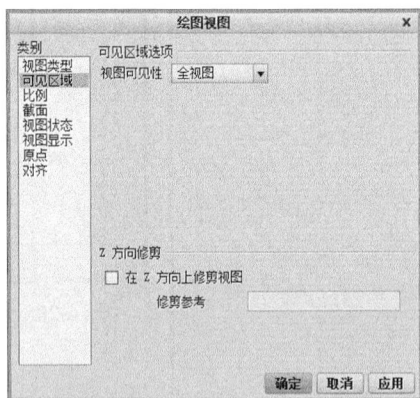

第 5 步，在"类别"列表中选择"比例"选项，显示如图 14-25 所示的"比例"选项卡，确定视图比例，单击"应用"按钮。

第 6 步，在"类别"列表中选择"剖面"选项，在"剖面"选项卡中设置视图是否剖切，如何剖切[①]，单击"应用"按钮。

第 7 步，在"类别"列表中选择"视图显示"选项，显示如图 14-26 所示的"视图显示"选项卡，在"显示样式"下拉列表中设置视图的显示状态；在"相切边显示样式"下拉列表中选择是否显示相切边以及显示样式，单击"应用"按钮。

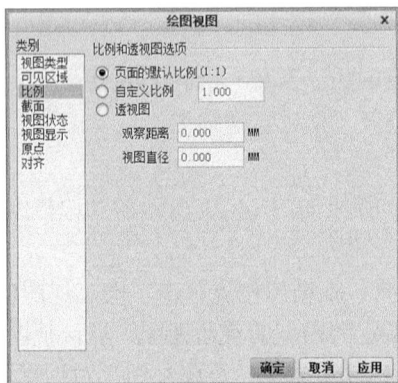

图 14-25 "绘图视图"对话框的　　　图 14-26 "绘图视图"对话框的
"比例"选项卡　　　　　　　　　　"视图显示"选项卡

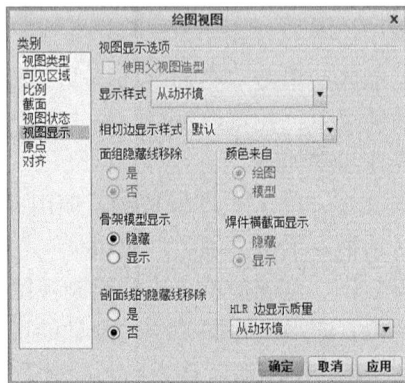

第 8 步，单击"确定"按钮，关闭对话框，完成普通视图的创建。

---

① 参见本书第 14.8 节。

操作及选项说明如下。

1）设置视图方向

系统提供了 3 种设置视图观察方向的方法。

（1）查看来自模型的名称。该选项为默认选项，可以直接从"模型视图名"列表中选择系统预设的视图以及绘图所关联的模型中已保存命名视图，确定视图观察方向。当选择"模型视图名"列表中"默认方向"，可以在其右侧的"默认方向"下拉列表中选择"等轴测"、"斜轴测"，或通过选择"用户定义"选项，定义 X、Y 方向的角度，确定视图的默认方向。

（2）几何参考。当选择"几何参考"选项，对话框如图 14-27 所示。用户可以在"参考 1"下拉列表中选择所需的参考方向，并在预览视图上选取几何参考；再在"参考 2"下拉列表中选择所需的参考方向，并在预览视图上选取相应的几何参考。

如将如图 14-22 所示的默认视图方向改为主视图方向，则可默认"参考 1"为"前"，系统则提示"选择前曲面或坐标系轴"时，选择向前的曲面或坐标轴，"参考 2"为"顶"，接着系统提示"选择顶边，曲面。坐标系轴"时，用户可以通过默认视图中选择与"参考 1"互相垂直的几何参考，确定视图方向。

注意：为方便选择几何参考，一般可以先单击"默认方向"按钮，将视图恢复为其原始方向。

（3）角度。当选择"角度"选项，对话框如图 14-28 所示，用户可以从"旋转参考"下拉列表中选择参考选项"方向"、"垂直"、"水平"、"边/轴"，并在"角度值"文本框中定义旋转角度，回车，在"参考角度"列表中随即显示选择的方式。单击 + 按钮，可以继续添加新的观察方向。

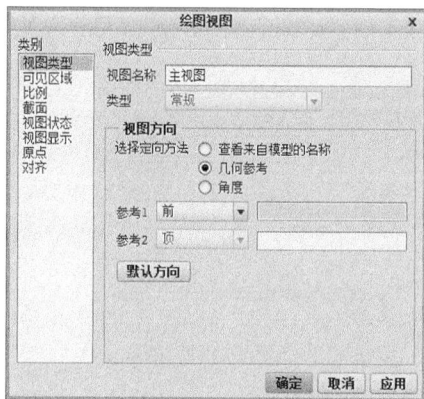

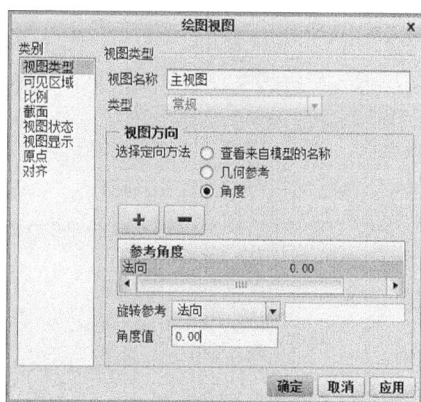

图 14-27　通过几何参考确定视图方向　　　　图 14-28　通过角度确定视图方向

2）设置视图可见区域

"可见区域"选项卡的"视图可见性"列表中提供了 4 种视图。

（1）全视图是显示完整的视图，如图 14-30 所示。

（2）半视图只显示某一指定的基准面或平面一侧的视图。这种视图类型往往用于具有对称结构机件的对称画法，如图 14-29（a）所示。

（3）局部视图可以通过设置参考点和显示边界，表达机件某一局部的结构形状，如图 14-37（c）所示。

（4）破断视图可以通过创建两条破断线，移除两破断线之间的部分，并将破断线外侧的两部分合拢到一个指定距离内，如图 14-29（b）所示。

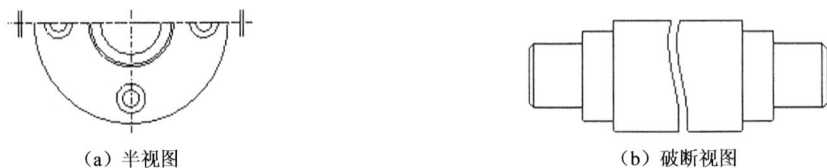

（a）半视图　　　　　　　　　　　　　　　（b）破断视图

图 14-29　视图可见性

3）设置视图比例

新创建的视图采用绘图页面比例值，默认比例值可以通过设置配置文件选项加以控制，在如图 14-18 所示的"Creo Parametric 选项"对话框的"配置编辑"窗口中设置系统变量 default_draw_scale 的值。否则，系统将根据页面尺寸大小和模型的大小自动确定默认比例。默认比例值显示在绘图页面的底部左下角，如图 14-30 所示。"比例"选项卡提供了 3 种设置比例的选项，如图 14-25 所示。

（1）当选择"页面的默认比例"时，系统则以上述所述的缺省比例显示视图。

（2）当选择"自定义比例"时，可在比例编辑框内输入新的视图比例值。系统根据用户设置调整视图显示，并在视图的下方显示该比例值。如图 14-30 所示。

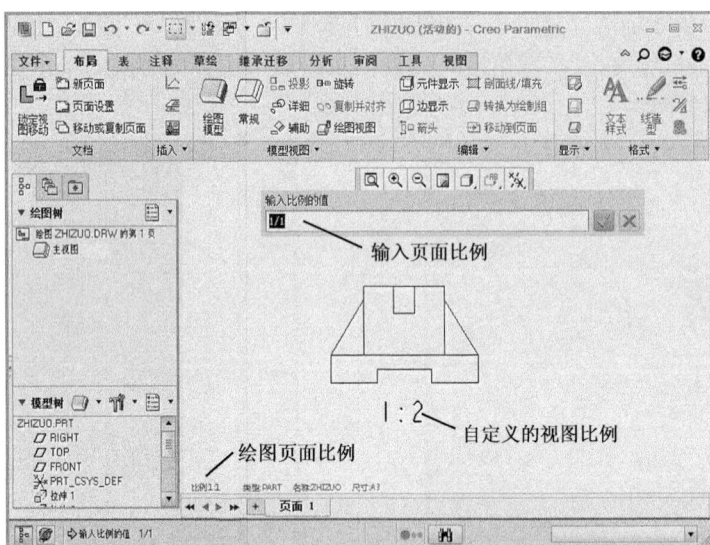

图 14-30　页面比例与视图比例

注意：为视图设置比例并不改变绘图页面的默认比例。如果需要改变当前绘图窗口的页面比例，可以双击页面左下角的显示的页面比例文本，并使其成为红色亮显，然后通过绘图区域上方的信息输入框输入新的页面比例，单击 ✔ 按钮。

（3）当选择"透视图"时，使用自模型空间的观察距离和纸张单位来确定视图大小，可创建透视图。该选项仅适用于一般视图。

4）设置视图显示

Creo 2.0 工程图不仅可以以当前活动模型的方式显示，也可以利用如图 14-26 所示的

"视图显示"选项卡重新设置视图显示方式。

（1）在"显示样式"下拉列表中系统提供的选项如图 14-31（a）所示，默认为"从动环境"选项，即使用"图形中工具栏"中所选的"显示样式"。设置结果如图 14-32 所示。

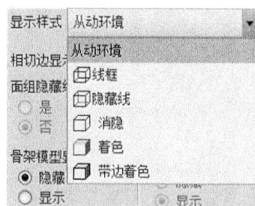

（a）线框　　　　　　　　（b）隐藏线　　　　　　　（c）无隐藏线

（d）着色　　　　　　　　　　　　（e）带边着色

图 14-31　设置显示样式　　　　　图 14-32　视图显示的 5 种状态

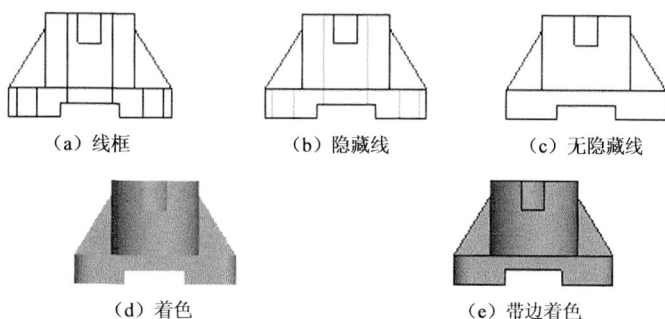

（2）在"相切边显示样式"下拉列表中，系统提供的选项如图 14-33 所示。"默认"选项，是"Creo Paranetric 选项"对话框的"相切边显示样式"中的设置。还可以通过其他选项设置是否显示相切边，显示的线型等，如图 14-34 所示。

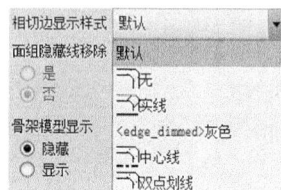

（a）模型　　　　　　　　（b）不显示相切边

（c）以实线显示相切边

图 14-33　相切边显示选项　　　　图 14-34　相切边显示样式

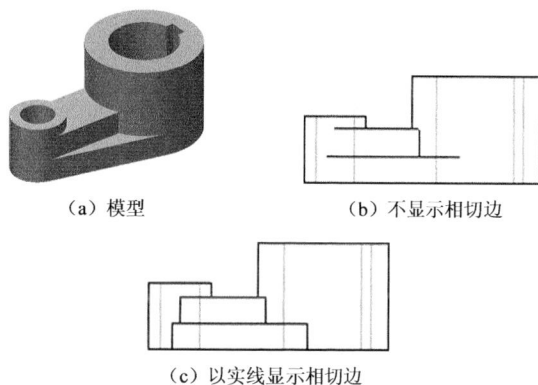

14.4　投影视图的创建

投影视图是将已有的视图（父视图）沿水平或垂直方向得到的正交投影，位于父视图上、下方或其左、右侧。

调用命令的方式如下。

功能区：单击"布局"选项卡"模型视图"面板中的"投影" 图标按钮。

快捷菜单：单击父视图并右击，在弹出的快捷菜单中选择"插入投影视图"。

操作步骤如下。

第 1 步，单击 图标按钮，调用"投影"命令，系统出现一个投影方框。

第 2 步，系统提示"选择绘制视图的中心点。"时，在父视图一侧单击，确定投影视图位置。

注意：当存在几个视图时，系统提示："选择投影父视图"，选择某一视图作为父视图，再确定投影视图的位置。

第 3 步，双击刚创建的投影视图，弹出如图 14-35 所示的"绘图视图"对话框。

注意：利用投影视图快捷菜单的"属性"选项，也可以弹出"绘图视图"对话框。

第 4 步，设置视图显示方式和剖切方法。

第 5 步，单击"关闭"按钮，关闭对话框，在绘图区域单击，完成投影视图的创建。

如图 14-36（b）所示，是将如图 14-36（a）所示的模型，在创建一般视图主视图之后，利用"投影"命令创建的俯视图和左视图。其中，"显示线型"选择为"隐藏线"，"相切边显示样式"选择为"无"。

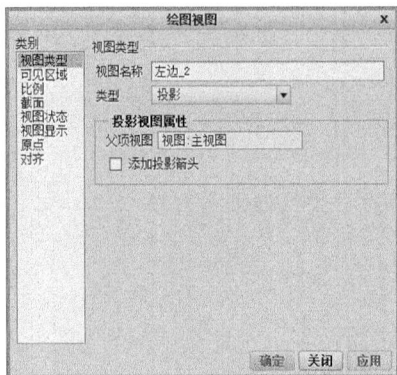

图 14-35 "绘图视图"对话框

注意：

（1）投影视图可以为全视图、半视图、局部视图、破断视图。

（2）投影视图的比例与其父视图的比例相同，不可更改。

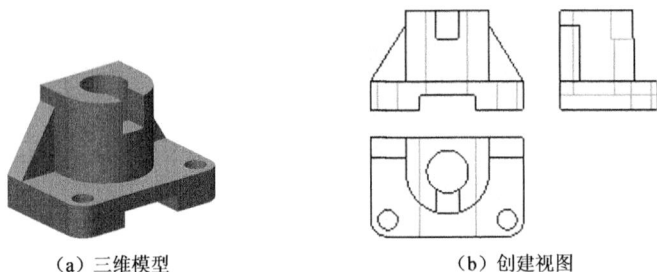

（a）三维模型 　　　　　　　　　　（b）创建视图

图 14-36 由主视图生成的俯视图和左视图

【例 14-1】 如图 14-37（a）所示的机件的模型，在创建的如图 14-37（b）所示的主视图基础上，用"投影"和"常规"命令，创建两个局部视图，如图 14-37（c）所示。

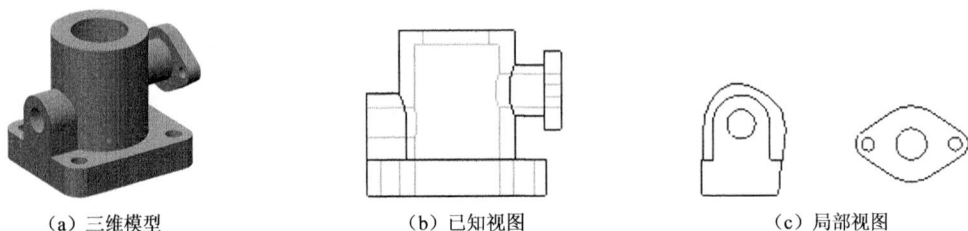

（a）三维模型 　　　　　（b）已知视图 　　　　　（c）局部视图

图 14-37 局部视图

操作步骤如下。

步骤 1　用"投影"命令创建 U 形凸台局部视图

第 1 步，单击 投影 图标按钮，调用"投影"命令，系统出现一个投影方框。

第 2 步，系统提示"选择绘制视图的中心点。"时，在主视图右侧适当位置单击，创建左视图。

第3步，双击刚创建的投影视图，弹出如图14-35所示的"绘图视图"对话框。

第4步，在"类别"列表中选择"视图显示"选项，显示如图14-26所示的"视图显示"选项卡，在"显示样式"下拉列表中选择"消隐"；在"相切边显示样式"下拉列表中选择"无"，单击"应用"按钮。

第5步，在"类别"列表中选择"可见区域"选项，显示如图14-24所示的"可见区域"选项卡，在"视图可见性"下拉列表中选择"局部视图"。

第6步，系统提示"选择新的参考点。"时，在需要保留的U形凸台区域中心附近选取视图的几何。如图14-38（a）所示，移动鼠标至凸台孔几何特征的边，系统加亮显示该几何，单击，在选择点处出现"×"。

第7步，系统提示"在当前视图上草绘样条来定义外部边界。"时，围绕刚指定的参考点草绘一样条曲线作为局部视图的边界线，单击鼠标中键封闭曲线，如图14-38（b）所示。"可见区域"选项卡显示如图14-39所示。

注意：样条曲线必须封闭，且不需要使用"草绘"|"样条"命令绘制局部视图的边界线，否则局部视图会被取消。

第8步，单击"关闭"按钮，在绘图区域单击，得到如图14-37（c）所示的U形凸台局部视图。

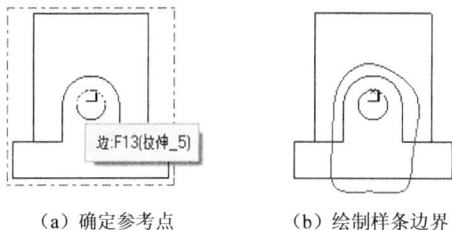

（a）确定参考点　　　（b）绘制样条边界

图14-38　确定局部视图显示范围

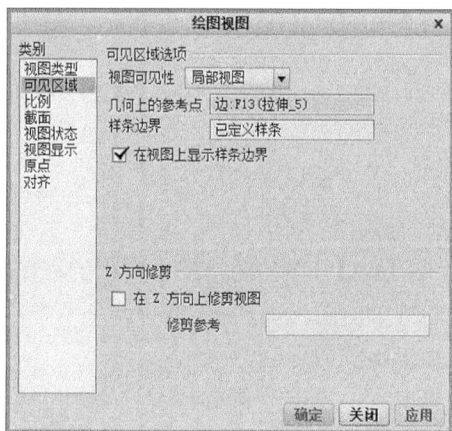

图14-39　"可见区域"选项卡设置局部视图1的选项

步骤2　用"常规"命令创建菱形板局部视图

第1步和第2步，同本书第14.3.1小节第1步和第2步。

第3步，在"视图类型"选项卡中，输入视图名称为"右视局部"，在"模型视图名"列表中选择Right，指定视图观察方向，如单击"应用"按钮。

第4步和第5步，同步骤1第4步和第5步。

第6步，系统提示"选择新的参考点。"时，在需要保留的菱形板区域中心附近选取视图的几何。如将鼠标移动至菱形板上孔几何特征的边，系统加亮显示该几何，单击，在选择点处出现"×"。

第7步，同步骤1第7步。

第8步，取消"在视图上显示样条边界"复选框。

第9步，选择"在Z方向上修剪视图"复选框，并选择平行于该视图的边，如图14-40所示的菱形板的半圆边，系统将取消该平面后面的所有图形。"可见区域"选项卡显示如图14-41所示。

注意：修剪参考可以是平行于该局部视图的边、曲面或基准平面。

第10步，单击"关闭"按钮，在绘图区域单击，得到如图14-37（c）所示的菱形板局部视图。

图 14-40 选取平行于视图的边

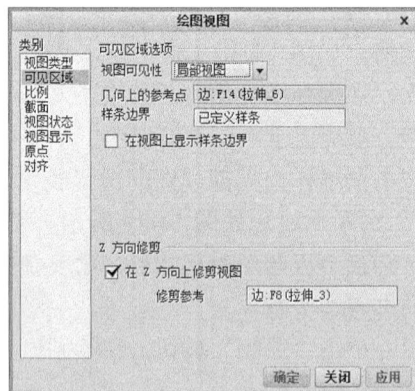

图 14-41 "可见区域"选项卡设置局部视图 2 的选项

14.5 轴测图的创建

利用创建普通视图的方法，设置其观察方向为"等轴测"或"斜轴测"，可以创建轴测图。

【例14-2】 在如图14-36所示的视图基础上，在适当位置创建如图14-36（a）所示的模型的等轴测图，如图14-42所示。

操作步骤如下。

第1步，单击 图标按钮，调用"常规"命令。

第2步，系统提示"选择绘制视图的中心点。"时，在图纸右下角适当位置单击，确定轴测图的位置。系统弹出"绘图视图"对话框。

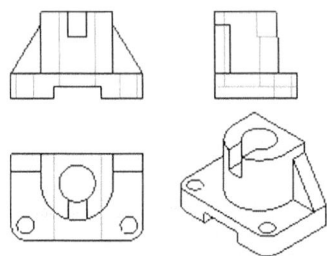

图 14-42 在图纸上创建轴测图

第3步，在"视图类型"选项卡的视图名称框内输入名称为"轴测图"，在"模型视图名"列表中选择"默认方向"，在其右侧的"默认方向"下拉列表中选择"等轴图"选项，单击"应用"按钮。

第4步，同例14-1步骤1的第4步，即选择"显示样式"为"消隐"，选择"相切边显示样式"为"无"。

第5步，单击"关闭"按钮，关闭对话框，在绘图区域单击，完成投影视图的创建。如图14-42所示。

14.6 详细视图的创建

机件上某些细小结构，在视图上常由于图形过小而表达不清，并给标注尺寸带来困难，将全图放大又无必要，此时可以用局部放大图来表达，如图14-43所示的轴的退刀槽。Creo 2.0的详细视图可以创建局部放大图。

图14-43　轴

调用命令的方式如下。

功能区：单击"布局"选项卡"模型视图"面板中的"详细" 详细 图标按钮。

快捷菜单：在草绘窗口内右击，在快捷菜单中选取"插入局部放大图"。

操作步骤如下。

第1步，单击 详细 图标按钮，调用"详细"命令。

第2步，系统提示"在一现有视图上选择要查看细节的中心点。"时，在退刀槽一边的端点处单击，如图14-44（a）所示。

第3步，系统提示"草绘样条，不相交其他样条，来定义一轮廓线。"时，围绕刚指定的参考点草绘一样条曲线，单击鼠标中键封闭曲线，确定放大区域的范围。

第4步，系统提示"选择绘制视图的中心点。"时，在主视图下方适当位置单击，确定局部放大图的位置，创建局部放大图。

第5步，单击，结束命令，如图14-44（b）所示。选择并拖动注释至详细视图上方，如图14-44（c）所示。

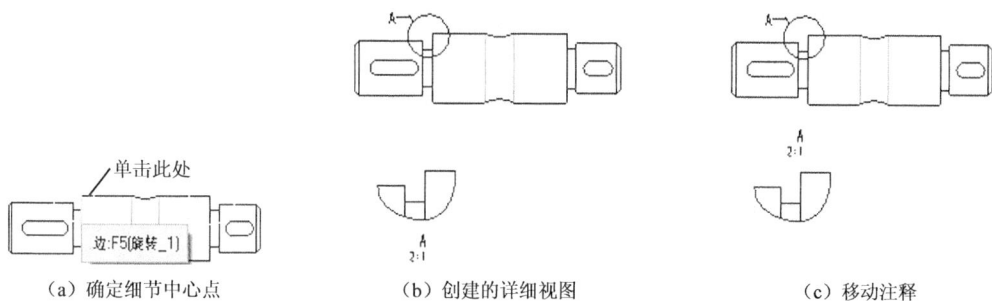

（a）确定细节中心点　　　　　（b）创建的详细视图　　　　　（c）移动注释

图14-44　详细视图

注意：双击详细视图，弹出的"绘图视图"对话框，在"视图类别"选项卡中的"视图名"文本框中可以重新定义视图名，在"父项视图上的边界类型"下拉列表中可以选择在父视图上详细视图边界的形状。如果需要更改详细视图的比例，可以在"比例"选项卡内，输入"定制比例"值。

14.7 辅助视图的创建

利用Creo 2.0的辅助视图可以得到零件倾斜结构的斜视图，辅助视图是另一种投影视图，是在已知视图上选定投影参考，并沿着与选定的参考平面垂直的方向或选定的参考轴方向进行投影所得到的视图。父视图中的投影参考平面必须垂直于屏幕平面。

调用命令的方式如下。

功能区：单击"布局"选项卡"模型视图"面板中大的"辅助" ◇辅助 图标按钮。

快捷菜单：在草绘窗口内右击，在快捷菜单中选取"插入辅助视图"。

操作步骤如下。

第1步，单击 ◇辅助 图标按钮，调用"辅助"命令。

第2步，系统提示"在主视图上选择穿过前侧曲面的轴或作为基准曲面的前侧曲面的基准平面。"时，在已知视图（父视图）选定某一倾斜的边、曲面或轴，随后系统出现一个投影方框。

第3步，系统提示"选择绘制视图的中心点。"时，在适当位置单击，确定辅助视图的位置，并创建辅助视图。

【例14-3】 已经创建了如图14-45（a）所示的零件的主视图和俯视图，如图14-45（b）所示，创建其斜视图表达其倾斜板形状及其孔。

步骤1 创建辅助视图

第1步，单击 ◇辅助 图标按钮，调用"辅助"命令。

第2步，系统提示"在主视图上选择穿过前侧曲面的轴或作为基准曲面的前侧曲面的基准平面。"时，在如图14-45（b）所示的主视图上选择倾斜板前表面的边线，如图14-46（a）所示。

（a）三维模型　　　　　　　　　　　（b）视图表达

图14-45　机件视图表达

第3步，系统提示"选择绘制视图的中心点。"时，在俯视图右侧适当位置单击，创建的辅助视图，如图14-46（b）所示。

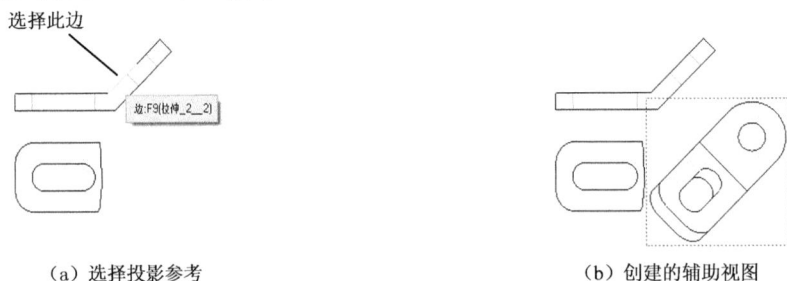

（a）选择投影参考　　　　　　　　　　（b）创建的辅助视图

图14-46　创建辅助视图

步骤2 将创建的辅助视图改为局部视图

第1步，双击刚创建的辅助视图，弹出"绘图视图"对话框。在"类别"列表中选择

"可见区域"选项，在"视图可见性"下拉列表中选择"局部视图"。

第2～4步，操作过程略（参考例14-2第6～8步）。

注意：双击创建的投影视图，如图14-47所示的在"绘图视图"对话框的"视图类型"选项卡的"类型"下拉列表中选择"辅助"，可以转成辅助视图。

图14-47 "视图类型"选项卡

14.8 剖视图的创建

当一个机件的内部结构较为复杂时，为了清晰地表达机件的内部结构，常采用剖视图进行表达。根据剖切面剖开机件的范围，剖视图分为全剖视图、半剖视图和局部剖视图。根据剖切平面的数量和位置不同，剖切面可分为单一剖切面（投影面平行面、投影面垂直面）、几个平行剖切面、几个相交剖切面。

14.8.1 创建全剖视图

用剖切面完全地剖开机件所得的剖视图称为全剖视图。

1. 创建剖切面

创建的第1个视图如果是剖视图，其剖切面一般在零件模式下利用"视图管理器"命令创建。

调用命令的方式如下。

功能区：单击"视图"选项卡"模型显示"面板中的"管理视图" 图标按钮。

图形中工具栏：单击"图形中工具栏中"的 图标按钮。

操作步骤如下。

第1步，打开文件 Ch14-48.prt，如图14-48所示。

第2步，单击 图标按钮，弹出"视图管理器"对话框。

第3步，选择"截面"选项卡，在"新建"下拉菜单中选择"平面"，新建一截面，其截面名称文本框中显示默认的截面名称，在该框内输入截面名称 A，如图14-49所示，回车。系统打开如图14-50所示的"截面"选项卡操控板。

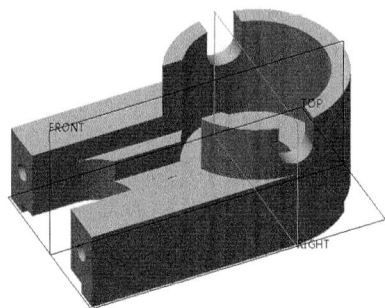

图14-48 三维模型

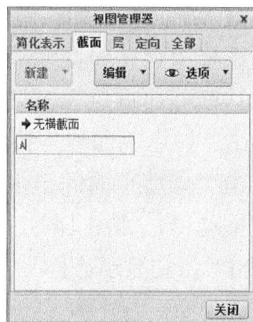

图14-49 "视图管理器"中的"截面"选项卡

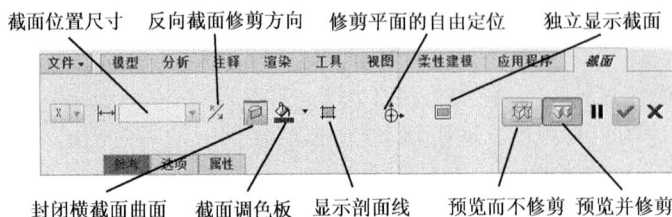

截面位置尺寸　反向截面修剪方向　修剪平面的自由定位　独立显示截面

封闭横截面曲面　截面调色板　显示剖面线　预览而不修剪　预览并修剪

图 14-50　"截面"选项卡操控板

注意： 若需要创建多个剖切面，则在"新建"下拉菜单中选择"偏移"选项。

第 4 步，系统提示"选择平面、曲面、坐标系或坐标系轴来放置截面。"时，选取一个参考面，如图 14-48 所示的 Front 基准面。模型显示如图 14-51（a）所示，默认为预览并修建模型。

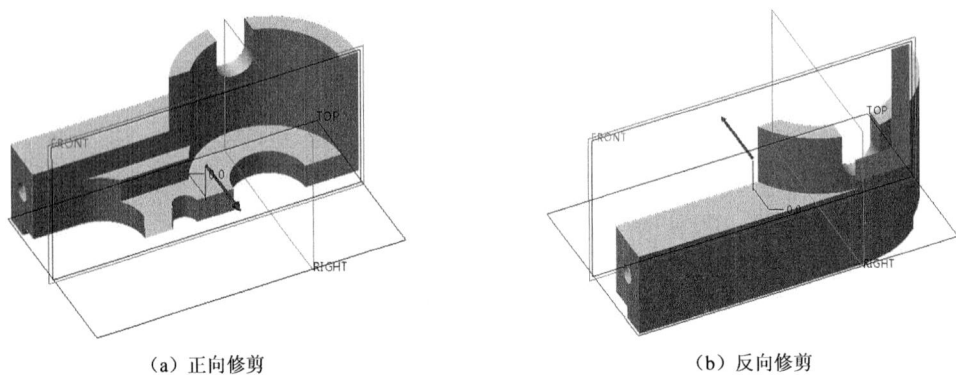

（a）正向修剪　　　　　　　　　　　　　　（b）反向修剪

图 14-51　横截面修剪方向

注意： 可以单击"模型"选项卡的 ▱ 图标按钮，创建一个基准平面作为剖切平面的参考面。

第 5 步，在"横截面位置尺寸"文本框设置横截面与参考之间的距离。

第 6 步，利用操控板按钮进行其他设置。

第 7 步，单击 ✔ 图标按钮（或单击鼠标中键），关闭操控板，返回"视图管理器"对话框，如图 14-53 所示。

第 8 步，单击"关闭"按钮，结束命令。

操作及选项说明如下。

（1）单击"方向横截面按钮" ⤢，模型将修剪横截面的另一侧，如图 14-51（b）所示。

（2）当选择"封闭横截面曲面"按钮，可以从"调色板"下拉面板中选择横截面曲面的颜色，默认横截面颜色为模型的颜色。

（3）单击"显示剖面线"按钮，则在横截面上显示剖面线图案，如图 14-52（a）所示。

（4）单击"修剪平面的自由定位"按钮，则启用横截面的自由定位，截面上出现截面移动和旋转拖动器，如图 14-52（b）所示，使用拖动器可以平移或旋转横截面的方向。

（5）单击"独立显示截面"按钮，则在独立窗口显示横截面的 2D 视图，如图 14-53（c）所示。

（6）单击"预览而不修剪"按钮，则显示截面但不修剪模型，如图 14-53（d）所示。

（a）显示剖面线

（b）启用横截面自由定位

（c）在独立窗口显示截面 2D 视图

（d）显示截面而不修剪

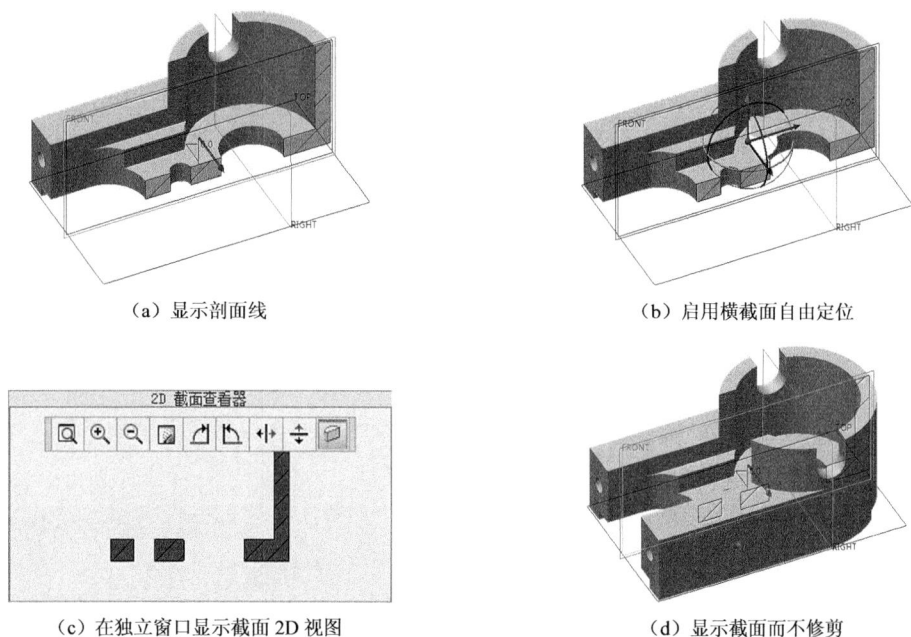

图 14-52　横截面的设置

（7）如图 14-53（a）所示，"视图管理器"中截面 A 前的图标表示截面 A 处于激活状态，即模型显示剖切状态。在激活的截面上右击，弹出如图 14-53（b）所示的快捷菜单。选择"编辑定义"可以打开"截面"选项卡操控板，对截面设置进行编辑修改；选择"编辑剖面线"，则弹出如图 14-53（c）所示的"编辑剖面线"对话框，可以设置剖面线类型、图案、角度、比例等。

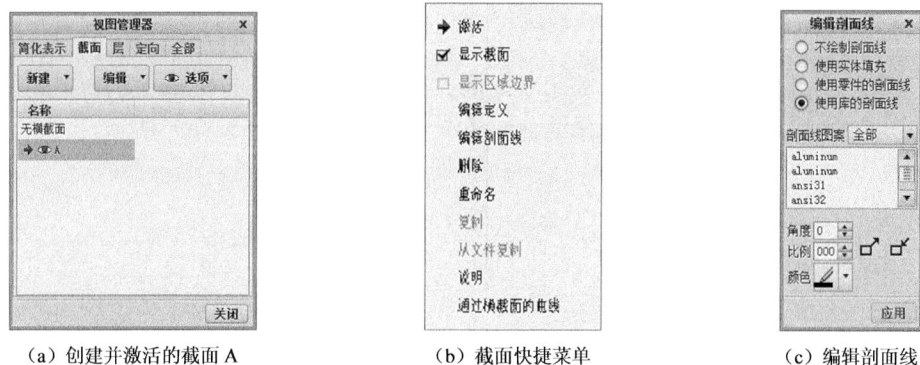

（a）创建并激活的截面 A

（b）截面快捷菜单

（c）编辑剖面线

图 14-53　创建的截面及其编辑

注意：单击"视图"选项卡"模型显示"面板的图标按钮，也可打开图 14-50 所示的"截面"操控板，创建剖切面。

2. 创建全剖视图

在工程图模式下，利用"绘图视图"对话框创建全剖视图。

操作步骤如下。

第 1 步，调入 A3_H 绘图格式文件，创建工程图，操作过程略。

第2步，单击▣图标按钮，调用"常规"命令。利用上述创建普通视图的方法在"绘图视图"对话框中设置"视图类型"、"可见区域"、"比例"、"视图显示"等选项。此处，选择 Front 基准面为观察方向，选择"显示样式"为"消隐"，选择"相切边显示样式"为"无"。操作步骤略。

注意：如果是将现有的视图改为剖视图，只要双击该视图，即会弹出"绘图视图"对话框，进行相应设置。

第3步，在"类别"列表中选择"截面"选项，显示如图 14-54（a）所示的"截面"选项卡，在"截面选项"组内选择"2D 截面"单选按钮，相应按钮亮显，默认"模型可见性"选项为"总计"，如图 14-54（b）所示。

注意：当在"模型可见性"选项组内选择"区域"，则将创建断面图。

第4步，单击 ➕ 按钮，在"名称"下拉列表中选择截面 A，默认"剖切区域"中的剖切种类"完全"。如图 14-54（b）所示。

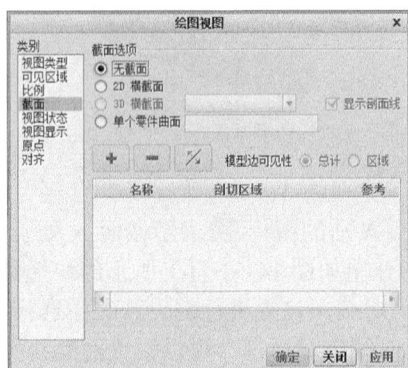
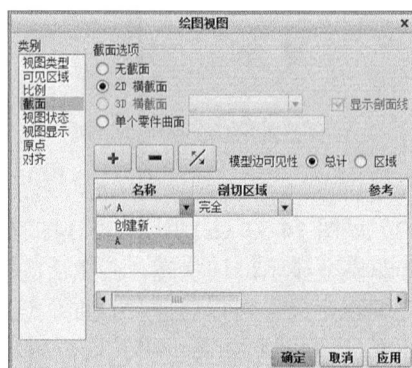

(a)"截面"选项卡　　　　　　　　　　(b)选择剖切面

图 14-54　"截面"选项卡

第5步，单击"确定"按钮，关闭对话框，在绘图区域单击，完成全剖视图的创建如图 14-55（a）所示。选择并拖动注释至全剖视图上方，如图 14-55（b）所示。

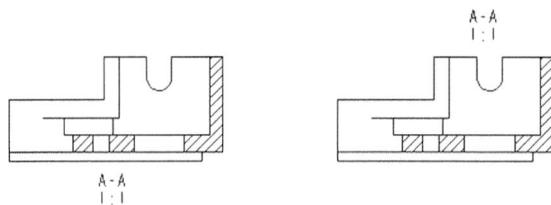

(a)创建全剖视图　　　　　　　　　　(b)拖动注释

图 14-55　全剖视图

14.8.2　创建半剖视图

半剖视图主要用于内、外结构形状都需要表达的对称或基本对称的机件，是将剖切面与观察者之间对称一半移去，得到的剖视图。Creo 2.0 创建半剖视图的步骤和方法与全剖视图基本相同。

【例 14-4】 在创建如图 14-48 所示的模型主视图的基础上创建半剖的左视图。

操作步骤如下。

第 1 步，打开第 14.8.1 小节所创建的工程图。

第 2 步，单击 图标按钮，调用"投影"命令，系统出现一个投影方框。

第 3 步，系统提示"选择绘制视图的中心点。"时，在主视图右侧适当位置单击，创建左视图。

第 4 步，双击刚创建的左视图，弹出如图 14-35 所示的"绘图视图"对话框。在"视图显示"选项卡，在"显示样式"下拉列表中选择"消隐"；在"相切边显示样式"下拉列表中选择"无"，单击"应用"按钮。

第 5 步，同创建全剖视图的第 3 步。

第 6 步，单击 按钮，在"名称"下拉列表中选择"创建新…"选项，如图 14-56（a）所示。系统弹出如图 14-56（b）所示的"横截面创建"菜单管理器，默认"平面"|"单一"选项，单击"完成"选项，系统弹出"信息输入窗口"，如图 14-57 所示。

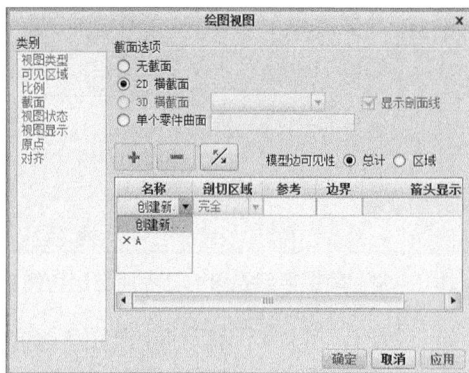

（a）选择"创建新…"选项 　　　（b）"横截面创建"菜单管理器

图 14-56　创建新截面

图 14-57　输入截面名称

第 7 步，在信息窗口内输入截面名称 B，单击 图标按钮。系统弹出如图 14-58（a）所示的"设置平面"菜单管理器，默认为"平面"。

第 8 步，系统提示"选择平面或基准平面。"时，在主视图上（或模型树中）选取 RIGHT 基准面。

第 9 步，在"剖切区域"下拉列表中选择剖切种类为"一半"。如图 14-58（b）所示。

第 10 步，系统提示"为半截面创建选择参考平面。"时，选择 Front 基准面作为半剖视图的分界面。

第 11 步，系统提示"拾取侧"，并以红色箭头显示当前剖切侧，如图 14-59 所示。在 FRONT 基准面右侧，即箭头所指一侧单击。系统在"边界"区显示"已定义侧"，如图 14-60 所示。

注意： 如需要剖切剖切面的另一侧，只需在剖切面另一侧单击，红色箭头随即反向。

（a）"设置平面"菜单管理器

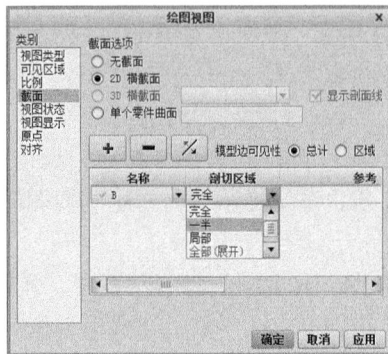

（b）选择剖切区域为"一半"

图 14-58　创建剖切面及其剖切种类

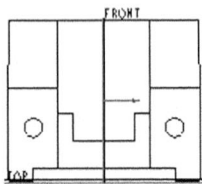

图 14-59　显示剖切侧图

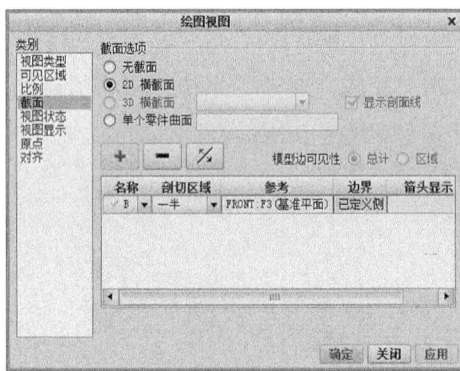

图 14-60　确定半剖视图的分界面与剖切侧

第 12 步，单击"应用"按钮，单击"关闭"按钮，关闭对话框，在绘图区域单击，创建半剖的左视图。

第 13 步，标注半剖视图。单击左视图，右击，弹出如图 14-61 所示的快捷菜单，选择"添加箭头"选项，系统提示"给箭头选出一个截面在其处垂直的视图。中键取消。"时，选择需要添加箭头的主视图，在适当位置单击。

注意： 添加箭头还可以在"绘图视图"对话框的"剖面"选项卡内，单击如图 14-60 所示的"箭头显示"区，用同样方法操作。

第 14 步，将剖视图标注名称移至视图上方。选择视图名称"B-B"，在其外围显示红色矩形框，用鼠标按住并拖动至主视图上方。

第 15 步，选择视图名称"A-A"，右击，弹出如图 14-62 所示的快捷菜单，选择"拭除"选项，单击，将主视图名称删除。结果如图 14-63 所示。

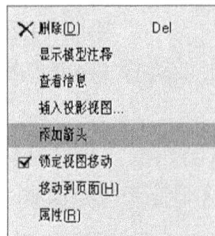

图 14-61　在视图快捷菜单选择"添加箭头"

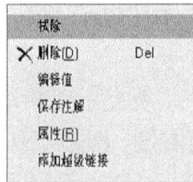

图 14-62　在视图名称快捷菜单选择"拭除"

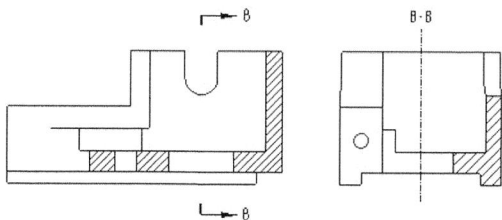

图 14-63　剖视图

14.8.3　创建局部剖视图

局部剖视图是用剖切面局部剖开机件所得到的剖视图，同样利用"绘图视图"对话框进行设置。

【例 14-5】　在例 14-4 的基础上，进一步创建如图 14-48 所示的模型俯视图，并采用局部剖视图。

操作步骤如下。

第 1 步，将第 14.8.2 小节完成的工程图作为当前工程图。

第 2 步，单击 🔲投影 图标按钮，调用"投影"命令，系统出现一个投影方框。

第 3 步，系统提示"选择绘制视图的中心点。"时，在主视图下方适当位置单击，确定俯视图位置，并创建俯视图。

第 4 步，双击刚创建的左视图，弹出如图 14-35 所示的"绘图视图"对话框。在"视图显示"选项卡，在"显示样式"下拉列表中选择"消隐"，单击"应用"按钮。

第 5 步，同创建全剖视图的第 3 步。

第 6 步，同例 14-4 第 6 步。

第 7 步，在信息窗口内输入截面名称 C，单击 ✔ 图标按钮。系统弹出如图 14-58（a）所示的"设置平面"菜单管理器，选择"产生基准"选项。

第 8 步，选择"穿过"选项，如图 14-64 所示。

第 9 步，系统提示"从下面选择一个显示：轴、边、曲线、通道，点、顶点，平面，圆柱。"时，在左视图上选取端面小孔的轴线，如图 14-65（a）所示。

第 10 步，重复第 8 步。

第 11 步，系统提示"从下面选择一个显示:轴、边、曲线、通道，点、顶点，平面，圆柱。"时，在左视图上选取端面另一小孔的轴线，如图 14-65（b）所示。单击菜单管理器的选项"完成"。系统创建基准平面 DTM3 作为剖切面 C。

第 12 步，在"绘图视图"对话框的"剖切区域"下拉列表中选择剖切种类为"局部"。

图 14-64　"设置平面"菜单管理器

第 13 步，系统提示"选择截面间断的中心点<C>。"时，如图 14-66 所示，在俯视图剖切区域的左侧边上单击，确定中心点，在选择点处出现"×"。

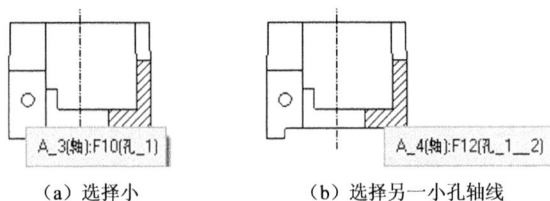

（a）选择小

（b）选择另一小孔轴线

图 14-65　选择基准面通过的轴线

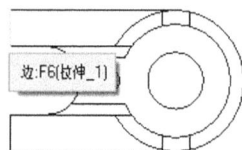

图 14-66　指定局部剖的剖切区域中心点

第 14 步，系统提示"草绘样条，不相交其他样条，来定义一轮廓线。"时，围绕刚指定的中心点草绘一样条曲线作为局部剖视图的边界线，单击鼠标中键封闭曲线。

第 15 步，单击"应用"按钮。局部剖视图如图 14-67 所示，"截面"选项卡如图 14-68 所示。

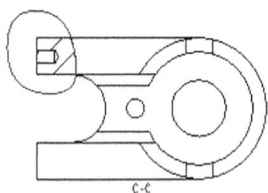

图 14-67　绘制局部剖样条曲线边界

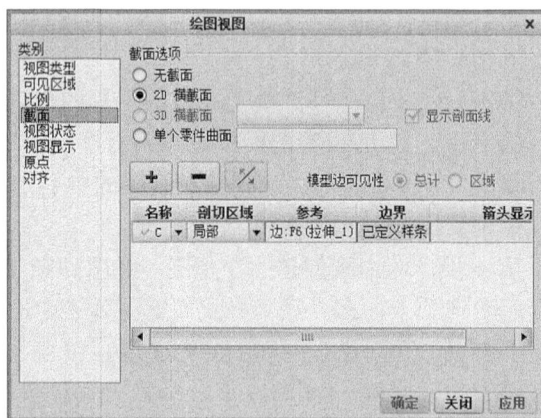

图 14-68　"截面"选项卡

第 16 步，单击"关闭"按钮，关闭对话框，在绘图区域单击。

第 17 步，选择视图名称"C-C"，将其拭除。

第 18 步，调整剖面线间距。双击剖面线，弹出如图 14-69（a）所示的"修改剖面线"菜单管理器，选择"间距"|"值"选项，如图 14-69（b）所示，系统在绘图区域顶部显示"消息输入窗口"，在"输入间距值"框内输入剖面线间距，单击其右侧的 ✔ 按钮。单击"修改剖面线"菜单管理器的"完成"按钮。用同样方法更改其他剖视图上的剖面线，使各剖面线保持一致。

注意：在"修改剖面线"菜单管理器，选择"角度"选项，可在菜单管理器下方显示角度值，从中选择所需的角度。此外，还可以输入剖面线相对于起始位置的偏距、修改剖面线的样式（线型、颜色、宽度）、新增剖面线并保存、检索并选择剖面线类型等操作，请读者自行练习。

第 19 步，关闭基准面显示，重画当前视图，视图如图 14-70 所示。

（a）菜单管理器 　　　　　（b）选择"间距"选项

图 14-69　修改剖面线

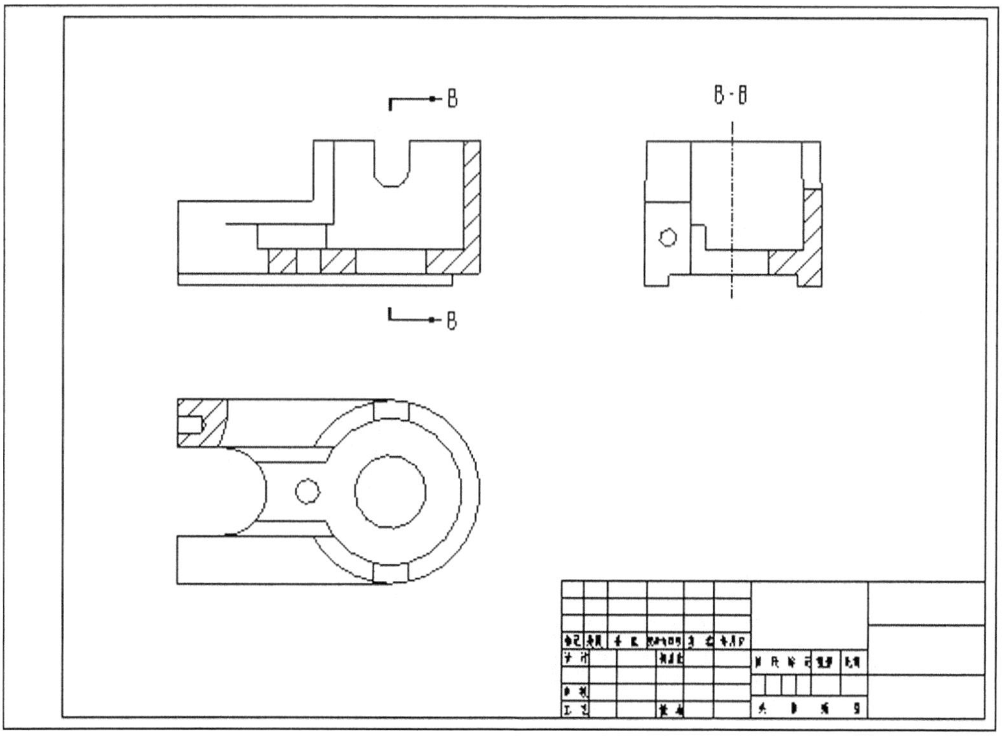

图 14-70　完成的视图

14.9 编 辑 视 图

模型视图创建之后，可能会出现视图位置或是视图属性等不合适，需要进行调整，以提高视图表达的标准化、正确性、可读性。视图属性包括视图名称、类别、比例、显示状态，以及视图边界等，这些均可以在"绘图视图"对话框中进行修改编辑，方法如上述各节所述。另外，视图的标注、剖视图中的剖面线的修改等已在例 14-5 中介绍。本节着重介绍视图的编辑。

14.9.1 对齐视图

当两个视图均是用"常规"命令创建时，为保证投影规律，可利用"绘图视图"对话框的"对齐"选项卡，将两个视图对齐。

操作步骤如下。

第 1 步，双击需要对齐的视图，弹出"绘图视图"对话框。

第 2 步，在"类别"列表中选择"对齐"选项，显示"对齐"选项卡，选择"将此视图与其他视图对齐"复选框，如图 14-71 所示，系统提示"选择要与之对齐的视图"，选择要与之对齐的视图，如主视图。

第 3 步，确定对齐方式为"水平"或"垂直"，单击"应用"按钮。

注意：可以利用"对齐参考"选项组，指定对齐参考边进行对齐。

图 14-71 "对齐"选项卡设置对齐方式

第 4 步，单击"关闭"按钮，退出"绘图视图"对话框，并在绘图区域单击。

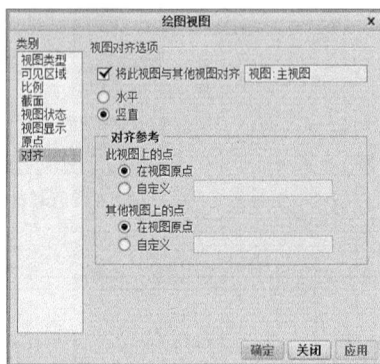

14.9.2 移动视图

当创建好的视图位置需要调整时，可以对视图进行移动操作。在默认情况，Creo 2.0 所创建的视图位置是锁定的，以防止用户意外移动视图。所以在移动视图前，必须解锁视图，常用的方法有如下两种。

（1）单击"布局"选项卡"文档"面板中的"锁定视图移动" 图标按钮，使该按钮弹起，关闭锁定视图的开关。

（2）选择某一视图，右击，在弹出的快捷菜档中不选中"锁定视图移动"选项，如图 14-61 所示。

移动视图的操作步骤如下。

第 1 步，单击选择需要移动的视图，所选视图轮廓加亮显示，即显示视图的边界及四角与中心点的句柄。

第 2 步，光标移到所选视图上时变成十字光标，按住鼠标左键并拖动，所选的视图随鼠标的拖动而移动，至合适位置松开鼠标。

注意：

（1）如果视图之间存在关联，移动父视图时，其子视图也随之移动。

（2）一般视图可以任意移到图纸合适位置，而投影视图默认设置下只能在投影线方向上移动。但当某一视图在"绘图视图"对话框的"对齐"选项卡内，取消选中"将此视图与其他视图对齐"复选框，则可以任意移动。

14.9.3　拭除视图

拭除视图操作可以将选定的视图暂时隐藏，以便缩短视图重生成或重画的时间，打印时也不输出。

调用命令的方式如下。

功能区：单击"布局"选项卡"显示"面板中的"拭除视图" 拭除视图 图标按钮。

操作步骤如下。

第 1 步，单击 拭除视图 图标按钮，调用"拭除视图"命令。

第 2 步，系统提示"选择要拭除的绘图视图。"时，单击选择需要拭除的视图，如图 14-42 所示的轴测图，视图拭除后将显示其视图名称，如图 14-72 所示。

第 3 步，系统提示"选择要拭除的绘图视图。"时，单击选择需要拭除的其他视图，或单击中键结束命令。

注意：若选择的视图与其他视图之间有联系，如选择如图 14-70 所示的左视图，该视图在主视图上有关联的标注箭头，则系统弹出如图 14-73 所示的对话框，提示用户"抹掉所有与视图左视图相关的箭头和圆"，用户可以做出选择并确定是否消除箭头。

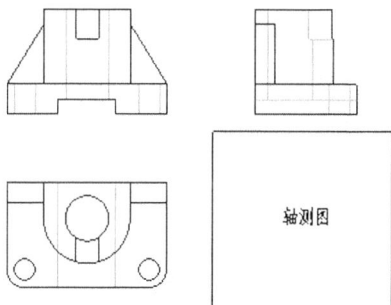

图 14-72　拭除轴测图

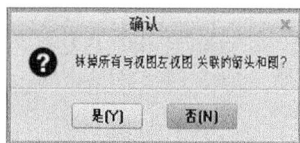

图 14-73　拭除视图

14.9.4　恢复视图

当一个视图被拭除，"显示"面板中的"恢复视图"图标按钮亮显，可使拭除的视图在需要时再恢复显示。

调用命令的方式如下。

功能区：单击"布局"选项卡"显示"面板中的"恢复
视图" 恢复视图 图标按钮。

操作步骤如下。

第 1 步，单击 恢复视图 图标按钮，调用"恢复视图"命令，
系统弹出如图 14-74 所示的菜单管理器，被拭除的视图亮显，
并提示"选择要恢复的绘图视图。"

第 2 步，在 "视图名称"栏中选择需要恢复的视图名称
（或单击选择需要恢复的视图）。

第 3 步，单击"完成选择"选项，所选的视图恢复显示。

图 14-74　选取恢复的视图名

14.10　上机操作实验指导十三　创建泵体视图

调用 A3_H 绘图格式文件，将如图 14-75（a）所示泵体的三维实体创建其工程视图，
如图 14-75（b）所示。主要涉及的命令包括"视图管理器"命令、创建"普通"视图、"投
影"视图命令、"使用边"命令、"偏移边"命令、"圆角"命令、"填充"命令等。

操作步骤如下。

步骤 1　在零件模式下创建剖切面

第 1 步，打开"泵体"三维模型文件 Ch14-75q.prt。操作过程略。

第 2 步，单击 图标按钮，弹出"视图管理器"对话框，如图 14-49 所示。

第 3 步，单击"新建"按钮，创建主视图剖切面 A，左视图剖切面 B，俯视图剖切面
C，如图 14-76 所示。操作过程略。

注意：创建左视图和俯视图剖切面前，先创建相应的基准平面。

步骤 2　创建新文件

第 1 步，单击"快速访问工具栏"上的"新建" 图标按钮，弹出"新建"对话框。
在"类型"选项组内选择"绘图"，如图 14-1 所示，在"名称"编辑框中输入文件名称 bengti，
单击"确定"按钮。

第 2 步，在"新建绘图"对话框中选择"格式为空"模板类型。单击"浏览"按钮，
在"打开"对话框中选择 A3_H 绘图格式文件，如图 14-4 所示，单击"确定"按钮，进入
工程图环境。

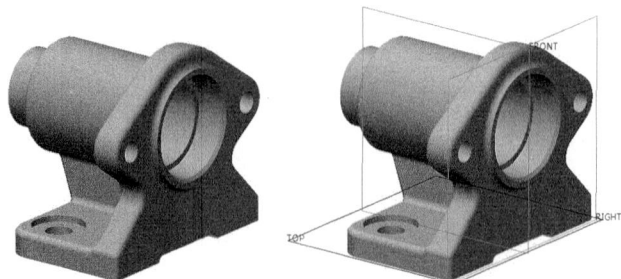

（a）三维实体

图 14-75　由泵体三维实体创建工程视图

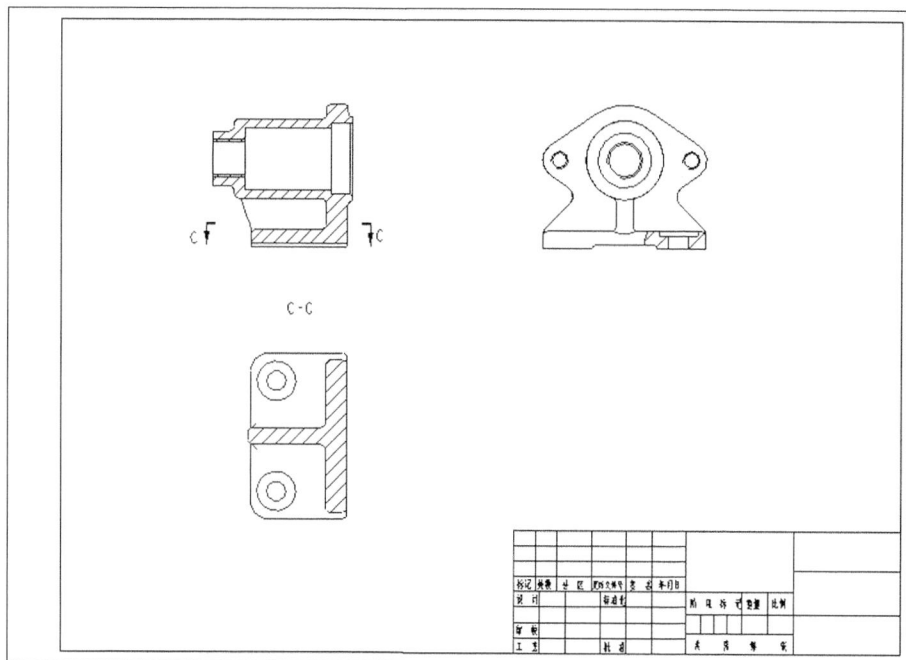

（b）工程视图

图 14-75（续）

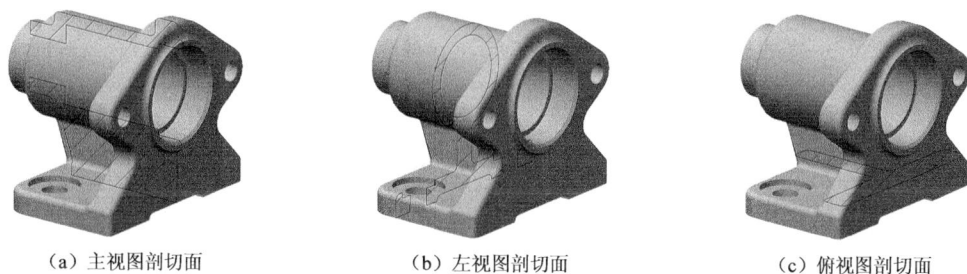

（a）主视图剖切面　　　　　　　　（b）左视图剖切面　　　　　　　　（c）俯视图剖切面

图 14-76　利用"视图管理器"创建视图剖切面

步骤 3　利用"常规"命令创建全剖主视图

第 1 步，单击 图标按钮，调用"常规"命令。

第 2 步，系统提示"选择绘制视图的中心点。"时，在适当位置单击，确定视图位置，系统以默认比例 1∶1 显示泵体模型当前视图，并弹出如图 14-23 所示的"绘图视图"对话框，显示"视图类型"选项卡。

第 3 步，在"视图类型"选项卡中的"模型视图名"列表中选择 BACK，确定视图观察方向，单击"应用"按钮，系统显示主视图的全视图。

第 4 步，在"类别"列表中选择"视图显示"选项，显示如图 14-26 所示的"视图显示"选项卡，在"显示样式"下拉列表中选择"隐藏线"，单击"应用"按钮。

第 5 步，在"类别"列表中选择"剖面"选项，在"剖面"选项卡的"剖面选项"组内选择"2D 截面"单选按钮。单击 按钮，在"名称"下拉列表中选择截面 A，默认"剖切区域"中的剖切种类"完全"，如图 14-77（a）所示。

第6步，单击"确定"按钮，在绘图区域单击，完成全剖视图的创建如图14-77（b）所示。

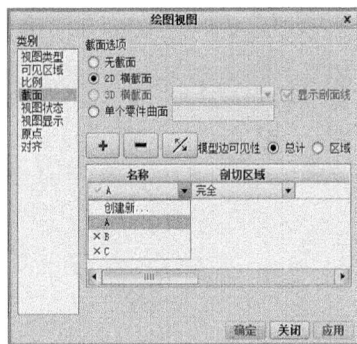

（a）选取剖切面、设置剖切区域　　　　　　　　（b）创建的主视图

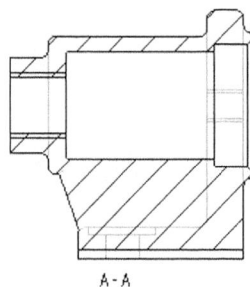

图14-77　创建全剖主视图

步骤4　利用"投影"命令创建局部剖的左视图

第1步，右击鼠标，在弹出的快捷菜单中选择"插入投影视图"选项，系统出现一个投影方框。

第2步，系统提示"选择绘制视图的中心点。"时，在主视图右方单击，确定左视图位置，显示左视图。

第3步，双击刚创建的左视图，弹出"绘图视图"对话框，设置"显示样式"为"消隐"，"相切边显示样式"为"无"，单击"应用"按钮。

第4步，在"类别"列表中选择"剖面"选项，在"剖面"选项卡的"剖面选项"组内选择"2D截面"单选按钮。单击 + 按钮，在"名称"下拉列表中选择截面B，在"剖切区域"下拉列表中选择剖切种类为"局部"，如图14-78（a）所示。

第5步，系统提示"选择截面间断的中心点< C >。"时，在左视图剖切区域的一条边上单击，确定中心点。

第6步，系统提示"草绘样条，不相交其他样条，来定义一轮廓线。"时，围绕刚指定的中心点草绘一样条曲线作为局部剖视图的边界线，单击鼠标中键封闭曲线。设置如图14-78（a）所示。

第7步，单击"关闭"按钮，局部剖视图如图14-78（b）所示。

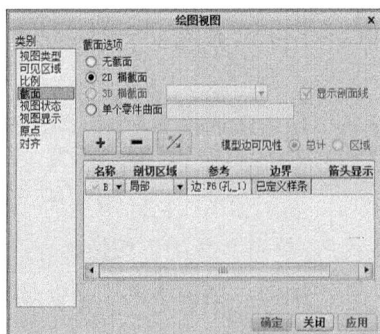

（a）选取剖切面、设置剖切区域及剖切范围　　　　　　（b）创建的左视图

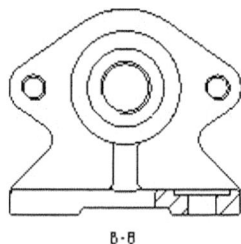

图14-78　创建局部剖左视图

步骤5 利用"投影"命令创建全剖的俯视图

调用"投影"命令，在主视图下方创建俯视图，并设置"显示线型"为"无隐藏线"，"相切边显示样式"为"无"；"剖面"设置如图 14-79（a）所示。操作过程略。

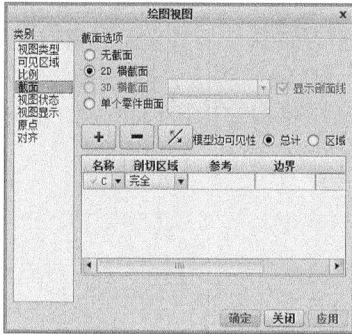

（a）选取剖切面、设置剖切区域及剖切范围　　　　（b）创建的俯视图

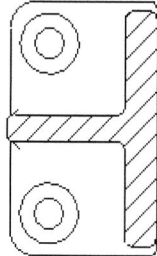

图 14-79　创建全剖俯视图

步骤6 编辑整理视图

第1步，分别选择视图名称"A-A"、"B-B"，利用快捷菜单将其拭除。

第2步，调整各剖视图中剖面线的间距，使各剖面线保持一致。操作过程略①。

第3步，将主视图上的肋编辑为不剖处理。

（1）双击主视图上的剖面线，在如图 14-69（a）所示的"修改剖面线"菜单管理器中选择"X-Area（X 区域）"选项，选择"拾取"选项，系统弹出 14-12（b）所示的"选择"对话框。

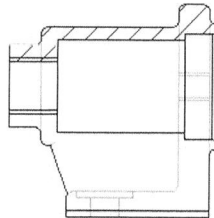

（2）系统提示"选择截面/元件/区域。"时，选择主视图下方区域的剖面线，单击"修改剖面线"菜单管理器中"拭除"选项，如图 14-80（a）所示，单击"完成"选项，单击左键。结果如图 14-80（b）所示。

（a）"修改剖面线"菜单管理器　　　　（b）拭除所在区域的剖面线

图 14-80　拭除主视图上的剖面线

---

① 参见本书例 14-4。

（3）单击"草绘"选项卡"草绘"面板中的"边" [边▼]下拉式图标按钮中的[使用边]图标按钮，按住 Ctrl 键依次选择需要复制的边，创建剖面线边界图元，如图 14-81（a）所示。

（4）双击主视图，在"绘图视图"对话框的"视图显示"选项卡中，将"显示样式"改为"消隐"。

（5）单击"草绘"选项卡"草绘"面板中的"边" [边▼]下拉式图标按钮中的[偏移边]图标按钮，选择主视图 ϕ36 圆柱上侧转向线，如图 14-81（b）所示。在弹出的"于箭头方向输入偏移[退出]"文本框内输入偏移值 36，回车。偏移复制实体边创建 ϕ36 圆柱下侧转向线，如图 14-81（c）所示。

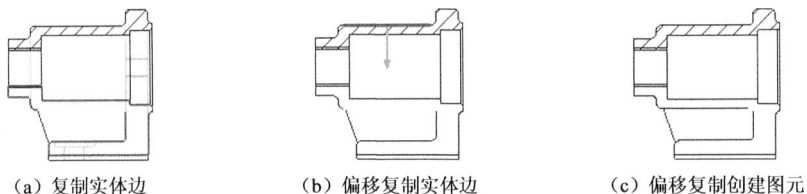

（a）复制实体边   （b）偏移复制实体边   （c）偏移复制创建图元

图 14-81   复制图元边创建剖面线边界图元

（6）单击"草绘"选项卡"草绘"面板中的[圆角]图标按钮，选择 ϕ36 圆柱下侧转向线，按住 Ctrl 键选择右端支撑板左端面轮廓线，单击鼠标中键，在如图 14-82（a）所示的"圆角属性"对话框，输入半径为 2，默认修剪造型为"完全修剪"，单击"确定"按钮，创建圆角，如图 14-82（b）所示。

注意：输入偏距时，应注意偏移方向，确定在偏移方向上偏距的正负。偏距为正，则向箭头所指方向一侧偏移，偏距为负，则向箭头相反方向一侧偏移。

（a）设置圆角半径与修剪模式   （b）创建圆角

图 14-82   在主视图上创建圆角

（7）创建剖面线。使用窗口选择剖面线边界图元，如图 14-83（a）所示，单击"草绘"选项卡"编辑"面板中的[剖面线/填充]图标按钮，调用"剖面线/填充"命令，在"输入横截面"文本框中输入剖面线名称后，即可填充剖面线，并弹出"修改剖面线"菜单管理器，选择"间距"选项，将剖面线间距改为 4，结果如图 14-83（b）所示。

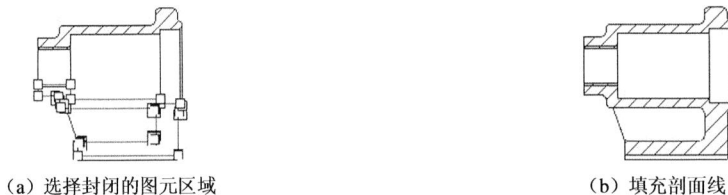

（a）选择封闭的图元区域   （b）填充剖面线

图 14-83   在主视图上填充剖面线

注意：剖面线图元边界必须围成封闭区域。

第 4 步，在"布局"选项卡中标注全剖俯视图。

（1）单击俯视图，再右击，在弹出的快捷菜单中选择"添加箭头"选项，系统提示"给箭头选出一个截面在其处垂直的视图。中键取消。"时，选择需要添加箭头的主视图，在适当位置单击。

（2）将剖视图标注名称移至视图上方。选择视图名称"C-C"，在其外围显示红色矩形框，用鼠标按住并拖动至俯视图上方。

第 5 步，关闭基准面显示，重画当前视图。

步骤 7　保存图形

参见本书第 1 章，操作过程略。

14.11　上　机　题

调用 A3_H 创建如图 14-84（a）所示的支架的零件工程图，如图 14-84（b）所示。

（a）支架

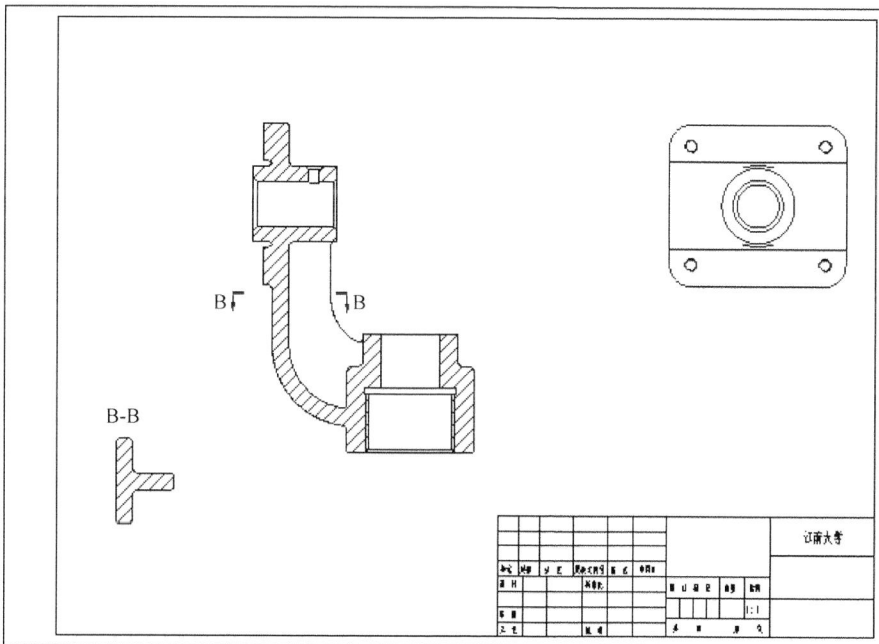

（b）支架工程视图

图 14-84　创建工程视图

绘图提示：

图 14-84（b）所示的 B-B 断面图，可以利用"绘图视图"对话框，在"截面"选项卡的"截面选项"组内选择"2D 截面"单选按钮，并选择"模型边可见性"为"区域"选项。

第 15 章 　工程图标注

一张完整的工程图，在创建视图后还需要进行尺寸标注、注写技术要求、填写标题栏等。Creo 2.0 的工程图模块提供了完善的工程图标注功能，使设计者可以非常方便地完成工程图标注，表达设计意图。

本章将介绍的内容如下：

（1）尺寸标注；

（2）尺寸的整理与编辑；

（3）创建注释；

（4）标注尺寸公差；

（5）标注表面粗糙度。

15.1 　显示模型注释

Creo 2.0 在创建模型的同时也自动创建了与其相关的工程图中所需要的 2D 信息、注释，如轴线、尺寸等，这些尺寸、信息等与模型保持参数化相关性。当创建模型工程图时，默认情况下，模型信息、注释是不可见的，利用"显示模型注释"命令可以将来自 3D 模型的信息显示出来。

调用命令的方式如下。

功能区：单击"注释"选项卡"注释"面板中的"显示模型注释" 图标按钮。

快捷菜单：在草绘窗口内右击，在快捷菜单中选取"显示模型注释"。

启动命令后，弹出如图 15-1 所示的"显示模型注释"对话框，"尺寸"选项卡为当前选项卡，可以利用选项卡显示注释项目。

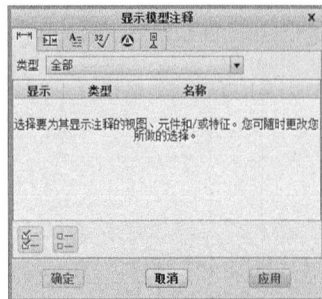

图 15-1 　"显示模型注释"对话框

15.1.1 　显示的注释项目类型

"显示模型注释"对话框提供了 6 个选项卡，所显示的项目如表 15-1 所示。用户可以

表 15-1 　显示模型注释选项卡及其项目类型

选项卡图标	项 目 类 型	选项卡图标	项 目 类 型
	显示模型尺寸		显示模型表面粗糙度
	显示几何公差		显示模型符号
	显示模型注解		显示模型基准

单击某个选项卡，按要求选择需要显示的项目。

15.1.2 显示注释项目的选择方式

单击某个选项卡，选择显示项目后，可以通过如表 15-2 所示的选择方式控制。

表 15-2　选择方式及操作说明

方式	选项意义及操作方法
模型	在模型树中选择模型，显示与该模型相关的所选注释项目。显示与该特征相关的所选注释项目。如图 15-2（a）所示，显示整个模型的尺寸
特征	在模型树中选择某一模型特征，如图 15-2（b）所示，显示底板的尺寸
视图	选择某一视图，显示该视图中的所选注释项目。如图 15-2（c）所示，在俯视图上显示尺寸
特征和视图	在某一视图上选择一个特征，在该视图中显示选定特征的所选注释项目。如果所选的显示注释项目与该视图不适合，则所选项目不显示。如图 15-2（d）所示，在俯视图上显示底板的尺寸

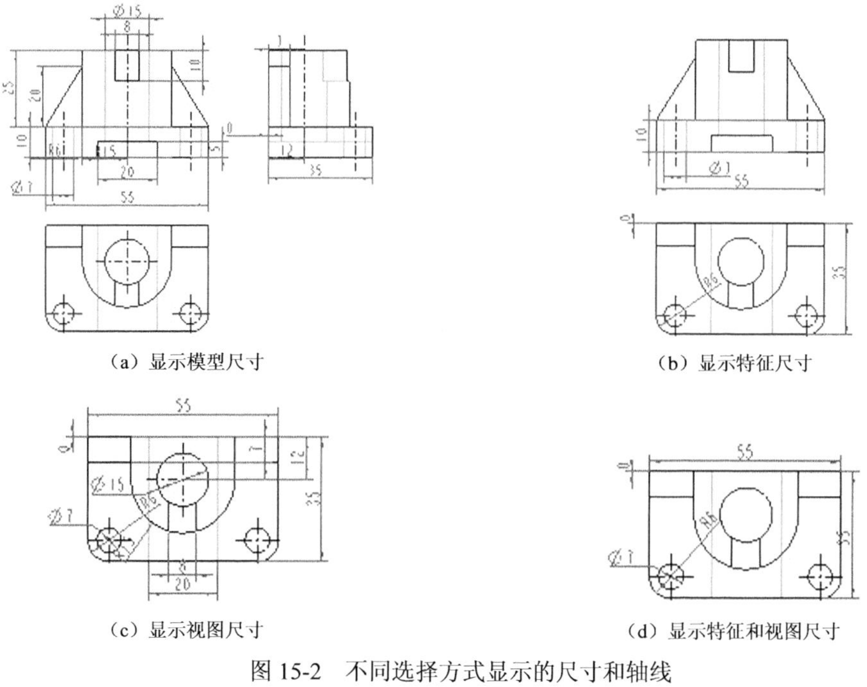

（a）显示模型尺寸　　　　　　　　　　　　　　（b）显示特征尺寸

（c）显示视图尺寸　　　　　　　　　　　　　　（d）显示特征和视图尺寸

图 15-2　不同选择方式显示的尺寸和轴线

注意：

（1）在模型树的某个特征上右击，在弹出的快捷菜单中选择"显示模型注释"，可以打开"显示模型注释"，选择在所选特征上需要显示的项目类型。

（2）在绘图树的某个视图上右击，在弹出的快捷菜单中选择"显示模型注释"，可以打开"显示模型注释"，选择在所选视图上需要显示的项目类型。

15.2　尺　寸　标　注

Creo 2.0 工程图中所标注的尺寸有以下两种。

（1）三维零件或组件本身所拥有的设计尺寸，在工程图上会自动标注并可以显示出来，称为驱动尺寸或显示尺寸。这类尺寸可以进行双向驱动，即当在零件模式下更改了特征尺寸，相关工程图相应的驱动尺寸发生变化；若在工程图中改变了某一驱动尺寸，相关模型的形状大小也会发生变化。

（2）手动插入的尺寸称为从动尺寸或添加尺寸。这类尺寸只能实现从模型到绘图的单向驱动，即如果在模型中更改了尺寸，则在工程图上相关的结构图形与尺寸均会发生变化。

在工程图上标注尺寸的步骤如下。

（1）显示驱动尺寸。

注意：工程图中的尺寸应尽量多的使用驱动尺寸，以便能充分利用零件模型与其工程图之间的相关性。

（2）拭除、调整多余或不合适的驱动尺寸，并加以整理，以便能清晰地显示。

（3）手动添加从动尺寸，保证尺寸的完整性。

（4）重新定位尺寸在视图上的显示，修改尺寸的组成元素。

下面以轴承座工程图的尺寸为例说明标注尺寸的方法和步骤。

15.2.1　显示与调整驱动尺寸

利用"显示模型注释"命令，用上述显示注释项目的选择方式显示驱动尺寸。

操作步骤如下。

第 1 步，单击 图标按钮，调用"显示模型注释"命令，弹出"显示模型注释"对话框，默认显示"尺寸"选项卡。

第 2 步，用上述显示注释项目的选择方式确定所显示的尺寸。如图 15-2 所示，选择俯视图，则对话框显示如图 15-3（a）所示。

第 3 步，选择需要显示的尺寸，如图 15-3（b）所示，尺寸 d7 为 0，可以不显示。

第 4 步，单击"确定"按钮，退出对话框，在视图上显示尺寸，如图 15-4 所示。

操作说明如下。

（1）单击"尺寸"选项卡尺寸列表下的 按钮，选中所有尺寸，再单击 d7 尺寸的显示复选框，取消选择 d7。

（2）单击 按钮，可以将选择的尺寸全部取消。

（3）单击"应用"按钮，则所选的尺寸在视图上显示，对话框将在"尺寸"选项卡显示所取消的尺寸，仅"取消"按钮亮显，用户可以再次确认是否显示该尺寸。若单击"取消"按钮，则不显示该尺寸；若选择该尺寸，则可以单击"确定"按钮，显示该尺寸，单击"取消"按钮，不显示该尺寸，也可以单击"应用"按钮，再进行如上操作。

（a）尺寸列表   （b）选择显示的尺寸

图15-3 "显示模型注释"对话框的尺寸选项卡选择现实的尺寸

（4）如果需要暂时隐藏已显示的某个尺寸，则可在该尺寸上单击，再右击，在弹出的如图15-5（a）所示的快捷菜单中选择"拭除"，该尺寸在绘图树的"注释"结点下灰显，在灰显的尺寸上右击，在弹出的快捷菜单中选择"取消拭除"，如图15-5（b）所示，即可重新显示。

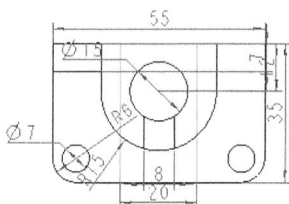

图15-4 显示的尺寸

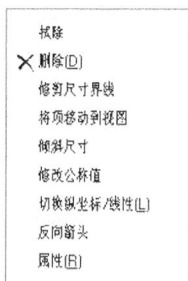

（a）尺寸快捷菜单   （b）绘图树注释尺寸快捷菜单

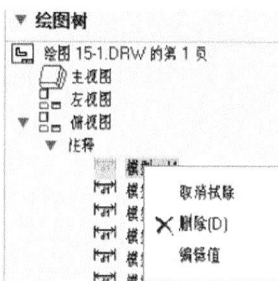

图15-5 尺寸拭除与显示快捷菜单

（5）尺寸类型有驱动尺寸注释元素、所有驱动尺寸、强驱动尺寸、从动尺寸、参考尺寸、纵坐标尺寸等，可以从"类型"下拉列表中选择。

15.2.2 手动添加从动尺寸

系统显示的驱动尺寸可能还不完整，有的尺寸不合适，需要拭除后再重新标注，这就需要用户手动添加尺寸，所添加的尺寸为从动尺寸。创建从动尺寸时，可以选择一条边、两个点或顶点、边和点。

调用命令的方式如下。

功能区：单击"注释"选项卡"注释"面板中的"尺寸" ▭尺寸▾ 下拉式图标按钮中的"尺寸-新参考" ▭尺寸-新参考 图标按钮。

快捷菜单：在草绘窗口内右击，在快捷菜单中选取"尺寸-新参考"选项。

1. 添加从动尺寸的步骤

操作步骤如下。

第1步，单击 尺寸-新参考 图标按钮，调用"尺寸-新参考"命令，弹出"依附类型"菜单管理器，如图15-6所示。

第2步，选择标注尺寸的依附类型，如默认为"图元上"方式。

第3步，系统提示"选择图元进行尺寸标注或尺寸移动；中键完成。"时，依次选取两个图元，在适当位置单击鼠标中键，确定尺寸位置。

第4步，继续添加其他尺寸。

第5步，单击"返回"选项，结束命令。

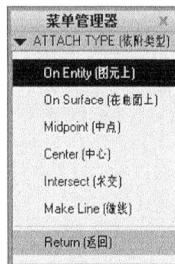

图15-6 "依附类型"菜单管理器

2. 操作及选项说明

"尺寸-新参考"命令的尺寸依附类型共有6种，操作说明如下。

（1）图元上：依次选择两个图元，将标注两个图元之间的尺寸，如图15-7所示。

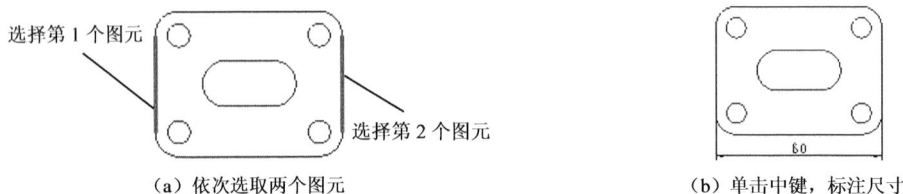

（a）依次选取两个图元　　　　　　　　　（b）单击中键，标注尺寸

图15-7 "图元上"方式添加尺寸（一）

注意：

①当选择两个图元成一定角度时，则标注两个图元间的夹角。

②当选择两个图元为圆或圆弧时，如图15-8（a）所示，将弹出如图15-8（b）所示的"弧/点类型"菜单管理器，可以选择标注类型，在弹出的如图15-8（c）所示的"尺寸方向"菜单管理器，确定尺寸方向，标注尺寸，如图15-18（d）和图15-8（e）所示。

③当选择一个图元，则标注该图元的相应尺寸。单击某一圆或圆弧时，即可标注半径；双击某一圆或圆弧时，即可标注直径。

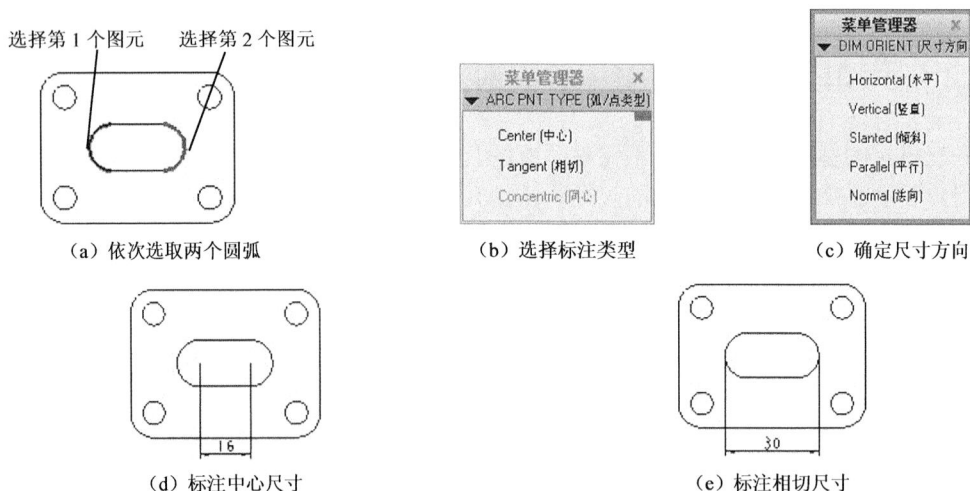

（a）依次选取两个圆弧　　　　　　（b）选择标注类型　　　　　　（c）确定尺寸方向

（d）标注中心尺寸　　　　　　　　　　　（e）标注相切尺寸

图15-8 "图元上"方式添加尺寸（二）

（2）中点：依次选取两个图元，如图 15-9 所示，在如图 15-8（c）所示的"尺寸方向"菜单管理器中选择尺寸方向，将标注两图元中点在所选方向之间的距离，如图 15-8（d）所示。

（3）中心：依次选取两个图元（圆或圆弧），如图 15-10（a）所示，并在如图 15-8（c）所示的"尺寸方向"菜单管理器中确定尺寸方向，系统将捕捉所选圆或圆弧的圆心，并标注两圆心在所选方向之间的距离，如图 15-10（b）所示。

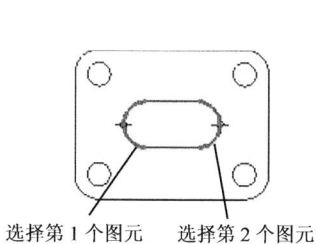

选择第 1 个图元　　选择第 2 个图元

图 15-9　"中点"方式

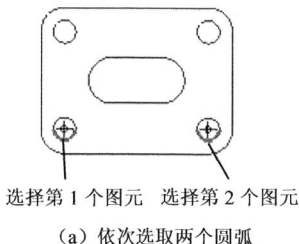

（a）依次选取两个圆弧　　　　（b）单击中键，标注尺寸

图 15-10　"中心"方式添加尺寸

注意：如果选择的两个图元为非圆形图元，则结果与"图元上"方式相同。

（4）求交：依次选取两对相交图元，系统捕捉到两个图元的交点，如图 15-11（a）、（b）所示，并在如图 15-8（c）所示的"尺寸方向"菜单管理器中确定尺寸方向，将标注两个交点在所选方向之间的距离，如图 15-11（c）所示。

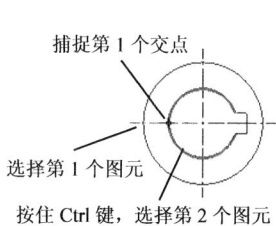

捕捉第 1 个交点

选择第 1 个图元

按住 Ctrl 键，选择第 2 个图元

（a）捕捉第一对相交图元的交点

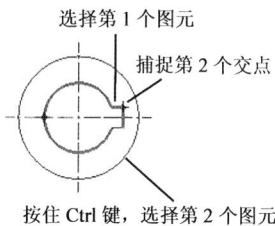

选择第 1 个图元

捕捉第 2 个交点

按住 Ctrl 键，选择第 2 个图元

（b）捕捉第二对相交图元的交点

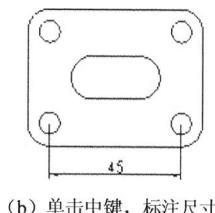

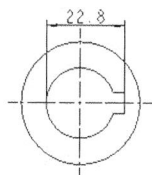

（c）单击中键，标注尺寸

图 15-11　"求交"方式添加尺寸

注意：系统捕捉到的是两个图元靠选择点的最近交点。

（5）做线：提供了"两点"、"水平直线"、"竖直线"3 个选项，如图 15-12 所示。可以创建倾斜、水平、垂直的尺寸界线，标注尺寸，如图 15-13 和图 15-14 所示。

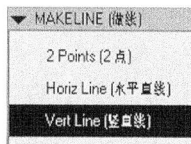

▼ MAKELINE (做线)

2 Points (2 点)

Horiz Line (水平直线)

Vert Line (竖直线)

图 15-12　"做线"选项

顶点:边:F5(拉伸_1)

（a）选择一个顶点

顶点:边:F5(拉伸_1)

（b）按住 Ctrl 键选择第 2 个顶点

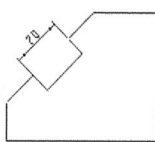

（c）单击中键，标注尺寸

图 15-13　"做线"的"2 点"方式添加尺寸

（6）在曲面上：依次选取两个曲面，单击鼠标中键，弹出如图 15-8（b）所示的"弧/点类型"菜单管理器，可以分别为两个曲面选择"中心"或"相切"。如图 15-15（d）和

图 15-15 （e）所示为标注两个曲面中心距离、相切尺寸。

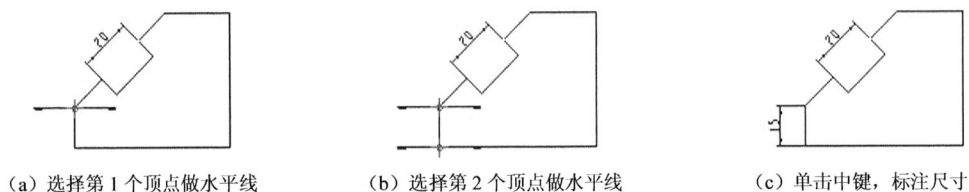

（a）选择第 1 个顶点做水平线　　（b）选择第 2 个顶点做水平线　　（c）单击中键，标注尺寸

图 15-14　"做线"的"水平直线"添加尺寸

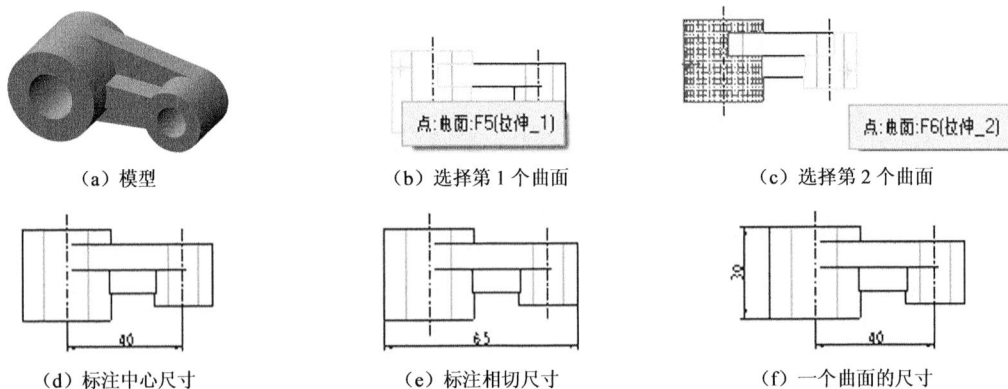

（a）模型　　　　　　（b）选择第 1 个曲面　　　　　　（c）选择第 2 个曲面

（d）标注中心尺寸　　　　　（e）标注相切尺寸　　　　　（f）一个曲面的尺寸

图 15-15　"在曲面上"添加尺寸

注意： 如果仅选择一个曲面，如图 15-15（b）所示的左侧圆柱面，单击中键，则标注尺寸 30，如图 15-15（f）所示。

15.2.3　手动添加公共参考尺寸

公共参考尺寸是具有公共尺寸界线的一组尺寸，如图 15-16 所示。

调用命令的方式如下。

功能区：单击"注释"选项卡"注释"面板中的"尺寸" 下拉式图标按钮中的 "尺寸-公共参考" 图标按钮。

操作步骤如下。

第 1 步，单击 图标按钮，调用"尺寸-公共参考"命令，弹出如图 15-6 所示的"依附类型"菜单管理器。

第 2 步，选择标注尺寸的依附类型，如默认为"图元上"方式。

第 3 步，系统提示"选择几何使用公共尺寸标注参考。"时，选取公共参考的直线，如图 15-16（a）所示的底边。

第 4 步，系统提示"选择图元进行尺寸标注或尺寸移动；中键完成。"时，选取右侧小圆水平中心线，如图 15-16（b）所示，在适当位置单击鼠标中键，确定尺寸位置，标注尺寸 10。

第 5 步，系统继续提示"选择进行尺寸标注或的附加图元；中键退出。"时，继续选择其他图元，如图 15-16（c）所示的右侧水平边，单击中键，添加其他尺寸（如尺寸 25）。直至单击中键，结束命令，在适当位置单击，完成尺寸标注，如图 15-16（d）所示。

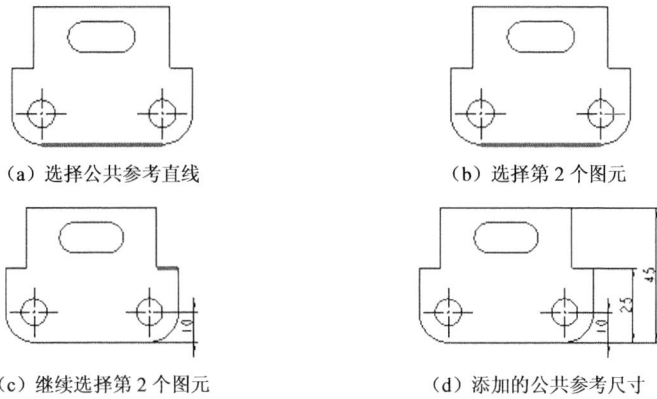

(a) 选择公共参考直线   (b) 选择第 2 个图元

(c) 继续选择第 2 个图元   (d) 添加的公共参考尺寸

图 15-16 添加公共参考尺寸操作

15.2.4 手动添加参考尺寸

参考尺寸是尺寸数值外加有括号的尺寸，如图 15-17 所示的尺寸（135°）。参考尺寸有"参考尺寸-新参考"和"参考尺寸-公共参考"两种。

调用命令的方式如下。

功能区：单击"注释"选项卡"注释"面板中的"尺参考寸" ![参考尺寸]下拉式图标按钮。

手动添加参考尺寸的方法与上述添加从动尺寸的方法相同。

注意：将 parenthesize_ref_dim 配置选项的值设为 yes，创建的参考尺寸外加括号，如图 15-17 尺寸（135°）。如果此选项的值被设置为 no，则尺寸数值后面跟随文本 REF。

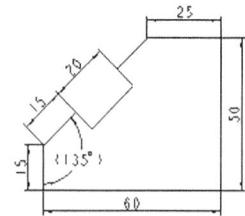

图 15-17 添加参考尺寸

15.3 编 辑 尺 寸

系统显示的驱动尺寸往往比较凌乱，且标注的位置和形式也可能不符合国标，需要进行调整；另外，手动添加的尺寸常需要进行编辑、修改。Creo 2.0 绘图环境提供了尺寸清理和编辑的功能，可以得到完善、清晰，符合标准的尺寸标注。

15.3.1 清理尺寸

系统显示的尺寸是凌乱的，如图 15-2 所示。

调用命令的方式如下。

功能区：单击"注释"选项卡"注释"面板中的"清理尺寸" ![清理尺寸]图标按钮。

快捷菜单：在草绘窗口内右击，在弹出的快捷菜单中选取"清理尺寸"选项。

操作步骤如下。

第 1 步，单击 ![清理尺寸]图标按钮，调用"清理尺寸"命令，弹出"清除尺寸"对话框和"选择"对话框。

注意：在未选择尺寸前，"清除尺寸"对话框处于非活动状态。

第2步，系统提示"选择要清除的视图或独立尺寸。"时，选择单个，或多个尺寸，或整个视图，如选择如图15-2（a）所示的主视图，单击"选择"对话框的"确定"按钮（或单击中键），"清理尺寸"对话框被激活，并显示"放置"选项卡，如图15-18（b）所示。

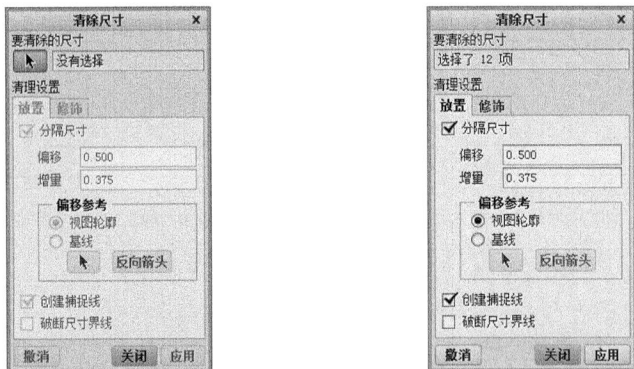

（a）非活动状态　　　　　　　　　　　　（b）激活后

图15-18 "清理尺寸"对话框

第3步，在"放置"选项卡中，默认选中"分隔尺寸"复选框，设置分隔尺寸的参数，如图15-19（a）所示。单击"应用"按钮，尺寸重新排列，如图15-21（a）所示。

第4步，单击"修饰"选项卡，如图15-19（b）所示。选择是否需要"反向箭头"、"居中文本"，以及当尺寸界线之间放不下尺寸文本时，水平及垂直方向尺寸的放置方式。

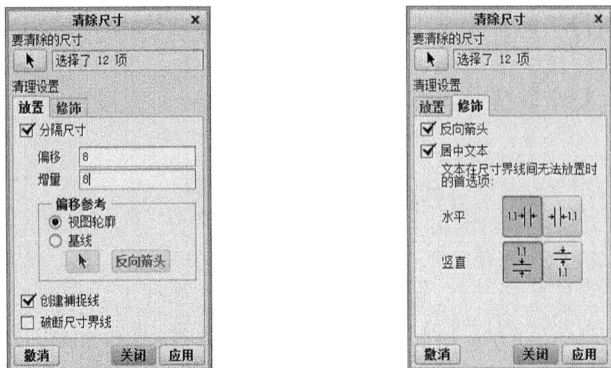

（a）"放置"选项卡设置分隔尺寸参数　　　（b）"修饰"选项卡

图15-19 "清理尺寸"对话框设置修改选项

第5步，单击"应用"按钮，关闭对话框。尺寸清理结果如图15-21（a）所示。

注意："撤销"按钮，将返回到清理前的状态，且撤销后不需再次选取尺寸即可重试。操作说明如下。

（1）"放置"选项卡中设置分隔尺寸参数

① "偏移"文本框中输入偏移量，确定第1个尺寸相对于"偏移参考"的距离。

② "增量"文本框中输入增量值，确定同一方向尺寸线之间的距离。

③ "偏移参考"提供了两种方式。"视图轮廓"为默认选项，指偏移与视图轮廓相关

的尺寸；当选择"基线"单选按钮，![箭头按钮]和反向箭头两个按钮才亮显可用，系统提示"在平边、基准平面、捕捉线、详图轴线或视图边界上选取。"时，选择底边作为基线，如图 15-20（a）所示，可重新定位同一视图中平行于选定基线的尺寸。反向箭头的效果如图 15-20（b）所示。

④ "创建捕捉线"复选框默认为选中，将在尺寸位置创建水平或垂直的虚线，捕捉线之间的距离为如图 15-19（a）所示的"偏移"和"增量"中的设定值，用于定位尺寸、几何公差、表面粗糙度符号等，如图 15-20 所示。

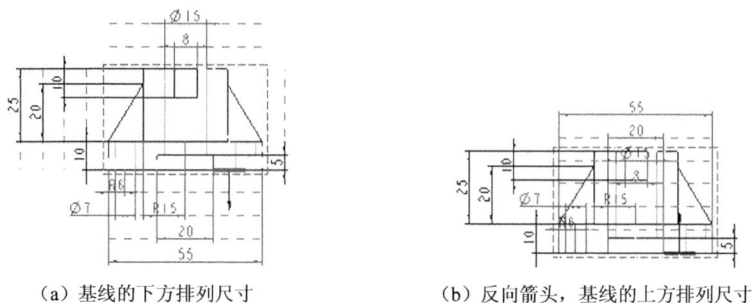

（a）基线的下方排列尺寸　　　　　　（b）反向箭头，基线的上方排列尺寸

图 15-20　"基线"方式排列尺寸

注意：可单击"注释"选项卡"编辑"面板中的"创建捕捉线" ![创建捕捉线]按钮创建捕捉线，如图 15-30（a）所示①。

⑤ 当选中"破断尺寸界线"复选框，在尺寸界线与其他图元相交时，即会在相交处破断尺寸界线。

注意：只有选中"分隔尺寸"复选框，相应选项才亮显可用，否则只有"破断尺寸界线"可用。

（2）"修饰"选项卡中设置分隔尺寸参数

① "反向箭头"复选框默认为选中，表示当尺寸界线内放不下箭头时，系统自动将箭头反向至尺寸界线外侧。

② "居中文本"复选框默认为选中，表示系统将每个尺寸文本自动居中放置。

③ "水平" / "垂直"选项组的按钮用于控制当尺寸界线内无法放置尺寸文本时，按指定设置将文本移动到尺寸界线外。水平文本向左或向右移动；垂直文本向上或向下移动。

15.3.2　在视图之间移动尺寸

如果某一尺寸显示在某一视图上不合适，可以将选定的尺寸从同一模型的一个视图移到另一个视图。如图 15-21（a）所示为支座清理后的驱动尺寸，其中半径尺寸 R15、R6 显示在主视图上不符合国家标准对尺寸标注的要求，需要将其移动到俯视图上。

调用命令的方式如下。

功能区：单击"注释"选项卡"编辑"面板中的"移动到视图" ![移动到视图]图标按钮。

操作步骤如下。

---

① 参见本书例 15-1 步骤 7。

第 1 步，选取需要移动的尺寸，如图 15-21（a）主视图上的半径尺寸 R15 和 R6。

第 2 步，单击 [移动到视图] 图标按钮，调用"移动到视图"命令，弹出"选取"对话框。

第 3 步，系统提示"选取模型视图或窗口"时，选择所选尺寸将要附着的目标视图，如图 15-21 所示的俯视图。所选尺寸移动到新视图上，并被激活，可以移动调整其位置。

第 4 步，在适当位置单击，结束"移动到视图"命令。如图 15-21（b）所示。

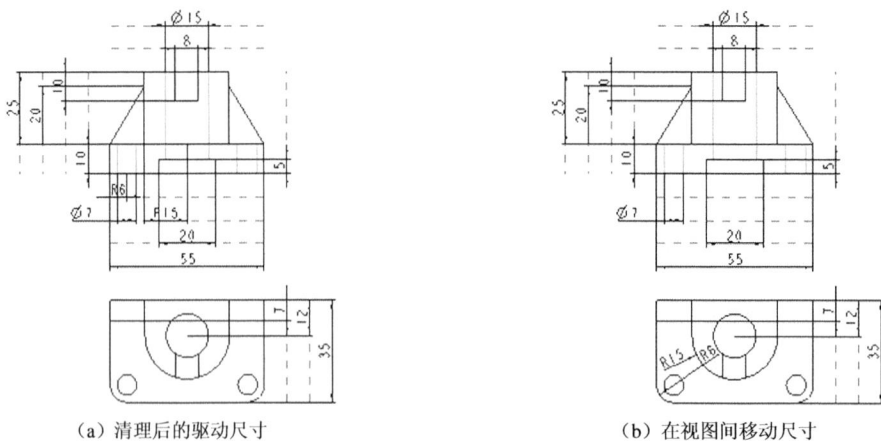

(a) 清理后的驱动尺寸　　　　　　(b) 在视图间移动尺寸

图 15-21　在视图间移动尺寸

注意：

（1）如果在所选的视图中不能显示尺寸，系统将发出警告，并且停止移动操作。

（2）如果选取的是一个阵列特征的尺寸，阵列特征的所有尺寸都将移动到新视图。

（3）一张工程图中，特征的某个尺寸只能在一处显示，当将尺寸从一个视图移动到另一个视图，原视图上的该尺寸消失，除非添加从动尺寸。

（4）选择某个要移动的尺寸，右击，在弹出的快捷菜单中选择"将项目移动到视图"命令，可以执行该命令。

15.3.3　移动尺寸

驱动尺寸与从动尺寸的文本位置、以及尺寸线、尺寸界线的位置均可以采用拖动的方式移动。

操作步骤如下。

第 1 步，选取需要移动的尺寸，被选中尺寸变为红色，移动光标至所选尺寸上，光标将变成表 15-3 所示的形状，如图 15-22（a）所示，移动光标至尺寸数字 10 上。

表 15-3　光标形状及其含义

光标符号	含　　义
✛	光标移至尺寸文本上，将变成十字箭头形状，表示可以自由移动尺寸
⟷	移动光标，其形状变成左右箭头，表示可以在水平方向上移动尺寸
↕	移动光标，其形状变成上下箭头，表示可以在垂直方向上移动尺寸

第2步，按住鼠标左键不放，拖动尺寸至合适位置后松开左键。

第3步，单击，结束操作。如图15-22（b）所示，尺寸10移至右侧。

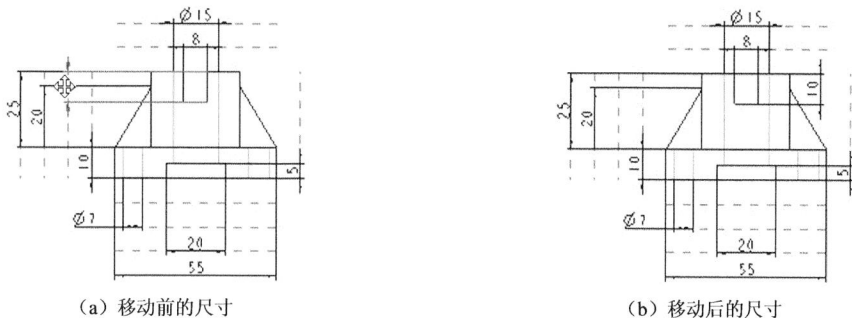

（a）移动前的尺寸　　　　　　　　　　　　（b）移动后的尺寸

图15-22　将尺寸拖动至新位置

注意：

（1）当光标移至尺寸界线起点附近时，将出现控制滑块，如图15-28（a）所示，拖动，可以沿尺寸界线方向改变其起点位置。

（2）当拖动尺寸至捕捉线上时，系统会自动将尺寸定位于捕捉线上，保证尺寸线之间的距离。

（3）拖动尺寸时，将在移动方向上显示对齐线。

（4）使用 Ctrl 键可以选取多个尺寸。如果移动这多个选定尺寸中的一个，所有的尺寸都将随之移动。

【例15-1】　调用 A3_H 绘图格式文件，由如图15-23所示的轴承座生成其视图，并标注尺寸。

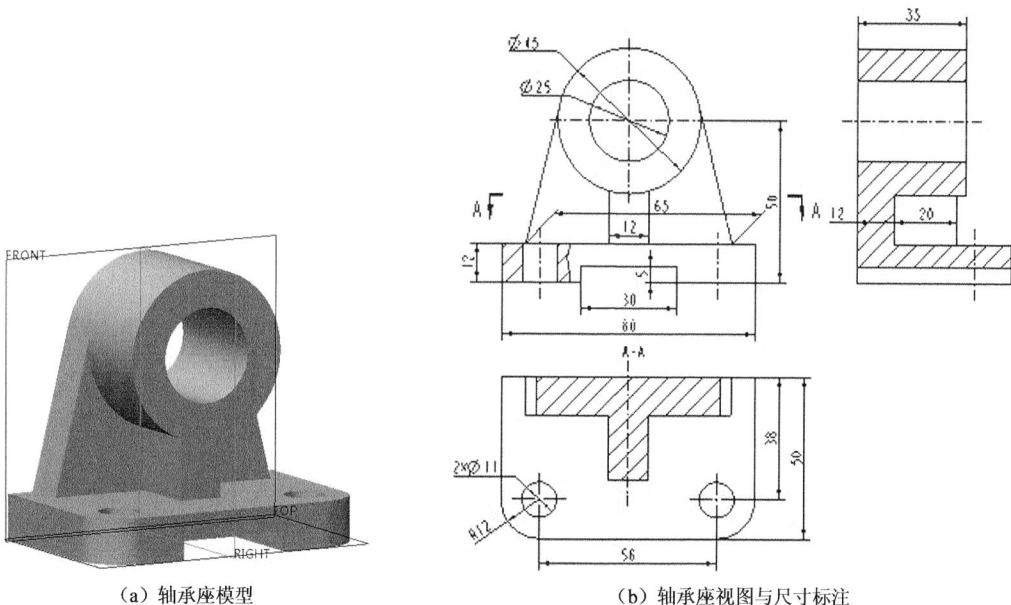

（a）轴承座模型　　　　　　　　　　　　（b）轴承座视图与尺寸标注

图15-23　轴承座

操作步骤如下。

步骤 1　打开轴承座模型文件

打开 Ch15-23.prt 操作步骤略。

步骤 2　创建新文件

调入 A3_H 绘图格式文件，创建工程图，文件名称 Ch15-23，操作过程略。

步骤 3　创建视图

参见本书第 14 章，操作步骤略。

步骤 4　显示驱动尺寸与轴线

第 1 步，单击 图标按钮，调用"显示模型注释"命令，弹出"显示模型注释"对话框，默认显示"尺寸"选项卡。

第 2 步，在模型树中选择模型，则显示所有驱动尺寸，单击 按钮，选中所有尺寸。

第 3 步，单击 按钮，打开"显示模型基准"选项卡，显示模型的轴线，单击 按钮，选中所有轴线。

第 4 步，单击"确定"按钮，退出对话框，在视图上显示尺寸和轴线，如图 15-24（a）所示。

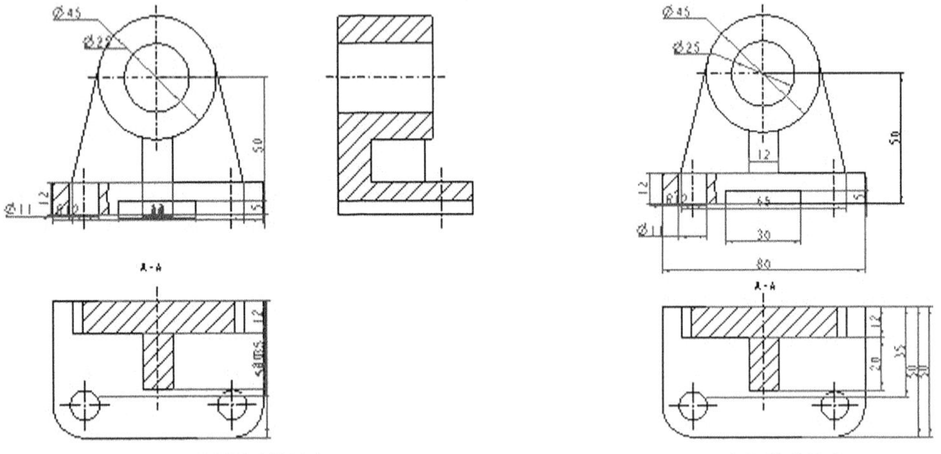

（a）重叠显示的尺寸　　　　　　　　　（b）移动尺寸

图 15-24　显示的驱动尺寸

步骤 5　移动尺寸位置

选择重叠的尺寸，拖动至适当位置，以便能看清尺寸，如图 15-24（b）所示。

移动鼠标至俯视图拉伸 2 特征尺寸 50 上单击，如图 15-25 所示。再右击，在弹出的如图 15-5 所示的快捷菜单中"拭除"选项，在适当单击，则拭除该尺寸，即底板上切割槽的宽度，如图 15-26 所示。

步骤 6　在视图间移动尺寸，清理尺寸

第 1 步，在主视图上选取半径尺寸 R12，按住 Ctrl 键，选择直径尺寸 φ11，调用"移动到视图"命令，选择俯视图，单击，将所选的两个尺寸从主视图移至俯视图上。用同样方法将俯视图上尺寸 12、20、35 移动到左视图上。

第 2 步，单击 清理尺寸 图标按钮，调用"清理尺寸"命令，选择主视图，按住 Ctrl 键，依次选择俯视图、左视图，单击中键，则"清理尺寸"对话框的"放置"选项卡内进行设置，如图 15-19 所示。单击"应用"按钮，结果如图 15-26 所示。

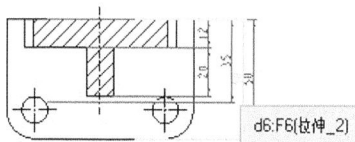

图 15-25 选择需要拭除的尺寸

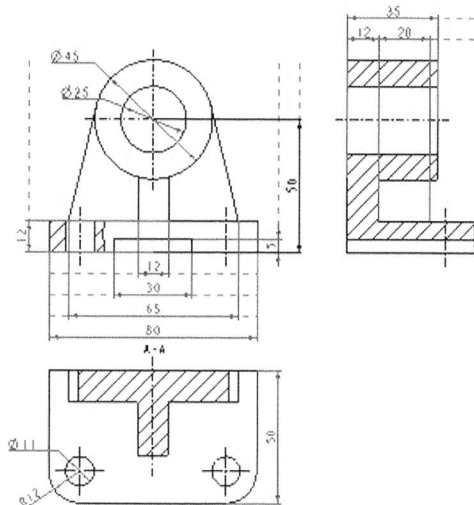

图 15-26 清理后的驱动尺寸

第 3 步，将主视图上的水平尺寸 12、30、65、80 向上移动至合适位置，如图 15-27（a）所示的位置。

第 4 步，在尺寸 65 上右击，在弹出的如图 15-5 所示的快捷菜单中选择"倾斜尺寸"选项，则显示倾斜句柄，如图 15-27（a）所示单击，并按住鼠标拖动至适当位置，放开鼠标，将 65 尺寸界线倾斜，如图 15-27（b）所示。

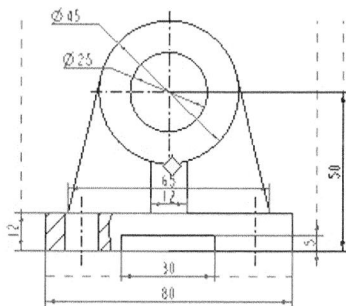

（a）显示倾斜句柄

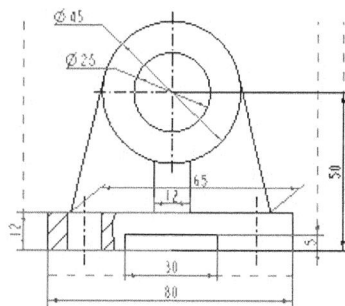

（b）倾斜尺寸 65 尺寸界线

图 15-27 倾斜尺寸

第 5 步，水平拖动垂直尺寸 5、50。

第 6 步，选择主视图上的垂直尺寸 12，移动光标移至尺寸 12 下端尺寸起点处，显示尺寸界线起点控制滑块，如图 15-28（a）所示，单击，并按住鼠标水平拖动，移动尺寸 12 的下端尺寸界线的起点，用同样方法拖动其另一尺寸界线起点，以及尺寸 50 和 5 的尺寸界线起点，移动后如图 15-28（b）所示。

第 7 步，拖动左视图上的尺寸 12、20、35，及其尺寸界线起点。

第 8 步，删除多余的捕捉线，向上移动俯视图至适当位置，结果如图 15-29 所示。

注意：必要时，选择某一尺寸，右击，在弹出的快捷菜单中选择"反向箭头"选项，可以将所选的尺寸箭头反向。

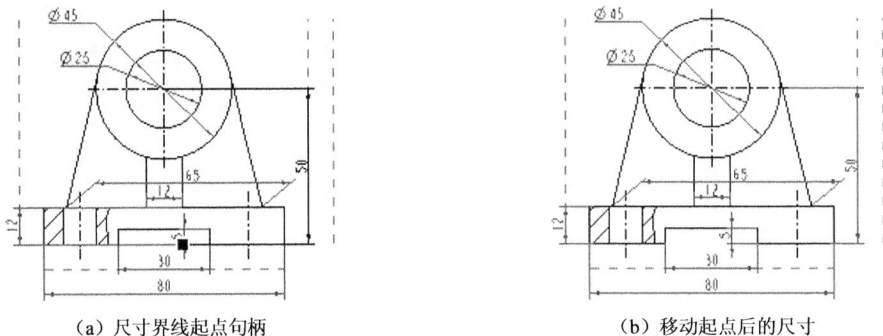

（a）尺寸界线起点句柄　　　　　　　（b）移动起点后的尺寸

图 15-28　移动尺寸及尺寸线起点

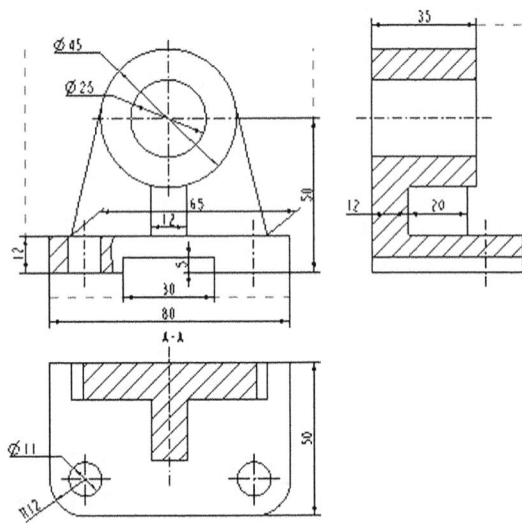

图 15-29　移动整理后的驱动尺寸

步骤 7　创建捕捉线

第 1 步，单击"注释"选项卡"编辑"面板中的"创建捕捉线" 创建捕捉线 图标按钮，如图 15-30（a）所示，弹出如图 15-30（b）所示的"创建捕捉线"菜单管理器，以及"选择"对话框。

第 2 步，选择"偏移对象"选项。

第 3 步，系统提示"选择多边，多个图元，基准，多个捕捉线顶点或截面图元。"时，在俯视图上选择拉伸_1 特征（即底板）的前边，如图 15-30（c）所示。单击"选择"对话框的"确定"按钮，俯视图所选边上出现捕捉线偏移的箭头，如图 15-30（d）所示。

第 4 步，系统显示"输入捕捉线与参考点的距离"消息输入窗口，在文本框内输入距离值 8，单击其右侧的 ✓ 图标按钮。

第 5 步，系统显示"输入要创建的捕捉线的数据"消息输入窗口，默认捕捉线条数为 1，单击其右侧的 ✓ 图标按钮。

第 6 步，选择"创建捕捉线"菜单管理器的"完成/返回"选项，创建的捕捉线处于激活状态，单击，结束命令。如图 15-30（e）所示。

第 7 步，用上述同样方法在俯视图右侧，创建 2 条距离为 8mm 的捕捉线。

(a)"编辑"下拉面板   (b)"创建捕捉线"菜单管理器   (c)选择偏移对象

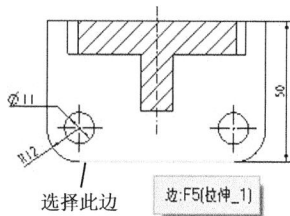

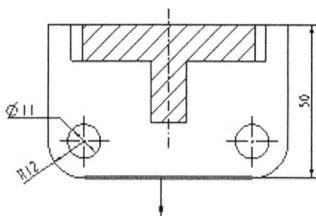

(d)显示捕捉线偏移箭头   (e)创建的捕捉线

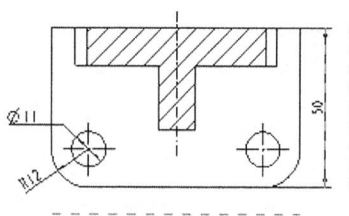

图 15-30   创建捕捉线

步骤 8   手动添加从动尺寸并移动

第 1 步，将俯视图上的垂直尺寸 50 移至外侧垂直捕捉线上。

第 2 步，单击 尺寸·新参考 图标按钮，调用"尺寸-新参考"命令，弹出"依附类型"菜单管理器，如图 15-6 所示，默认"依附类型"为"图元上"，创建底板上孔的定位尺寸 56、38，操作过程略。

第 3 步，移动刚创建的尺寸至相应的捕捉线上，如图 15-31 所示。

第 4 步，删除所有的捕捉线。

图 15-31   添加从动尺寸

步骤 9   改变尺寸文本属性

将俯视图上的尺寸 φ11，改为 2×φ11（参见第 15.3.5 节）。

步骤 10   标注剖视图

单击俯视图，右击，弹出如图的快捷菜单，选择"添加箭头"选项，选择需要添加箭头的主视图，在适当位置单击，结果如图 15-23（b）所示。

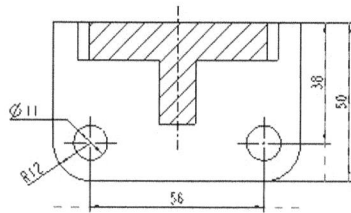

15.3.4   对齐尺寸

使用"对齐尺寸"命令，可以将同一方向的尺寸线对齐为共线。

调用命令的方式如下。

功能区：单击"注释"选项卡"注释"面板中的"对齐尺寸" 图标按钮。

操作步骤如下。

第 1 步，选择要将其他尺寸与之对齐的尺寸，使该尺寸亮显，如图 15-32（a）所示左侧尺寸 8。

第 2 步，按住 Ctrl 键选取要对齐的其他尺寸，使亮显。如图 15-32（a）所示的右侧尺寸 8。

第 3 步，单击 图标按钮，系统自动将两个尺寸对齐，成为连续尺寸，如图 15-32（b）所示。

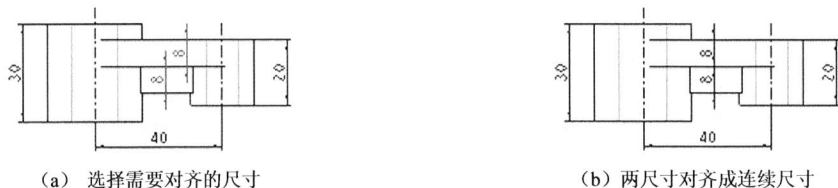

(a) 选择需要对齐的尺寸　　　　　　　　　(b) 两尺寸对齐成连续尺寸

图 15-32　对齐尺寸

注意：

（1）可以对齐线性、径向和角度尺寸。

（2）尺寸与第一个选定尺寸对齐。

（3）选择多个要对齐的尺寸后，右击，在弹出的快捷菜单中选择"对齐尺寸"选项，也可以对齐尺寸，如图 15-33 所示。

（4）还可以使用捕捉线对齐尺寸，且移动捕捉线，将会移动与之对齐的所有图元。

（5）如果单独移动一个尺寸，则已对齐的尺寸不会继续保持对齐状态。

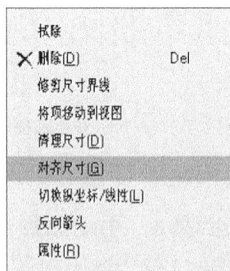

图 15-33　多个尺寸快捷菜单

15.3.5　修改尺寸属性

利用"尺寸属性"对话框可以设置工程图中的尺寸，以满足标注的要求。

调用命令的方式如下。

快捷菜单： 选择某一尺寸，右击，在弹出的快捷菜单中选择"属性"选项。

启动命令后，弹出如图 15-34 所示的"尺寸属性"对话框，该对话框包含"属性"、"尺寸文本"、"尺寸样式"3 个选项卡。

注意：双击某一尺寸，也可以打开该尺寸的"尺寸属性"对话框。

1. 设置尺寸属性

利用"属性"选项卡可以进行如下设置与操作。

1）更改尺寸的数值及其公差

在"属性"选项卡的"值和显示"选项组内更改尺寸数值。在"公差"选项组内设置尺寸偏差以及公差显示格式[①]。

注意：只有选择了驱动尺寸，"公称值"文本框才亮显可用。在修改尺寸数值后，通过"编辑"｜"再生"｜"模型"命令，即可自动更新工程图所关联的零件模型。

2）设置尺寸的显示格式

在"属性"选项卡"格式"选项组设置尺寸以"小数"、"分数"格式显示，默认为"小数"，且可以设置小数的位数。

---

① 参见本书第 15.5.3 小节。

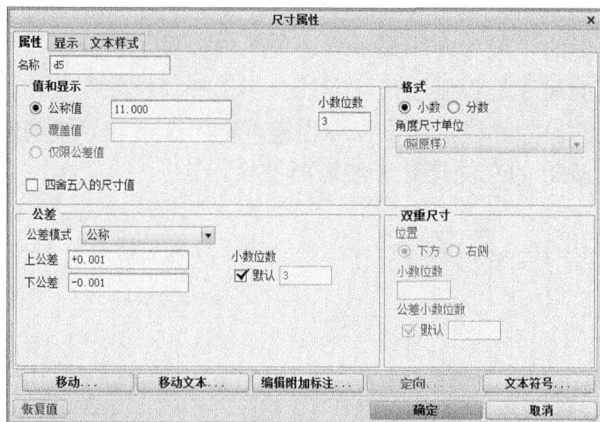

图 15-34 "尺寸属性"对话框的"属性"选项卡

2. 设置尺寸显示

1）设置尺寸的显示方式

如图 15-35 所示，"显示"选项卡内提供了尺寸的显示方式。在"显示"选项组内有三个单选项。"基础"表示基本尺寸，是设计确定的尺寸，不能显示公差，如图 15-36（a）所示。以"检查"方式显示的尺寸，表示零件中需要检查的重要尺寸，如图 15-36（b）所示。默认为"两者都不"。

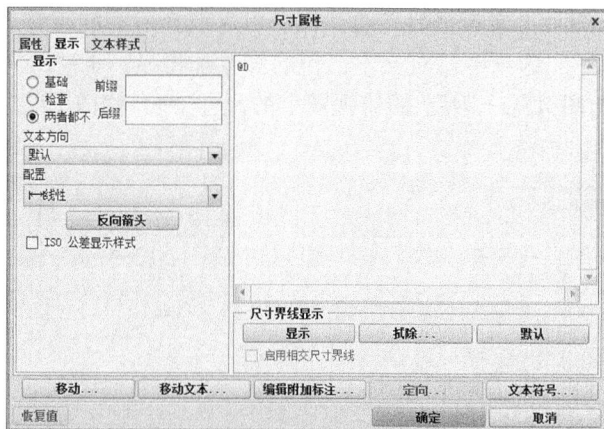

图 15-35 "尺寸属性"对话框的"显示"选项卡

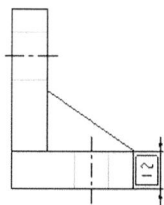

（a）以"基础"方式显示　　　　　　（b）以"检查"方式显示

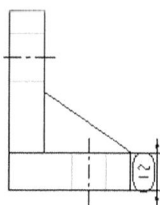

图 15-36　尺寸显示方式

单击"方向箭头"，则所选尺寸箭头反向显示。

2）控制尺寸界线的显示

在"显示"选项卡的"尺寸界线显示"选项组内提供了"显示"、"拭除"、"默认"三个按钮，可设置所选的尺寸是否显示尺寸界线。当选择"拭除"按钮，可以在视图上选择所选尺寸中需要隐藏的尺寸界线，单击鼠标中键，则所选尺寸界线隐藏。如图 15-37 所示的半剖视图中的尺寸 $\phi50$ 的左侧尺寸界线需要拭除。

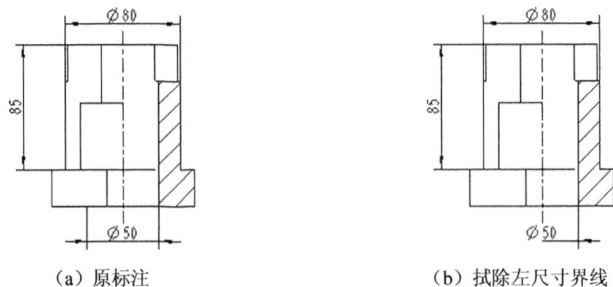

（a）原标注　　　　　　　　　　　（b）拭除左尺寸界线

图 15-37　拭除尺寸界线

注意：只能拭除一条尺寸界线，当拭除另一条尺寸界线时，系统自动显示已被拭除的那条尺寸界线。

3）设置尺寸文本

用户可以在"尺寸文本"编辑区输入尺寸文字以及相关符号；利用"前缀"或"后缀"文本框，可以输入显示在当前尺寸文本之前或之后的文字或符号，单击"文本符号"按钮，系统弹出如图 15-38 所示"文本符号"对话框，可以选择所需的符号。当重新打开"尺寸属性"对话框的"显示"选项卡，对文本已作的修改都将显示于"尺寸文本"编辑区中。

【例 15-2】 将如图 15-31 所示的俯视图上的尺寸 $\phi11$ 修改为 $2\times\phi11$，如图 15-39所示。

图 15-38　"文本符号"对话框

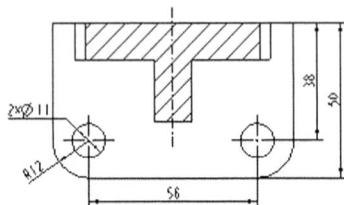

图 15-39　编辑尺寸文本

操作步骤如下。

第 1 步，双击如图 15-31 所示俯视图上的尺寸 $\phi11$，系统弹出"尺寸属性"对话框。

第 2 步，选择"显示"选项卡，在"尺寸文本"编辑区的@D 前输入"2×"。

第 3 步，单击"确定"按钮，在适当位置单击。结果如图 15-39 所示。

3. 设置文本样式

"文本样式"选项卡如图 15-40 所示，可以定义尺寸文本样式，包括字体类型、高度、行间距和颜色。

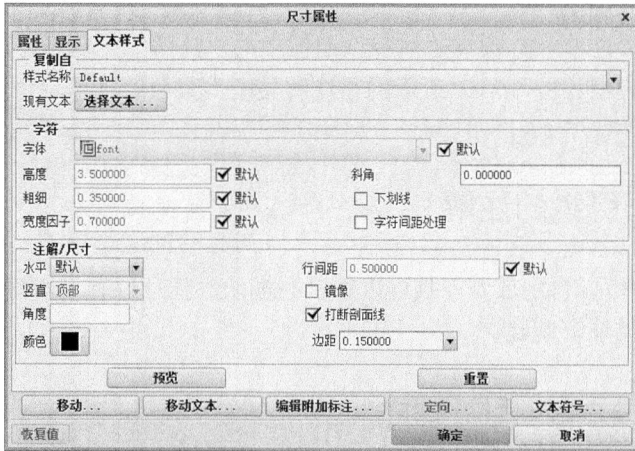

图 15-40　"尺寸属性"对话框的"文本样式"选项卡

1）设置文字样式

在"复制自"选项组内选择基础样式。可以从"样式名称"下拉列表中选择文本样式；或是单击"选择文本"按钮，选择现有的文本的样式。

2）设置文字字符

在"字符"选项组内选择字体、设置倾斜角度、是否加下划线等。当取消"高度"、"粗细"、"宽度因子"文本框后的"默认"复选框，这3个文本框亮显，可以输入相应的值。

3）设置"注解/尺寸"的显示方式

在"注解/尺寸"选项组内可以设置文本在水平、垂直方向上的对齐方式，以及文本角度、颜色等。通过选中"镜像"复选框将选定的文本进行镜像复制，还可以取消"行间距"文本框后的"默认"复选框，修改行间距值。

当尺寸文本与剖面线重合时，可以选中"打断剖面线"复选框，并在"边距"文本框内输入尺寸文本与剖面线之间打断的间距。

注意：

（1）当设置完成后可以单击"预览"按钮，预览设置效果。如不满意，可以单击"重置"按钮，重新设置。

（2）当单击"移动"或"移动文本"按钮时，可以实时移动尺寸或尺寸文本。

（3）仅当所选的尺寸为采用"中点"、"中心"、"求交"等方式手动添加的尺寸时，"定向"按钮才亮显可用。单击该按钮，弹出如图 15-8（c）所示的"尺寸方向"菜单管理器，选择某一选项，可以改变所选尺寸的标注方向。

15.4　注　　解

Creo 2.0 中注解可包括文字、符号、绘图标签、尺寸以及参数化的信息等，在工程图中注写技术要求和文字等信息可以通过创建注解完成，如图 15-41 所示的技术要求，倒角标注等。Creo 2.0 使用指定的文本样式创建注解文本。

调用命令的方式如下。

功能区：单击"注释"选项卡"注释"面板中的"注解" A≡注解 图标按钮。

启动命令后，弹出如图 15-42 所示的"注解类型"菜单管理器，可以插入多种类型的注解。

15.4.1　创建无引线的注解

"无引线"注解可以自由放置，且可以用鼠标拖动到任意位置，如图 15-41 所示的技术要求文本可以用此类注解创建。

操作步骤如下。

第 1 步，单击 A≡注解 图标按钮，调用"注解"命令。

第 2 步，在"注解类型"菜单管理器中，默认引线样式为"无引线"选项。

第 3 步，默认注解文字内容来源为"输入"选项。

第 4 步，依次确定注解文字的放置方式、对齐方式。

第 5 步，指定注解文本的文字样式。

第 6 步，单击"进行注解"选项，系统弹出如图 15-43 所示的"选择点"对话框。

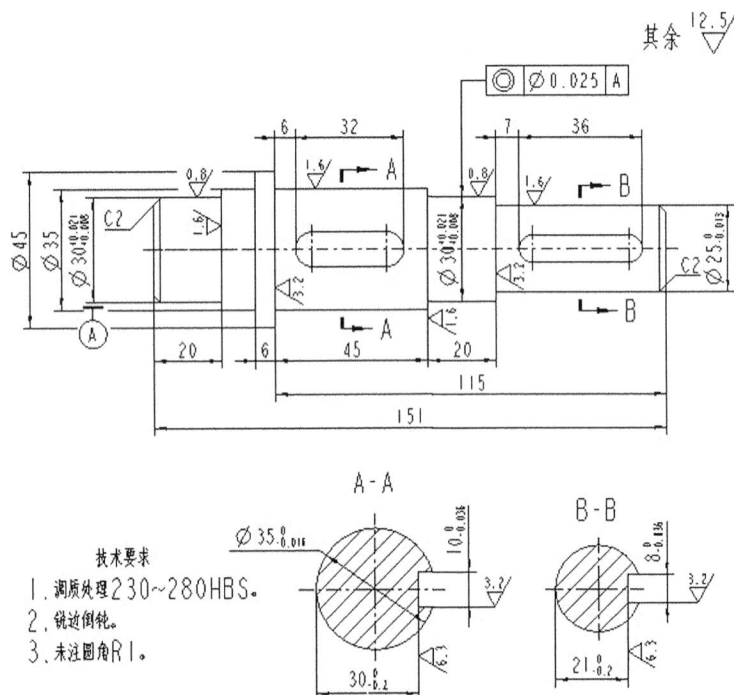

图 15-41　传动轴工程图

第 7 步，默认选择"在绘图上选择一个自由点"按钮，系统提示"选择注解的位置。"时，在适当位置单击，确定注解的位置。

第 8 步，系统弹出如图 15-38 所示的"文本符号"对话框和"输入注解"消息输入窗口，在"输入注解"文本框内输入注解内容"技术要求"，回车。

第 9 步，输入注解内容"1.调质处理 230～280HBS。"，回车。…，继续输入其他行文字内容，回车。

第 10 步，回车。在"注解类型"菜单管理器中单击"完成/返回"选项。

第 11 步，单击鼠标，结束命令。

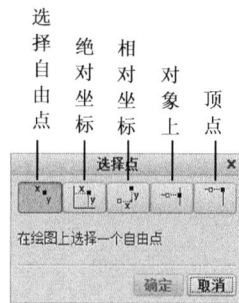

如图 15-43 所示的"选择点"对话框提供的各按钮，用以选择确定注解的位置的方式。

图 15-42 "注解类型"菜单管理器　　　　　图 15-43 "选择点"对话框

注意：选择某一注解，右击，在弹出的快捷菜单中选择"拭除"，即可将所选的注解隐藏。在绘图树中在该拭除的注解上右击，在弹出的快捷菜单中选择"取消拭除"，则重新显示。

15.4.2　创建带引线的注解

带引线注解是从依附对象创建端部带有箭头的指引线及与其相连的注解，如图 15-44 所示带有箭头引线的注解"通孔"。

操作步骤如下。

第 1 步，同本书第 15.4.2 小节第 1 步。

第 2 步，选择引线样式为"带引线"选项，"引线方向"选项亮显，如图 15-45（a）所示。

第 3 步，默认注解文字内容为"输入"选项。

第 4 步，依次确定注解文字的放置方式、引线方向、对齐方式。

第 5 步，指定注解文本的文字样式。

第 6 步，单击"进行注解"选项，系统弹出如图 15-45（b）所示的"依附类型"菜单管理器和"选择"对话框。

第7步，依次选择注解的依附类型和箭头样式，如默认为"图元上"，箭头形式为"箭头"。

第8步，系统提示"选择多边 多个图元 尺寸界线 基准点 坐标系 多个坐标系矢量 轴心 多个轴线 曲线 模型轴、顶点或截面图元。"时，选择如图 15-44 所示的上面小圆边，单击"选择"对话框的"确定"按钮。

注意：系统的提示根据选择的"依附类型"而不同。

第9步，单击"依附类型"菜单管理器的"完成"选项，系统弹出如图 15-43 所示的"选择点"对话框。

第10步，同本书第 15.4.1 小节第 7 步。

第11步，在"输入注解"文本框内输入注解内容 "通孔"，回车。

第12步和第13步，同本书第 15.4.1 小节第 10 步和第 11 步。

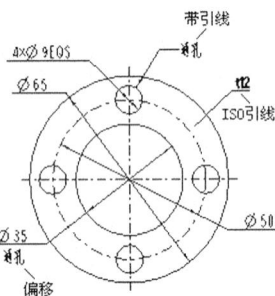

图 15-44　带引线、ISO 引线、偏移注解

(a) 选择"带引线"选项　　(b) 选择引线依附类型

图 15-45　创建带引线注解菜单管理器

创建注解的操作及选项说明如下。

"注解类型"和"依附类型"菜单管理器提供了若干选项，可以从中选择注解类型、输入注解内容的方式、注解文字的放置方式、对齐方式等。

1）其他注解类型

除了上述 "无引线"和"带引线"外，还有以下 3 种注解类型。

（1）ISO 引线：为注解创建符合 ISO 标准的指引线，文本具有下划线。创建方法同"带引线"类型。如图 15-41 所示的倒角标注（注解的引线方向为"切向引线"，引线类型为"没有箭头"）；如图 15-44 所示的注释"t12"（注解的引线方向为"标准"，依附类型为"自由点"、箭头样式为"没有箭头"）。

（2）在项上：将注解直接依附于图元上，无引线，也无须指定注解位置。

（3）偏移：将选取的草绘项目（尺寸、几何公差、注解、符号、轴、基准点等）作为参考图元，并偏移一定距离，创建注释文本。如图15-44所示，选择尺寸 $\phi35$ 为参考图元，创建注释"通孔"。

注意： 移动参考图元时，与其相关联的注释也随之移动。

2）注解内容

在"注解类型"菜单管理器中，可以选择注解文本内容的来源，有以下两种：

（1）输入：直接从键盘输入文字内容。

（2）文件：选取某一.TXT格式的文件，从中读取文本内容。

3）注解文字的方向

注解文字的方向有水平、垂直、角度3种，效果如图15-46所示。

(a) 水平　　　　　　　(b) 垂直　　　　　　　(c) 角度

图15-46　文字方向

4）注解文字的对齐方式

注解文字相对于文字插入点的对齐方式有：左、居中、右、默认4种。如图15-47所示（×表示插入点，即注释文本的放置位置）。

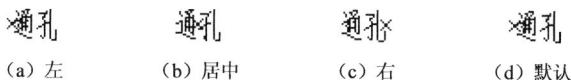

(a) 左　　　　　(b) 居中　　　　　(c) 右　　　　　(d) 默认

图15-47　文字对齐方式

5）引线方向

当注解类型为"带引线"、"ISO引线"时，可以选择引线附着类型，如图15-45（a）所示。

（1）标准：为默认引线类型，可以创建多条引线，如图15-48（a）所示。可以用鼠标拖动注释至任意位置。

（2）法向引线：引线方向为所选图元的法线方向，只能创建一条引线，也只能沿该法线方向拖动注释，如图15-48（b）所示。

（3）切向引线：引线方向为所选图元的切线方向只能创建一条引线，也只能沿该切线方向拖动注释，如图15-48（c）所示。

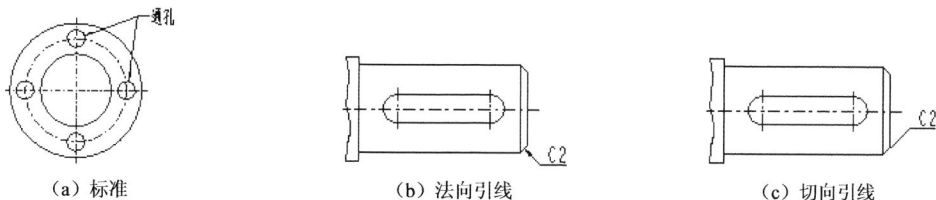

(a) 标准　　　　　　　(b) 法向引线　　　　　　　(c) 切向引线

图15-48　引线附着类型

6）引线连接类型

引线连接类型有以下几种。

（1）图元上：将引线连接到绘图视图中选定的几何。

（2）在曲面上：将引线连接到绘图视图曲面上的选定位置。

（3）自由点：将引线连接到绘图窗口中指定的位置。

（4）中点：将引线连接到图元的中点。

（5）相交：将引线连接到两个图元的交点。

7）注解文字的放置方式

利用如图 15-43 所示的"选择点"对话框，选择注解文字的放置方式，有以下几种：

（1）自由点 ![icon]：可指定绘图窗口的任意位置放置注解。

（2）绝对坐标 ![icon]：输入绝对坐标，确定注解文字的放置位置。

（3）相对坐标 ![icon]：输入相对坐标，确定注解文字的放置位置。

（4）对象或图元 ![icon]：将注解放置在绘图对象或图元上的指定点处。

（5）顶点 ![icon]：将注解放置在指定的绘图对象或图元顶点处。

15.4.3 编辑注解

创建的注解可以修改其属性，进行移动操作等。

1. 修改注解属性

调用命令的方式如下。

快捷菜单：选择某一注解，右击，在弹出的快捷菜单中选择"属性"选项。

启动命令后，系统弹出如图 15-49 所示的"注解属性"对话框，该对话框包含"文本"、"尺寸样式"两个选项卡，在该对话框中可以修改文本内容，设置注解文本样式。方法同修改尺寸属性方法类似。

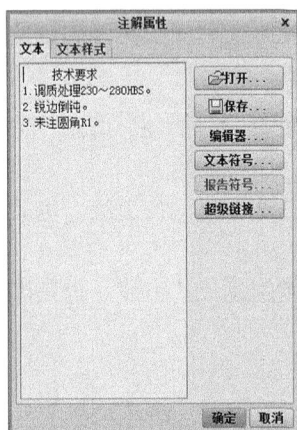

（a）"文本"选项卡修改文本内容　　　　　　（b）"文本样式"选项卡修改文本样式

图 15-49 "注解属性"对话框

注意：双击某一尺寸，也可以打开该尺寸的"尺寸属性"对话框。

2. 移动注解

注释及引线的位置均可以采用鼠标拖动的方式移动。操作方法与本书第 15.3.3 小节移动尺寸的方法相同。如图 15-50 所示，为移动注释文字。

注意：

（1）如果引线方向为"标准"，且引线附着于某个图元上，拖动箭头时，箭头始终附着在所选图元上，除非依附类型为"自由点"。

（2）移动的方向受引线方向的限制①。如图 15-50 所示，倒角标注沿倒角方向移动。

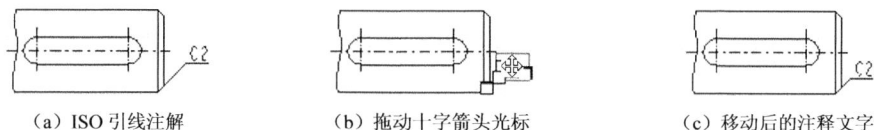

（a）ISO 引线注解　　　　（b）拖动十字箭头光标　　　　（c）移动后的注释文字

图 15-50　移动注解文字

15.5　技术要求的注写

工程图中，技术要求是不可缺少的组成部分。除了用文字表达零部件所需达到的技术要求外，还需要在图样中标注尺寸公差、形位公差、表面粗糙度等性能指标。

在 Creo 2.0 的零件模块下，有关注释、符号的创建，以及尺寸、表面粗糙度、几何公差等的标注均可以利用"插入"|"注释"的相关命令操作，有关菜单项如图 15-51 所示。本书只介绍在工程图模块下有关技术要求的操作方法。

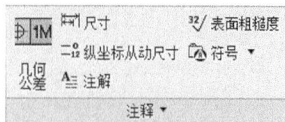

图 15-51　零件模块下的"注释"选项卡中的"注释"面板

15.5.1　尺寸公差标注

利用"尺寸属性"对话框，可以设置尺寸公差的格式及公差值，在视图中标注尺寸公差。

1. 显示尺寸公差的设置

默认设置中，绘图选项的 tol_display 参数值为 no，不显示尺寸公差。要在工程图中显示尺寸公差，当 tol_display 参数值应设为 yes，此时如图 15-52 所示的"尺寸属性"对话框中的"公差模式"下拉列表才可用，关于绘图选项设置参见本书第 14.2.1 小节所述。

注意：本书已将系统启动目录更改为 E:\ Creo2.0，config.pro 配置文件中的配置选项 drawing_setup_file（绘图设置文件）为 E:\Creo2.0\Metric_GB.dtl，其中的绘图选项 tol_display 参数值为 yes。

---

① 参见本书第 15.4.3 小节的引线方向。

2. 标注尺寸公差的步骤

操作步骤如下。

第1步，单击下拉菜单"文件"|"选项"，在如图14-18所示的"Creo Parametric 选项"对话框中选择"配置编辑器"选项，弹出如图14-18所示的"查看并管理 Creo Parametric 选项"窗口，修改尺寸公差显示选项 tol_display 的值为 yes。

注意：使用本书的工程图环境可以省略此步骤。

第2步，显示驱动尺寸，添加从动尺寸，清理尺寸，修改编辑有关尺寸属性，使尺寸正确、完整、清晰地显示。

第3步，选择需要标注公差的尺寸，右击，在弹出的快捷菜单中选择"属性"选项，弹出所选尺寸的"尺寸属性"对话框。

第4步，在如图15-52所示的"属性"选项卡的"公差模式"下拉列表中选择公差格式。

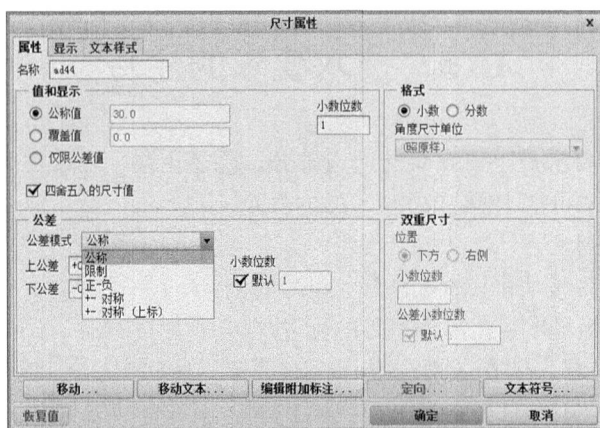

图15-52 在"尺寸属性"对话框中修改公差格式

第5步，在"属性"选项卡的"公差"选项组内，分别在"上公差"、"下公差"文本框内输入上、下偏差值。

注意：系统默认的公差为"+"，公差值前不加符号，则系统自动在公差值前加"+"。公差值为负，则需在公差值前输入"−"。

第6步，单击"确定"按钮，退出"尺寸属性"对话框。

第7步，在适当位置单击。

3. 尺寸公差格式

config.pro 配置文件中，尺寸公差格式选项 tol_mode 的值为 nominal，即所有显示与添加的尺寸均不显示公差，在"公差模式"下拉列表中选择公差格式，如图15-52所示。

（1）公称：默认格式，即以基本尺寸的形式显示尺寸，而不标注公差。

（2）限制：以最大极限尺寸与最小极限尺寸形式显示尺寸。

（3）正−负：以基本尺寸后具有上、下偏差的形式显示尺寸。

（4）+−对称：以基本尺寸后具有对称偏差的形式显示尺寸。

（5）+−对称（上标）：基本尺寸后具有对称偏差并以上标的形式显示尺寸。

上述相应的标注格式如图 15-53 所示。

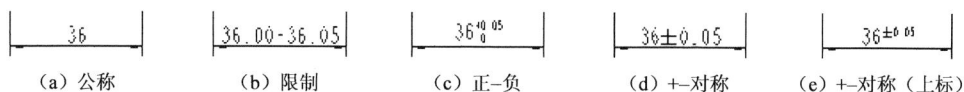

| 36 | 36.00-36.05 | 36$^{+0.05}_{0}$ | 36±0.05 | 36±0.05 |
| (a) 公称 | (b) 限制 | (c) 正-负 | (d) +-对称 | (e) +-对称(上标) |

图 15-53　尺寸公差格式

【例 15-3】　利用本书工程图环境，标注如图 15-41 所示的传动轴上的公差尺寸。

操作步骤如下。

步骤 1　显示并整理轴的尺寸

操作过程略。如图 15-41 所示。

步骤 2　标注两段轴颈尺寸公差

第 1 步，选择左侧尺寸 30，按住 Ctrl 键，选择右侧尺寸 30；右击，在弹出的快捷菜单中选择"属性"选项，弹出"尺寸属性"对话框。

第 2 步，在如图 15-52 所示的"属性"选项卡"公差"选项组的"公差模式"下拉列表中选择公差格式为"正-负"。

第 3 步，在"公差"选项组的"上公差"文本框内输入 0.021，"下公差"文本框内输入 0.008。

第 4 步，在"值和显示"选项组内的"小数位数"文本框内输入 3，确定小数精度。

第 5 步，单击"显示"选项卡，在"显示"选项组的"前缀"文本框内单击，再单击"文本符号"按钮，在如图 15-38 所示的"文本符号"对话框，选择 ϕ，输入前缀符号。

第 6 步，单击"确定"按钮，退出"尺寸属性"对话框。

第 7 步，在适当位置单击。

步骤 3　标注两键槽尺寸公差

操作步骤如下。

第 1 步，同时修改两键槽宽度的公差格式为"正-负"，上公差值为 0，下公差值为-0.036。且将尺寸移至尺寸界限外。操作过程略。

第 2 步，同时修改两键槽深度的公差格式为"正-负"，上公差值为 0，下公差值为-0.2。操作过程略。

步骤 4　分别标注其他两个尺寸公差

操作过程略。结果如图 15-41 所示。

15.5.2　表面粗糙度标注

1. 插入表面粗糙度度

在 Creo 2.0 中，可以插入系统提供的表面粗糙度符号，也可以插入自定义符号。

Creo 2.0 系统的表面粗糙度可用于任何模型曲面，具有注释意义，且以微米为单位。表面粗糙度符号存放于系统安装目录下的\symbols\suffins 文件夹下的 3 个子文件夹中，符号及其含义如表 15-4 所示。

调用命令的方式如下。

功能区：单击"注释"选项卡"注释"面板中的"表面粗糙度" 表面粗糙度 图标按钮。

表 15-4　Creo 2.0 表面粗糙度符号及其含义

文件夹	说　　明	参数值	符号	示例
generic	一般，任何加工方法	no_valre.sym	√	√
		standard.sym	\roughness_height\ ▽	6.3 ▽
machined	去除材料方法	no_valre1.sym	▽	▽
		Standard1.sym	\roughness_height\ ▽	3.2 ▽
unmachined	不去除材料	no_valre2.sym	◇	◇
		Standard2.sym	\roughness_height\ ◇	12.5 ◇

快捷菜单：在草绘窗口内右击，在快捷菜单中选取"表面粗糙度"选项。

操作步骤如下。

第 1 步，单击 ∛√表面粗糙度 图标按钮，调用"表面粗糙度"命令，弹出如图 15-54 所示的"得到符号"菜单管理器。

第 2 步，选择"检索"选项，弹出如图 15-55 所示的"打开"文件对话框。选择插入符号所在的文件夹，如 machined。

图 15-54　"得到符号"菜单管理器

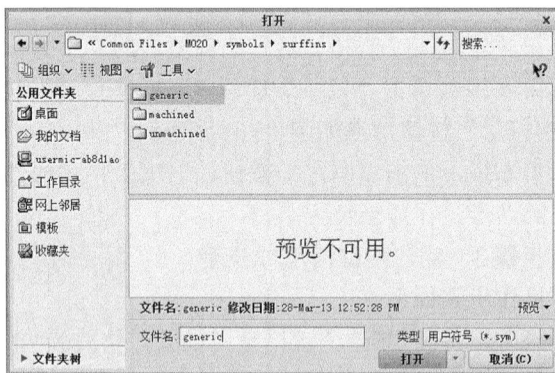

图 15-55　"打开"对话框

第 3 步，选择所需的符号，如 Standard1.sym，单击"打开"按钮，弹出"实例依附"菜单管理器，如图 15-56 所示。

第 4 步，选择"法向"选项。

第 5 步，系统提示"选择一个边，一个图元，一个尺寸，曲线，曲面上的一点一顶点或 a section entity。"时，选取如图 15-41 所示的传动轴主视图上 φ25 轴段的上转向轮廓线。系统弹出"输入 roughness_height"输入框。

第 6 步，系统提示"输入 roughness_height 的值 32"时，输入 1.6，回车，系统在所选的图元上标注粗糙度符号。

图 15-56　"实例依附"菜单管理器

第 7 步，系统继续提示"选择一个边，一个图元，一个尺寸，曲线，曲面上的一点一顶点或 a section entity。"时，按第 5 步～第 6 步方法继续标注其他粗糙度符号，直至单击鼠标中键，返回"实例依附"菜单管理器。

第 8 步，选择其他选项，或是单击"完成/返回"选项，单击，完成命令。

2. 操作及选项说明

（1）符号来源

"得到符号"菜单管理器中符号的来源有以下3种。

① 名称：名称下拉列表中列出当前工程图中所有符号名称，可以从中选择一个。

② 选出实例：选择当前工程图中已经插入的符号图元。

③ 检索：从"打开"对话框内选择符号所在的文件夹，从中选择符号。

注意：

① 第一次插入符号时，"得到符号"菜单管理其中，只有"检索"选项可以选择。

② 用户自定义的符号也可以用"表面粗糙度"命令插入。可以将配置文件选项 pro_surface_finish_dir 设置为自定义符号所在的路径，系统可以直接检索到。

（2）符号依附方式

① 引线：使用引线连接符号。

② 图元：将符号与选择的边或图元相连接。

③ 法向：将符号与选择的边或图元垂直相连接。

④ 无引线：符号不带引线，且与图元不相关。

⑤ 偏移：符号不带引线，但与所选图元相关联。

注意：

① 用"表面粗糙度"命令插入的粗糙度符号适用于整个表面，一个表面只能在一个视图上标注显示，如果为已具有表面粗糙度的表面再指定表面粗糙度时，系统将用新的符号替换旧符号。故不适于同一平面具有不同表面粗糙度要求的情况，除非使用插入绘图符号的方法。

② 默认情况下系统变量 sym_flip_rotated_text 的值为 no，则利用系统提供的如表 15-4 所示的符号标注表面粗糙度，其参数值（即符号文本）随符号一起旋转，如图 15-57（a）所示，不能满足国标要求。如将该系统变量值设为 yes，就能标注符合国标要求的粗糙度符号，如图 15-55（b）所示。还可以利用自定义粗糙度符号，进行标注。

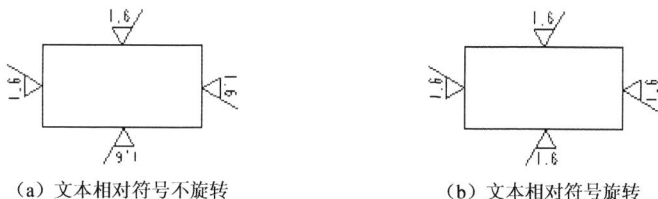

（a）文本相对符号不旋转　　　　　　　　（b）文本相对符号旋转

图 15-57　不同方向的表面粗糙度度符号

③ 用"表面粗糙度"命令插入的粗糙度符号可以"拭除"和"取消拭除"，操作方法同尺寸的"拭除"和"取消拭除"相同。

④ 选择表面粗糙度符号后，可以采用拖动方式移动。双击表面粗糙度符号可以弹出"表面粗糙度"对话框，对粗糙度符号进行编辑。

⑤ 用户可以利用"注释"选项卡"注释"面板中的"符号"下拉列表中的命令，插入系统提供的绘图符号，或自定义符号。用户可自行学习。

15.6 上机操作实验指导十四 泵体工程图标注

打开如图 14-75（b）所示泵体的三维实体工程视图，添加工程标注，如图 15-58 所示。主要涉及的命令包括"显示模型注释"命令、插入"尺寸"命令、"将项目移动到视图"命令、"清理尺寸"命令、"表面粗糙度"命令、"注解"命令等。

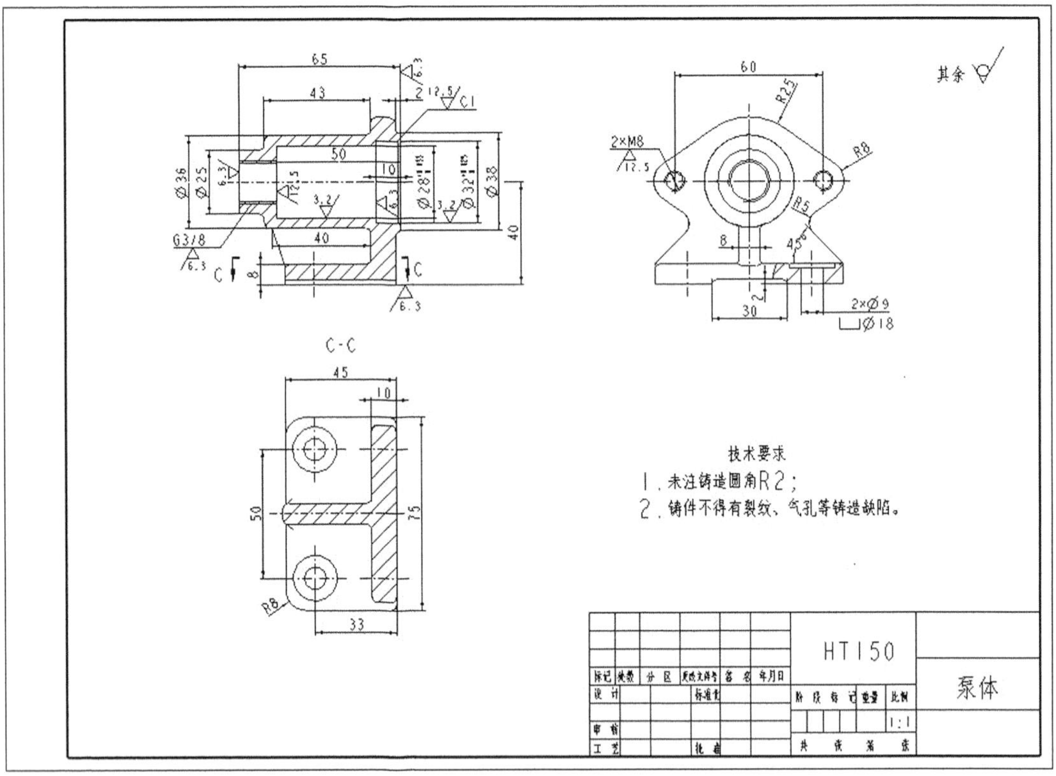

图 15-58 泵体工程图

操作步骤如下。

步骤 1 打开 14-75（b）工程视图文件

操作过程略。

步骤 2 显示轴线

第 1 步，单击 图标按钮，调用"显示模型注释"命令，弹出"显示模型注释"对话框，默认显示"尺寸"选项卡。

第 2 步，在模型树中选择模型，单击 ，打开"显示模型基准"选项卡，在"类型"下拉列表中选择"轴"，显示模型的轴线，有选择地在"显示"栏内选择需要显示的轴线。

第 3 步，单击"确定"按钮，退出对话框，在各视图上显示轴线。

第 4 步，选择某条轴线，采用鼠标左键拖动方式调整视图中轴线的长度，使前后对称线超出轮廓线 2~5mm。

步骤 3 按形体分析创建尺寸

第 1 步，显示底板尺寸。

（1）在模型树中选择拉伸 1 特征——底板，右击，在弹出的快捷菜单中选择"显示模型注释"选项，弹出"显示模型注释"对话框，选择"尺寸"选项卡，单击 按钮，选中底板所有尺寸，单击"确定"按钮，退出对话框，在视图上显示底板尺寸。

（2）利用"移动到视图"命令，将半径尺寸 R8 和底板长度方向尺寸 45 从主视图移至俯视图上，将宽度尺寸从左视图移至俯视图上。

（3）利用"清理尺寸"命令，将尺寸排列整齐，并拖动尺寸界线起点至适当位置。如图 15-59 所示。

第 2 步，显示底板上孔尺寸。

（1）在模型树中孔 1 特征上右击，在弹出的快捷菜单中选择"显示模型注释"，在"显示模型注释"对话框的"尺寸"选项卡内，去除孔的总高尺寸 8，单击确定按钮。如图 15-60 所示。

（2）利用"移动到视图"命令，将主视图上的尺寸 33 移至俯视图上，$\phi 9$ 移至左视图上，并利用"尺寸属性"对话框将尺寸 $\phi 9$ 修改为 $2\times\phi 9$。

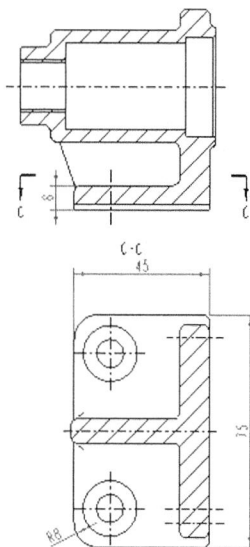

图 15-59 显示并调整底板尺寸

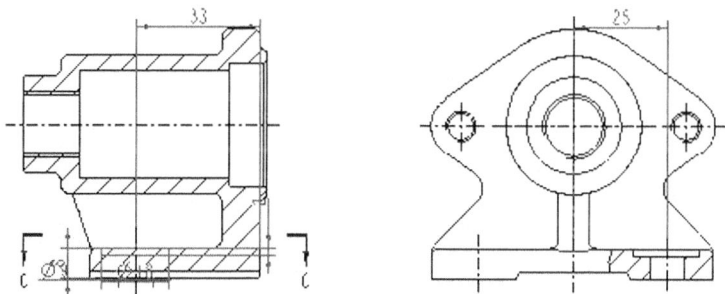

图 15-60 显示底板上孔的尺寸

（3）选择主视图上锪平孔深尺寸 2，按住 Ctrl 键，选择左视图上的定位尺寸 25，右击，在快捷菜单中选择"拭除"选项。

（4）单击 图标按钮，调用"注解"命令，在如图 15-42 所示的"注解类型"菜单管理器中选择注释类型为"偏移"，其余选项为默认设置，单击"进行注解"选项，系统提示"选择多边 多个图元 尺寸界线 基准点 坐标系 多个坐标系矢量 轴心 多个轴线 曲线 模型轴、顶点或截面图元。"时，选择尺寸 $2\times\phi 9$，系统提示"选择放置位置。"时，在 $2\times\phi 9$ 尺寸下方适当位置单击，系统弹出"文本符号"对话框。在"输入注解"输入框内输入注释内容"⊔ϕ&d12"，回车两次。单击"注解类型"菜单管理器中的"完成/返回"选项，单击。如图 15-61 所示。

注意：当指定注释文本放置位置后，系统将显示各尺寸的名称，d12 为 $\phi 18$ 尺寸名称，完成注释后，$\phi 18$ 自动拭除。

（5）在俯视图上手动添加两个孔的中心距尺寸 50[①]，并调整尺寸位置，操作过程略。如图 15-61 所示。

第 3 步，显示并整理底板下方切割槽的尺寸。

（1）显示底板下方切割槽（拉伸 2 特征）的尺寸 2 和 30。操作过程略。

（2）将槽的高度尺寸 2 从主视图移至左视图上，并将尺寸界线起点移至适当位置，如图 15-61 所示。

（3）单击"图形中工具栏"的"重画" ▣ 图标按钮，如图 15-61 所示。

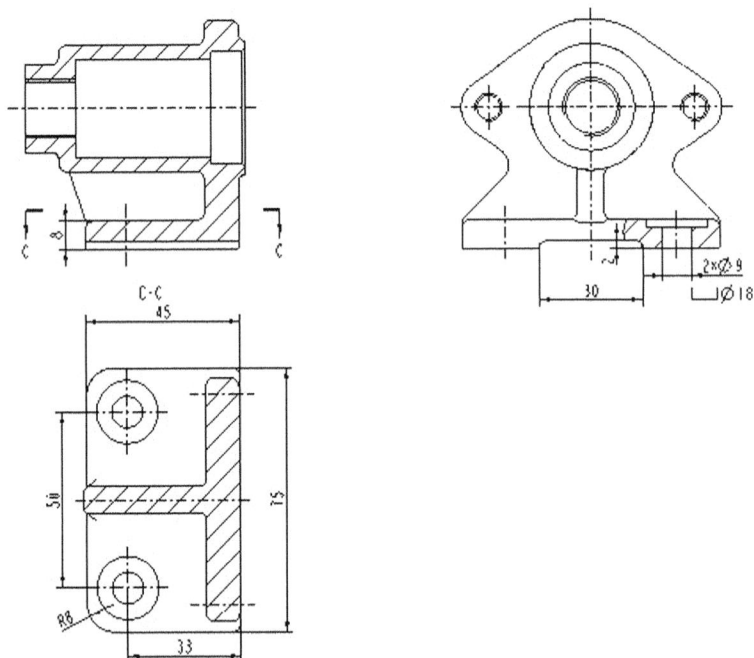

图 15-61　添加、调整底板上孔、槽的尺寸

第 4 步，显示并调整主体右侧圆柱凸台（旋转 1 特征）尺寸。结果如图 15-62 所示。操作过程略。

第 5 步，创建、调整、添加异型板尺寸。

（1）在模型树的拉伸 3 特征上右击，在弹出的快捷菜单中选择"显示模型注释"，在"显示模型注释"对话框的"尺寸"选项卡内，有选择的选择要显示的尺寸。如图 15-63 所示，单击"确定"按钮，退出对话框，在视图上显示该特征所选尺寸，如图 15-64 所示。

注意：

① 取消的尺寸是一些不合标注要求的尺寸，或是多余的尺寸。

② 当光标靠近"显示模型注释"对话框的某一尺寸行上，视图上的该尺寸蓝显，帮助用户辨认是否选择该尺寸。选择某一尺寸，则在视图上该尺寸黑显。

（2）将主视图上尺寸 10 移至俯视图上，拖动调整尺寸。将主视图上尺寸 R5 移至左视图上。

---

① 参见本书第 15.2.2 小节。

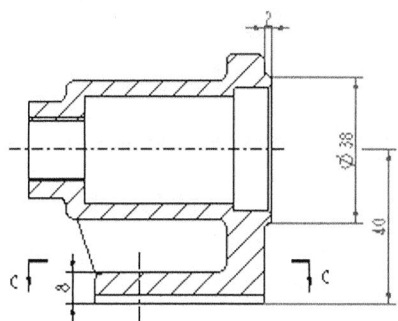

图 15-62　显示、调整主体右侧凸台的尺寸

图 15-63　在"显示模型注释"对话框中
选择要显示的尺寸

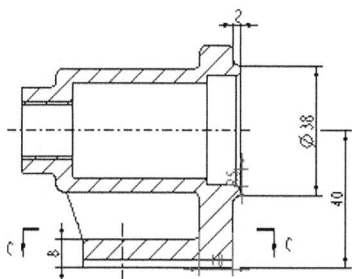

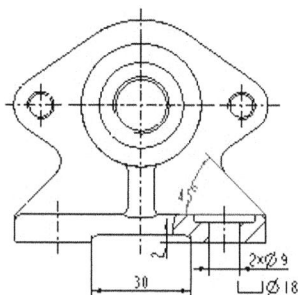

图 15-64　显示异型板尺寸

（3）手动添加尺寸 R25、R8。

（4）调整尺寸位置，结果如图 15-65 所示。

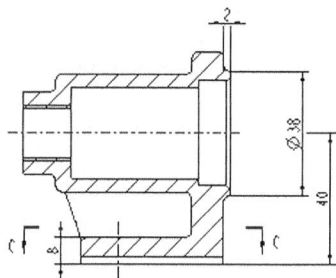

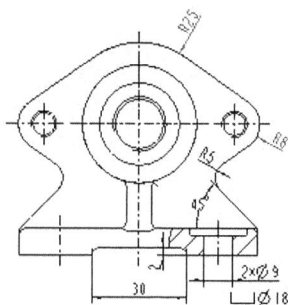

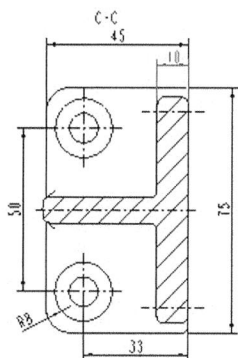

图 15-65　创建异型板尺寸

第6步，创建其他特征尺寸

操作过程略。结果如图 15-66 所示。

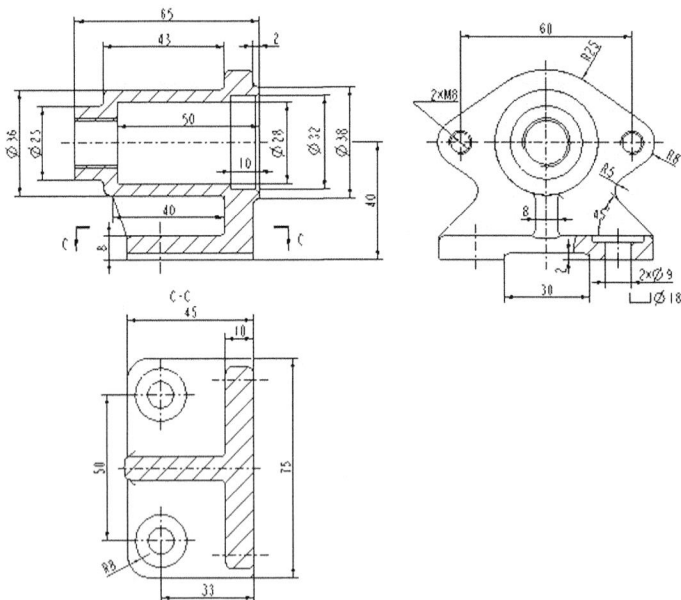

图 15-66　显示其他特征尺寸

第 7 步，利用"注解"命令创建倒角尺寸。

（1）单击 注解 图标按钮，调用"注解"命令。

（2）在"注解类型"菜单管理器中，选择"注解类型"为"ISO 引线"，选择注解的引线方向为"切向引线"。

（3）单击"进行注解"选项，选择引线类型为"没有箭头"。

（4）系统提示"选择一个边，一个图元，尺寸界线，一个基准点，一个轴线，曲线，一顶点或 a section entity。"时，在主视图上选择右上端倒角线。

（5）在如图 15-43 所示的"选择点"对话框中，默认选择"在绘图上选择一个自由点"按钮，系统提示"选择注解的位置。"时，在适当位置单击，确定注解的位置。

（6）在"输入注解"文本框内输入注解内容"C1"，回车两次。

（7）单击"注解类型"菜单管理器中的"完成/返回"选项，适当位置单击。

第 8 步，利用"注解"命令创建管螺纹尺寸 G3/8。

操作过程略。选择"注解类型"为"ISO 引线"，注解的引线方向为"标准"，依附类型为"图元上"、箭头样式为"没有箭头"。

步骤 4　创建技术要求

第 1 步，显示尺寸公差。

利用"尺寸属性"对话框添加尺寸公差[1]，操作过程略。如图 15-58 所示。

第 2 步，插入表面粗糙度符号[2]，如图 15-58 所示。

---

① 参见本书第 15.5.1 小节。

② 参见本书第 15.5.2 小节。

（1）调用"表面粗糙度"命令，选择符号 Standard1.sym，标注表面粗糙度代号。其中左右端面、底面、内腔表面的粗糙度符号，选择依附类型为"法向"（右端面选择尺寸 65，其余符号选择图元）；螺纹与倒角上符号选择依附类型为"偏移"，分别选择相应注解，标注表面粗糙度符号。选择 no_valre2.sym 符号，插入至图纸右上角，标注不加工符号，操作过程略。

注意：双击表面粗糙度符号，弹出"表面粗糙度"对话框，在"常规"选项卡的"属性"选项组，修改角度值，可以改变粗糙度符号方向；在"可变文本"选项卡中可修改粗糙度参数值。

第 3 步，注写技术要求，填写标题栏，如图 15-58 所示。

（2）调用"注解"命令，插入技术要求注释内容、右上角文字"其余"以及标题栏内的文字[①]。操作过程略。

注意："其余"文字的注解类型为"偏移"，并选择右上角的表面粗糙度符号为参考。

步骤 5　保存图形

参见本书第 1 章，操作过程略。

15.7　上　机　题

打开如图 14-84（b）所示支架的工程视图，添加工程标注，完成零件工程图，如图 15-67 所示。

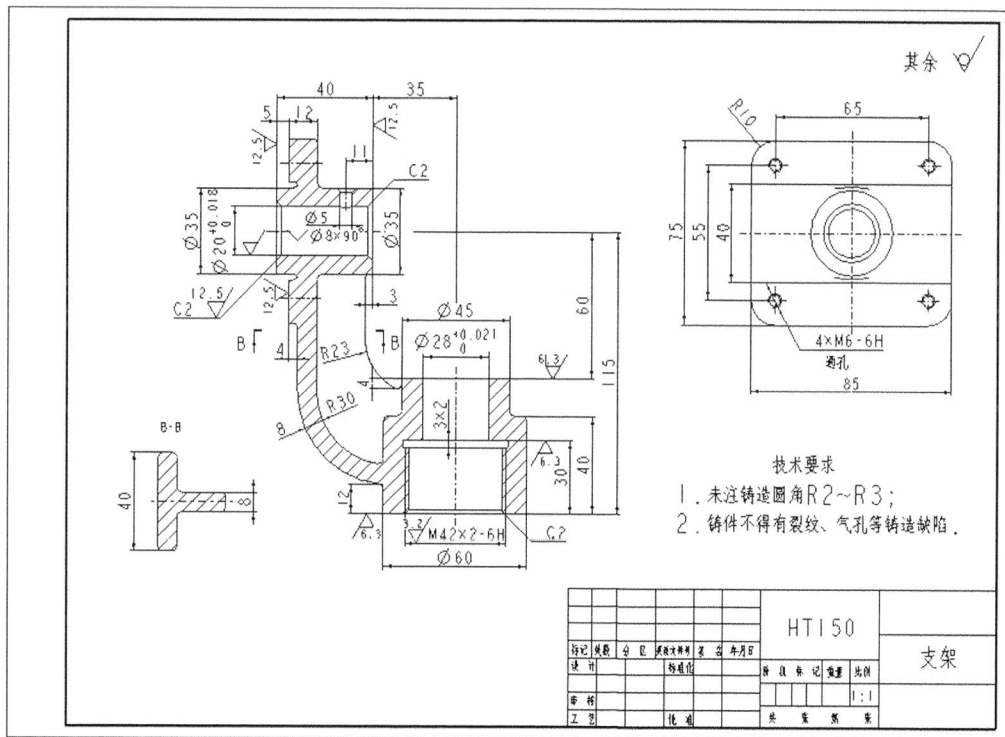

图 15-67　为支架添加工程图标注

---

① 参见本书第 15.4 节。

附录 A   书中所涉及部件的零件图与装配图

1. 联轴器装配图如图 A-1 所示。

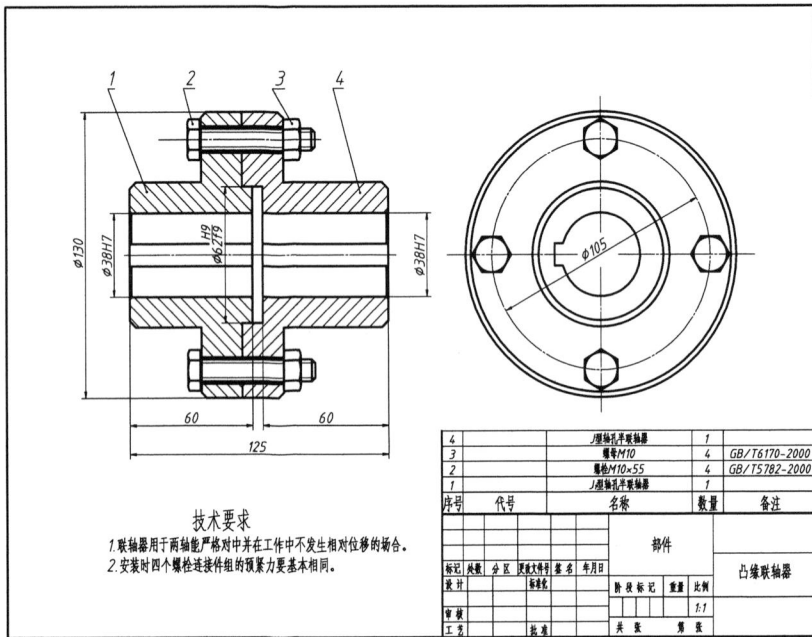

图 A-1   联轴器装配图

2. 联轴器零件图如图 A-2 所示。

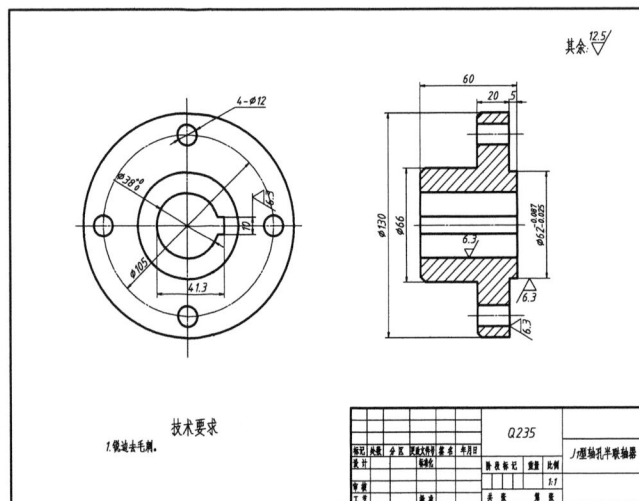

（a）联轴器左法兰

图 A-2   联轴器零件图

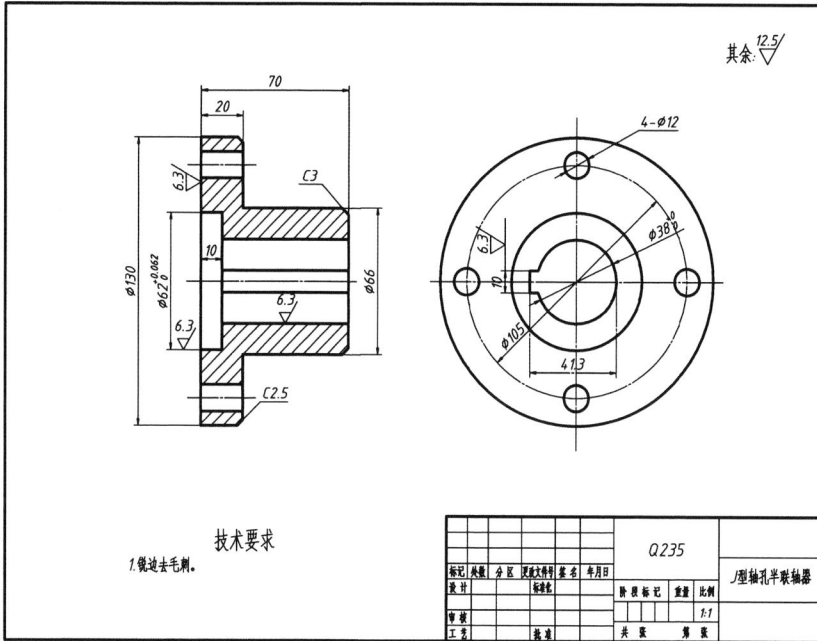

（b）联轴器右法兰

图 A-2（续）

3. 虎钳装配图如图 A-3 所示。

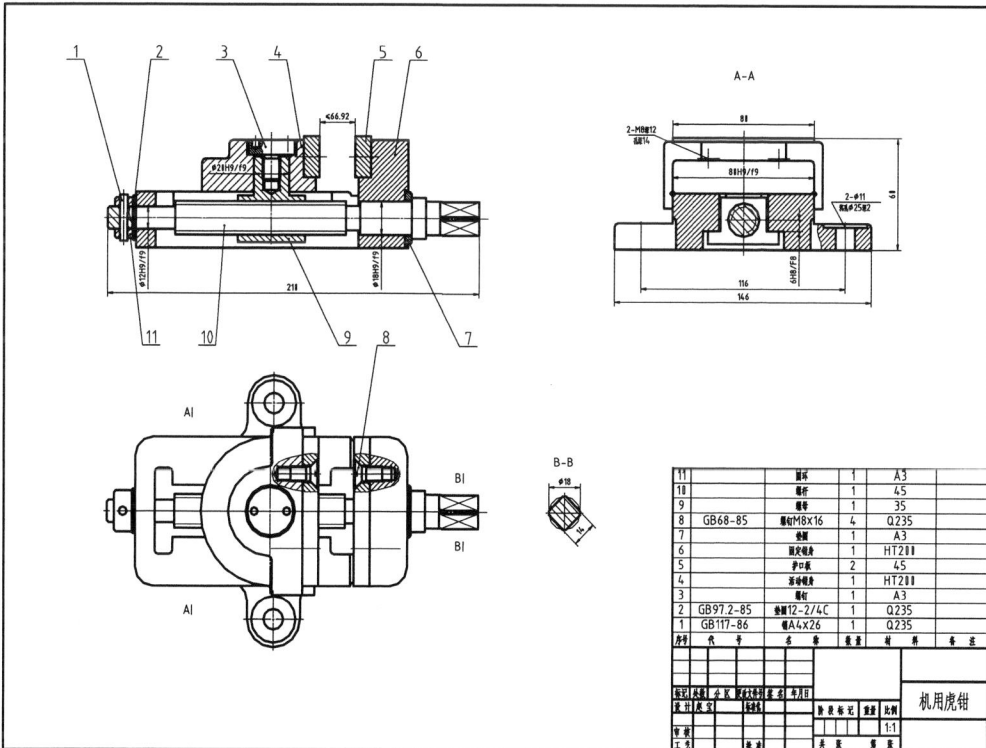

图 A-3　虎钳装配图

4. 虎钳零件图如图 A-4 所示。

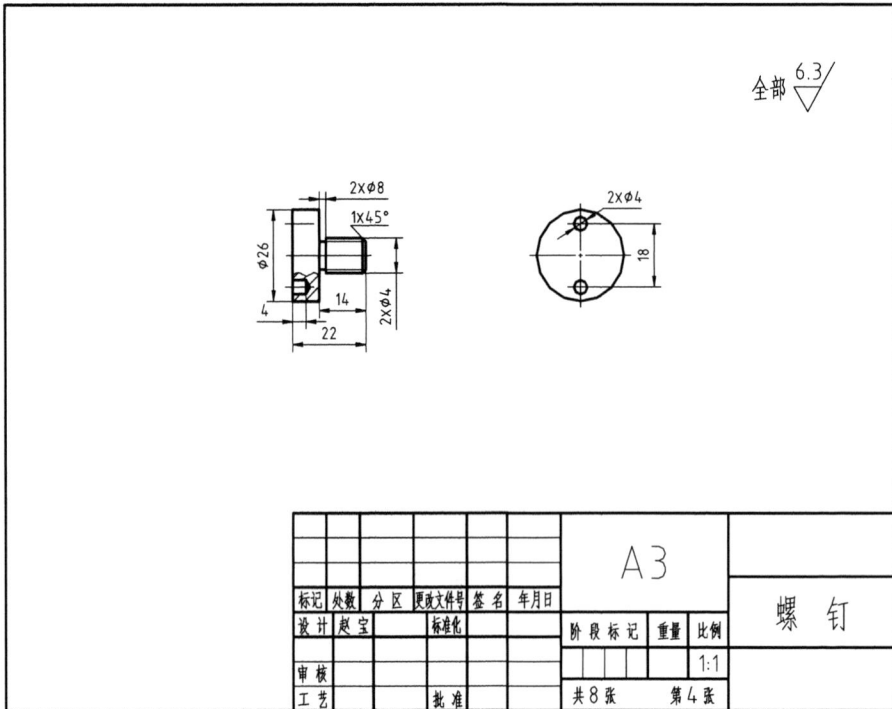

（a）螺钉

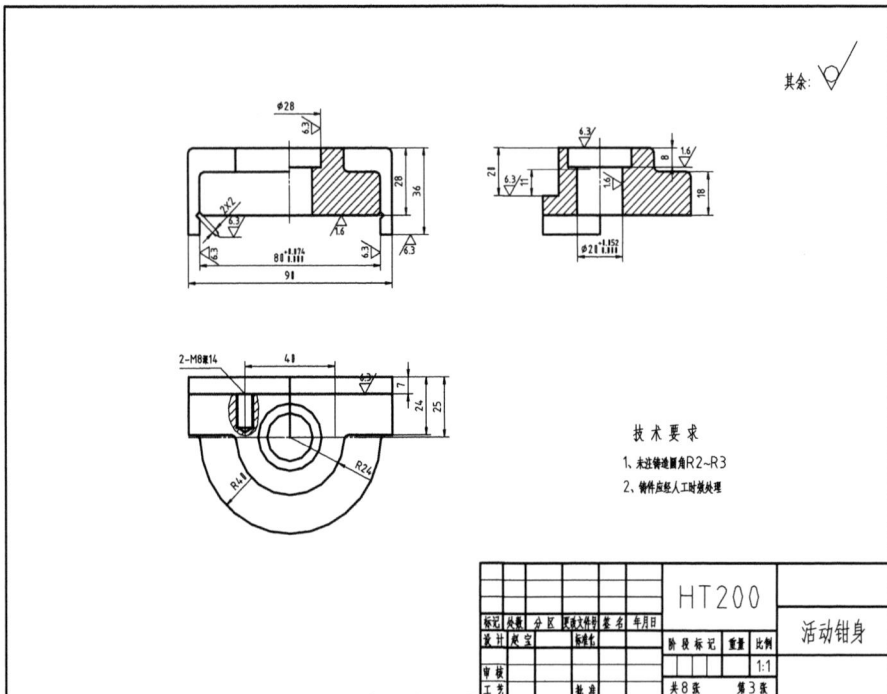

技 术 要 求

1、未注铸造圆角R2~R3
2、铸件应经人工时效处理

（b）活动钳身

图 A-4　虎钳零件图

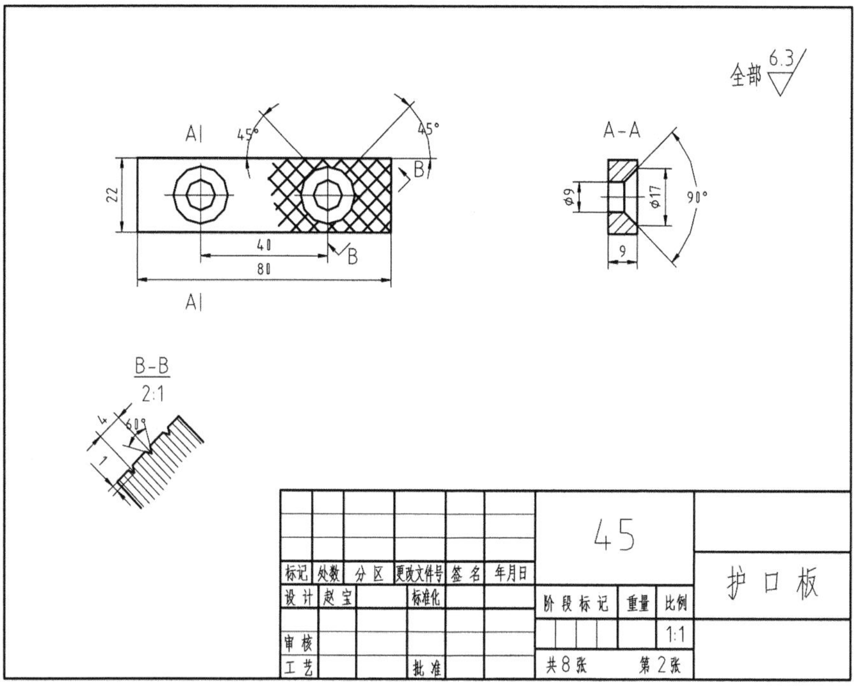

（c）护口板

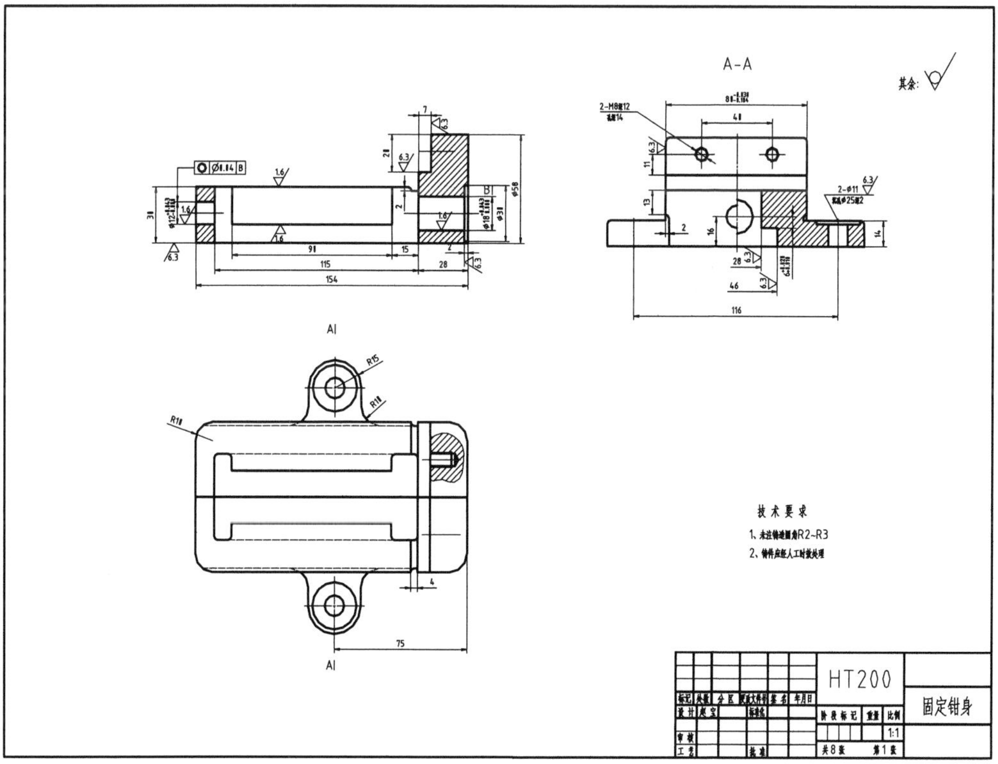

（d）固定钳身

图 A-4（续）

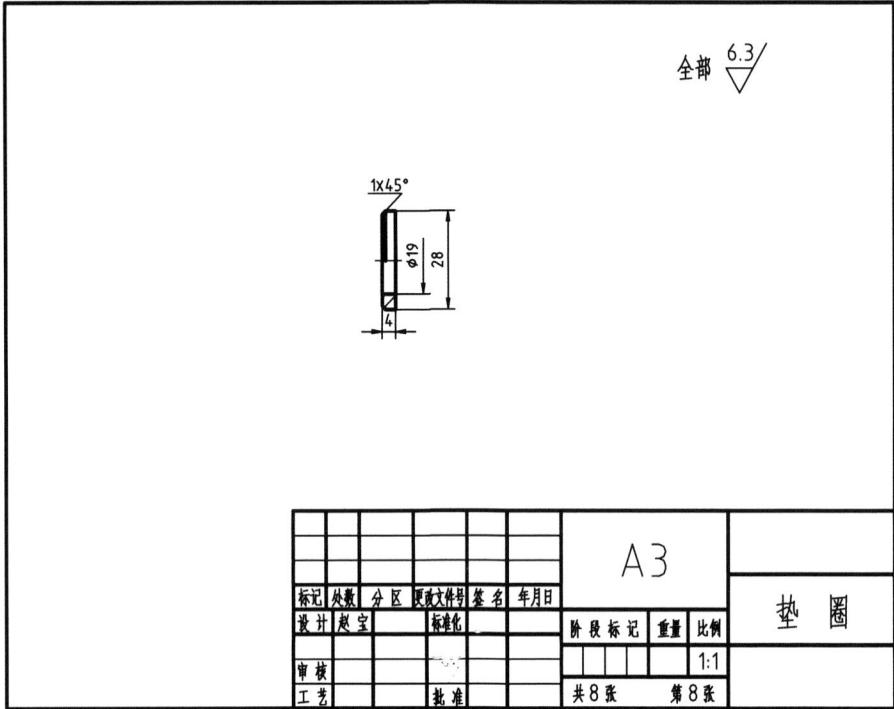

（e）垫圈

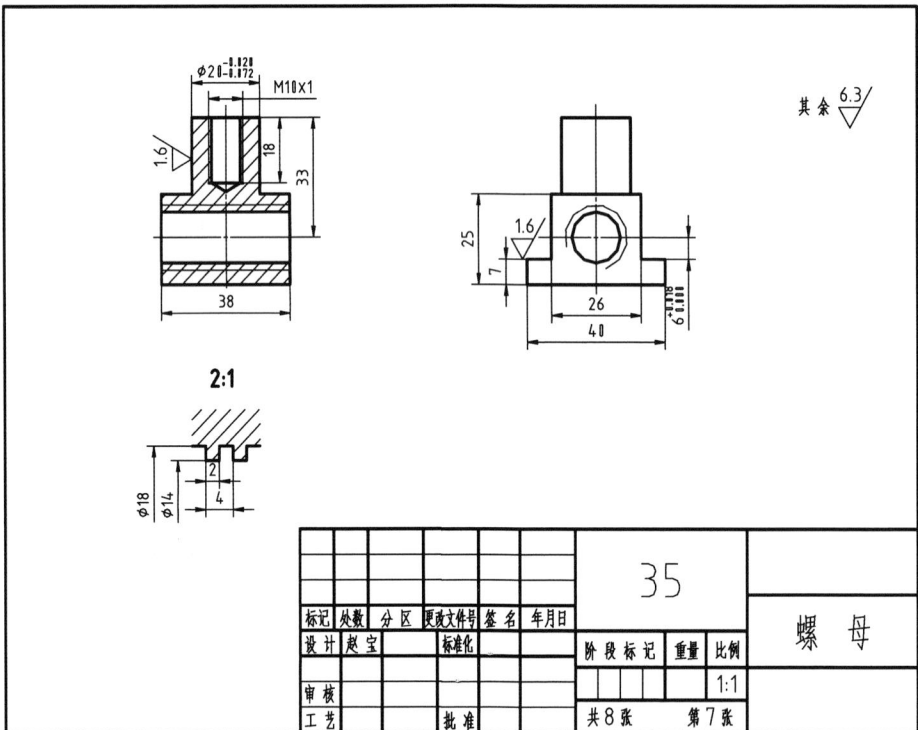

（f）螺母

图 A-4（续）

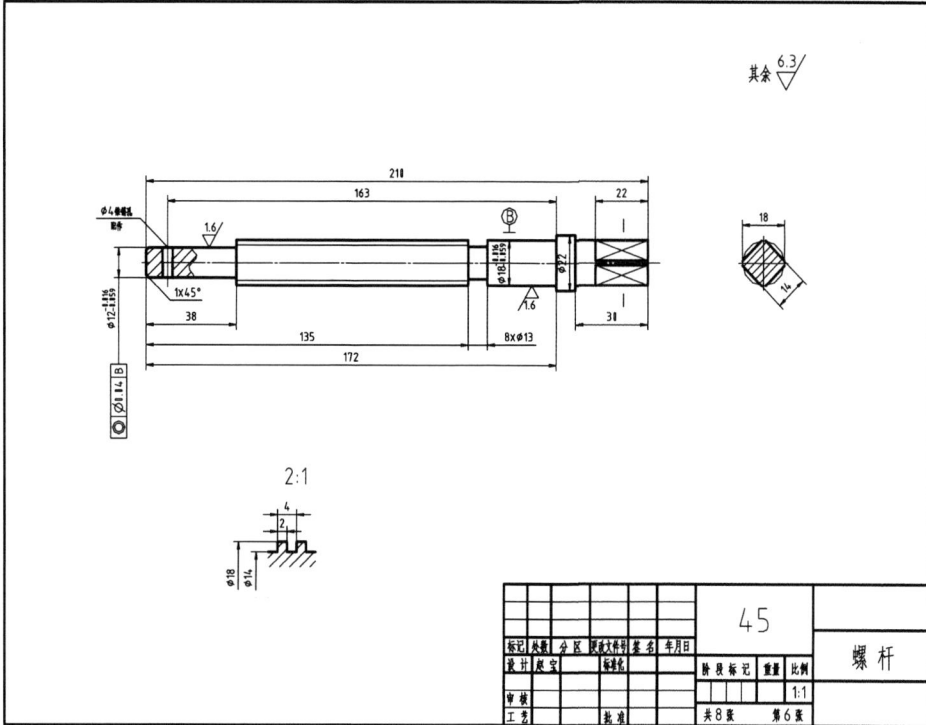

（g）螺杆

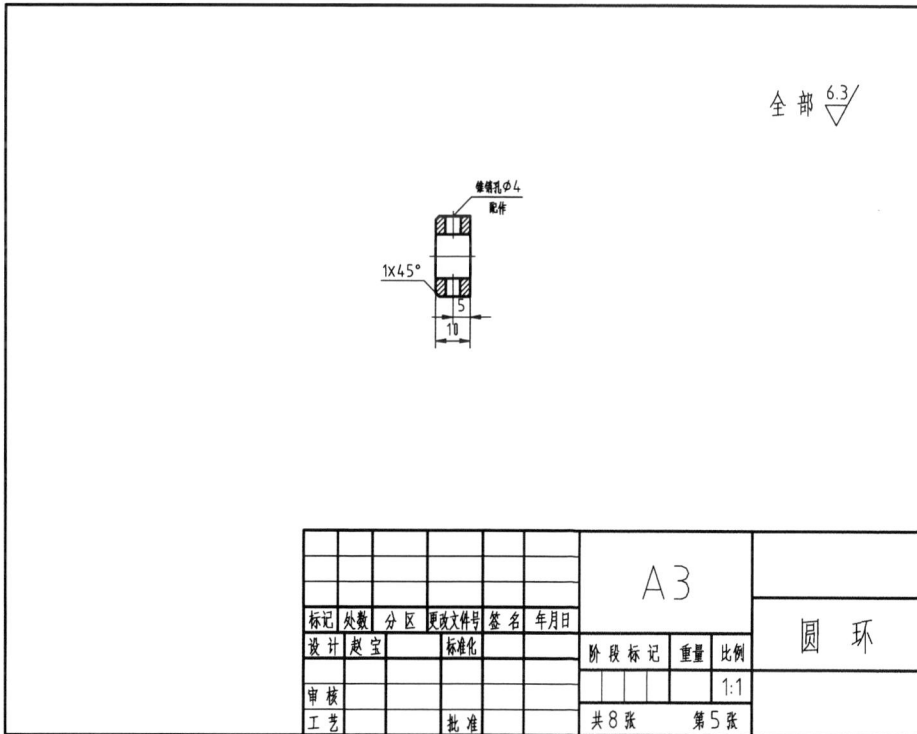

（h）圆环

图 A-4（续）

5. 千斤顶装配图如图 A-5 所示。

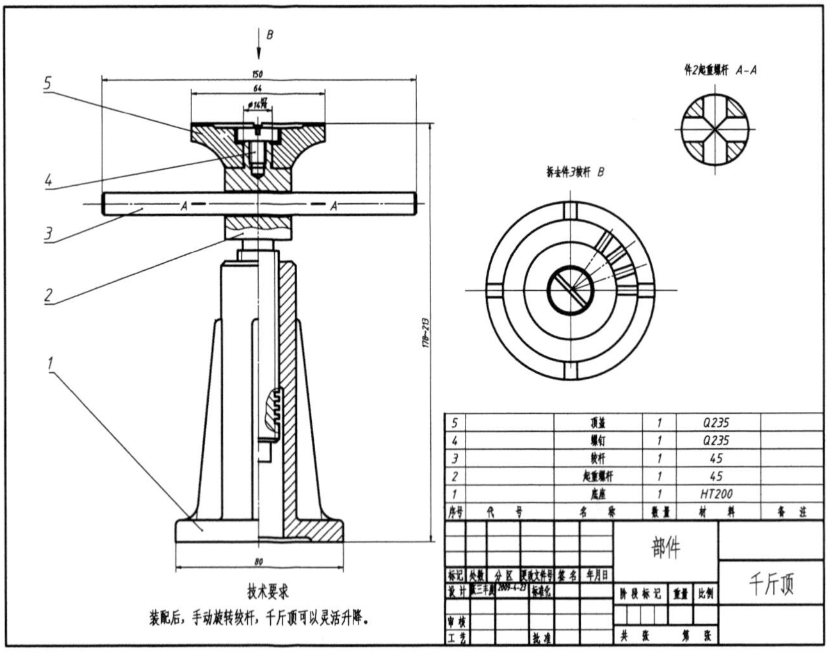

图 A-5　千斤顶装配图

6. 千斤顶零件图如图 A-6 所示。

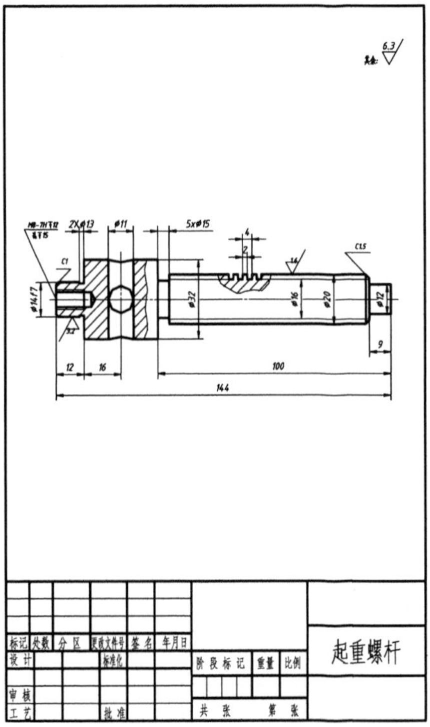

（a）起重螺杆 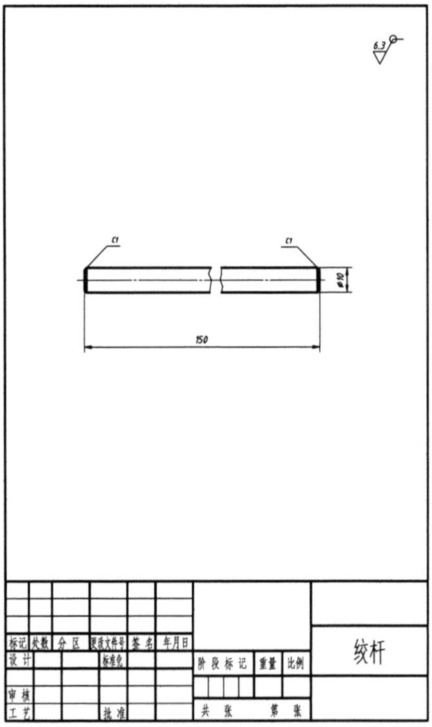　　　　　　　　　　　　（b）绞杆

图 A-6　千斤顶零件图

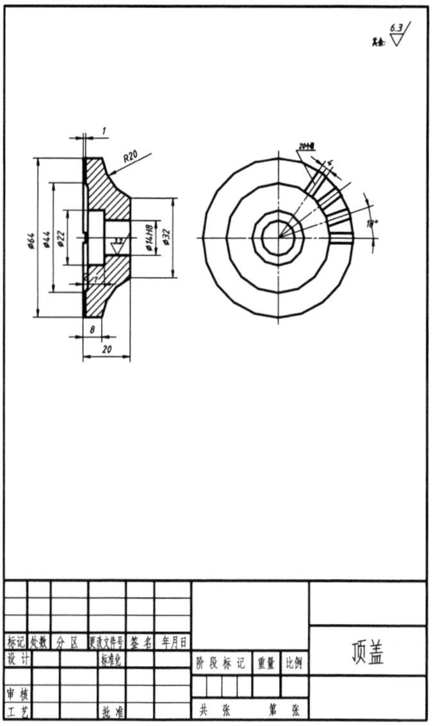

（c）顶盖

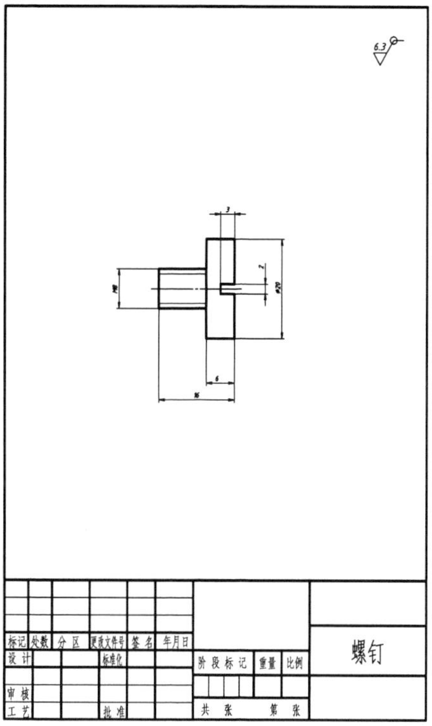

（d）螺钉

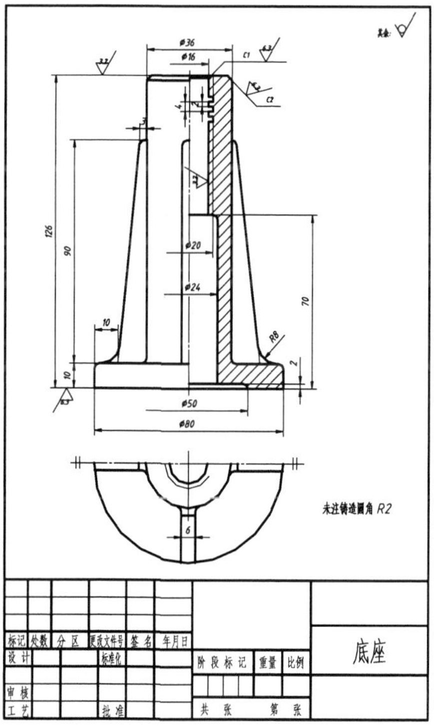

（e）底座

图 A-6（续）

7. 旋塞阀装配图如图 A-7 所示。

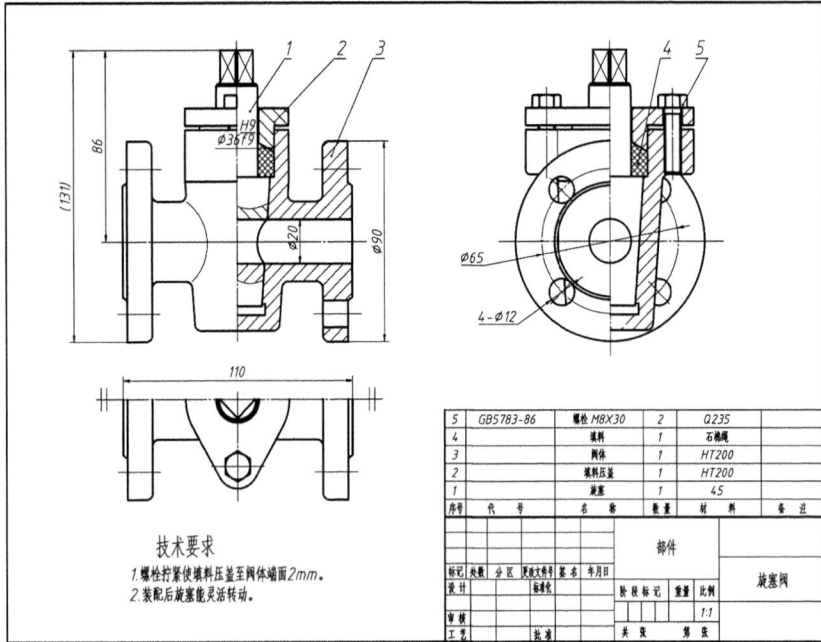

图 A-7 旋塞阀装配图

8. 旋塞阀零件图如图 A-8 所示。

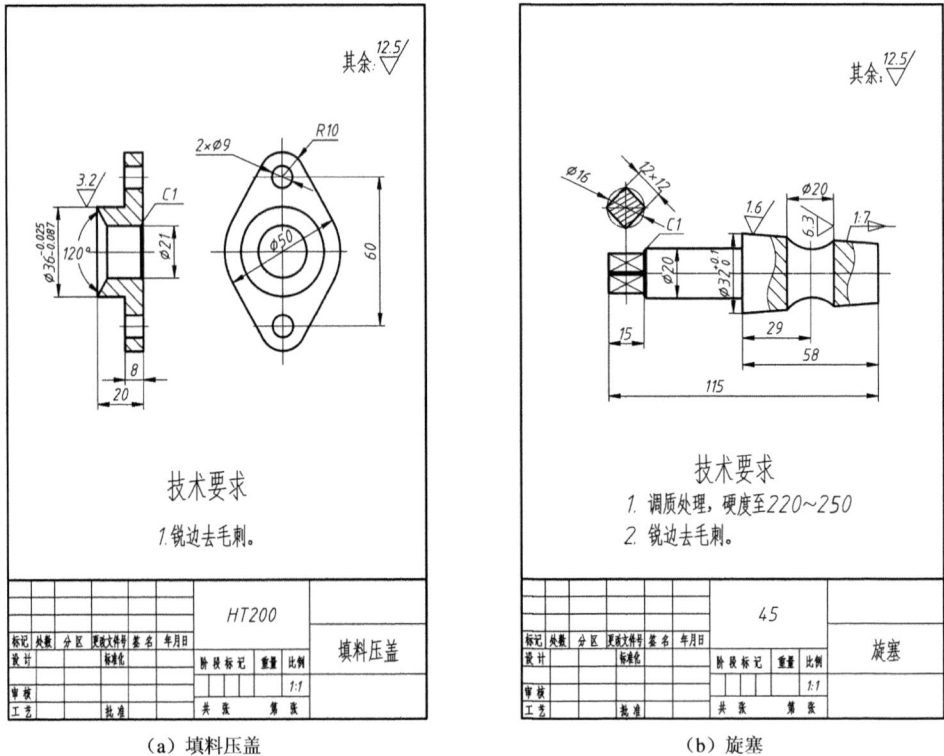

（a）填料压盖

（b）旋塞

图 A-8 旋塞阀零件图

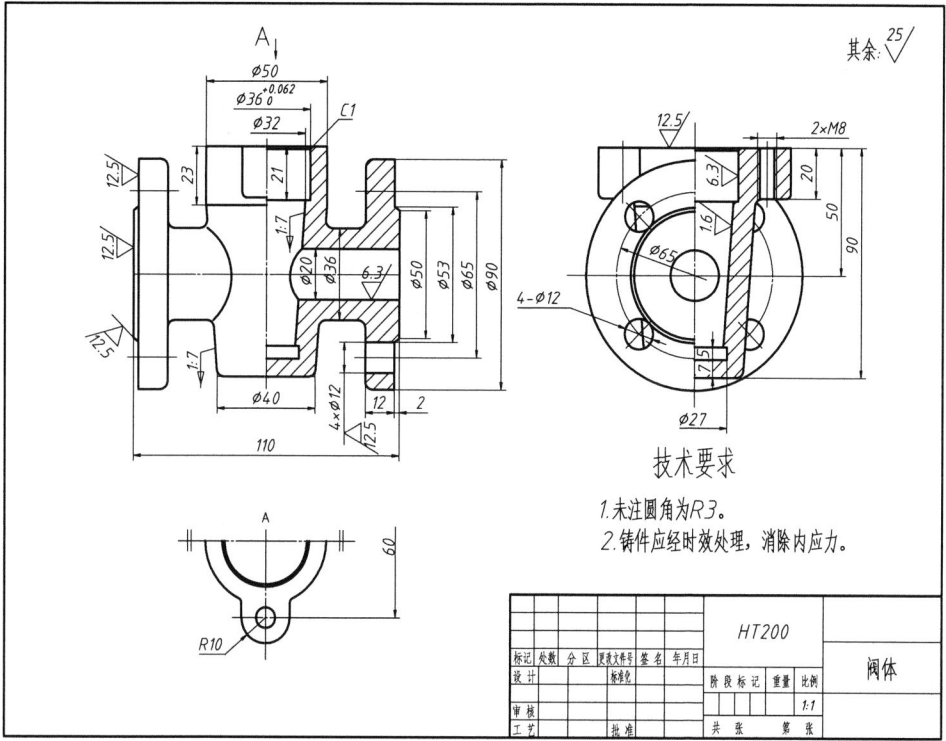

（c）阀体

图 A-8（续）